完全自学手册

Photoshop CS6 中文版
图像处理完全自学手册
第 2 版

文杰书院 编著

机械工业出版社

本书是“完全自学手册”系列中的一本，以通俗易懂的语言、精挑细选的实用技巧、详实生动的操作案例，全面介绍了 Photoshop CS6 基础知识以及应用案例。主要内容包括图像文件的操作与编辑、选区的应用与操作、修复与修饰图像、调整图像色彩、颜色与绘画工具、滤镜、矢量工具与路径、图层与图层样式、通道与蒙版、文字工具、动作与任务自动化等方面的知识、技巧及应用案例。

本书面向广大 Photoshop 初学者，以及有志于从事平面设计、插画设计、包装设计、三维动画设计、影视广告设计等工作的用户；同时也适合高等院校相关专业的学生和各类培训班的学员参考使用，是读者快速、全面掌握 Photoshop CS6 的必备参考书。

图书在版编目（CIP）数据

Photoshop CS6中文版图像处理完全自学手册 / 文杰书院编著. —2版. —北京：机械工业出版社，2016.6（2018.1 重印）

（完全自学手册）

ISBN 978-7-111-53760-1

Ⅰ. ①新… Ⅱ. ①文… Ⅲ. ①图像处理软件-手册 Ⅳ. ①TP391.41-62

中国版本图书馆CIP数据核字（2016）第103805号

机械工业出版社（北京市百万庄大街22号 邮政编码100037）

策划编辑：丁 诚 责任编辑：丁 诚

责任校对：张艳霞 责任印制：孙 炜

保定市中画美凯印刷有限公司印刷

2018 年 1月第 2 版 • 第 2 次印刷

184mm × 260mm • 24印张 • 594千字

3001— 4000 册

标准书号：ISBN 978-7-111-53760-1

定价：69.00 元

前言

Adobe Photoshop CS6 作为一款广受欢迎喜爱的图像处理软件，继承了以往版本的优良功能，同时性能更为稳定，使用户可以更好地执行设计理念，绘制出更完美的作品。为了帮助读者快速了解和应用 Photoshop CS6，我们编写了《新手学 Photoshop CS6 中文版图像处理完全自学手册》第 2 版。

本书在编写过程中以读者的学习习惯为核心，由浅入深、从易到难，循序渐进地让读者学习 Photoshop CS6 的重要技术。同时本书也为读者快速提升自己的能力提供了一个全新的操作平台，无论是基础知识安排还是实践应用能力的训练，都充分考虑了用户的需求，快速达到理论知识与应用能力的同步提高。

本书结构清晰，内容丰富，共 14 章，主要包括 6 个方面的内容。

1. 基础知识

第 1 章～第 4 章，介绍了 Photoshop CS6 中文版入门、图像文件的操作、图像的编辑与操作和选区的应用与操作方面的具体知识与操作案例。

2. 图像修饰和图像色调调整

第 5 章、第 6 章，介绍了修复与修饰图像和调整图像色彩方面的具体知识与操作案例。

3. 颜色与绘画工具、滤镜、矢量工具与路径

第 7 章～第 9 章，讲解了使用颜色与画笔工具、滤镜、矢量工具与路径方面的知识与操作案例。

4. 图层、图层样式、通道与蒙版

第 10 章、第 11 章，全面介绍了图层、图层样式、通道与蒙版方面的操作知识。

5. 文字工具与自动化操作

第 12 章、第 13 章，介绍了文字工具和图像自动化等方面的知识。

6. Photoshop 图像处理经典案例

第 14 章，生动讲解了线框字体和水晶花等实例的创作方法，系统地帮助用户更灵活地运用 Photoshop CS6 软件。

本书由文杰书院组织编写，参与本书编写工作的有李军、袁帅、王超、文雪、刘国云、

李强、蔺丹、贾亮、安国英、冯臣、高桂华、贾丽艳、李统才、李伟、沈书慧、蔺影、宋艳辉、张艳玲、贾亚军、刘义、蔺寿江等。

我们真切希望读者在阅读本书之后，不但可以开拓视野，同时也可以增长实践操作技能，并从中学习和总结操作的经验和规律，达到灵活运用的水平。由于编者水平有限，书中纰漏和考虑不周之处在所难免，热忱欢迎读者予以批评、指正，以便日后能为您编写出更好的图书。

如果您在使用本书时遇到问题，可以访问网站 http://www.itbook.net.cn 或发邮件至 itmingjian@163.com 与我们交流和沟通。

编　者

目录

第 1 章

Photoshop CS6中文版入门

本章主要介绍了 Photoshop CS6 中文版的基础知识，同时还讲解了图像处理基础知识、Photoshop 的工作界面、Photoshop CS6 工作区和使用辅助工具等方面的操作技巧。通过本章的学习，读者可以掌握 Photoshop CS6 方面的知识，为进一步学习 Photoshop CS6 相关知识奠定基础。

Section

1.1 Photoshop 简介

本节导读

Photoshop CS6 是 Adobe 公司于 2012 年最新推出的一款图像处理软件，使用 Photoshop CS6，用户可以进行图像扫描、编辑修改、图像制作、广告创意，图像输入与输出等操作，本节将重点介绍 Photoshop CS6 简介方面的知识。

1.1.1 Photoshop CS6 的特色

Photoshop CS6 可帮助用户更好地实现完美的平面设计作品，而随着 Photoshop 软件版本的不断提升，其功能也越来越完善。下面介绍 Photoshop 特色方面的知识。功能上看，该软件可分为图像编辑、图像合成、校色调色及特效制作等部分，其优点如下：

- 图像编辑：是图像处理的基础，可以对图像进行变换、复制、去除斑点、修补、修饰图像、翻转、反相、调整图像饱和度等操作，是处理图像的最佳工具。
- 图像合成：通过图层操作、工具应用等手段来合成完整的、传达明确意义的图像，Photoshop CS6 软件提供的绘图工具可使外来图像与创意很好地融合。
- 校色调色：可以方便、快捷地对图像的颜色进行明暗、色偏的调整和颜色校正等操作，被广泛应用到网页设计、印刷、多媒体等领域。
- 特效制作：主要由 Photoshop 的滤镜、通道等工具综合应用完成。包括图像的特效创意和特效字的制作，如油画、浮雕、素描等效果都可由 Photoshop 软件制作完成。

1.1.2 Photoshop 的应用领域

Photoshop CS6 作为目前最为主流的专业图像编辑软件，已经广泛应用到社会的许多领域。下面详细介绍 Photoshop CS6 行业应用方面的知识。

1. 广告设计

使用功能强大的 Photoshop CS6，用户可以进行广告设计等操作，设计出精美绝伦的广告海报、招贴等，广告设计是 Photoshop CS6 应用最为广泛的一个领域，为广大用户的创作灵感提供了良好的执行力度和便捷的创作环境，十分适合设计人员使用，如图 1-1 所示。

图 1-1 广告设计

2. 人像处理

拍摄照片后，使用 Photoshop CS6 处理人像，用户可以修饰人物的皮肤，调整图像的色调，同时还可以合成背景，使拍摄出的影像更加完美，如图 1-2 所示。

图 1-2 人像处理

3. 插画绘制

使用 Photoshop CS6，用户可以绘制出风格多样的电脑插图，并将其应用到广告、网络、T 恤印图等领域，如图 1-3 所示。

图 1-3 插画绘制

4. 网页设计领域

使用 Photoshop CS6，用户还可以制作网站中的各种元素，如网站标题、框架及背景图片等，如图 1-4 所示。

图 1-4 网页设计领域

5. 包装设计领域

使用Photoshop CS6,用户还可以设计出精美的包装样式,如环保袋、礼品盒等,如图1-5所示。

图 1-5　包装设计领域

6. 艺术文字

使用 Photoshop CS6，用户还可以制作各种精美的艺术文字，艺术文字广泛应用于图书封面、海报设计、建筑设计和标识设计等领域，如图 1-6 所示。

图 1-6　艺术文字

教你一招

Photoshop 对操作系统的配置要求

Photoshop 在处理图像时，对操作系统的配置要求很高，尤其是电脑内存的好坏决定 Photoshop CS6 处理图像的速度，所以在使用 Photoshop CS6 处理图像时，应避免使用低速度的硬盘虚拟内存，提高 Photoshop CS6 可用内存量，运用合理的方法，降低 Photoshop 运行时对内存的需求量。

7. 界面设计

使用 Photoshop CS6，用户还可以设计出精美的软件界面、游戏界面、手机界面和电脑界面等，如图 1-7 所示。

图 1-7 界面设计

8. 效果图后期处理领域

在 photoshop CS6 中，用户在制作建筑效果图时，渲染出的图片通常都要做后期处理，例如人物、车辆、植物、建筑等，如图 1-8 所示。

图 1-8 效果图后期处理领域

9. 绘制或处理三维材质贴图领域

使用 photoshop CS6，用户还可以对三维图像进行三维材质贴图的操作，使图像更为逼真，如图 1-9 所示。

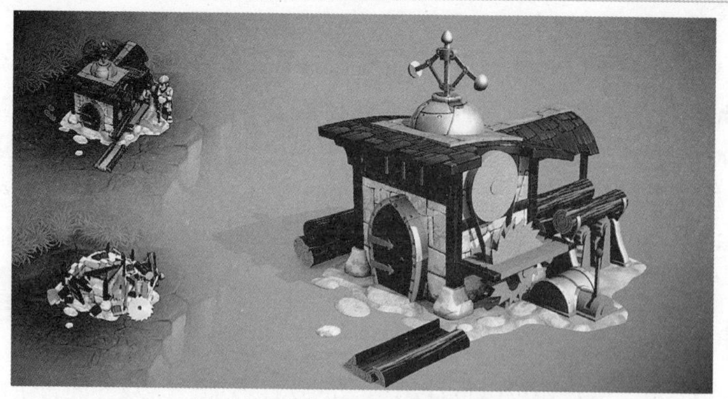

图 1-9 绘制或处理三维材质贴图领域

Section

1.2 图像处理基础知识

本节导读

图像是 Photoshop 的基本元素，是 Photoshop 进行处理的主要对象。使用 Photoshop CS6，就是对图像进行处理，增加图像的美感，同时可以将图像保存为各种格式，下面详细介绍图像处理基础方面的知识与操作技巧。

1.2.1 像素

像素是用来计算数字图像的单位，图像无限放大后，会发现图像是由许多小方格组成的，这些小方格就是像素，一个图像的像素越多，其色彩越丰富，越能表达图像真实的颜色，如图 1-10 所示。

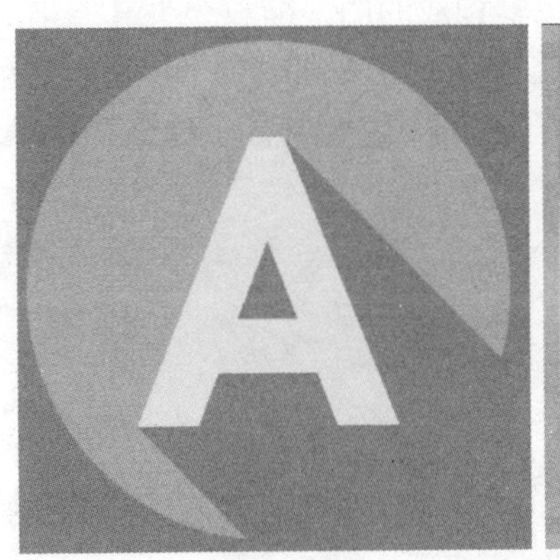

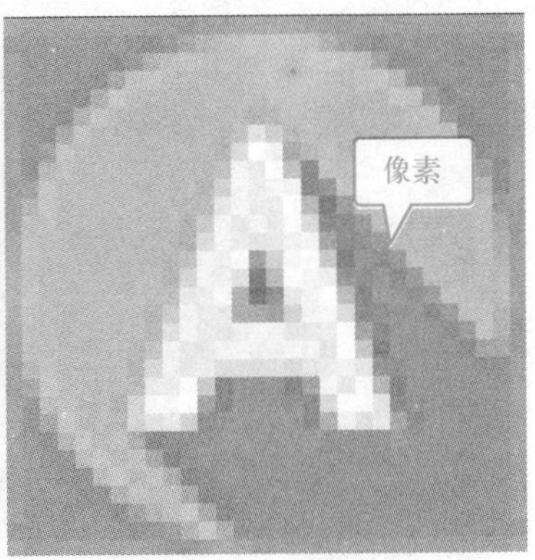

图 1-10　图像像素放大前后对比

1.2.2 矢量图和点阵图

可以将图像分为点阵图和矢量图两类。一般情况下，在 Photoshop CS6 软件中进行处理的图像多为点阵图，同时 Photoshop CS6 软件也可以处理矢量图。下面介绍有关点阵图与矢量图方面的知识。

1. 矢量图

矢量图也叫做向量图，就是缩放不失真的图像格式。矢量图是通过多个对象的组合生成的，对其中的每一个对象的记录方式，都是以数学函数来实现的，无论显示画面是大还是小，画面上的对象对应的算法是不变的，所以，即使对画面进行倍数相当大的缩放，其显示效果仍不失真，如图 1-11 所示。

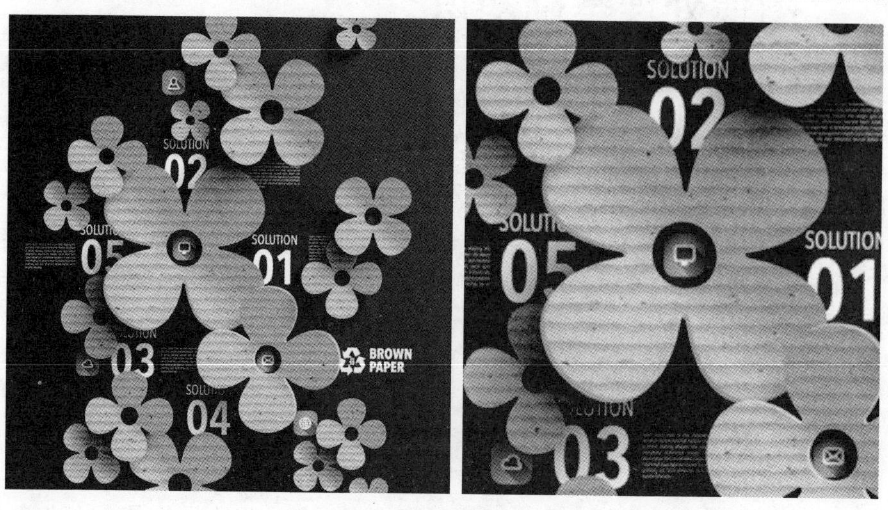

图 1-11　矢量图缩放前后对比

2. 点阵图

点阵图也称为位图，就是最小单位由像素构成的图，缩放会失真。构成位图的最小单位是像素，位图就是由像素阵列的排列来实现其显示效果的，每个像素有自己的颜色信息，所以处理位图时，应着重考虑分辨率，分辨率越高，位图失真率越小，如图 1-12 所示。

图 1-12　点阵图失真前后对比

1.2.3 图像分辨率

分辨率，英文全称“resolution”，就是屏幕图像的精密度，是指显示器所能显示的像素的多少。由于屏幕上的点、线和面都是由像素组成的，显示器可显示的像素越多，画面就越精细，同样的屏幕区域内能显示的信息也越多，下面介绍使用Photoshop CS6查看图像分辨率的操作方法。

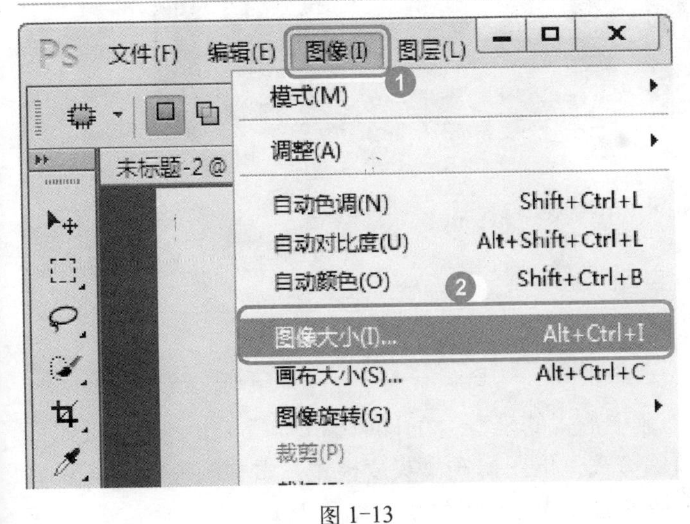

图 1-13

01 选择菜单项

No.1 启动Photoshop CS6应用程序，单击【图像】主菜单。

No.2 在弹出的下拉菜单中，选择【图像大小】菜单项，这样即可完成选择菜单项的操作，如图1-13所示。

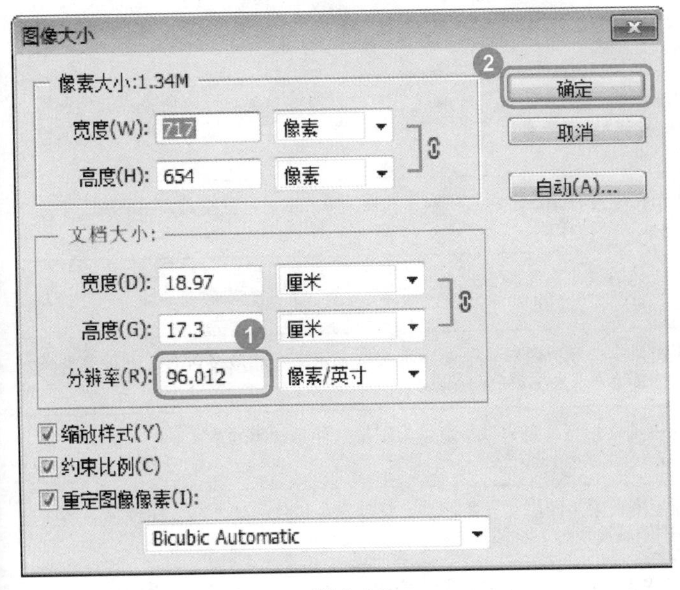

图 1-14

02 查看图像大小

No.1 弹出【图像大小】对话框，在【文档大小】区域中，在【分辨率】文本框中，用户可以查看图像分辨率数值。

No.2 单击【确定】按钮，这样即可关闭对话框，通过以上方法即可完成查看图像分辨率的操作，如图1-14所示。

1.2.4 颜色深度

颜色深度，是指一种格式最多支持多少种颜色，颜色深度一般是用“位”来描述的，如果一个图片支持256种颜色，那么就需要256个不同的值来表示不同的颜色，也就是从0到255，应注意的是，颜色深度越大，图片所占的空间越大，如图1-15所示。

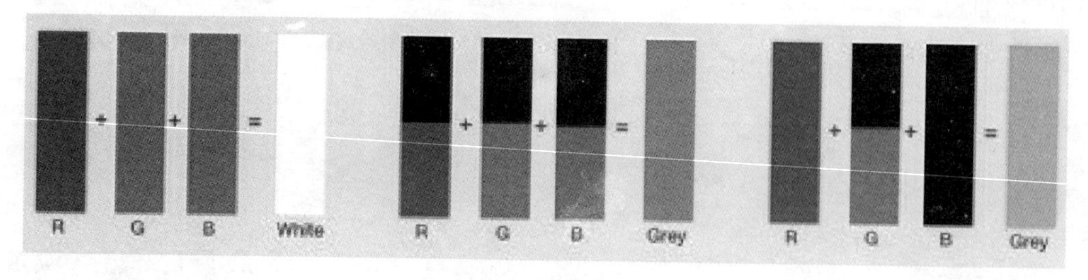

图 1-15 颜色深度图

1.2.5 颜色模式

颜色模式，是将某种颜色表现为数字形式的模型。在 Photoshop CS6 中，颜色模式可分为：RGB 模式、CMYK 模式、Lab 颜色模式、位图模式、灰度模式、索引颜色模式、双色调模式和多通道模式等，下面详细介绍颜色模式方面的知识，见表 1-1。

表 1-1 颜色模式

颜色模式名称	特 点
位图模式	位图模式又称黑白模式，是一种最简单的色彩模式，属于无彩色模式。位图模式图像只有黑白两色，由 1 位像素组成，每个像素用 1 位二进制数来表示。文件占据存储空间非常小。
灰度模式	灰度模式图像中没有颜色信息，色彩饱和度为 0，属无彩色模式，图像由介于黑白之间的 256 级灰色所组成。
双色调模式	双色调模式是通过 1 ~ 4 种自定义灰色油墨或彩色油墨创建一幅双色调、三色调或者四色调的含有色彩的灰度图像。
索引色模式	索引色模式只支持 8 位色彩，是使用系统预先定义好的最多含有 256 种典型颜色的颜色表中的颜色来表现彩色图像的。
RGB 色彩模式	RGB 颜色模式采用三基色模型，是目前图像软件最常用的基本颜色模式。三基色可复合生成 1670 多万种颜色。
CMYK 色彩模式	CMYK 颜色模式采用印刷三原色模型，又称减色模式，是打印、印刷等油墨成像设备即印刷领域使用的专有模式。
Lab 色彩模式	Lab 颜色模式是一种色彩范围最广的色彩模式，它是各种色彩模式之间相互转换的中间模式。
多通道模式	多通道模式图像包含多个具有 256 级强度值的灰阶通道，每个通道 8 位深度。

1.2.6 图像的文件格式

文件格式是计算机为了存储信息而使用的特殊编码方式，主要用于识别内部存储的资料，常用的图像文件格式有 PSD、JPG、PNG 和 BMP 等，图像文件格式的特点见表 1-2。

表 1-2 图像的文件格式

文件格式名称	特 点
PSD	PSD 格式是 Photoshop 图像处理软件的专用文件格式，它可以比其他格式更快速地打开和保存图像。
BMP	BMP 是一种与硬件设备无关的图像文件格式，被大多数软件所支持，主要用于保存位图文件。该格式不支持 Alpha 通道。
GIF	GIF 格式为 256 色 RGB 图像格式，其特点是文件尺寸较小，支持透明背景，适用于网页制作。
EPS	EPS 是处理图像工作中最重要的格式，主要用于在 PostScript 输出设备上打印。
JPEG	JPEG 是一种压缩效率很高的存储格式，但当压缩品质过高时，会损失图像的部分细节。广泛用于网页制作和 GIF 动画中。
PDF	PDF 是由 Adobe 公司创建的一种文件格式，允许在屏幕上查看电子文档，PDF 文件还可被嵌入到 Web 的 HTML 文档中。
PNG	PNG 是用于无损压缩和在 Web 上显示图像的一种格式，与 GIF 格式相比，PNG 格式不局限于 256 色。
TIFF	TIFF 支持 Alpha 通道的 RGB、CMYK、灰度模式以及无 Alpha 通道的索引、灰度模式、16 位和 24 位 RGB 文件，可设置透明背景。

Section 1.3 Photoshop 的工作界面

本节导读

为了更好地使用 Photoshop CS6 进行图像编辑操作，用户应首先对 Photoshop CS6 的工作界面进行了解。下面详细介绍 Photoshop CS6 的工作界面方面的知识与操作技巧。

1.3.1 Photoshop CS6 的工作界面

Photoshop CS6 的工作界面由【菜单栏】、【工具选项栏】、【工具箱】、【文档窗口】、【状态栏】和【面板组】等部分组成，如图 1-16 所示。

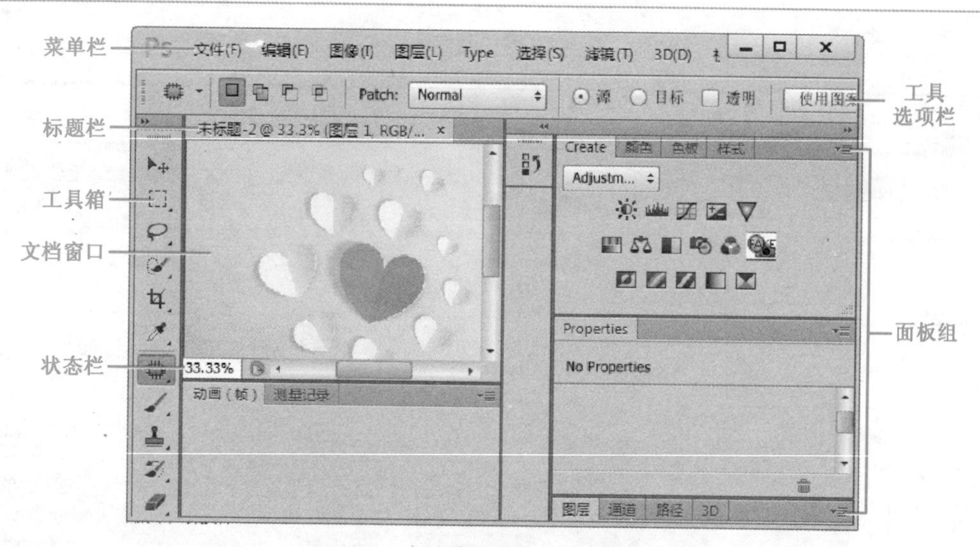

图 1-16 Photoshop CS6 工作界面

1.3.2 菜单栏

在 Photoshop CS6 中，共有 11 个主菜单，每个主菜单内都包含一系列对应的操作命令，如选择【图像】主菜单，在弹出的下拉菜单中，用户可以选择相应菜单项，设置相应的文件命令，如果在选择菜单命令时，某些命令显示为灰色，表示该命令在当前状态下不能使用，如图 1-17 所示。

Ps 文件(F) 编辑(E) 图像(I) 图层(L) Type 选择(S) 滤镜(T) 3D(D) 视图(V) 窗口(W) 帮助(H)

图 1-17 菜单栏

1.3.3 选项栏

工具选项栏简称选项栏，用于显示当前所选工具的选项，不同工具的选项栏，其功能也各不相同，单击并拖动工具选项栏可以使它成为浮动的工具选项栏。如果准备将其拖动至菜单栏下方，用户可以在出现蓝色条时放开鼠标，便可以重新归回原位，如图 1-18 所示。

羽化: 0 px 消除锯齿 调整边缘...

图 1-18 Photoshop CS6 套索工具选项栏

1.3.4 工具箱

在 Photoshop CS6 中，使用工具箱中的工具可以进行创建选区、绘图、取样、编辑、移动、

注释和查看图像等操作，同时还可以更改前景色和背景，并可以采用不同的屏幕显示模式和快速模板模式进行编辑，如图 1-19 所示。

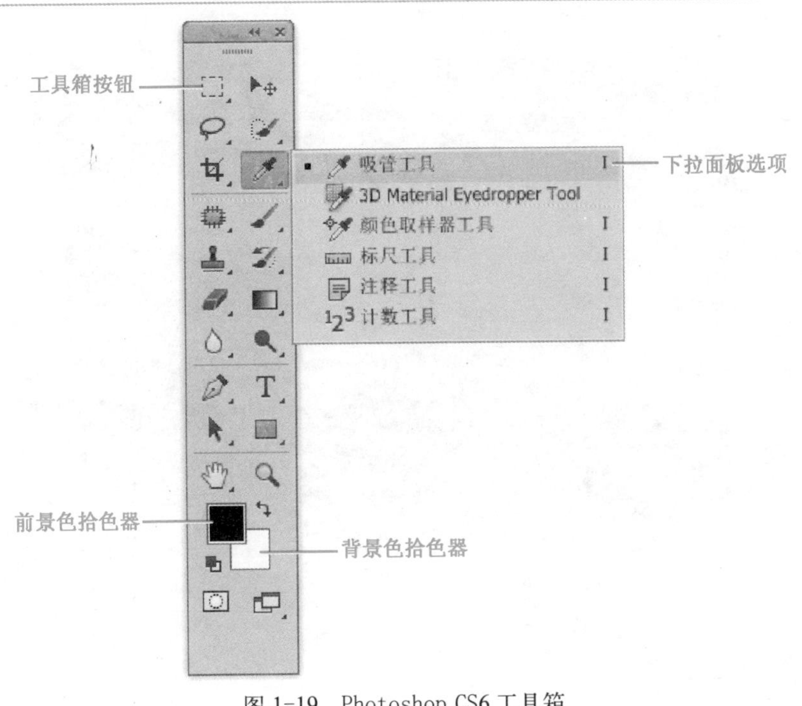

图 1-19 Photoshop CS6 工具箱

1.3.5 面板组

面板组可以用来设置图像的颜色、色板、样式、图层和历史记录等，在 Photoshop CS6 中，面板组包含 20 多个面板，同时面板组可以浮动展示，如图 1-20 所示。

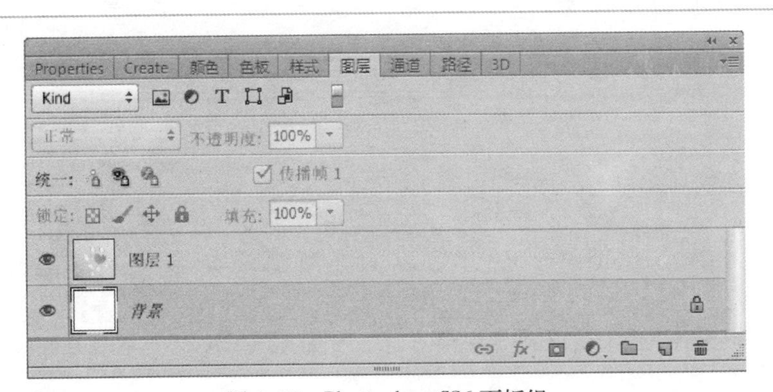

图 1-20 Photoshop CS6 面板组

1.3.6 文档窗口

在 Photoshop CS6 中，打开一个图像，便会创建一个文档窗口，当打开多个图像时，文档窗口将以选项卡的形式进行显示。文档窗口一般显示正在处理的图像文件，如果准备切换文档窗口，用户可以选择相应的标题名称，在键盘上按下组合键〈Ctrl〉+〈Tab〉可以按照顺序切换窗口，如图 1-21 所示。

图 1-21　文档窗口

教你一招

如何使用快捷键

如果在菜单命令后面有快捷键，用户按下快捷键可以快速执行该命令，例如按下〈Ctrl+A〉快捷键可以执行“选择→全部”命令，有些命令只提供了字母，用户按下〈Alt〉键＋主菜单的字母即可执行该命令。

Section

1.4 Photoshop CS6 工作区

本节导读

在 Photoshop CS6 中，用户可以对工作区进行自定义设置，这样程序可以根据用户不同的编辑要求，帮助用户快速选择不同的编辑工作模式，本节将重点介绍 Photoshop CS6 的工作区方面的知识。

1.4.1 工作区的切换

在 Photoshop CS6 中，用户可以根据图像编辑的需要，快速切换至不同类型的工作区。下面将介绍工作区切换的方法。

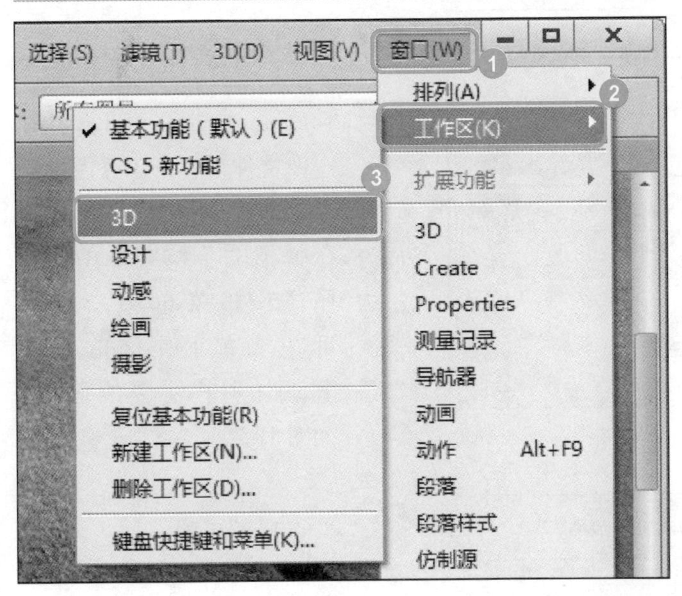

图 1-22

01 选择菜单项

No.1 启动 Photoshop CS6 并打开图像文件后，单击【窗口】主菜单。

No.2 在弹出的下拉菜单中，选择【工作区】菜单项。

No.3 在弹出的下拉菜单中，选择【3D】菜单项，这样即可完成选择【3D】菜单项的操作，如图 1-22 所示。

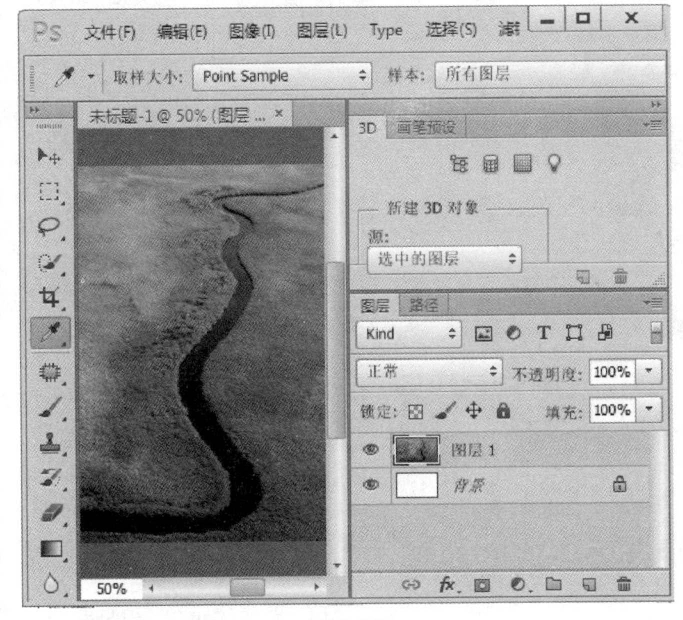

图 1-23

02 切换工作区

返回到 Photoshop CS6 主程序中，程序自动将工作区切换至【3D】工作区模式，通过以上方法即可完成切换工作区的操作，如图 1-23 所示。

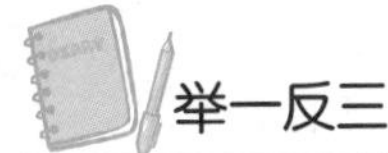

举一反三

Photoshop CS6 自带的工作区包括 3D、设计、动感、绘画和摄影五种，供广大用户使用。

1.4.2 定制自己的工作区

在 Photoshop CS6 中，如果程序自带的工作区不能满足用户的工作需要，用户还可以定制自己的工作区界面。下面介绍定制自己的工作区的方法。

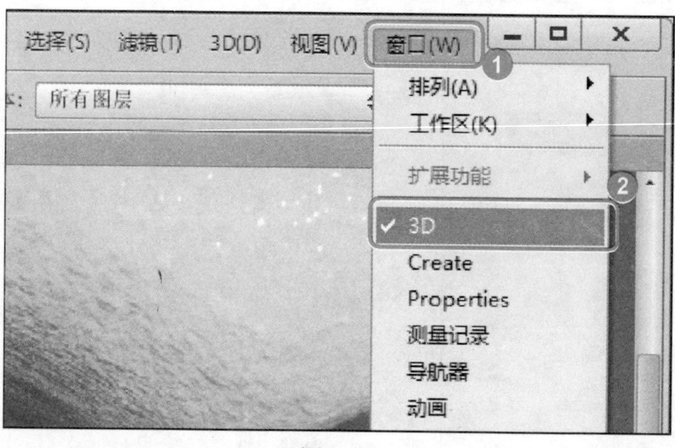

图 1-24

01 选择菜单项

No.1 启动 Photoshop CS6 并打开图像文件后，单击【窗口】主菜单。

No.2 在弹出的下拉菜单中，选择【3D】菜单项，这样可在现有工作区的基础上添加用户需要的面板，如图 1-24 所示。

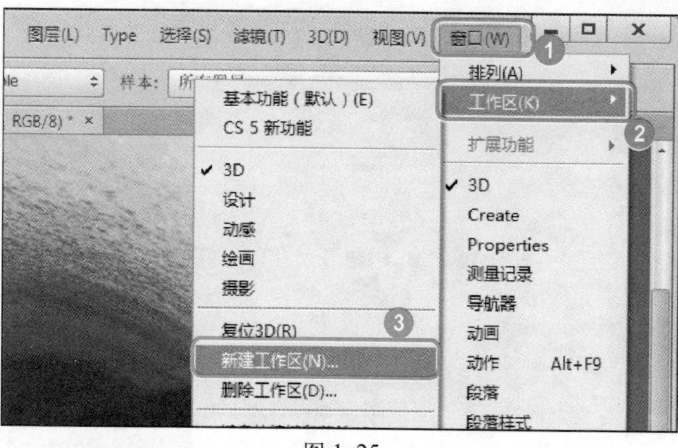

图 1-25

02 选择菜单项

No.1 添加需要的面板后，单击【窗口】主菜单。

No.2 在弹出的下拉菜单中，选择【工作区】菜单项。

No.3 在弹出的下拉菜单中，选择【新建工作区】菜单项，如图 1-25 所示。

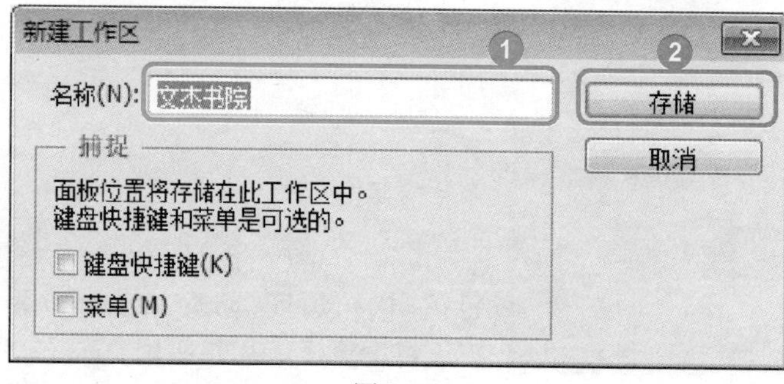

图 1-26

03 选择菜单项

No.1 弹出【新建工作区】对话框，在【名称】文本框中输入工作区名称。

No.2 单击【存储】按钮，这样即可完成定制自己的工作区的操作，如图 1-26 所示。

教你一招

删除工作区

在 Photoshop CS6 中，单击【窗口】主菜单，在弹出的下拉菜单中，选择【工作区】菜单项，在弹出的下拉菜单中，选择【删除工作区】菜单项，用户可以将自定义的工作区进行删除操作。

Section 1.5 使用辅助工具

本节导读

使用 Photoshop CS6 中的辅助工具，用户可以更好地对图像进行编辑操作，辅助道具包括标尺、参考线、智能参考线、网格、对齐功能、添加注释和显示额外内容等。本节将重点介绍 Photoshop CS6 的辅助工具方面的知识。

1.5.1 使用标尺

在 Photoshop CS6 中，标尺一般出现在工作区窗口的顶部和左侧，用户可以通过移动鼠标指针的方法更改标尺的原点。使用标尺，可以精确定位图像或元素的位置。下面介绍使用标尺的操作方法。

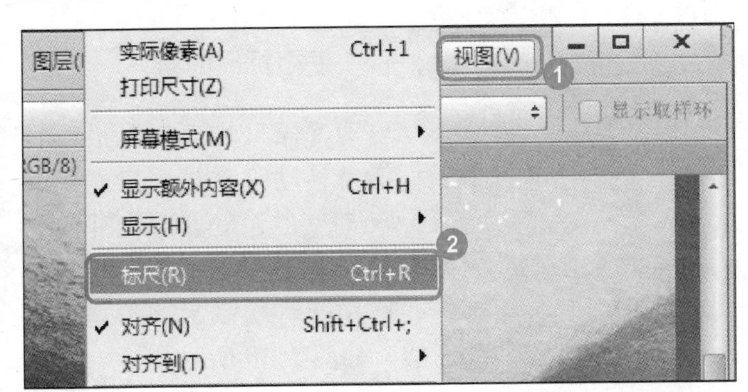

图 1-27

01 选择菜单项

No.1 在 Photoshop CS6 中打开图像，单击【视图】主菜单。

No.2 在弹出的下拉菜单中，选择【标尺】菜单项，如图 1-27 所示。

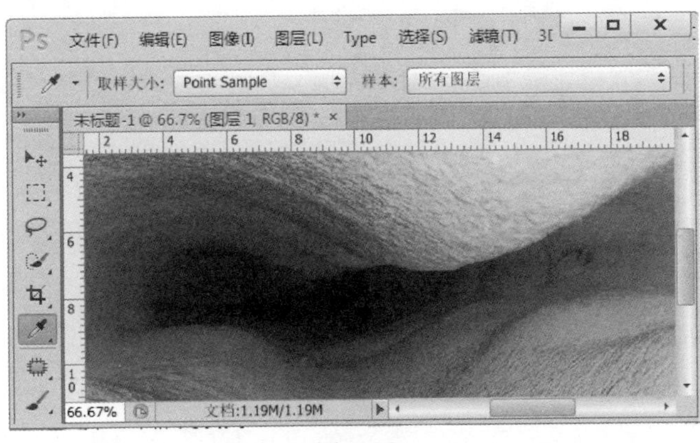

图 1-28

02 启用标尺

返回到 Photoshop CS6 工作主界面中，在图像文档窗口顶部和左侧显示标尺刻度器，通过以上操作方法即可完成启用标尺的操作，如图 1-28 所示。

1.5.2 使用参考线

参考线用于精确定位图像或元素的位置。用户可以移动和移去参考线，同时还可以锁定参考线，使其不可移动。下面介绍使用参考线的操作方法。

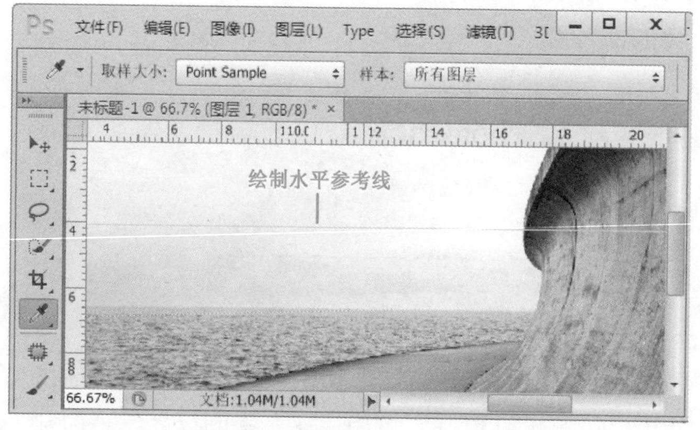

图 1-29

01 使用标尺拖拽

启动【标尺刻度器】后，将鼠标指针移动至文档窗口顶端的【标尺刻度器】处，单击并向下方拖动鼠标，在指定位置释放鼠标，这样即可绘制出一条水平参考线，如图 1-29 所示。

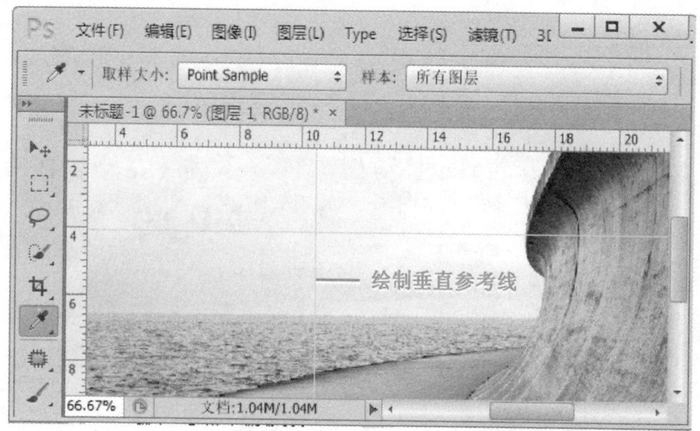

图 1-30

02 使用标尺拖动

启动【标尺刻度器】后，将鼠标指针移动至文档窗口左侧的【标尺刻度器】处，单击并向右侧拖动鼠标，在指定位置释放鼠标，这样即可绘制出一条垂直参考线，如图 1-30 所示。

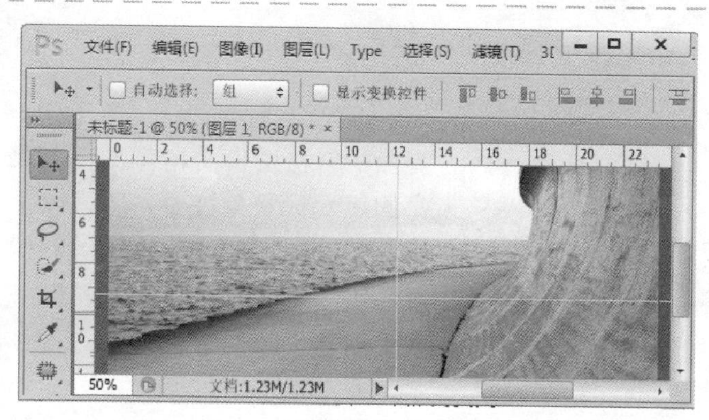

图 1-31

03 使用参考线

在 Photoshop CS6 的文档窗口中，显示制作出的水平参考线与垂直参考线，这样即可完成使用参考线的操作，如图 1-31 所示。

1.5.3 使用智能参考线

在 Photoshop CS6 中，使用智能参考线，在进行图像移动操作时，用户可以移动图像进行对齐形状、选区和切片的操作，下面介绍使用智能参考线的操作方法。

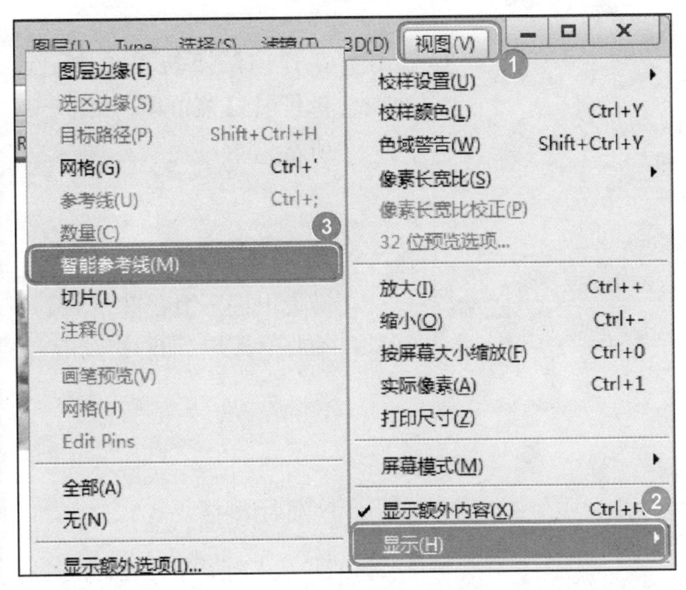

图 1-32

01 选择菜单项

No.1 打开图像，单击【视图】主菜单。

No.2 在弹出的下拉菜单中，选择【显示】菜单项。

No.3 在弹出的下拉菜单中，选择【智能参考线】菜单项，如图 1-32 所示。

图 1-33

02 使用智能参考线

启动智能参考线功能后，在文档窗口中将显示智能参考线，通过以上方法即可完成使用智能参考线的操作，如图 1-33 所示。

1.5.4 使用网格

在 Photoshop CS6 中，用户可以利用显示网格的方法，对图像进行对齐功能的操作。下面介绍使用网格的操作方法。

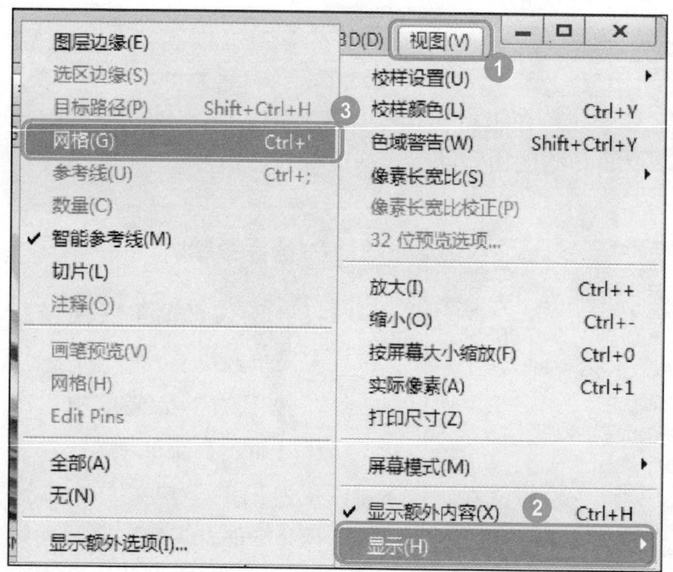

图 1-34

01 选择菜单项

No.1 打开图像，单击【视图】主菜单。

No.2 在弹出的下拉菜单中，选择【显示】菜单项。

No.3 在弹出的下拉菜单中，选择【网格】菜单项，如图 1-34 所示。

举一反三

在键盘上按下组合键〈Ctrl〉+〈’〉，同样可以启动网格功能。

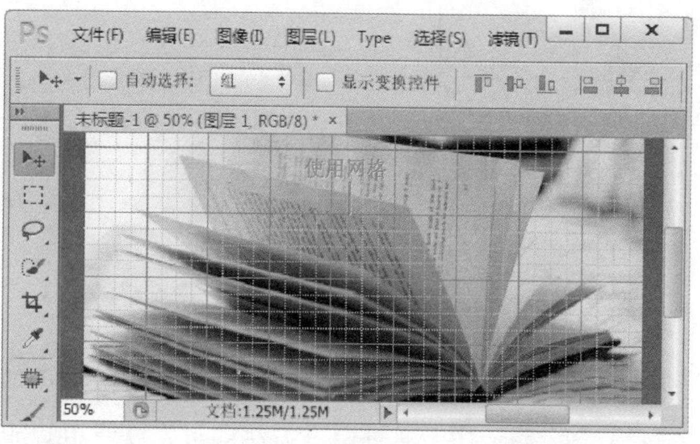

图 1-35

02 使用网格

启动网格功能后，在文档窗口中将显示网格，通过以上方法即可完成使用网格的操作，如图 1-35 所示。

Section 1.6 实践案例与上机指导

本节导读

对 Photoshop CS6 基础知识有所认识后，本节将针对以上所学知识制作五个案例，分别是查看系统信息、启用对齐功能、锁定参考线、显示与隐藏额外内容和优化常规选项。

1.6.1 查看系统信息

在 Photoshop CS6 中，用户可以查看 Adobe Photoshop 的版本、操作系统、处理器速度、Photoshop 可用的内存、Photoshop 占用的内存和图像高速缓存级别等信息。下面介绍查看 Photoshop CS6 系统信息的操作方法。

在 Photoshop CS6 中，单击【帮助】主菜单，在弹出的下拉菜单中，选择【系统信息】菜单项，这样即可打开【系统信息】对话框，在弹出的【系统信息】对话框中，用户可以查看 Adobe Photoshop 的版本、操作系统、处理器速度、Photoshop 可用的内存、Photoshop 占用的内存和图像高速缓存级别等信息，如图 1-36 所示。

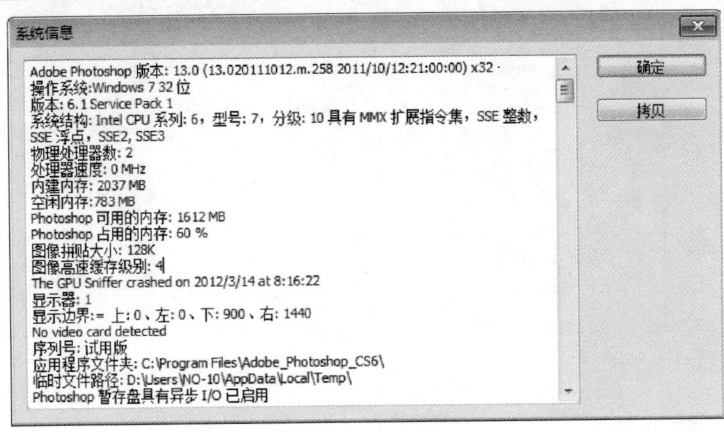

图 1-36 系统信息

1.6.2 启用对齐功能

在 Photoshop CS6 中，启用对齐功能，用户可以对不同图层中的图像进行对齐操作。下面介绍启用对齐功能的操作方法。

在 Photoshop CS6 中，单击【窗口】主菜单，在弹出的下拉菜单中，选择【对齐】菜单项，这样即可启用对齐功能，如图 1-37 所示。

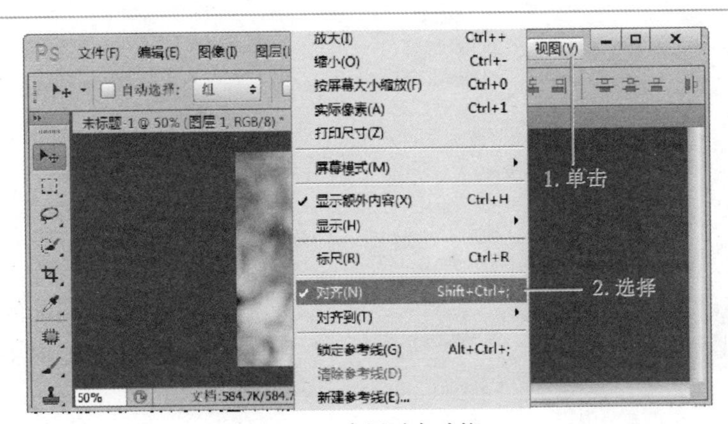

图 1-37 启用对齐功能

1.6.3 锁定参考线

在 Photoshop CS6 中，启用锁定参考线功能，用户可以将已经创建的参考线锁定在当前位置，锁定的参考线将无法移动，下面介绍启用锁定参考线功能的方法。

在 Photoshop CS6 中，单击【窗口】主菜单，在弹出的下拉菜单中，选择【锁定参考线】菜单项，这样即可启用锁定参考线功能，如图 1-38 所示。

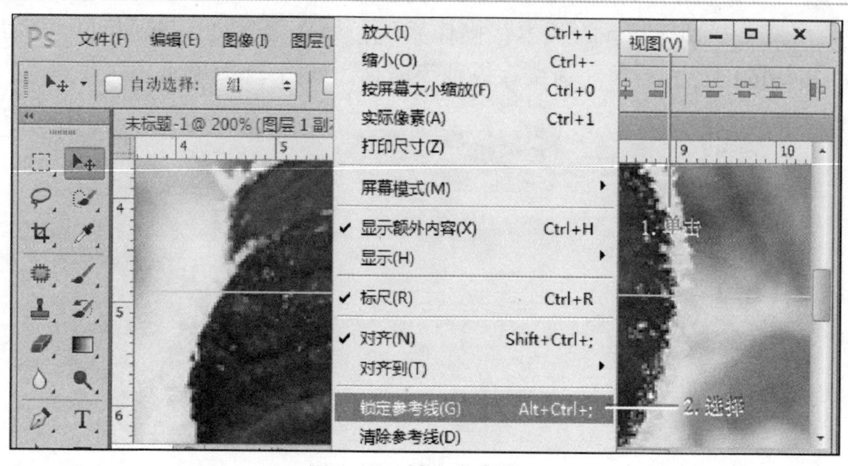

图 1-38 锁定参考线

1.6.4 显示与隐藏额外内容

在 Photoshop CS6 中，如果启动标尺、网格、参考线等辅助工具后，用户可以根据编辑需要将启动的辅助工具进行暂时隐藏或再次显示的操作，下面介绍显示与隐藏额外内容的操作方法。

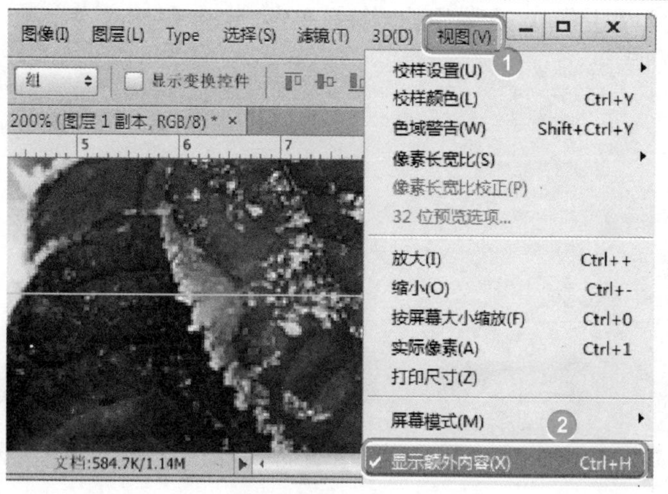

图 1-39

01 选择菜单项

No.1 在 Photoshop CS6 的图像文件中设置【参考线】等辅助工具后，单击【视图】主菜单。

No.2 选择【显示额外内容】菜单项，将【显示额外内容】菜单项前的选择符号取消，如图 1-39 所示。

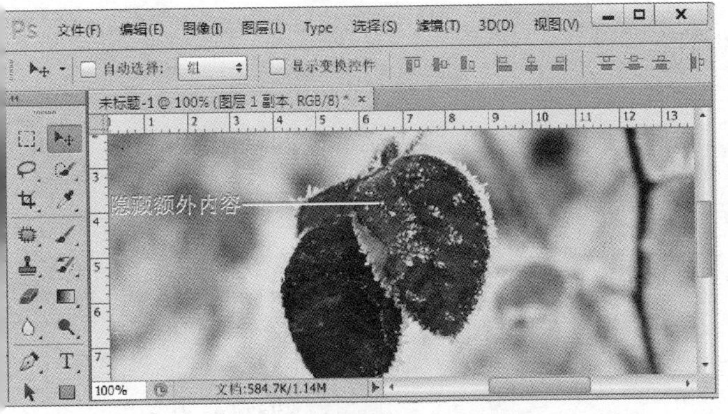

图 1-40

02 隐藏额外内容

此时，在文档窗口中，【网格】等辅助工具已经隐藏，通过以上方法即可完成隐藏额外内容的操作，如图 1-40 所示。

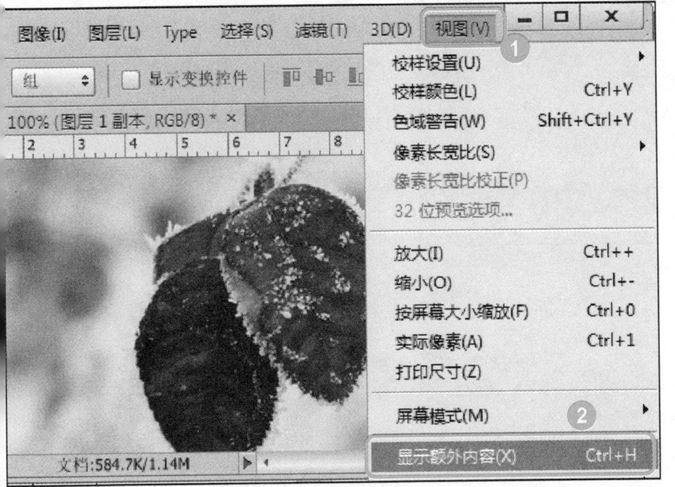

图 1-41

03 选择菜单项

No.1 将图像文件的额外内容隐藏后，单击【视图】主菜单。

No.2 选择【显示额外内容】菜单项，将【显示额外内容】菜单项前的选择符号重新选择，如图 1-41 所示。

图 1-42

04 显示额外内容

此时，在文档窗口中，【网格】等辅助工具已经再次显示，通过以上方法即可完成显示额外内容的操作，如图 1-42 所示。

举一反三

在键盘上按下组合键 <Ctrl+'>，同样可以启动网格功能。

1.6.5 优化常规选项

使用 Photoshop CS6 的首选项，可以对 Photoshop CS6 的常规选项进行优化。下面介绍优化常规选项的操作方法。

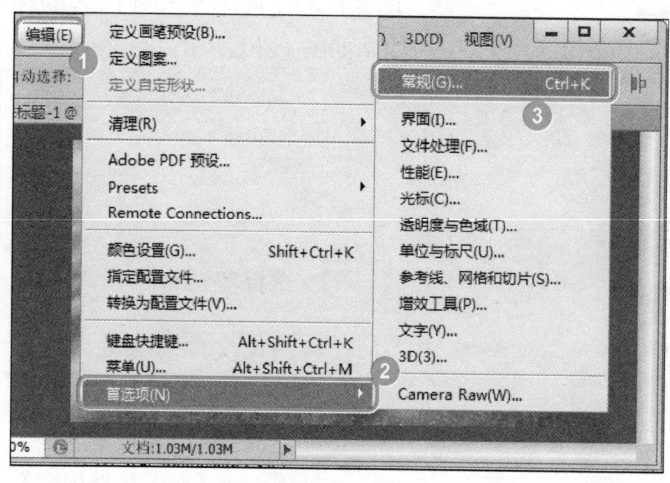

图 1-43

01 选择菜单项

No.1 打开 Photoshop CS6 后，选择【编辑】主菜单。

No.2 在弹出的下拉菜单中，选择【首选项】菜单项。

No.3 在弹出的下拉菜单中，选择【常规】菜单项，如图 1-43 所示。

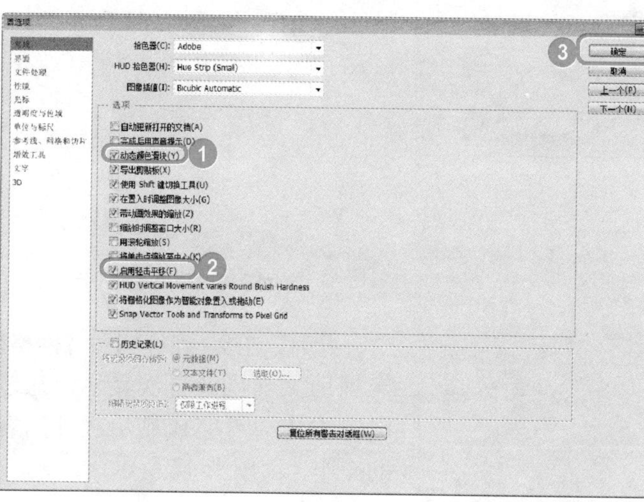

图 1-44

02 优化常规选项

No.1 弹出【首选项】对话框，在【选项】区域中，选中【动态颜色滑块】复选框。

No.2 选中【启用轻击平移】复选框。

No.3 单击【确定】按钮 确定 ，通过以上方法即可完成优化常规选项的操作，如图 1-44 所示。

第 2 章

图像文件的操作

本章主要介绍了图像文件操作方面的基础知识，同时还讲解了新建与保存文件、打开与关闭文件、置入与导出文件和查看图像文件等方面的操作技巧。通过本章的学习，读者可以掌握图像文件操作方面的知识，为进一步学习 Photoshop CS6 相关知识奠定基础。

Section 2.1

新建与保存文件

本节导读

在使用 Photoshop CS6 进行图像编辑之前，用户首先需要掌握新建与保存文件的操作方法，掌握新建图像文件的方法，用户可以快速创建准备编辑图像的背景图层，而保存文件，用户则可以防止编辑好的图像丢失。本节将重点介绍新建与保存文件方面的知识。

2.1.1 新建图像文件

在 Photoshop CS6 中，用户可以根据编辑图像的需要，创建一个新的图像空白文件。下面介绍新建图像文件的操作方法。

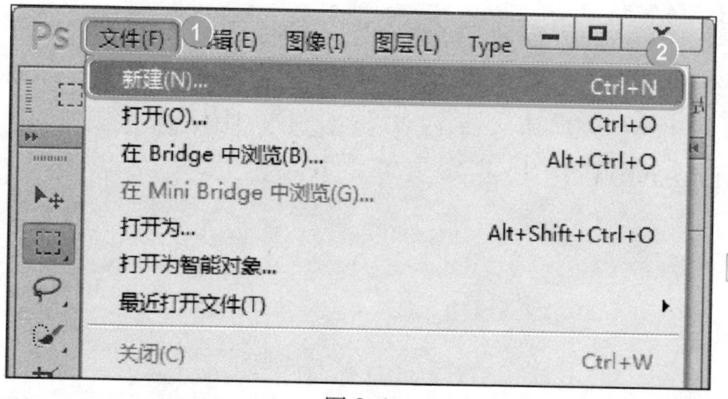

图 2-1

01 选择菜单项

No.1 启动 Photoshop CS6 并打开图像文件后，单击【文件】主菜单。

No.2 在弹出的下拉菜单中，选择【新建】菜单项，如图 2-1 所示。

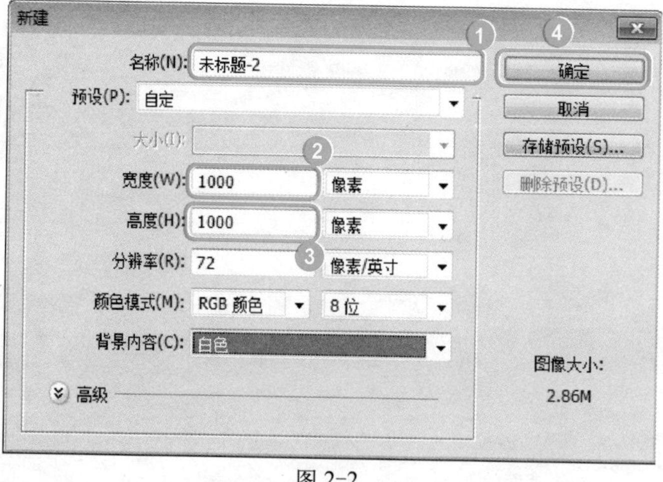

图 2-2

02 设置新建选项

No.1 弹出【新建】对话框，在【名称】文本框中，输入新建图像的名称。

No.2 在【宽度】文本框中输入新建文件的宽度值。

No.3 在【高度】文本框中输入新建文件的高度值。

No.4 单击【确定】按钮 确定 ，如图 2-2 所示。

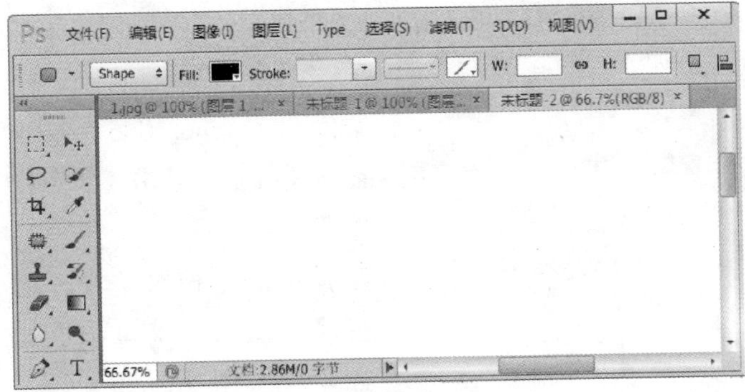

图 2-3

03 新建图像文件

返回到 Photoshop CS6 主程序中，在文档窗口中显示刚刚创建的空白图像文件，通过以上操作方法即可完成新建图像文件的操作，如图 2-3 所示。

2.1.2 保存图像文件

在 Photoshop CS6 中，用户可以对编辑完成的图像文件进行保存，保存文件的方法有多种，下面介绍常用的两种保存图像文件的方法。

1. 用“存储”命令保存文件

在 Photoshop CS6 中，【存储】命令是指在文件编辑的过程中，将文件随时进行保存，这样可以有效防止文件的丢失，下面介绍用“存储”命令保存文件的操作方法。

在 Photoshop CS6 中，图像文件编辑完成后，单击【文件】主菜单，在弹出的下拉菜单中，选择【存储】菜单项，这样即可完成保存文件的操作，如图 2-4 所示。

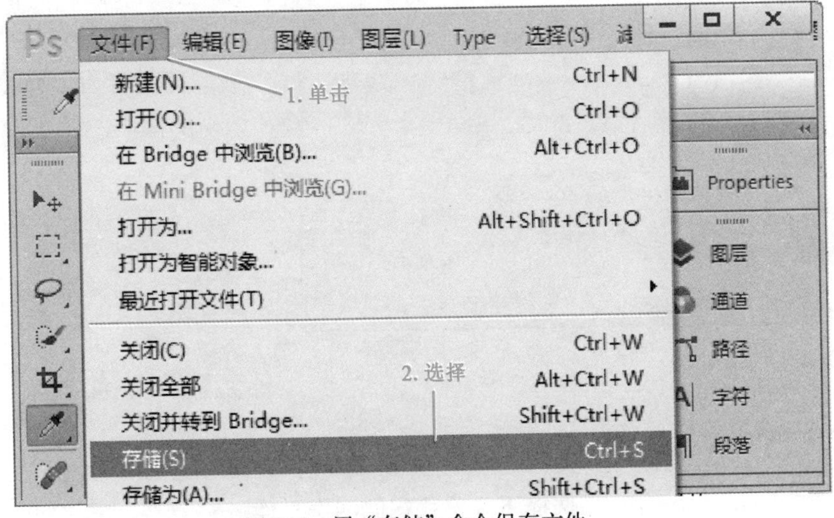

图 2-4 用“存储”命令保存文件

2. 用“存储为”命令保存文件

在 Photoshop CS6 中，【存储为】命令是指在文件编辑的过程中，将文件保存到电脑中的其他位置，以便将编辑的图像文件进行备份，下面介绍用“存储为”命令保存文件的方法。

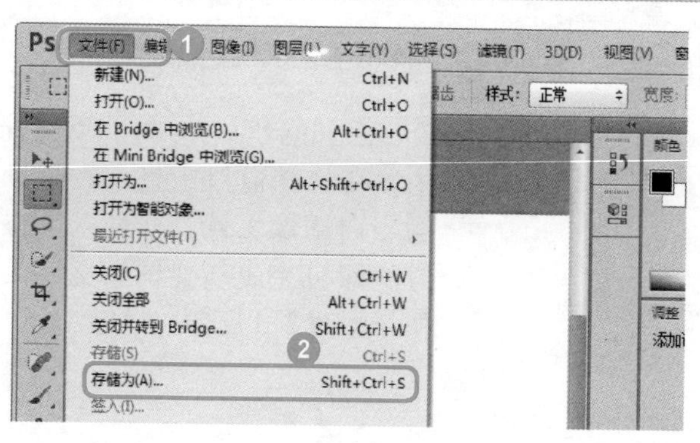

图 2-5

01 选择菜单项

No.1 启动 Photoshop CS6 并打开图像文件后，单击【文件】主菜单。

No.2 在弹出的下拉菜单中，选择【存储为】菜单项，如图 2-5 所示。

图 2-6

02 设置存储选项

No.1 弹出【存储为】对话框，在【保存在】下拉列表框中，选择文件存放的磁盘位置。

No.2 在【文件名】文本框中输入文件保存的名称。

No.3 在【格式】下拉列表框中，选择保存文件的格式。

No.4 单击【保存】按钮 保存(S)，通过以上方法即可完成用“存储为”命令保存文件的操作，如图 2-6 所示。

教你一招

选择不同格式存储图像文件

在 Photoshop CS6 中，在【存储为】对话框中，设置文件存储格式，单击【保存】按钮后，根据存储格式的不同，会弹出不同格式的存储对话框，如将图像存储为“JPEG”格式后，会弹出【JPEG 选项】对话框，用户可以设置存储图像品质的大小及其他参数。

Section

2.2 打开与关闭文件

本节导读

在 Photoshop CS6 中，快速打开图像文件，可以方便用户快速进行素材的选择与使用，同时关闭不再准备使用的图像文件，可以节省软件的操作空间，本节将重点介绍打开与关闭文件方面的知识。

2.2.1 用“打开”命令打开文件

在 Photoshop CS6 中，用户可以快速打开准备编辑的图像文件，下面介绍用“打开”命令打开文件的操作方法。

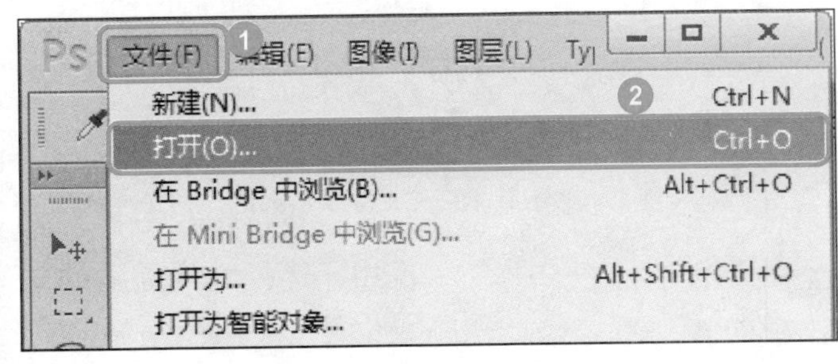

图 2-7

01 选择菜单项

No.1 启动 Photoshop CS6 并打开图像文件后，单击【文件】主菜单。

No.2 在弹出的下拉菜单中，选择【打开】菜单项，如图 2-7 所示。

图 2-8

02 打开图像文件

No.1 弹出【打开】对话框，在【查找范围】下拉列表框中，选择文件存放的磁盘位置。

No.2 单击选中准备打开的图像文件。

No.3 单击【打开】按钮，通过以上方法即可完成打开图像文件的操作，如图 2-6 所示。

2.2.2 用“打开为”命令打开文件

在 Photoshop CS6 中，使用“打开为”命令打开文件，需要指定特定的文件格式，不是指定格式的文件将无法打开。下面介绍用“打开为”命令打开文件的操作方法。

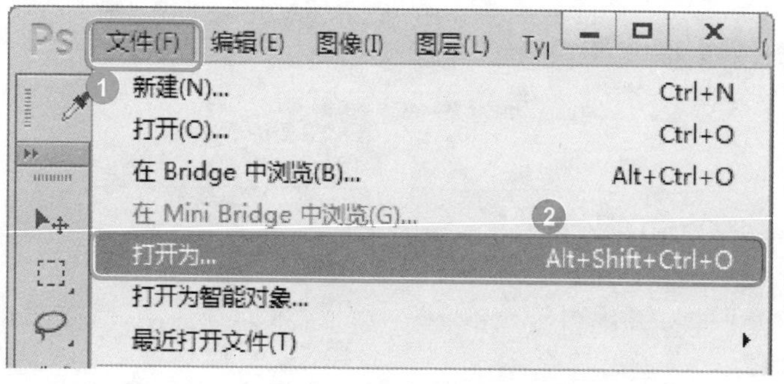

图 2-9

01 选择菜单项

No.1 启动 Photoshop CS6 并打开图像文件后，单击【文件】主菜单。

No.2 在弹出的下拉菜单中，选择【打开为】菜单项，如图 2-9 所示。

图 2-10

02 设置打开条件

No.1 弹出【打开为】对话框，在【查找范围】下拉列表框中，选择文件存放的磁盘位置。

No.2 单击选中准备打开的图像文件。

No.3 在【打开为】下拉列表框中，选择与准备打开的图像文件格式一致的选项，如“JPEG”。

No.4 单击【打开】按钮 打开(O)，通过以上方法即可完成用“打开为”命令打开文件的操作，如图 2-10 所示。

2.2.3 关闭图像文件

在 Photoshop CS6 中，当图像编辑完成后，用户可以将不需要编辑的图像关闭，这样可以节省软件的缓存空间，为编辑其他图像文件节省操作的空间。下面介绍关闭图像文件的操作方法。

在 Photoshop CS6 中，单击【文件】主菜单，在弹出的下拉菜单中，选择【关闭】菜单项，这样即可完成关闭图像文件的操作，如图 2-11 所示。

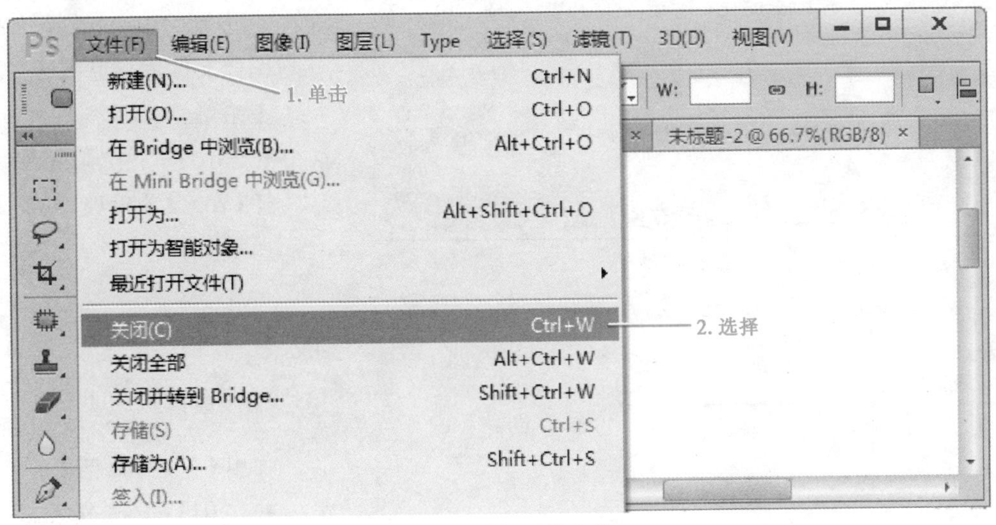

图 2-11　关闭图像文件

教你一招

关闭文件的快捷键

在 Photoshop CS6 中，在关闭单个文件时，用户可以在键盘上按下组合键〈Ctrl〉+〈W〉，这样即可关闭当前文件。打开多个文件时，用户也可以在键盘上连续按下组合键〈Ctrl〉+〈W〉，逐个关闭图像文件，方便用户在关闭图像文件的过程中，检查每一个编辑的图像文件。

Section 2.3　置入文件

本节导读

在 Photoshop CS6 中，置入文件是指，打开一个图像文件后，将另一个图像文件直接置入到当前打开的图像文件当中，方便用户对当前图像和置入图像进行结合编辑的操作。本节将重点介绍置入图像文件方面的知识与操作技巧。

2.3.1　置入 eps 格式文件

在 Photoshop CS6 中，用户可以将 eps 格式的文件直接置入到当前打开的图像文件当中。下面介绍置入 eps 格式文件的操作方法。

图 2-12

01 选择菜单项

No.1 启动 Photoshop CS6 并打开图像文件后，单击【文件】主菜单。

No.2 在弹出的下拉菜单中，选择【置入】菜单项，如图 2-12 所示。

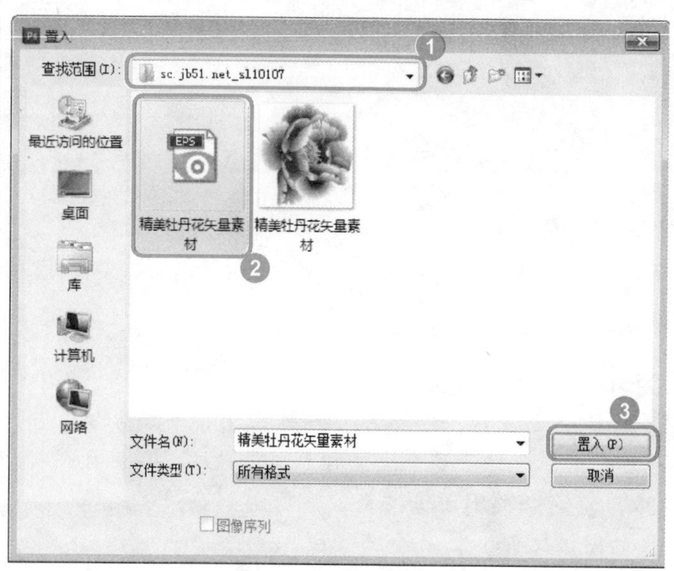

图 2-13

02 设置置入选项

No.1 弹出【置入】对话框，在【查找范围】下拉列表框中，选择文件存放的磁盘位置。

No.2 单击选中准备打开的 eps 文件。

No.3 单击【置入】按钮 置入(P)，这样即可设置文件的置入的条件，如图 2-13 所示。

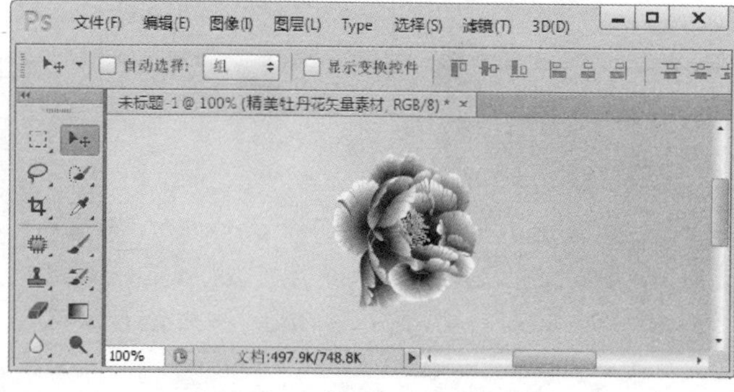

图 2-14

03 选择菜单项

返回到 Photoshop CS6 主程序中，在当前打开的图像文件中，eps 格式的图像文件将被直接置入其中，通过以上方法即可完成置入 eps 格式文件的操作，如图 2-14 所示。

2.3.2 置入 ai 格式文件

ai 格式具有占用硬盘空间小，打开速度快以及方便格式转换等特点。在 Photoshop

CS6 中，用户可以直接打开 ai 格式的文件。下面介绍置入 ai 格式文件的操作方法。

图 2-15

01 选择菜单项

No.1 启动 Photoshop CS6 并打开图像文件后，单击【文件】主菜单。

No.2 在弹出的下拉菜单中，选择【置入】菜单项，如图 2-15 所示。

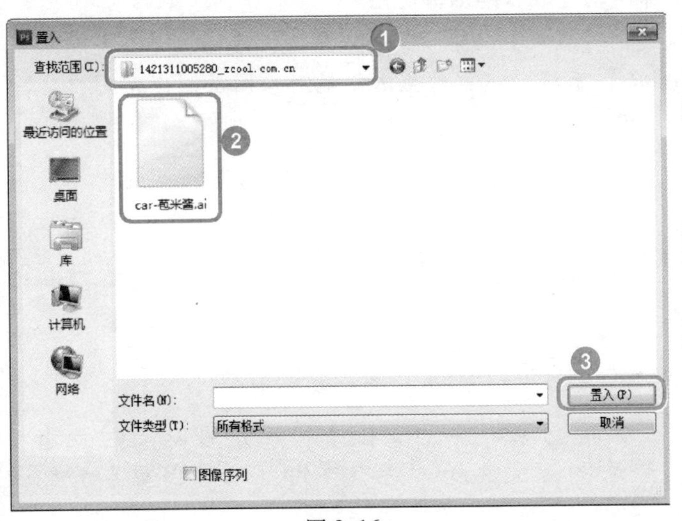

图 2-16

02 设置置入选项

No.1 弹出【置入】对话框，在【查找范围】下拉列表框中，选择文件存放的磁盘位置。

No.2 单击选中准备打开的 ai 文件。

No.3 单击【置入】按钮 ，这样即可设置文件的置入条件，如图 2-16 所示。

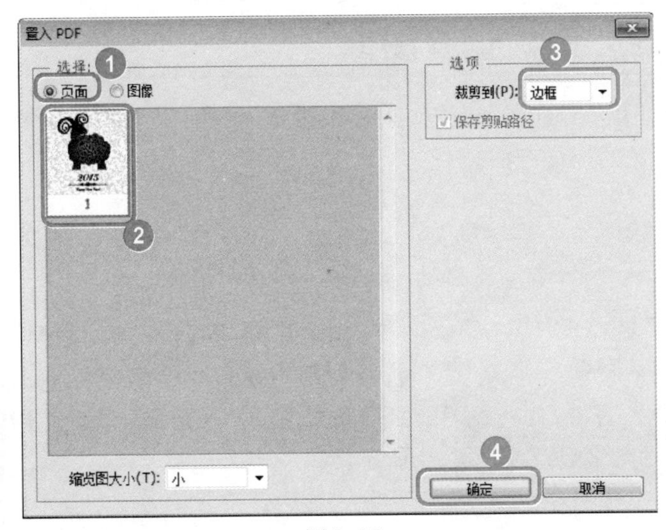

图 2-17

03 置入 PDF 选项

No.1 弹出【置入 PDF】对话框，在【选择】区域，单击【页面】单选项。

No.2 在【页面预览】区域中，用户可查看准备置入的 ai 格式的图像。

No.3 在【裁剪到】下拉列表中，选择【边框】选项。

No.4 单击【确定】按钮 ，如图 2-17 所示。

图 2-18

04 置入 ai 文件

返回到 Photoshop CS6 主程序中，在当前打开的图像文件中，ai 格式的图像文件将被直接置入其中，通过以上方法即可完成置入 ai 文件的操作，如图 2-18 所示。

教你一招

置入文件自动生成智能对象图层

在 Photoshop CS6 中，在使用【置入】功能置入 eps 格式、ai 格式等类型的文件时，置入的文件将在【图层】面板中，自动生成智能对象图层，以便用户更好地编辑置入的文件。

Section 2.4 查看图像文件

本节导读

在 Photoshop CS6 中，在编辑图像文件的过程中，用户可以随时查看图像文件的整体或局部信息，查看图像文件的方法有多种，本节将重点介绍查看图像文件的操作方法。

2.4.1 使用“导航器”面板查看图像

在 Photoshop CS6 中，用户可以使用“导航器”面板，对图像进行局部细节查看的操作。下面介绍使用“导航器”面板查看图像的操作方法。

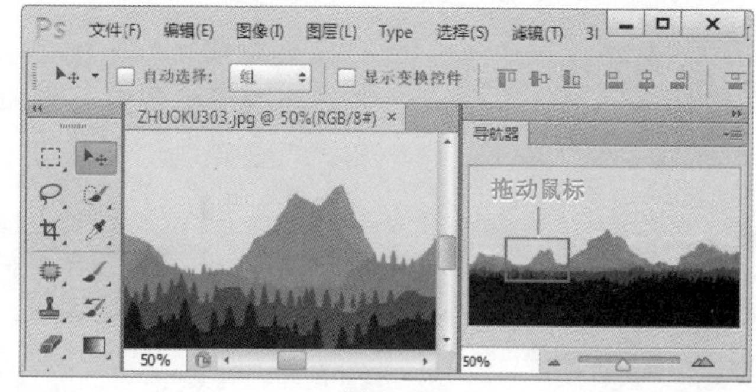

图 2-19

01 移动鼠标

调出【导航器】面板后，在【导航器】预览窗口中，将鼠标拖动到准备查看的图像区域，如图 2-19 所示。

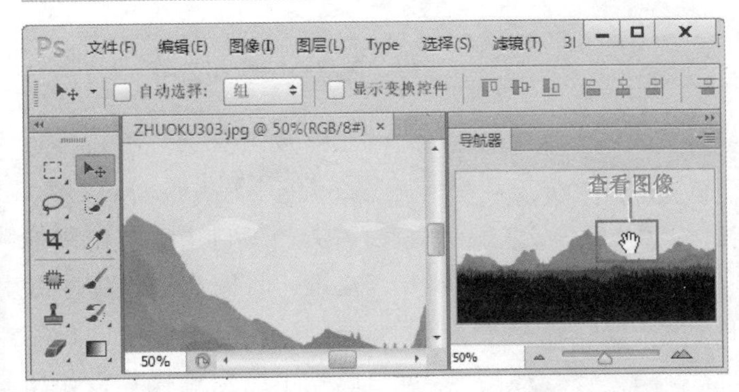

图 2-20

02 查看图像区域

使用鼠标左键，拖动红框至准备查看的图像区域，然后释放鼠标左键，这样即可完成使用“导航器”面板查看图像的操作，如图 2-20 所示。

2.4.2 使用“缩放”工具查看图像

在 Photoshop CS6 中，用户可以使用“缩放”工具放大或缩小图像的局部区域。下面介绍使用“缩放”工具查看图像的操作方法。

图 2-21

01 使用缩放工具

No.1 打开图像文件后，在【工具箱】中，单击【缩放工具】按钮。

No.2 在缩放工具选项栏中，单击【放大】按钮，如图 2-21 所示。

图 2-22

02 放大图像文件

在文档窗口中，单击鼠标左键，将准备放大查看的图像放大处理，通过以上方法即可完成放大图像的操作，如图 2-22 所示。

图 2-23

03 缩小图像文件

No.1 在缩放工具选项栏中，单击【缩小】按钮 。

No.2 在文档窗口中，单击鼠标左键，将图像进行缩小处理，通过以上方法即可完成缩小图像的操作，如图 2-23 所示。

2.4.3 使用“抓手”工具查看图像

在 Photoshop CS6 中，图像文件被放大后，用户还可以使用“抓手工具”查看图像的局域部分。下面介绍使用“抓手”工具查看图像的操作方法。

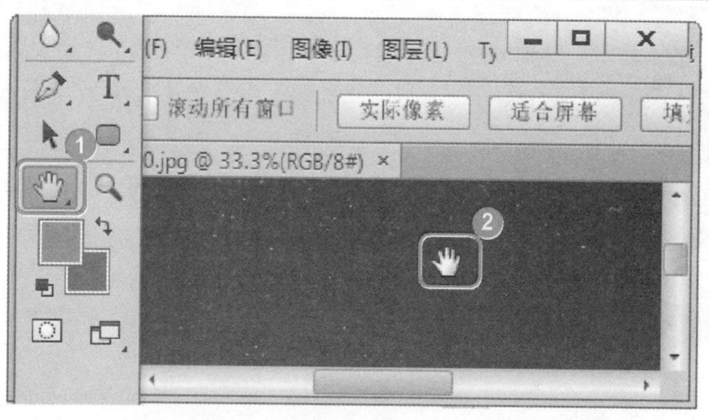

图 2-24

01 使用抓手工具

No.1 打开图像文件后，在【工具箱】中，单击【抓手工具】按钮。

No.2 在文档窗口中，单击按住鼠标左键，拖动鼠标移动放大的图像，如图 2-24 所示。

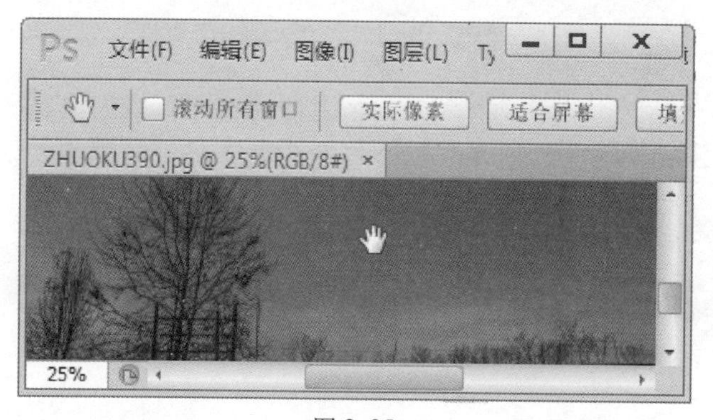

图 2-25

02 放大图像文件

将鼠标拖动至准备查看的图像位置，然后释放鼠标左键，通过以上方法即可完成使用“抓手”工具查看图像的操作，如图 2-25 所示。

Section

2.5　实践案例与上机指导

本节导读

对图像文件的操作有所认识后，本节将针对以上所学知识制作五个案例，分别是使用“关闭全部”命令、最近打开的文件、快捷键查看多文档窗口、展开与关闭工具箱和关闭面板。

2.5.1　使用“关闭全部”命令

在 Photoshop CS6 中，如果打开过多的图像文件，用户可以使用“关闭全部”命令一次性将打开的文件全部关闭。下面介绍使用“关闭全部”命令关闭文件的操作方法。

在 Photoshop CS6 中编辑并保存多个图像文件后，单击【文件】主菜单，在弹出的下拉菜单中，选择【关闭全部】菜单项，通过以上方法即可完成使用“关闭全部”命令关闭全部图像文件的操作，如图 2-26 所示。

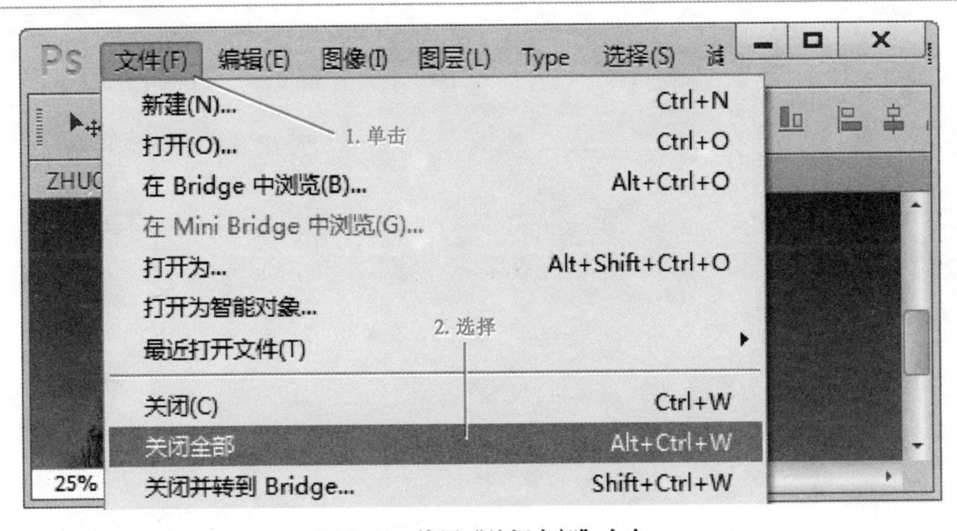

图 2-26　使用“关闭全部”命令

2.5.2　最近打开的文件

在 Photoshop CS6 中，用户可以快速打开最近使用过的图像文件并再次编辑使用，下面介绍使用最近打开的文件功能的操作方法。

在 Photoshop CS6 中编辑并保存多个图像文件后，单击【文件】主菜单，在弹出的下拉菜单中，选择【最近打开的文件】菜单项，在弹出的下拉菜单中，选择最近打开的图像文件选项，通过以上方法即可完成使用“最近打开的文件”命令打开图像文件的操作，如图 2-27 所示。

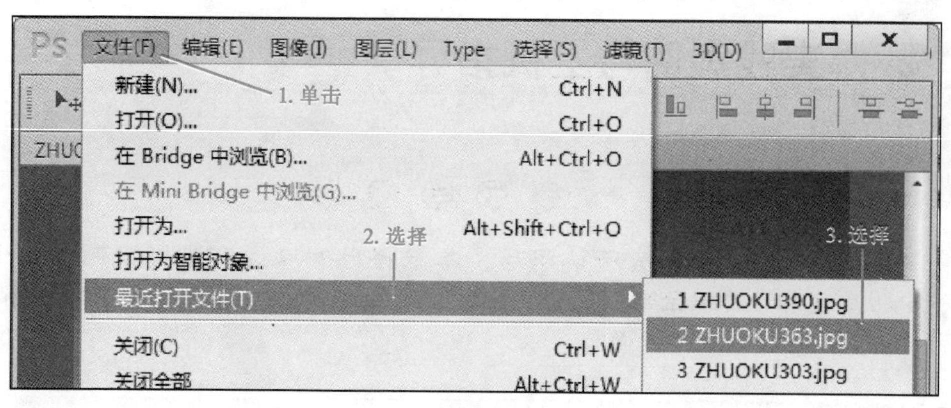

图 2-27

2.5.3 快捷键查看多文档窗口

在 Photoshop CS6 中，如果打开了多个图像文件，用户可以使用快捷键，查看多文档窗口中的图像信息。下面介绍使用快捷键查看多文档窗口的操作方法。

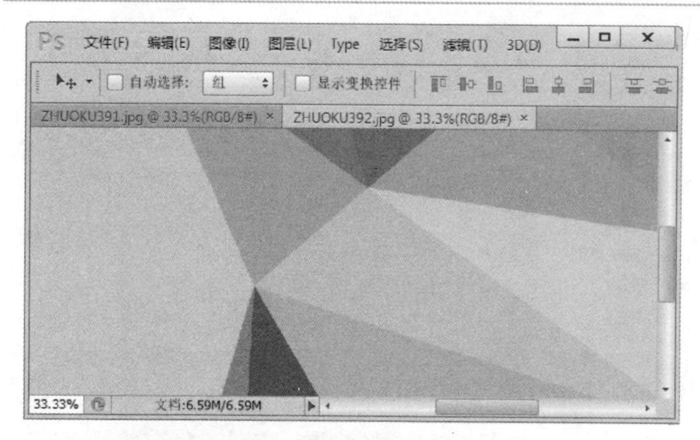

图 2-28

01 使用抓手工具

在 Photoshop CS6 中，打开多个图像文件后，在键盘上按下组合键 <Ctrl>+<Tab>，如图 2-28 所示。

图 2-29

02 查看多文档窗口

在键盘上按下组合键后，程序将当前文档窗口快速切换至下一文档窗口中，通过以上方法即可完成使用快捷键查看多文档窗口的操作，如图 2-29 所示。

2.5.4 展开与关闭工具箱

在 Photoshop CS6 中，用户可以根据需要，将工具箱展开双列排列，同时也可以在不准备使用工具箱时将其关闭，下面介绍展开与关闭工具箱的操作方法。

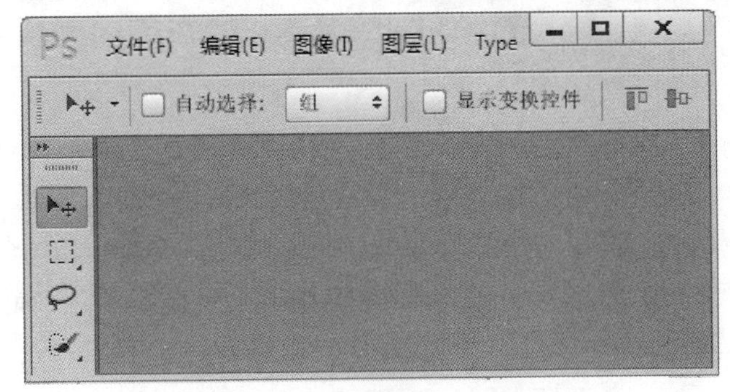

图 2-30

01 单击扩展按钮

打开 Photoshop CS6 主程序后，单击【工具箱】顶部的扩展按钮，如图 2-30 所示。

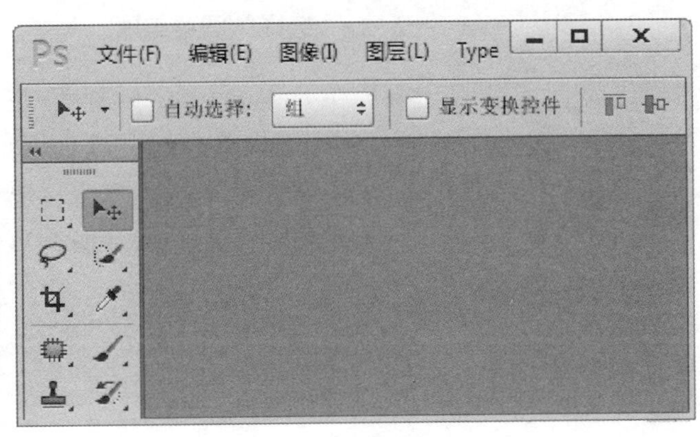

图 2-31

02 展开工具箱

此时，在 Photoshop CS6 主程序中，【工具箱】由单列展开成双列显示，通过以上操作方法即可完成展开工具箱的操作，如图 2-31 所示。

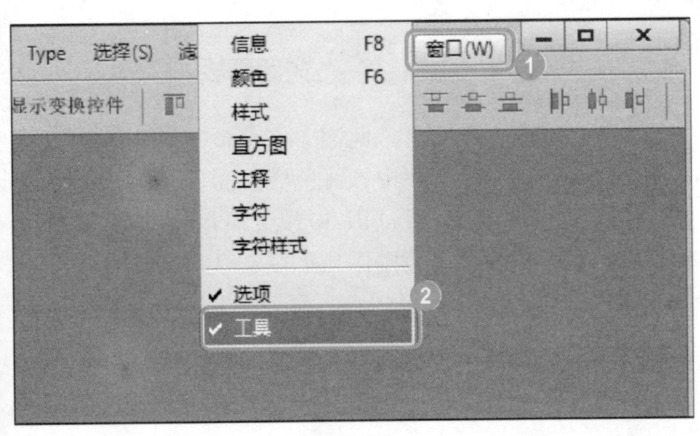

图 2-32

03 选择菜单项

No.1 在 Photoshop CS6 主程序中，单击【窗口】主菜单。

No.2 在弹出的下拉菜单中，选择【工具】菜单项，如图 2-32 所示。

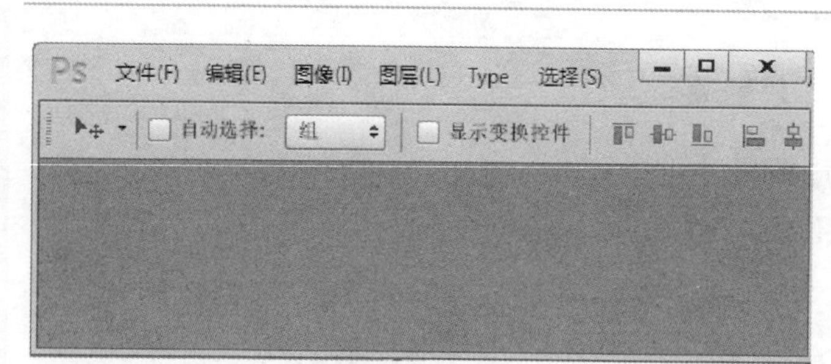

图 2-33

04 关闭工具箱

返回到 Photoshop CS6 主程序中，此时，工具箱已经被关闭，通过以上方法即可完成关闭工具箱的操作，如图 2-33 所示。

2.5.5 关闭面板

在 Photoshop CS6 中，用户可以根据工作需要，对需要使用的面板进行关闭操作。下面以【色板】面板为例，介绍关闭面板的方法。

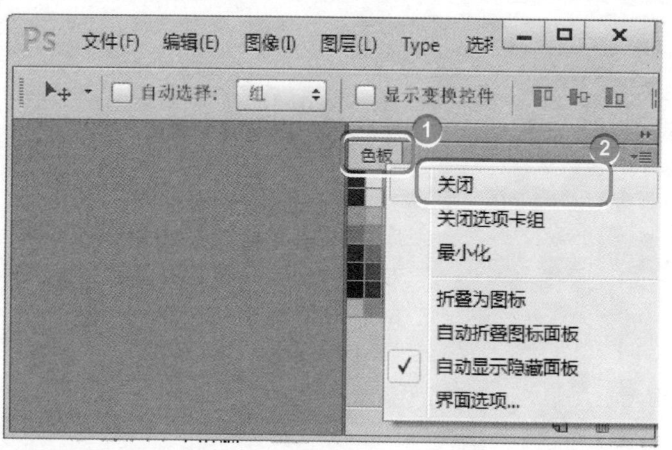

图 2-34

01 选择关闭菜单项

No.1 在 Photoshop CS6 主程序中，右键单击【色板】面板。

No.2 在弹出的下拉菜单中，选择【关闭】菜单项，如图 2-34 所示。

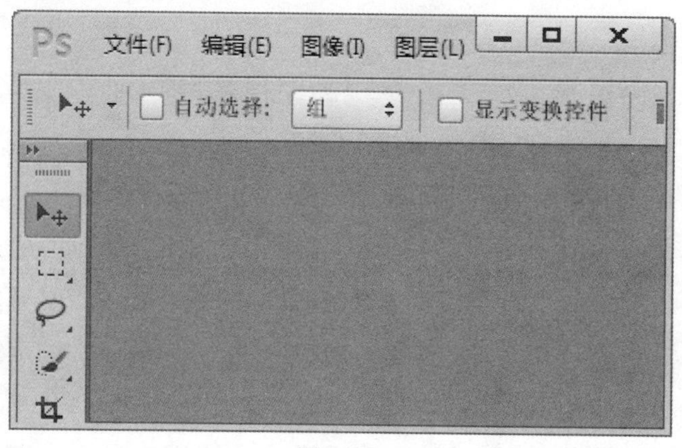

图 2-35

02 关闭面板

此时，在 Photoshop CS6 主程序中，【色板】面板已经被关闭，通过以上方法即可完成关闭面板的操作，如图 2-35 所示。

第 3 章

图像的编辑与操作

本章主要介绍了图像的编辑与操作方面的基础知识，同时还讲解了设置像素与分辨率、设置图像尺寸和画布、使用历史记录面板、复制与粘贴图像、裁剪与裁切图像和变换图像等方面的操作技巧。通过本章的学习，读者可以掌握图像的编辑与操作方面的知识，为进一步学习 Photoshop CS6 相关知识奠定基础。

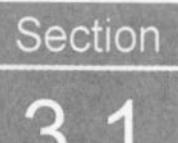

Section
3.1 设置像素与分辨率

本节导读

在 Photoshop CS6 中，用户可以修改图像像素与分辨率，修改图像像素的大小，这样可以更改图像的大小；而修改图像的分辨率，则可以使图像打印时不失真。本节将重点介绍修改图像像素与分辨率方面的知识。

3.1.1 修改图像的像素

在 Photoshop CS6 中，用户不仅可以使用“裁剪”命令对图像进行尺寸的裁剪，还可以使用修改图像像素的方法更改图像的大小，下面介绍修改图像像素大小的操作方法。

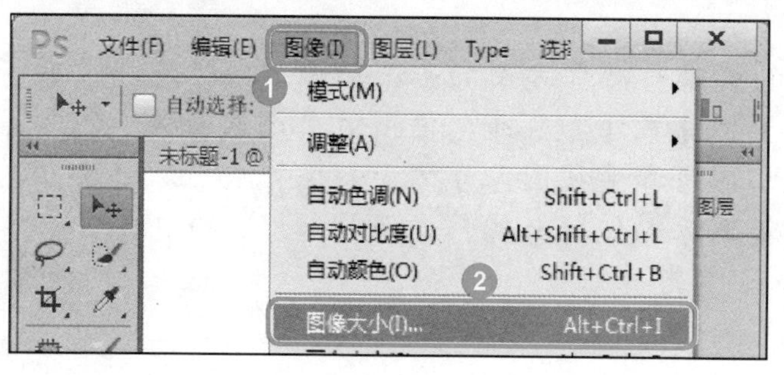

图 3-1

01 选择菜单项

No.1 打开图像文件后，单击【图像】主菜单。

No.2 在弹出的下拉菜单中，选择【图像大小】菜单项，如图 3-1 所示。

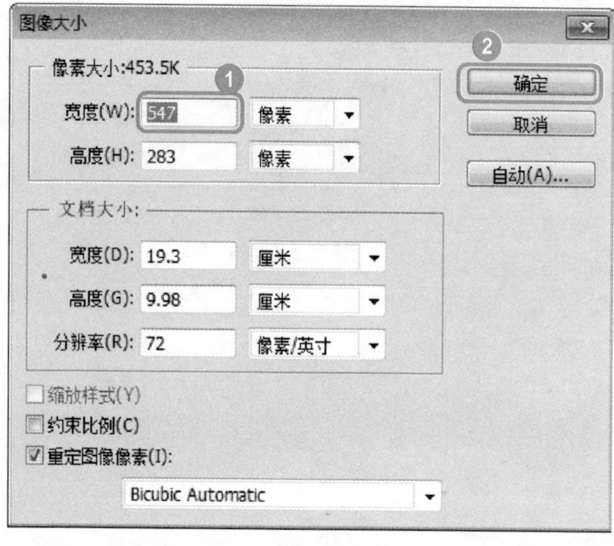

图 3-2

02 设置图像选项

No.1 弹出【图像大小】对话框，在【像素大小】区域中，在【宽度】文本框中，输入图像像素大小的数值。

No.2 单击【确定】按钮 确定 ，通过以上方法即可完成修改图像像素大小的操作，如图 3-2 所示。

3.1.2 设置图像的分辨率

在 Photoshop CS6 中，用户可以随时调整图像的分辨率，以便输出图像时达到最佳效果。下面介绍调整图像分辨率的操作方法。

在 Photoshop CS6 中，单击【图像】主菜单，在弹出的下拉菜单中，选择【图像大小】菜单项，调出【图像大小】对话框，在【分辨率】文本框中，输入准备调整的分辨率数值，这样即可调整图像的分辨率，如图 3-3 所示。

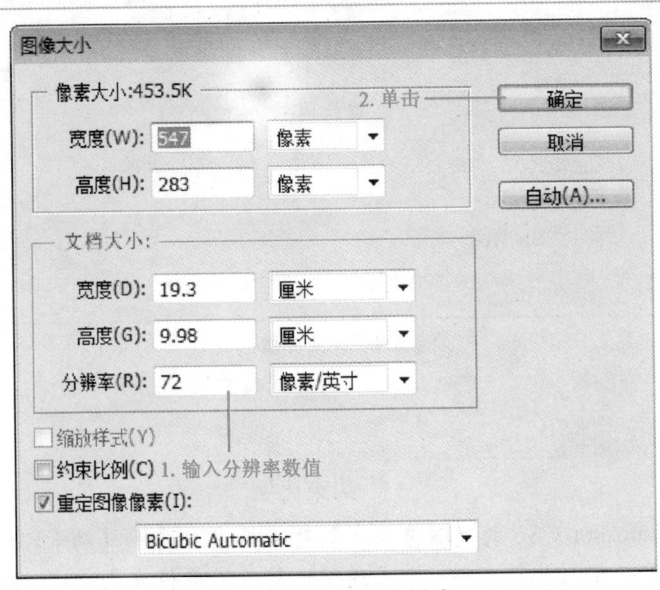

图 3-3 设置图像的分辨率

Section 3.2 设置图像尺寸和画布

本节导读

在 Photoshop CS6 中，用户还可以修改图像尺寸和画布大小。修改图像尺寸，用户可以根据修改的尺寸打印图像，而修改画布大小，用户则可以将图像填充至更大的编辑区域中，从而更好地执行用户的编辑操作。本节将重点介绍设置图像尺寸和画布大小方面的知识和操作技巧。

3.2.1 修改图像的尺寸

在 Photoshop CS6 中，单击【图像】主菜单，在弹出的下拉菜单中，选择【图像大小】菜单项，调出【图像大小】对话框，在【文档大小】区域中，在【宽度】文本框中，输入准备调整的图像宽度值，这样即可修改图像的尺寸，如图 3-4 所示。

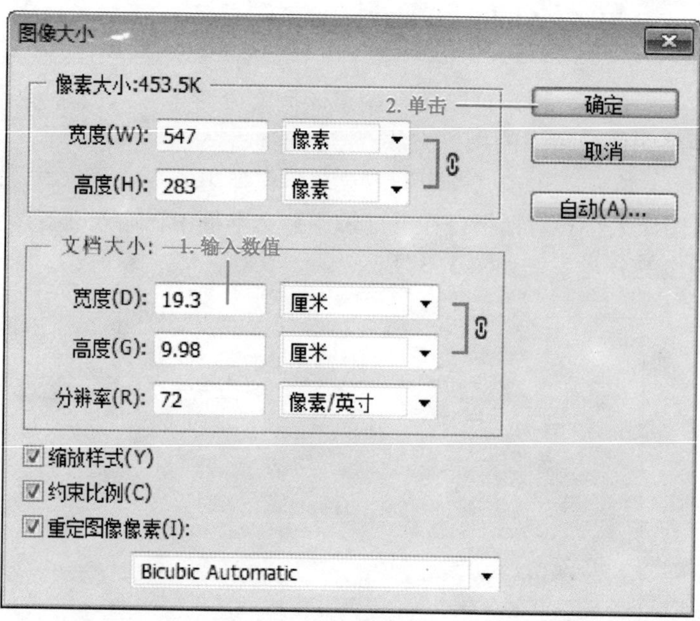

图 3-4 修改图像的尺寸

教你一招

约束比例

在 Photoshop CS6 的【图像大小】对话框中，选中【约束比例】复选框，当图像尺寸宽度值发生改变时，其高度值也将随宽度值发生改变，取消【约束比例】复选框，当图像尺寸宽度值发生改变时，其高度值将不会随宽度值发生改变。

3.2.2 修改图像画布

在 Photoshop CS6 中，用户可以对图像尺寸的大小进行详细设置。下面介绍修改图像画布大小的操作方法。

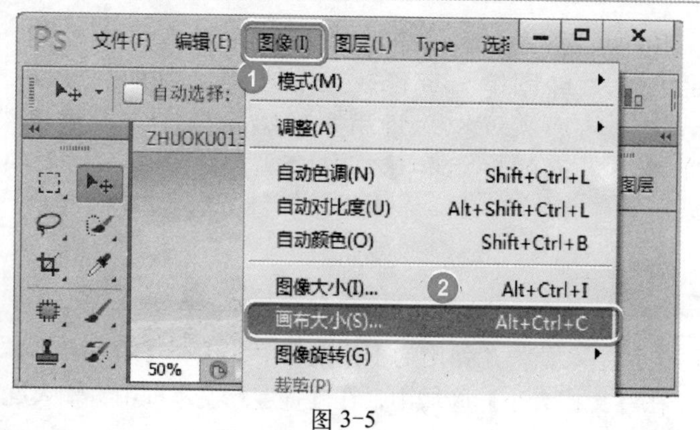

图 3-5

01 选择菜单项

No.1 打开图像文件后，单击【图像】主菜单。

No.2 在弹出的下拉菜单中，选择【画布大小】菜单项，如图 3-5 所示。

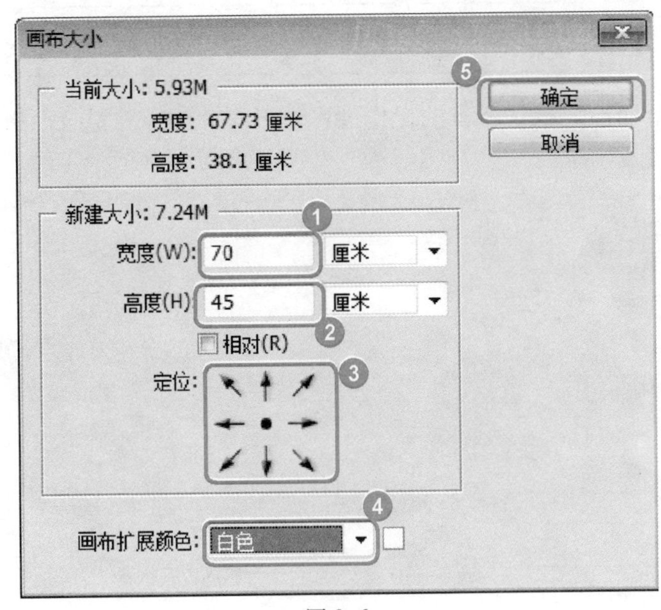

图 3-6

02 设置画布选项

No.1 弹出【画布大小】对话框，在【新建大小】区域中，在【宽度】文本框中，输入画布宽度值。

No.2 在【高度】文本框中，输入画布高度值。

No.3 在【定位】区域中，选择画布分布的位置。

No.4 在【画布扩展颜色】下拉列表框中，选择【白色】选项。

No.5 单击【确定】按钮，如图 3-6 所示。

图 3-7

03 修改图像画布

返回到 Photoshop CS6 主程序中，在文档窗口中，图像画布的大小已经修改，通过以上方法即可完成修改画布大小的操作，如图 3-7 所示。

Section 3.3 使用历史记录面板

本节导读

在 Photoshop CS6 中，历史记录面板是非常重要的组成部分。使用历史记录，用户可以快速访问到之前的操作步骤，并修改错误的操作过程，同时用户还可以使用历史记录面板创建快照，通过创建快照，用户可以创建图像任何状态的临时副本。本节将重点介绍使用历史记录面板方面的知识。

3.3.1 详解历史记录面板

在 Photoshop CS6 中，历史记录面板记录了所有的操作过程，下面介绍历史记录面板方面的知识，如图 3-8 所示。

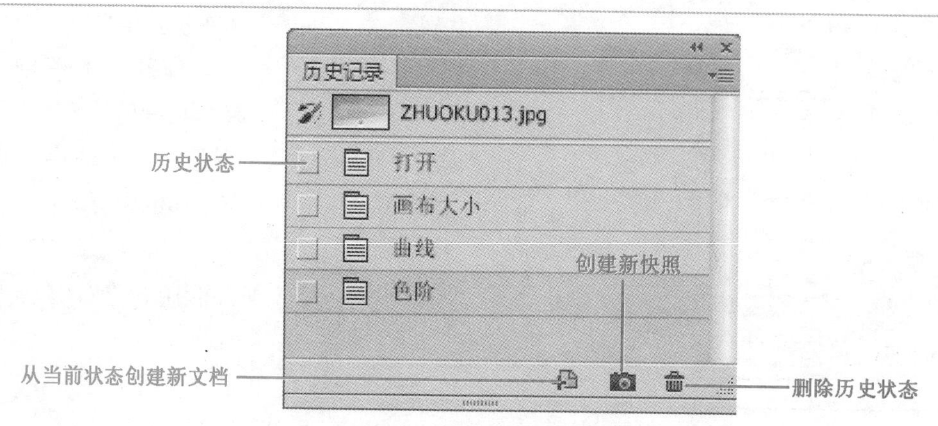

图 3-8 详解历史记录面板

- 历史状态：用于记录用户编辑的每一个操作步骤。
- 从当前状态创建新文档：单击此按钮即可在当前的历史状态中，创建一个新图像文档。
- 创建新快照：单击此按钮，用户即可在当前的历史状态中，创建一个临时副本文件。
- 删除历史状态：用于删除当前选择的历史状态。

3.3.2 还原图像

历史记录面板可以很直观地显示用户进行的各项操作，用户可以使用鼠标单击历史操作栏，回到任何一项记载的操作。下面介绍使用历史记录面板还原图像的操作方法。

图 3-9

01 选择历史记录

在【历史记录】面板中，单击准备返回的历史记录选项，如图 3-9 所示。

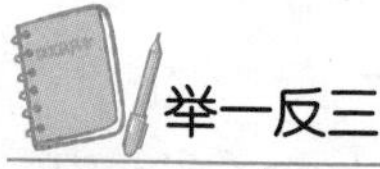

举一反三

在键盘上按下组合键 <Ctrl>+<Z>，用户可以向前撤销一个历史记录步骤。

图 3-10

02 还原历史状态

此时在文档窗口中，图像被还原到指定的历史状态中，通过以上方法即可完成使用历史记录面板还原图像的操作，如图 3-10 所示。

Section

3.4 复制与粘贴图像

3.4.1 剪切、拷贝与合并拷贝图像

用户可以将图像文件快速进行剪切、拷贝与合并拷贝等操作，下面将具体介绍剪切、拷贝与合并拷贝方面的知识。

1. 剪切

剪切是指不保留原有图像，直接将图像从一个位置移动到另一个位置的方法。下面介绍使用剪切功能的方法。

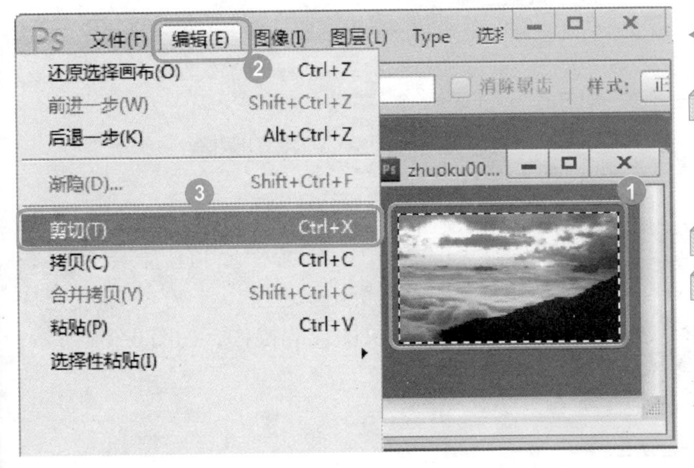

图 3-11

01 选择菜单项

No.1 打开图像文件后，在键盘上按下组合键 <Ctrl+A>，将图像文件全部选中。

No.2 单击【编辑】主菜单。

No.3 在弹出的下拉菜单中，选择【剪切】菜单项，如图 3-11 所示。

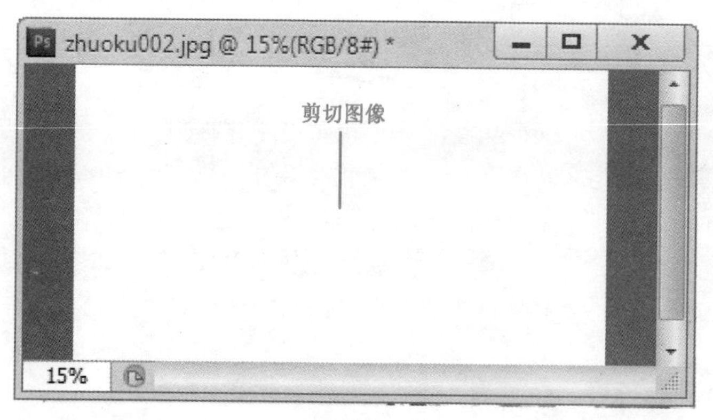

图 3-12

02 剪切图像

返回到 Photoshop CS6 主程序中，在文档窗口中，图像已经被剪切。通过以上方法即可完成剪切图像的操作，如图 3-12 所示。

2. 拷贝

拷贝是指在保留原有图像的基础上，创建另一个图像副本。下面介绍使用拷贝功能的操作方法。

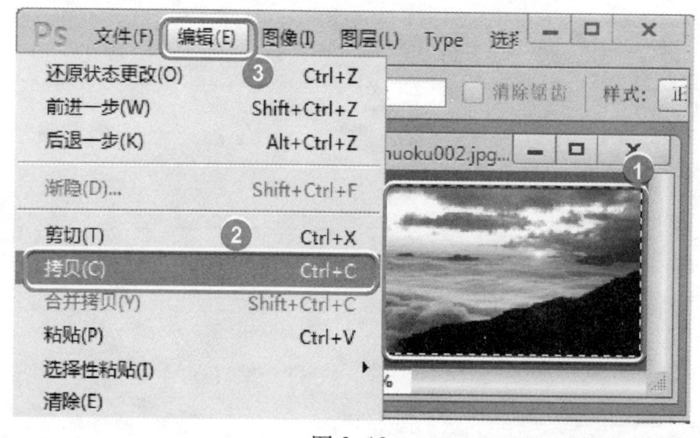

图 3-13

01 选择菜单项

No.1 打开图像文件后，在键盘上按下组合键<Ctrl+A>，将图像文件全部选中。

No.2 单击【编辑】主菜单。

No.3 在弹出的下拉菜单中，选择【拷贝】菜单项，如图 3-13 所示。

图 3-14

02 拷贝图像

返回到 Photoshop CS6 主程序中，在文档窗口中，图像已经被拷贝。通过以上方法即可完成拷贝图像的操作，如图 3-14 所示。

3. 合并拷贝

在 Photoshop CS6 中，如果文档包含多个图层，使用合并拷贝功能，用户可以将所有可见图层的内容复制并合并到剪切板中。下面介绍使用合并拷贝功能的方法。

图 3-15

01 选择菜单项

No.1 打开文件后，将需要合并拷贝的图层设置为可见图层。

No.2 打开图像文件后，在键盘上按下组合键<Ctrl+A>，将图像文件全部选中。

No.3 单击【编辑】主菜单。

No.4 在弹出的下拉菜单中，选择【合并拷贝】菜单项，如图 3-15 所示。

图 3-16

02 拷贝图像

返回到 Photoshop CS6 主程序中，在文档窗口中，图像已经被拷贝。通过以上方法即可完成合并拷贝图像的操作，如图 3-16 所示。

举一反三

在键盘上按下组合键<Shift+Ctrl+C>，同样可以合并拷贝图像。

3.4.2 粘贴与选择性粘贴

在 Photoshop CS6 中，如果图像已经进行了剪切、拷贝或合并拷贝等操作，用户即可对图像进行粘贴与选择性粘贴的操作。

1. 粘贴

在 Photoshop CS6 中，将图像复制后，用户即可对图像进行粘贴操作，下面介绍粘贴图像的操作方法。

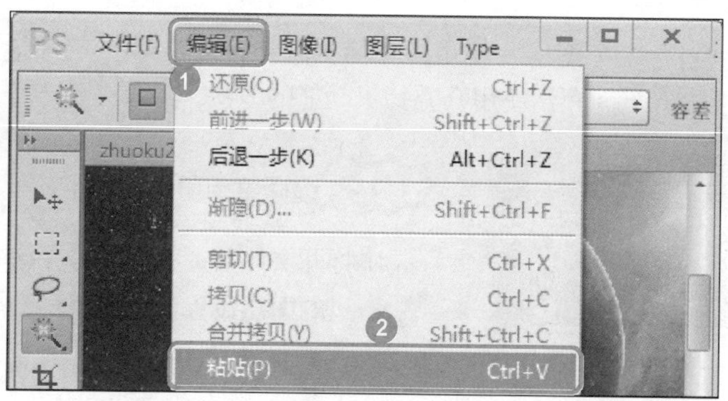

图 3-17

01 选择菜单项

No.1 拷贝图像文件后，单击【编辑】主菜单。

No.2 在弹出的下拉菜单中，选择【粘贴】菜单项，如图 3-17 所示。

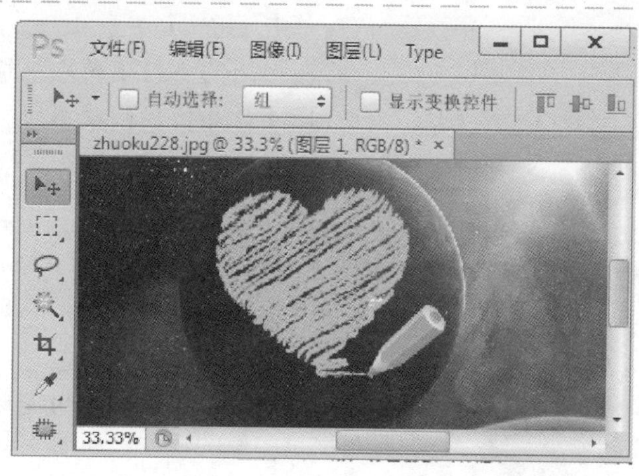

图 3-18

02 粘贴图像

返回到 Photoshop CS6 主程序中，在文档窗口中，拷贝的图像已经被粘贴，将其移动到合适的位置处，通过以上方法即可完成粘贴图像的操作，如图 3-18 所示。

2. 选择性粘贴

在 Photoshop CS6 中，选择性粘贴又可分为原位粘贴、贴入和外部粘贴三种。下面以贴入图像为例，介绍选择性粘贴的操作方法。

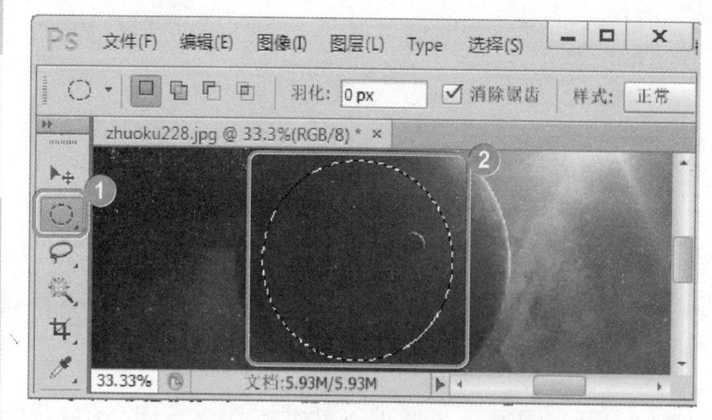

图 3-19

01 绘制椭圆选区

No.1 拷贝图像文件后，在【工具箱】中，单击【椭圆选框工具】按钮。

No.2 在文档窗口中，在准备选择性粘贴的图像位置，绘制出一个椭圆形选区，如图 3-19 所示。

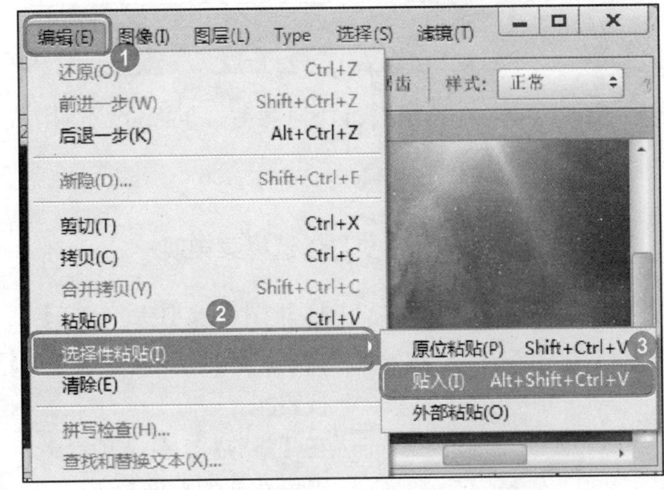

图 3-20

02 选择菜单项

No.1 创建选区后，单击【编辑】主菜单。

No.2 在弹出的下拉菜单中，选择【选择性粘贴】菜单项。

No.3 在弹出的下拉菜单中，选择【贴入】菜单项，如图 3-20 所示。

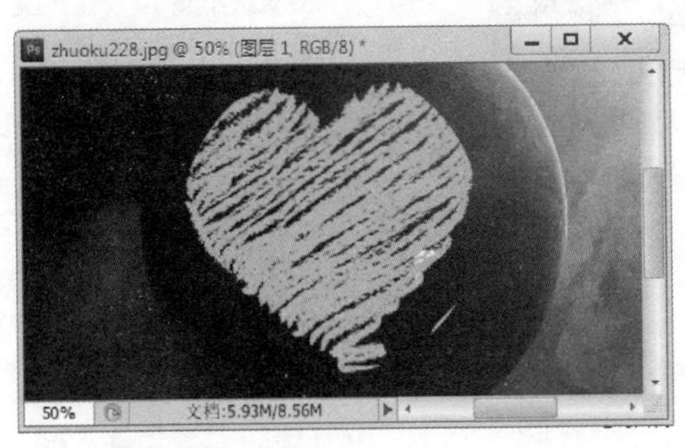

图 3-21

03 选择粘贴图像

在文档窗口中，拷贝的图像已经被贴入到选区内，同时用户可以将贴入的图像移动到合适的位置处，应注意的是，图像大于选区范围的部分将不予以显示。通过以上方法即可完成贴入图像的操作，如图 3-21 所示。

教你一招

选择性粘贴的三个种类

原位粘贴是指将复制的图像根据需要在复制图像的原位置粘贴图像，贴入是指在文档中创建选区，然后将剪贴板中的图像粘贴到选区内，外部粘贴是指在文档中创建选区，然后将剪贴板中的图像粘贴到选区外。

Section 3.5 裁剪与裁切图像

本节导读

用户可以根据图像编辑操作的需要，对打开的图像素材进行裁剪，以便更好地根据图像的尺寸要求进行操作。裁剪图像文件包括裁剪工具和裁切工具等。本节将介绍裁剪图像文件的方法。

3.5.1 裁剪工具

在 Photoshop CS6 中，用户运用裁剪工具可以对图像进行快速裁剪，下面介绍运用裁剪工具裁剪图像的操作方法。

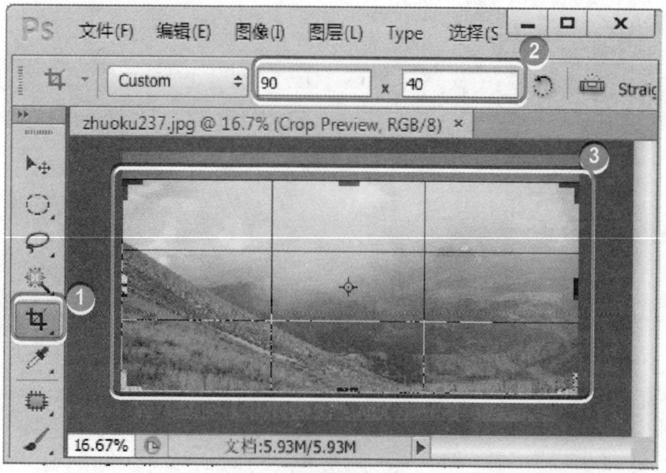

图 3-22

01 选择菜单项

No.1 打开图像文件后，在【工具箱】中，单击【裁剪工具】按钮。

No.2 在【裁剪】工具选项栏中，设置裁剪的高度和宽度值。

No.3 在文档窗口中，绘制出裁剪区域，然后按下〈Enter〉键，如图 3-22 所示。

图 3-23

02 选择裁剪图像

返回到 Photoshop CS6 主程序中，在文档窗口中，图像已经按照设定的尺寸进行裁剪。通过以上方法即可完成裁剪图像的操作，如图 3-23 所示。

知识精讲

旋转角度裁剪

在 Photoshop CS6 中，用户可以在裁剪图像的同时，对图像进行旋转，这样图像会根据旋转的角度进行裁剪。

3.5.2 裁切工具

在 Photoshop CS6 中，“裁切”命令可以对没有背景图层的图像进行快速裁切，这样可以将图像中的透明区域清除。下面介绍用裁切命令裁切图像的操作方法。

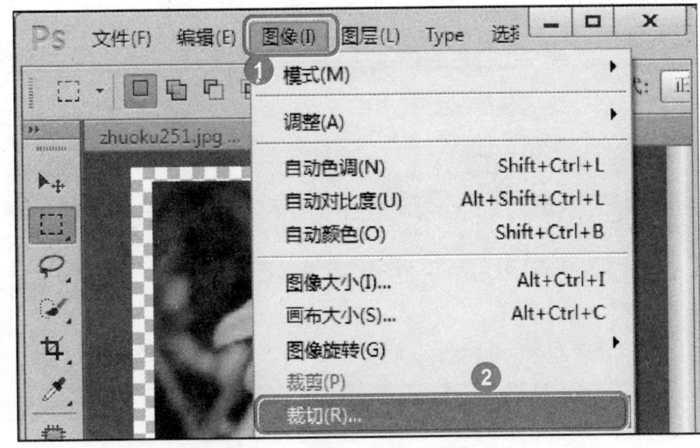

图 3-24

01 选择菜单项

No.1 打开图像文件后，单击【图像】主菜单。

No.2 在弹出的下拉菜单中，选择【裁切】菜单项，如图3-24所示。

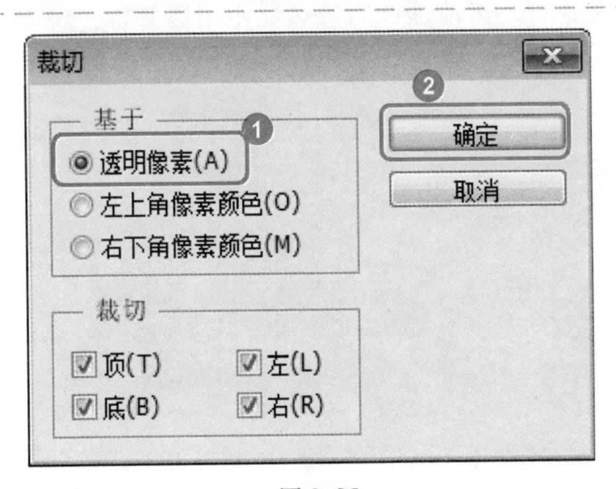

图 3-25

02 设置裁切选项

No.1 弹出【裁切】对话框，单击选中【透明像素】单选项。

No.2 单击【确定】按钮，如图 3-25 所示。

图 3-26

03 透明区域被裁切

返回到 Photoshop CS6 主程序中，在文档窗口中，图像的透明区域已裁切掉。通过以上方法即可完成裁切图像的操作，如图 3-26 所示。

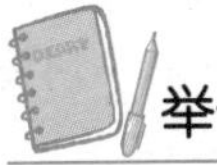

举一反三

在【裁切】对话框中，“透明像素”是指修整掉图像边缘的透明区域，留下包含非透明像素的最小图像。

Section

3.6 变换图像

本节导读

在 Photoshop CS6 中，可以对图像进行变换与变形的操作，包括移动、旋转、缩放、斜切、扭曲和透视变换等功能。本节将重点介绍图像的变换与变形操作方面的知识和操作技巧。

3.6.1 边界框、中心点和控制点

在 Photoshop CS6 中，当执行变换命令时，当前图像对象会显示出边界框、中心点和控制点，下面介绍边界框、中心点和控制点方面的知识，如图 3-27 所示。

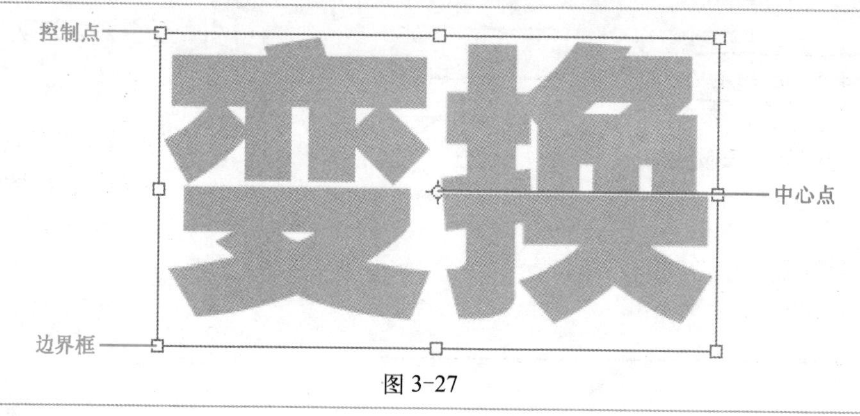

图 3-27

- 控制点：位于图像的四个顶点及边界框中心处，拖动控制点可以改变图像形状。
- 中心点：位于对象的中心，它用于定义对象的变换中心，拖动中心点可以移动它的位置。
- 边界框：用于区别上、下、左和右各个方向。

教你一招

变换图像时的注意事项

在对图像进行变换与变形操作之前，需要保证该图像位于选择的图层上，否则将不能进行变换与变形操作。在使用【变换】功能时，单击选项栏中的【保持长宽比】按钮，则可以等比例缩放图像。

3.6.2 旋转图像

在 Photoshop CS6 中，用户可以使用旋转命令对图像进行旋转修改。下面介绍旋转图像的操作方法。

图 3-28

01 选择菜单项

No.1 打开图像文件后，选择准备旋转图像的图层。

No.2 在键盘上按下组合键〈Ctrl+T〉，在图像中，出现边界框、中心点和控制点。

No.3 右键单击图像文件，在弹出的快捷菜单中，选择【旋转】菜单项，如图3-28所示。

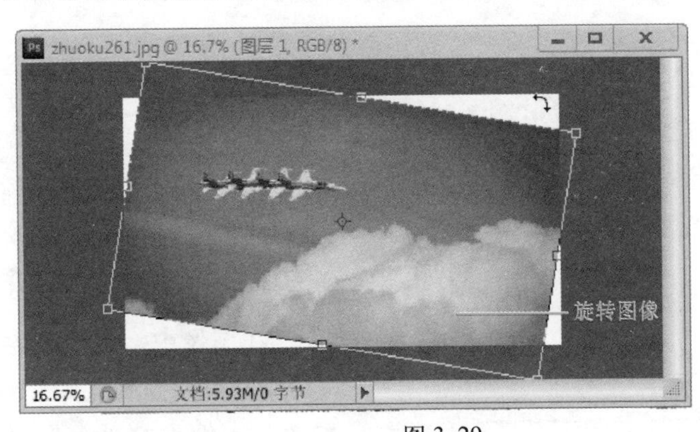

图 3-29

02 旋转图像

将光标定位在边界框外靠近上方处，当光标变成形状时，单击并拖动鼠标对图像进行旋转操作，在键盘上按下〈Enter〉键，这样即可完成旋转图像的操作，如图3-29所示。

3.6.3 移动图像

在Photoshop CS6中，移动图像是指移动图层上的图像对象。在进行移动图像操作时，需要先选择【移动】工具。下面介绍移动图像的操作方法。

图 3-30

01 设置移动的选项

No.1 打开图像文件后，选择准备移动图像的图层。

No.2 在【工具箱】中选择【移动工具】按钮。

No.3 单击图像并向右上方拖动鼠标，如图3-30所示。

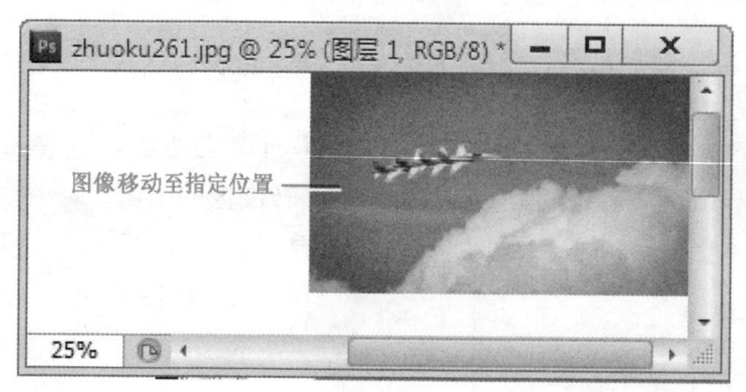

图 3-31

02 移动图像

将图像移动至指定位置，然后释放鼠标左键，通过以上方法即可完成移动图像的操作，如图3-31 所示。

3.6.4 斜切图像

用户可以使用斜切命令对图像进行修改，这样图像可以按照垂直方向或水平方向倾斜，下面介绍斜切图像的操作方法。

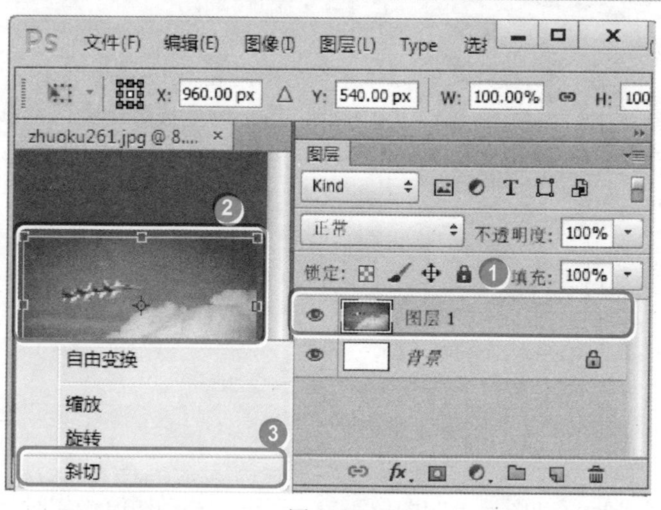

图 3-32

01 选择菜单项

No.1 打开图像文件后，选择准备斜切图像的图层。

No.2 在键盘上按下组合键〈Ctrl+T〉，在图像中，出现边界框、中心点和控制点。

No.3 右键单击图像文件，在弹出的快捷菜单中，选择【斜切】菜单项，如图3-32 所示。

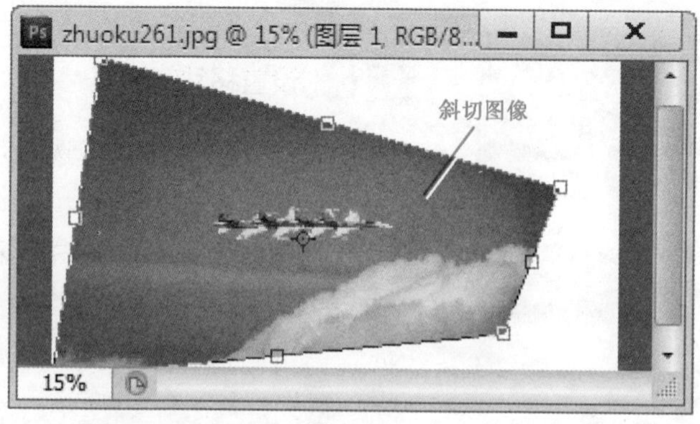

图 3-33

02 斜切图像

将光标定位在边界框外靠近上方处，当光标变成▷形状时，单击并拖动鼠标对图像进行斜切操作，在键盘上按下〈Enter〉键，这样即可完成斜切图像的操作，如图 3-33 所示。

教你一招

从主菜单中启动斜切命令

单击【编辑】主菜单，在弹出的下拉菜单中，选择【变换】菜单项，在弹出的下拉菜单中，选择【斜切】菜单项，同样可以斜切图像。

3.6.5 扭曲图像

在 Photoshop CS6 中，用户可以使用扭曲命令对图像进行修改，这样图像可以向各个方向伸展。下面介绍扭曲图像的操作方法。

图 3-34

01 选择菜单项

No.1 打开图像文件后，选择准备斜切图像的图层。

No.2 在键盘上按下组合键 <Ctrl+T>，在图像中，出现边界框、中心点和控制点。

No.3 右键单击图像文件，在弹出的快捷菜单中，选择【扭曲】菜单项，如图 3-34 所示。

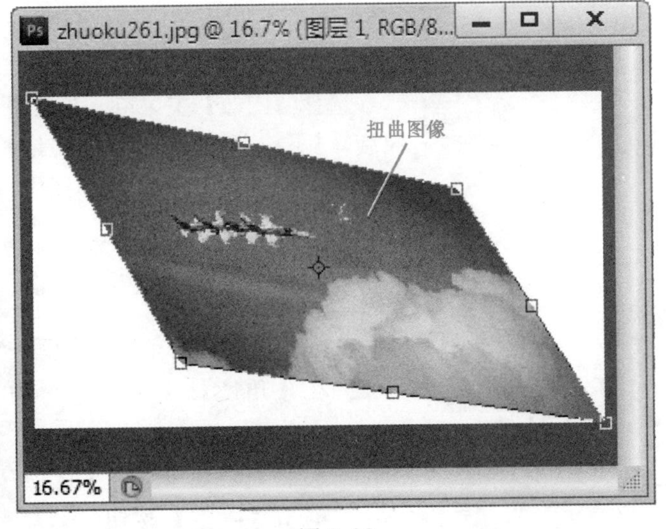

图 3-35

02 扭曲图像

将光标定位在边界框外靠近上方处，当光标变成▷形状时，单击并拖动鼠标对图像进行扭曲操作，然后在键盘上按下〈Enter〉键，通过以上方法即可完成扭曲图像的操作，如图 3-35 所示。

Section

3.7 实践案例与上机操作

本节导读

对 Photoshop CS6 图像的编辑与操作有所认识后，本节将针对以上所学知识制作五个案例，分别是旋转画布、还原与重做、清除图像、缩放图像和透视变换。

3.7.1 旋转画布

在 Photoshop CS6 中，用户可以根据绘制需要对图像进行旋转，制作出倾斜、倒立等效果。下面将详细介绍旋转画布的操作方法。

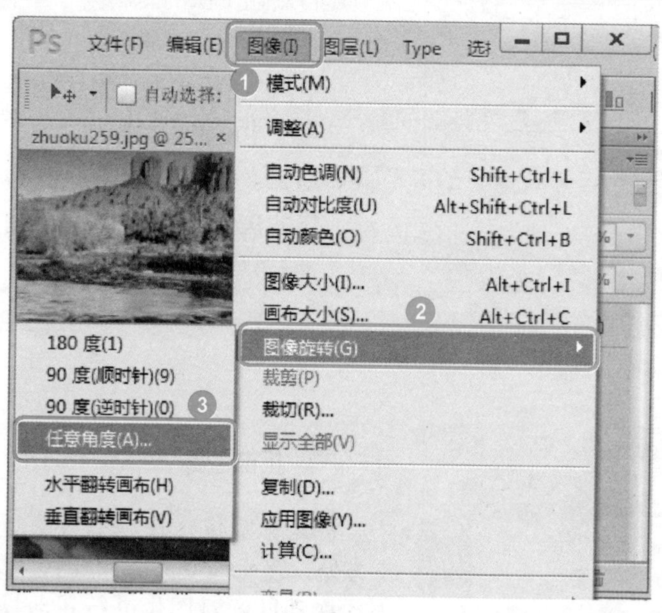

图 3-36

01 选择菜单项

No.1 打开图像文件后，选择【图像】主菜单。

No.2 在弹出的下拉菜单中，选择【图像旋转】菜单项。

No.3 在弹出的下拉菜单中，选择【任意角度】菜单项，如图 3-36 所示。

举一反三

选择【图像】主菜单，在【图像旋转】下拉菜单中，选择【180 度】菜单项，用户即可 180° 翻转图像。

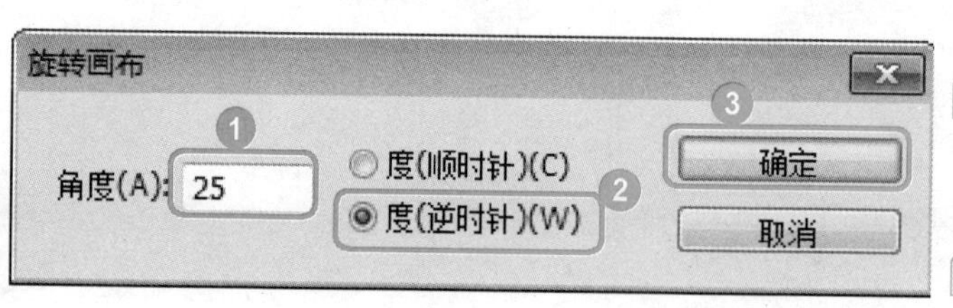

图 3-37

02 设置旋转选项

No.1 弹出【旋转画布】文本框，在【角度】文本框中，输入数值。

No.2 选中【度〈逆时针〉】选项。

No.3 单击【确定】按钮，如图 3-37 所示。

图 3-38

03 旋转画布

返回到文档窗口中，图像按设置的角度旋转，通过以上方法即可完成旋转画布的操作，如图 3-38 所示。

3.7.2 还原与重做

在 Photoshop CS6 中，使用还原命令，用户可以还原上一步操作，使用重做命令，用户可以将错误还原的操作撤销，下面介绍还原与重做的操作方法。

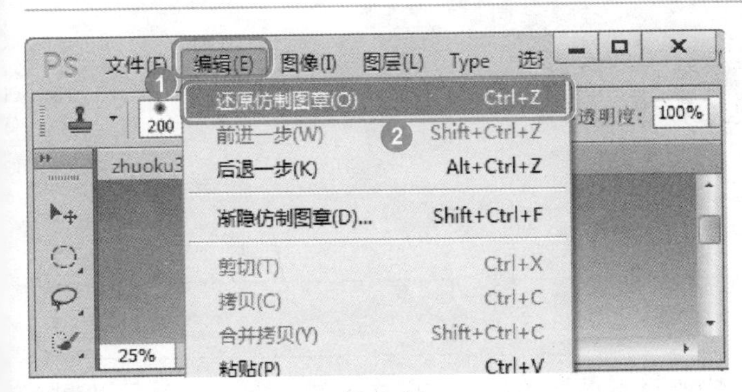

图 3-39

01 选择菜单项

No.1 编辑图像文件后，选择【编辑】主菜单。

No.2 在弹出的下拉菜单中，选择【还原仿制图章】菜单项，如图 3-39 所示。

图 3-40

02 还原图像

此时在文档窗口中，图像被还原到上一操作中，被掩盖的图像重新显示，这样即可完成执行还原命令的操作，如图 3-40 所示。

举一反三

在键盘上连续按下组合键 <Ctrl+Shift+Z>，可以向前撤销多个步骤。

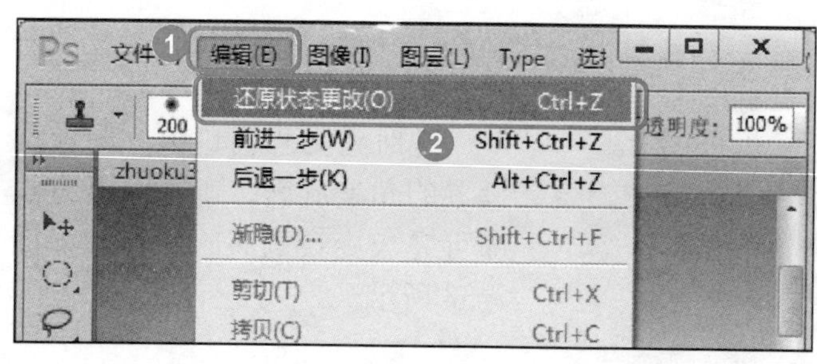

图 3-41

03 选择菜单项

No.1 编辑图像文件后，选择【编辑】主菜单。

No.2 在弹出的下拉菜单中，选择【还原状态更改】菜单项，如图 3-41 所示。

图 3-42

04 重做图像

此时在文档窗口中，还原的步骤被重新操作，图像重新被掩盖，通过以上方法即可完成执行重做命令的操作，如图 3-42 所示。

3.7.3 清除图像

在 Photoshop CS6 中，用户可以快速将不再准备使用的图像区域清除。下面介绍清除图像的方法。

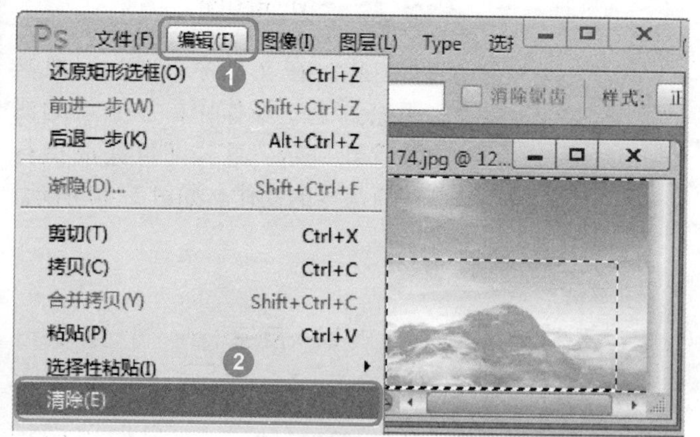

图 3-43

01 选择菜单项

No.1 打开文件后，创建准备清除的图像选区后，单击【编辑】主菜单。

No.2 在弹出的下拉菜单中，选择【清除】菜单项，如图 3-43 所示。

图 3-44

02 清除图像

返回到 Photoshop CS6 主程序中，在文档窗口中，选区的图像已经被清除。通过以上方法即可完成清除图像的操作，如图 3-44 所示。

3.7.4 缩放图像

在 Photoshop CS6 中，用户可以使用缩放命令对图像进行缩放，下面介绍缩放图像的操作方法。

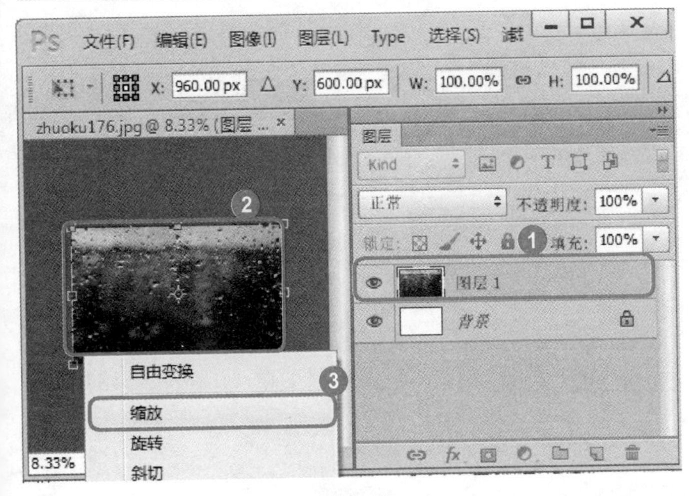

图 3-45

01 选择菜单项

No.1 打开图像文件后，选择准备缩放图像的图层。

No.2 在键盘上按下组合键<Ctrl+T>，在图像中，出现边界框、中心点和控制点。

No.3 右键单击图像文件，在弹出的快捷菜单中，选择【缩放】菜单项，如图 3-45 所示。

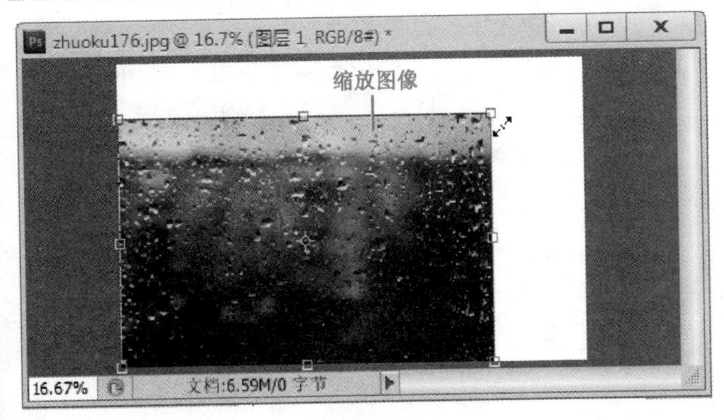

图 3-46

02 缩放图像

将光标定位在边界框外靠近上方处，当光标变成↗形状时，单击并拖动鼠标对图像进行缩放操作，在键盘上按下〈Enter〉键，这样即可完成缩放图像的操作，如图 3-46 所示。

3.7.5 透视变换

在 Photoshop CS6 中，用户可以使用透视命令对图像进行翻转透视效果的制作，下面介绍透视图像的操作方法。

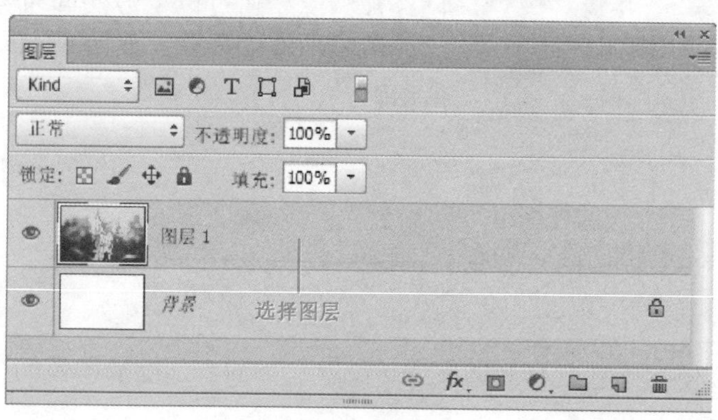

图 3-47

01 选择菜单项

在 Photoshop CS6 中，打开图像文件后，选择准备透视图像的图层，如“图层 1”，如图 3-47 所示。

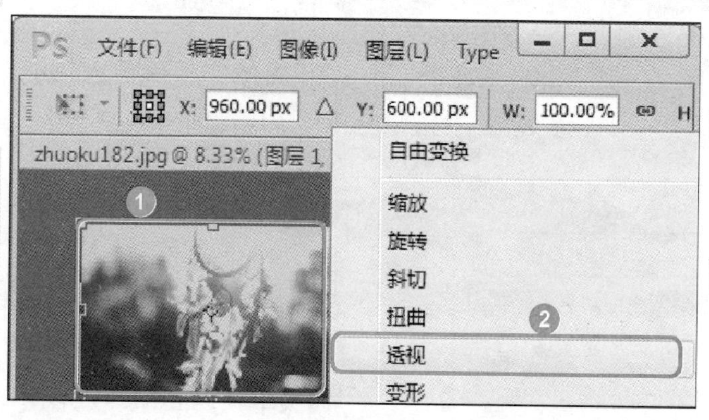

图 3-48

02 选择菜单项

No.1 在键盘上按下组合键〈Ctrl+T〉，在图像中，出现边界框、中心点和控制点。

No.2 右键单击图像文件，在弹出的快捷菜单中，选择【透视】菜单项，如图 3-48 所示。

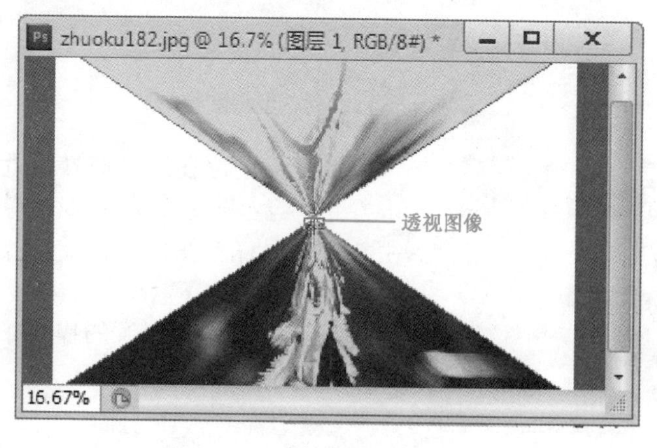

图 3-49

03 透视图像

将光标定位在边界框外靠近上方处，当光标变成▷形状时，单击并拖动鼠标对图像进行透视操作，在键盘上按下〈Enter〉键，这样即可完成透视图像的操作，如图 3-49 所示。

第 4 章

选区的应用与操作

本章主要介绍了选区的应用与操作方面的基础知识，同时还讲解了什么是选区、规则形状选区、不规则形状选区、运用菜单命令创建选区、运用菜单命令修改选区、运用魔棒与快速选择工具、选区的基本操作和编辑选区的操作等方面的操作技巧。通过本章的学习，读者可以掌握选区的应用与操作方面的知识，为进一步学习 Photoshop CS6 相关知识奠定基础。

Section

4.1 什么是选区

本节导读

在 Photoshop CS6 中，如果准备对一个图像的某个部分进行编辑，用户首先需要在图像中建立选区，在编辑结束后取消选区，建立选区的方法多种多样，如使用魔棒、选框工具和套索工具创建选区等，本节将重点介绍选区方面的知识。

4.1.1 选区的概念

选区是指通过工具或者命令在图像上创建的选取范围，创建选区轮廓后，用户可以在选区内的区域进行复制、移动、填充或颜色校正等操作。

在设置选区时，特别要注意Photoshop软件是以像素为基础的，而不是以矢量为基础的。所以在使用 Photoshop 软件编辑图像时，画布是以彩色像素或透明像素填充的。

当在工作图层中对图像的某个区域创建选区后，该区域的像素将会处于被选取状态，此时对该图层进行相应编辑时，被编辑的范围将只局限于选区内，如图 4-1 所示。

图 4-1 选区的概念

4.1.2 选区的种类

在Photoshop CS6 中，选区可分为普通选区和羽化选区两种。普通选区是指通过【魔棒】工具、【选框】工具、【套索】工具和【色彩范围】命令等创建的选区，具有明显的边界的选区，羽化选区则是将在图像中创建的普通选区的边界进行柔化后得到的选区。应注意

的是，根据羽化的数值不同，羽化的效果也不同，一般羽化的数值越大，其羽化的范围也越大，如图 4-2 所示。

图 4-2　普通选区与羽化选区

教你一招

羽化选区的特点

羽化选区是用来设置选区边缘的柔化程度，使编辑或者拼合后的图像与原图像浑然一体，天衣无缝。设置羽化的选区在进行移动、剪切、拷贝或填充选区后，羽化效果很明显。

Section

4.2　规则形状选区

本节导读

在 Photoshop CS6 中，用户可以使用工具箱中的矩形选框工具、椭圆选框工具、单行、单列选框工具等工具创建规则形状的选区，创建规则选区，一般用于创建规则的图像，如创建矩形、椭圆图像等。本节将重点介绍创建规则形状选区方面的知识。

4.2.1　矩形选框

在 Photoshop CS6 中，用户可以使用工具箱中的矩形选框工具，在图像中划取矩形或正方形选区区域，下面介绍使用矩形选框工具的操作方法。

在 Photoshop CS6 中打开图像文件后，在【工具箱】中，单击【矩形选框】按钮 ，当鼠标指针变成十字形状后，单击并拖动鼠标指针选取准备选择的区域，这样即可使用矩形选框工具创建选区，如图 4-3 所示。

图 4-3 矩形选框

4.2.2 椭圆选框

在 Photoshop CS6 中，用户可以使用工具箱中的椭圆选框工具，在图像中划取椭圆形或正圆形选区区域，下面介绍使用椭圆选框工具的操作方法。

在 Photoshop CS6 中打开图像文件后，在【工具箱】中，单击【矩形选框】下拉按钮 ，在弹出的下拉面板中，选择【椭圆选框】选项，当鼠标指针变成十字形状后，单击并拖动鼠标指针选取准备选择的区域，这样即可使用椭圆选框工具创建选区，如图 4-4 所示。

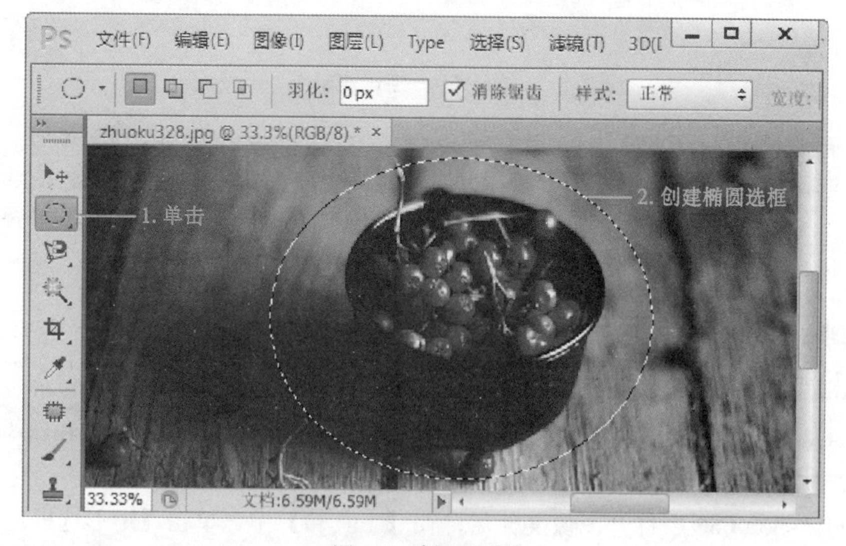

图 4-4 椭圆选框

教你一招

创建正方形选区或正圆选区的方法

在【工具箱】中，选择【矩形选框工具】或【椭圆选框工具】后，在键盘上按住快捷键【Shift】键的同时，在文档窗口中绘制正方形或正圆选区，这样即可创建正方形选区或正圆选区。

4.2.3 单行选框工具

在 Photoshop CS6 中，用户可以使用【单行选框】工具，创建水平方向的单像素的选区，下面介绍运用单行选框工具创建水平选区的操作方法。

在 Photoshop CS6 中打开图像文件后，在【工具箱】中，单击【矩形选框】下拉按钮，在弹出的下拉面板中，选择【单行选框工具】选项，在文档窗口中，在指定的图像位置处单击，这样即可运用单行选框工具创建水平选区，如图 4-5 所示。

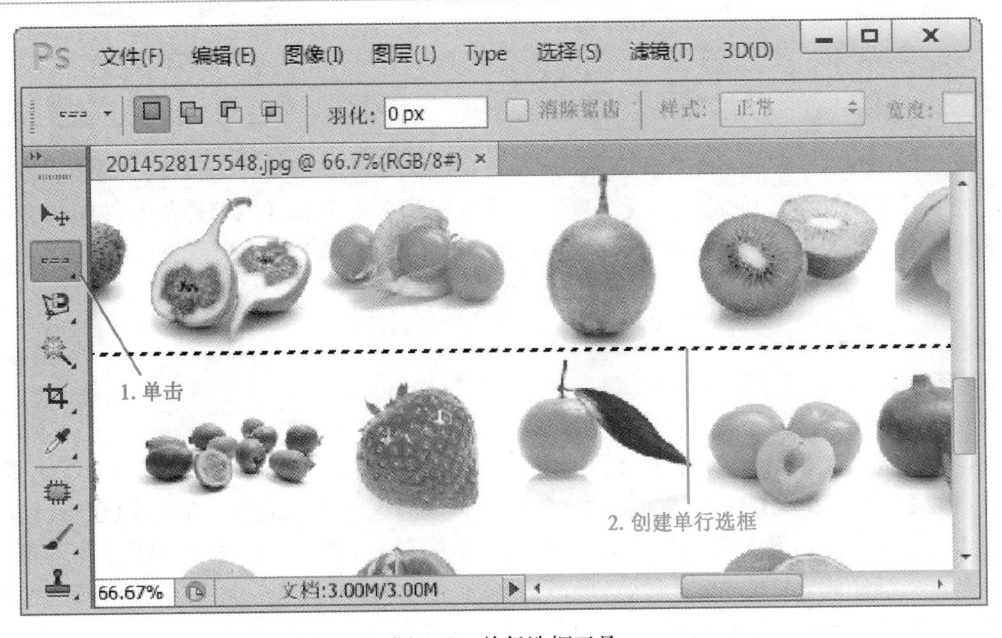

图 4-5 单行选框工具

4.2.4 单列选框工具

在 Photoshop CS6 中，用户可以使用【单列选框】工具，创建垂直方向的单像素的选区，下面介绍运用单列选框工具创建垂直选区的操作方法。

在 Photoshop CS6 中打开图像文件后，在【工具箱】中，单击【矩形选框】下拉按钮，在弹出的下拉面板中，选择【单列选框工具】选项，在文档窗口中，在指定的图像位置处单击，这样即可运用单列选框工具创建垂直选区，如图 4-6 所示。

图 4-6 单列选框工具

4.2.5 选框工具选项栏

在 Photoshop CS6 中，在选框工具的选项栏中包括运算区域、羽化区域、【消除锯齿】复选框、【样式】下拉列表框、【宽度】与【高度】文本框和【调整边缘】按钮等，一般在工具箱中选择选框工具后即可显示选框工具的选项栏，如图 4-7 所示。

图 4-7 选框工具选项栏

运算区域：在运算区域中包括【新选区】按钮、【添加到选区】按钮、【从选区减去】按钮和【与选区交叉】按钮，使用这些按钮可以对选区进行运算。在图像已在选区时，单击【新选区】按钮即可替换原有的选区；单击【添加到选区】按钮即可在原有选区基础上添加绘制的选区；单击【从选区减去】按钮即可在原有选区的基础上减去绘制的选区；单击【与选区交叉】按钮即可将原有选区与新建选区的交叉处保留。

羽化区域：在【羽化】文本框中输入准备设置的羽化值，可以在新建选区时设置该选区的羽化值，数值越大，羽化范围越广。

【消除锯齿】复选框：该复选框仅在使用【椭圆选框】工具时可用，在新建椭圆选区时容易产生锯齿，选中该复选框可以消除锯齿。

【样式】下拉列表框：可以选择创建选区的方式，包括正常、固定比例和固定大小，在选择【固定比例】或【固定大小】菜单项时，右侧的【宽度】与【高度】文本框可用，可以设置宽度与高度的比例，也可以设置选框的大小，单击【高度和宽度互换】按钮可以互换高度与宽度的值。

【调整边缘】按钮：单击该按钮，弹出【调整边缘】对话框，可进行羽化等操作。

Section 4.3 创建不规则形状选区

本节导读

在 Photoshop CS6 中，用户可以使用工具箱中套索工具、多边形套索工具和磁性套索工具等创建不规则形状的选区。创建不规则选区，一般用于选取图像的边缘，如套取人像边缘选区等。本节将重点介绍创建不规则形状选区方面的知识与操作技巧。

4.3.1 套索工具

使用【套索】工具时，用户释放鼠标后鼠标运行轨迹起点和终点处自动连接一条直线，这样可以创建不规则选区。下面介绍运用套索工具创建不规则选区的操作方法。

图 4-8

01 使用套索工具

No.1 在【工具箱】中，单击【套索工具】按钮。

No.2 当鼠标指针变为形状时，在文档窗口中，单击并拖动鼠标左键绘制选区，到达目标位置后释放鼠标左键，如图 4-8 所示。

图 4-9

02 选区已经创建

释放鼠标后，在文档窗口中，图像选区已经被套索出来。通过以上方法即可完成运用套索工具创建不规则选区的操作，如图 4-9 所示。

4.3.2 多边形套索工具

在 Photoshop CS6 中，使用【多边形套索】工具时，用户可以用其选择具有棱角的图形，选择结束后双击即可与鼠标轨迹起点相连形成选区。下面介绍运用多边形套索工具创建不规则形状选区的操作方法。

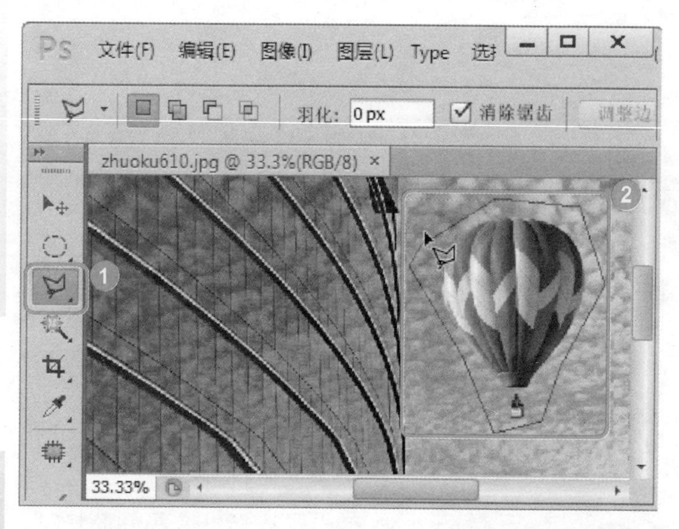

图 4-10

01 使用多边形套索

No.1 在【工具箱】中，单击【多边形套索工具】按钮。

No.2 当鼠标指针变为形状时，在文档窗口中，单击并拖动鼠标左键绘制选区，到达目标位置后释放鼠标左键，如图 4-10 所示。

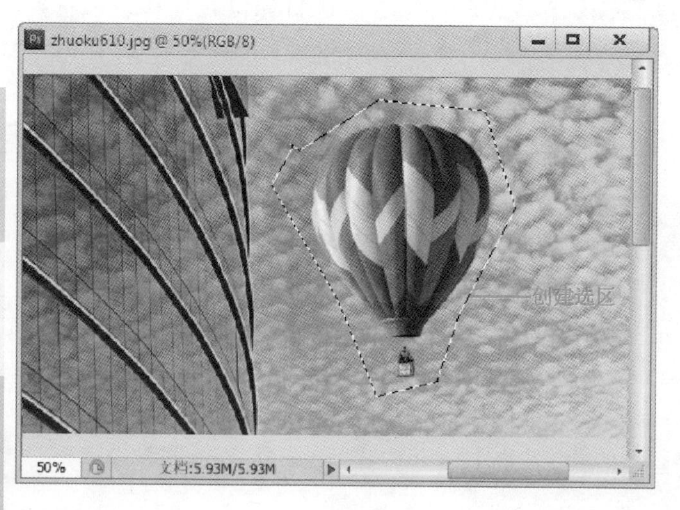

图 4-11

02 选区已经创建

释放鼠标后，在文档窗口中，图像选区已经被多边形套索工具套索出来。通过以上方法即可完成运用多边形套索工具创建不规则选区的操作，如图 4-11 所示。

教你一招

将多边形套索工具切换至成套索工具

在 Photoshop CS6 的【工具箱】中，选择【多边形套索工具】后，在键盘上按住 <Alt> 键的同时，使用【套索工具】，可以将其快速切换为【套索工具】。

4.3.3 磁性套索工具

在Photoshop CS6中，如果图像与背景对比明显，同时图像的边缘清晰，用户可以使用【磁性套索】工具快速选取图像选区。下面介绍运用磁性套索工具创建选区的操作方法。

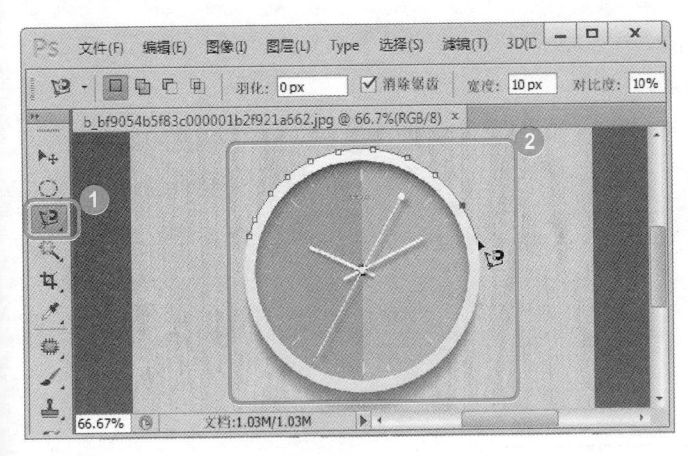

图 4-12

01 使用磁性套索

No.1 在【工具箱】中，单击【套索工具】按钮，在弹出的下拉面板中，选择【磁性套索工具】选项。

No.2 当鼠标指针变为形状时，在文档窗口中，单击并拖动鼠标左键沿着图像边缘绘制选区，到达目标位置后释放鼠标左键，如图 4-12 所示。

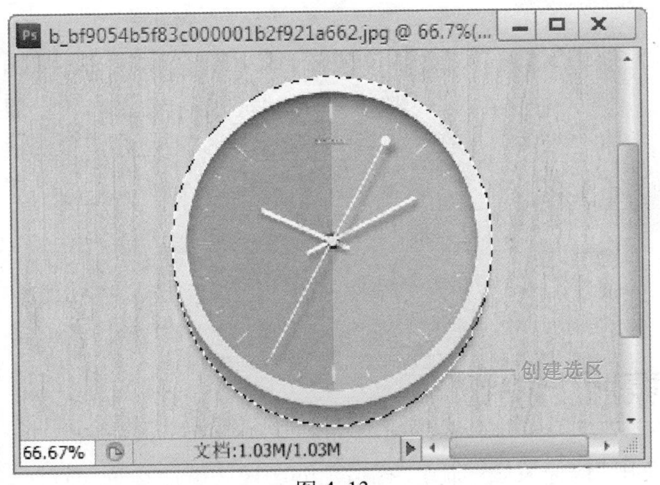

图 4-13

02 选区已经创建

释放鼠标后，在文档窗口中，图像选区已经被磁性套索工具套索出来。通过以上方法即可完成运用磁性套索工具创建不规则选区的操作，如图 4-13 所示。

Section

4.4 运用菜单命令创建选区

本节导读

用户可以使用菜单命令来创建各种选区。可创建选区的菜单命令包括“色彩范围”菜单命令、“全部”菜单命令、“扩大选取”菜单命令、“选取相似”菜单命令和“快速蒙版”菜单命令等。本节将重点介绍运用命令创建选区方面的知识。

4.4.1 运用“全部”菜单

在 Photoshop CS6 中，全选是指选中图像中所有图像。下面介绍运用【全部】命令，全选图像选区的操作方法。

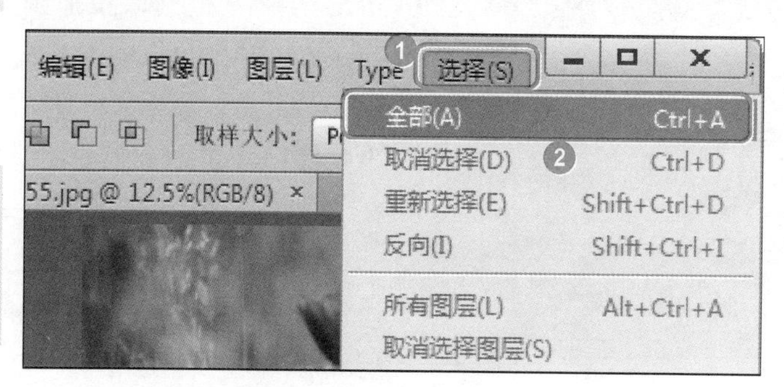

图 4-14

01 使用菜单项

No.1 打开准备创建选区的图像文件，单击【选择】主菜单。

No.2 在弹出的下拉菜单中，选择【全部】菜单项，如图 4-14 所示。

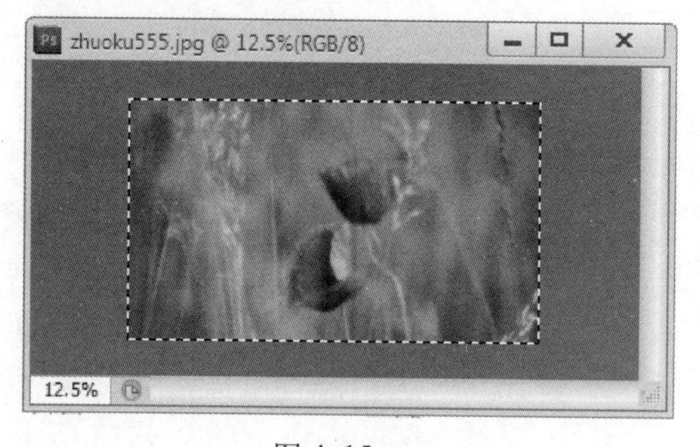

图 4-15

02 选区已经创建

返回到文档窗口中，此时图像区域将全部选中创建选区。通过以上方法即可完成运用“全部”菜单命令创建选区的操作，如图 4-15 所示。

4.4.2 使用“快速蒙版”按钮

在 Photoshop CS6 中，用户可以使用“快速蒙版”命令，在指定的图像区域涂抹创建选区。下面介绍使用“快速蒙版”命令创建选区的操作方法。

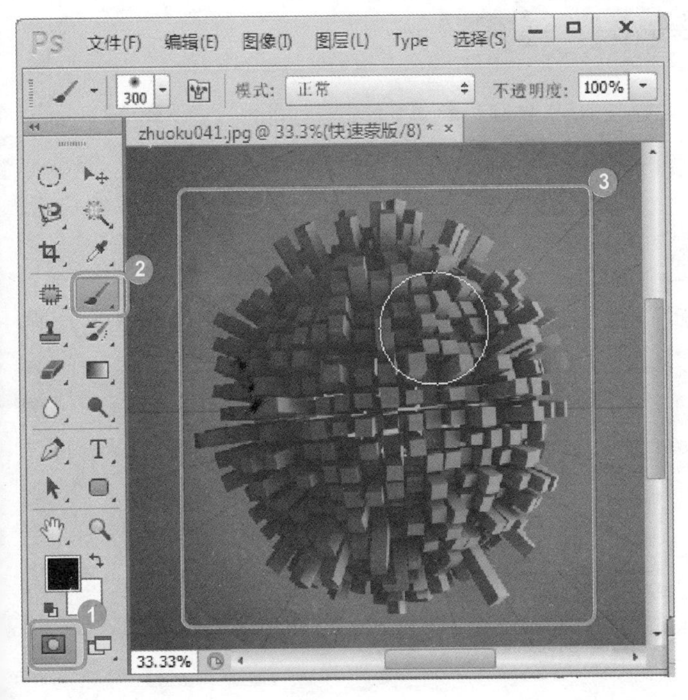

图 4-16

01 使用按钮选项

No.1 打开准备创建选区的图像，在【工具箱】中单击【以快速蒙版模式编辑】按钮。

No.2 在【工具箱】中，单击【画笔工具】按钮。

No.3 在文档窗口中，在准备创建图像的区域，使用【画笔工具】在图像上进行涂抹操作，涂抹的区域将以红色的蒙版来显示，如图4-16所示。

图 4-17

02 创建图像选区

No.1 在指定的图像区域中进行涂抹操作后，在【工具箱】中再次单击【以快速蒙版模式编辑】按钮，退出快速蒙版模式。

No.2 返回到文档窗口中，此时除涂抹图像的区域没有创建选区外，其他区域的选区已经被创建。通过以上方法即可完成使用“快速蒙版”创建选区的操作，如图4-17所示。

4.4.3 运用“色彩范围”菜单

使用【色彩范围】命令，用户可以快速选取颜色相近的选区，同时【色彩范围】命令可以对图像进行更多设置。下面介绍运用【色彩范围】命令的操作方法。

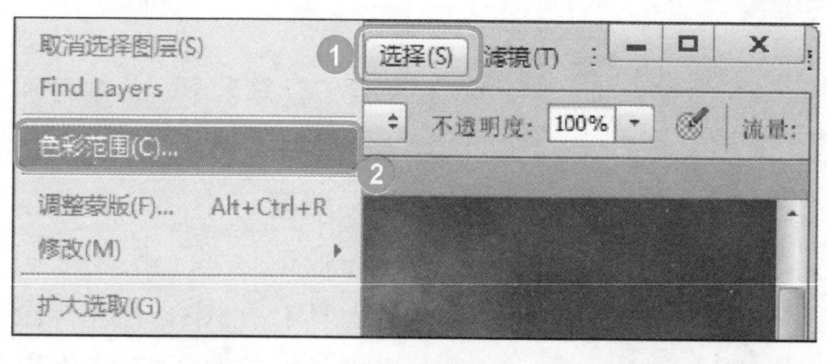

图 4-18

01 使用菜单项

No.1 打开准备创建选区的图像文件，单击【选择】主菜单

No.2 在弹出的下拉菜单中，选择【色彩范围】菜单项，如图 4-18 所示。

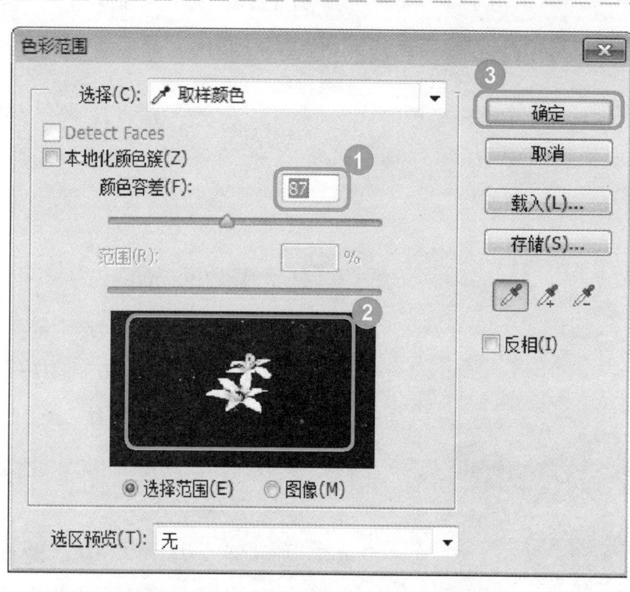

图 4-19

02 使用颜色创建选区

No.1 弹出【色彩范围】对话框，在【颜色容差】文本框中，输入颜色容差的数值。

No.2 在【图像预览】区域，使用【吸管】工具，选取准备创建选区的图像部分。

No.3 单击【确定】按钮 确定，如图 4-19 所示。

图 4-20

03 创建选区

返回到文档窗口中，图像的选区已经被创建。通过以上方法即可完成运用“色彩范围”菜单命令创建选区的操作，如图 4-20 所示。

Section 4.5

运用菜单命令修改选区

本节导读

在 Photoshop CS6 中，创建选区后，用户可以对创建的选区运用菜单命令来进行修改。本节将重点介绍运用菜单命令修改选区方面的操作知识。

4.5.1 运用“扩大选取”菜单

运用【扩大选取】命令扩大选区，系统会基于【魔棒】工具选项栏中的【容差】值，来决定选区的扩展范围。下面介绍运用“扩大选取”菜单命令的方法。

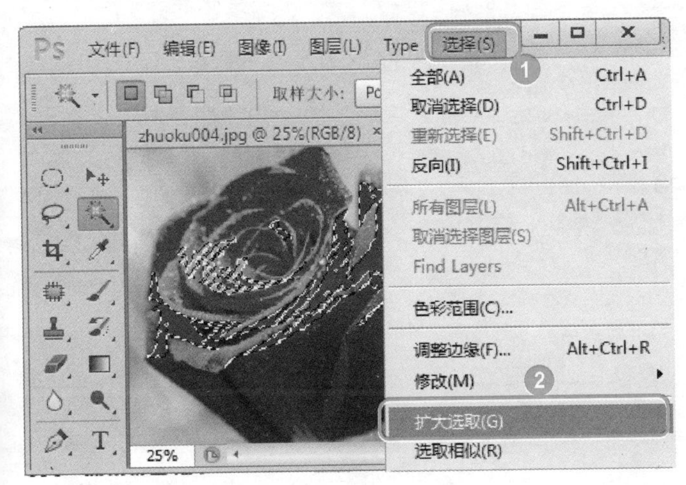

图 4-21

01 使用菜单项

No.1 在已经创建选区的图像文件中，单击【选择】主菜单。

No.2 在弹出的下拉菜单中，选择【扩大选取】菜单项，如图 4-21 所示。

图 4-22

02 扩大选取选区

返回到文档窗口中，已经创建的选区被扩大。通过以上方法即可完成运用“扩大选取”菜单命令扩大选区的操作，如图 4-22 所示。

教你一招

使用【扩大选取】菜单命令的注意事项

在 Photoshop CS6 中，执行【扩大选取】菜单命令时，用户应该注意的是，位图模式下的图像或32位/通道的图像，将无法使用【扩大选取】菜单命令扩大选取图像选区。

4.5.2 运用“选取相似”菜单

运用【选取相似】命令扩大选区，程序会在图像中，查找与当前选区中像素色调相近的像素，以便扩大选择区域，下面介绍运用【选取相似】命令创建相似选区的方法。

图 4-23

01 使用菜单项

No.1 在已经创建选区的图像文件中，单击【选择】主菜单。

No.2 在弹出的下拉菜单中，选择【选取相似】菜单项，如图 4-23 所示。

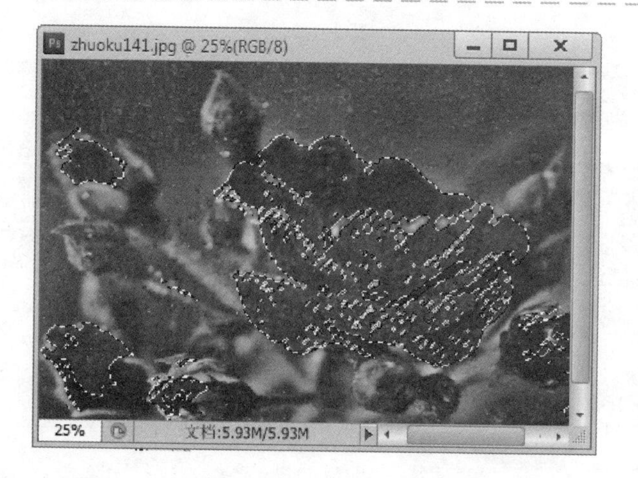

图 4-24

02 选取相似选区

通过以上方法即可完成运用“选取相似”菜单命令扩大选区的操作，如图 4-24 所示。

举一反三

用户可以对已经创建选区的图像多次进行选取相似的操作。

Section 4.6

运用魔棒与快速选择工具

本节导读

在 Photoshop CS6 中，用户不仅可以创建出规则或不规则形状的选区，还可以使用工具箱中的魔棒与快速选择工具，快速选取图像的选区，如根据颜色的不同，选取图像的局部区域等。本节将重点介绍使用魔棒与快速选择工具方面的知识。

4.6.1 运用魔棒工具

在 Photoshop CS6 中，【魔棒】工具可以用于选取颜色相近的区域，对于颜色差别较大的图像可以使用该工具创建选区。下面介绍运用魔棒工具的操作方法。

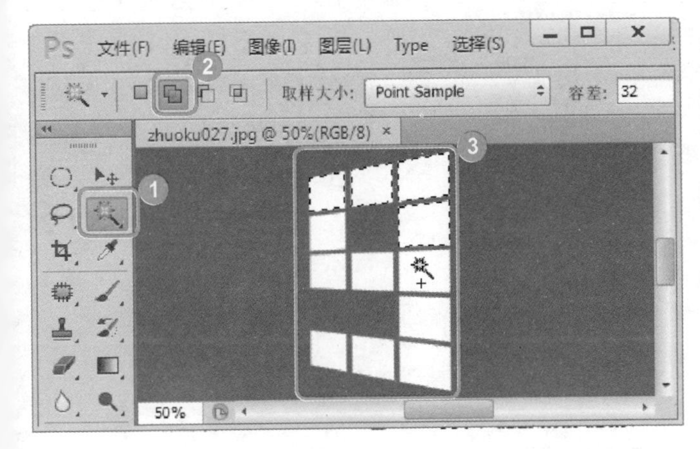

图 4-25

01 使用魔棒工具

No.1 在工具箱中，单击【魔棒工具】按钮。

No.2 在【魔棒】选项栏中，单击【添加到选区】按钮。

No.3 在文档窗口中，在准备选择的图像上连续单击，创建选区，如图 4-25 所示。

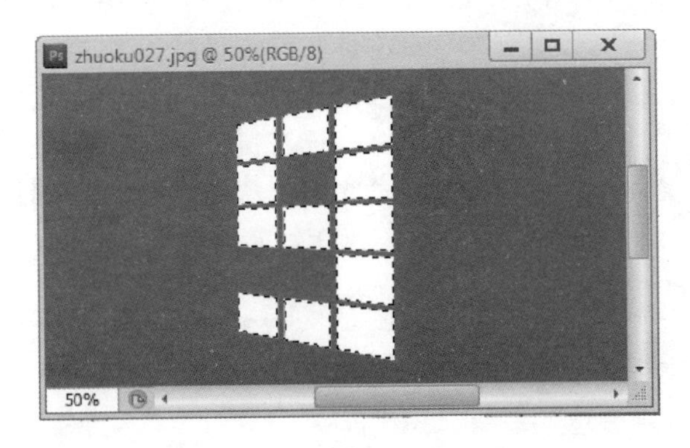

图 4-26

02 创建选区

在文档窗口中，图像选择的区域已经创建出选区，这样即可完成运用魔棒工具创建选区的操作，如图 4-26 所示。

举一反三

在键盘上按住 <Shift> 键的同时使用魔棒创建选区，用户也可以添加选区。

4.6.2 运用快速选择工具

在 Photoshop CS6 中，使用【快速选择】工具，用户可以通过画笔笔尖接触图形，自动查找图像边缘。下面介绍运用快速选择工具的操作方法。

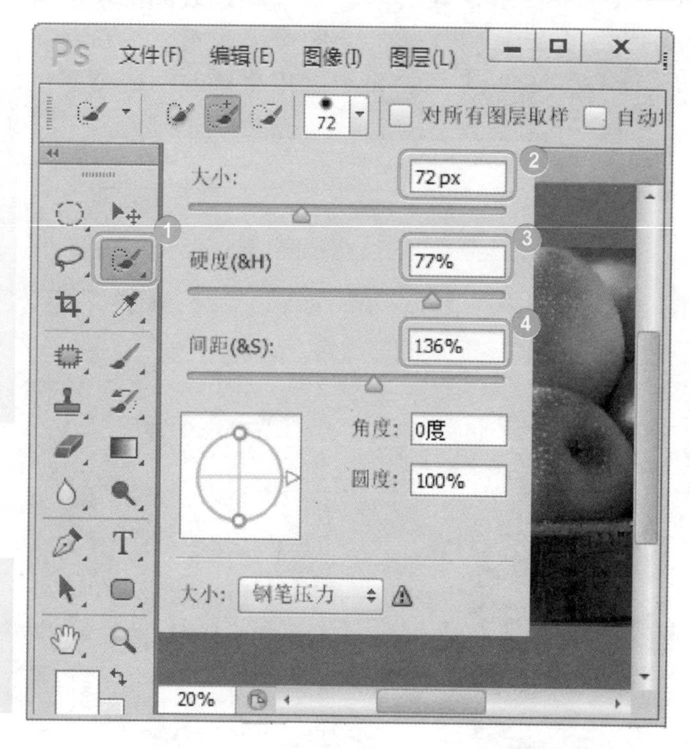

图 4-27

01 使用快速选择工具

No.1 在 Photoshop CS6 工具箱中，单击【快速选择工具】按钮。

No.2 在【快速选择工具】选项栏中，在【以打开“画笔”选取器】下拉列表框中，在【大小】文本框中，输入工具大小的数值。

No.3 在【硬度】文本框中，输入工具硬度值。

No.4 在【间距】文本框中，输入工具间距值，如图 4-27 所示。

图 4-28

02 创建图像选区

返回到文档窗口中，在准备创建选区的图像区域中拖动鼠标进行涂抹操作，确定选区范围后释放鼠标左键，通过以上方法即可完成运用快速选择工具创建选区的操作，如图 4-28 所示。

Section 4.7

选区的基本操作

本节导读

在 Photoshop CS6 中，用户学会创建选区的方法后，应学习并掌握选区的一些基本操作，包括取消选择与重新选择、选区的运算等操作。本节将重点介绍选区的基本操作方面的知识。

4.7.1 取消选区与重新选择选区

在 Photoshop CS6 中，如果创建的选区不再准备使用，用户可以将选区取消，如果再次使用取消的选区，用户可以将其重新载入。下面介绍取消选择与重新选择的操作方法。

图 4-29

01 使用菜单项

No.1 打开已经创建选区的图像文件，单击【选择】主菜单。

No.2 在弹出的下拉菜单中，选择【取消选择】菜单项，如图 4-29 所示。

图 4-30

02 取消图像选区

返回到文档窗口中，此时图像的选区已经被取消，通过以上方法即可完成取消选择的操作，如图 4-30 所示。

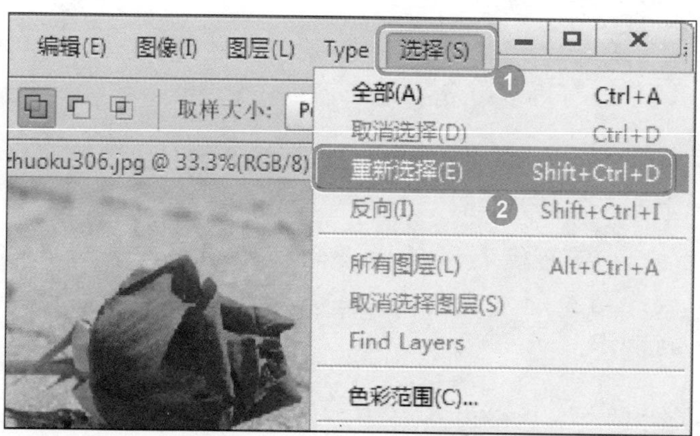

图 4-31

03 使用菜单项

No.1 打开已经创建选区的图像文件，单击【选择】主菜单。

No.2 在弹出的下拉菜单中，选择【重新选择】菜单项，如图 4-31 所示。

图 4-32

04 重新选择选区

返回到文档窗口中，此时图像的选区已经重新选择。通过以上方法即可完成重新选择选区的操作，如图 4-32 所示。

4.7.2 选区的运算

在Photoshop CS6中，用户可以对已经创建的选区进行添加到选区和从选区减去等操作。下面将详细介绍选区运算方面的知识。

1. 添加到选区

在 Photoshop CS6 中，用户可以运用【添加到选区】按钮来添加选区，这样可以增加所需的选取区域。下面介绍运用【添加到选区】按钮来添加选区的方法。

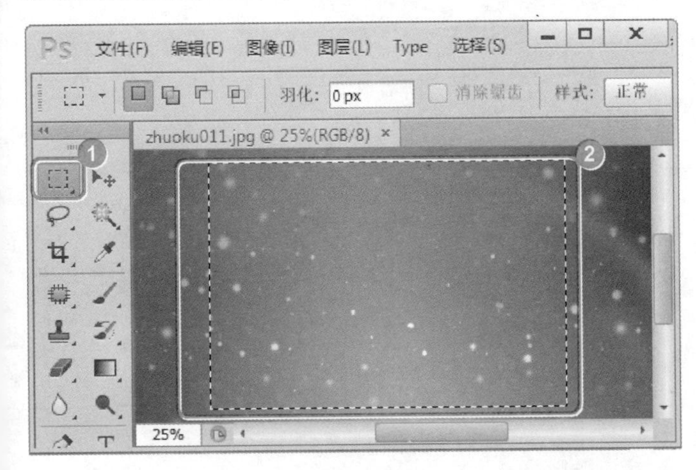

图 4-33

01 绘制一个选区

No.1 在 Photoshop CS6 中，打开一张图像，在【工具箱】中，单击【矩形选框工具】按钮。

No.2 返回到文档窗口中，创建一个矩形的选框，如图 4-33 所示。

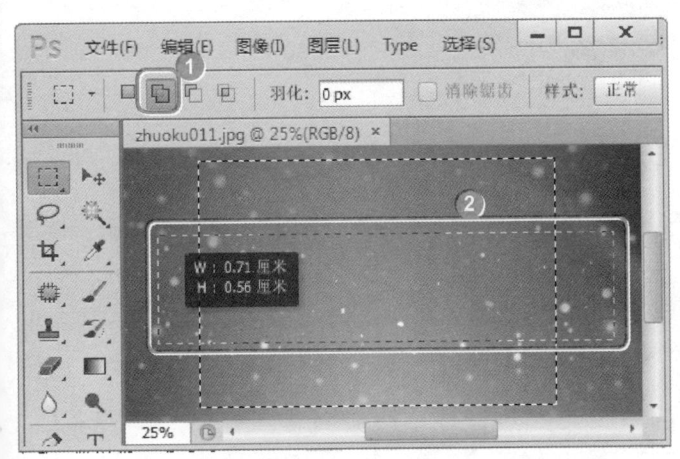

图 4-34

02 绘制一个选区

No.1 在选框工具选项栏中，单击【添加到选区】按钮。

No.2 在文档窗口中，当鼠标指针变为 十₊ 形状时，在图像上再次绘制一个选区，如图 4-34 所示。

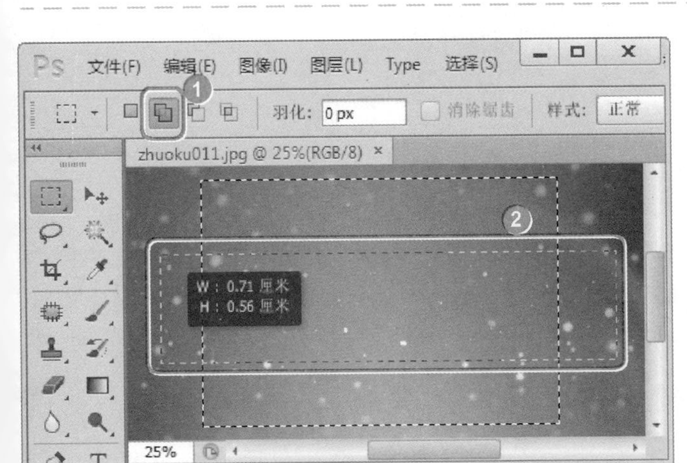

图 4-35

03 添加图像选区

返回到文档窗口中，图像的选区已经被添加。通过以上方法即可完成添加到选区的操作，如图 4-35 所示。

举一反三

在键盘上按住组合键 <Alt>+<Shift> 的同时，使用选区工具创建选区，用户可以进行相交选区的操作。

2. 从选区减去

在 Photoshop CS6 中，用户可以运用【从选区减去】按钮来减去选区，这样可以减少所需的选取区域。下面介绍运用【从选区减去】按钮减去选区的操作方法。

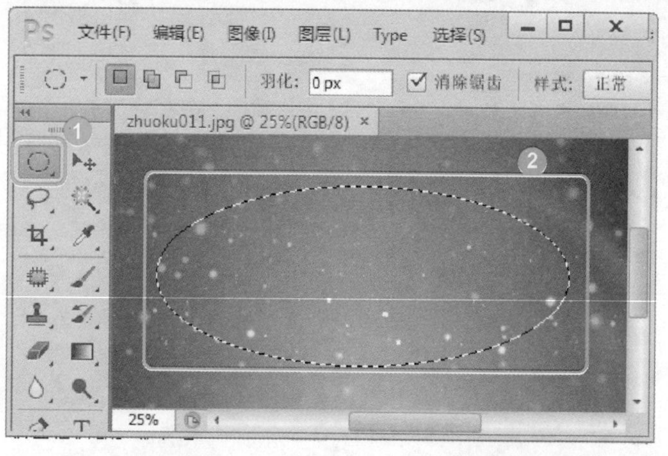

图 4-36

01 使用菜单项

No.1 在 Photoshop CS6 中，打开一张图像，在【工具箱】中，单击【椭圆选框工具】按钮。

No.2 返回到文档窗口中，创建一个椭圆的选框，如图 4-36 所示。

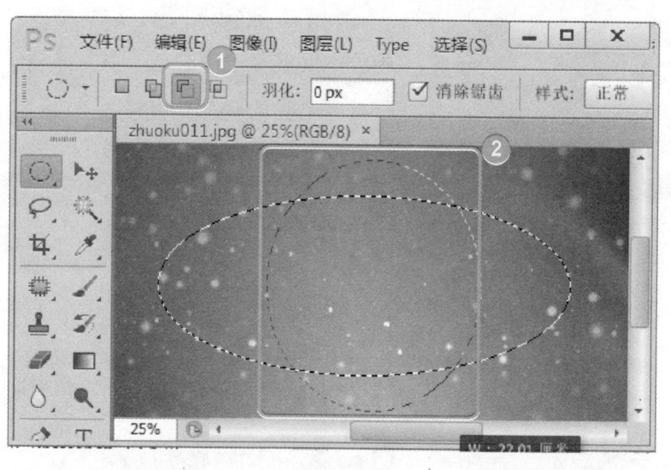

图 4-37

02 绘制一个选区

No.1 在选框工具选项栏中，单击【从选区减去】按钮。

No.2 在文档窗口中，当鼠标指针变为 +_ 形状时，在图像上再次绘制一个椭圆选区，如图 4-37 所示。

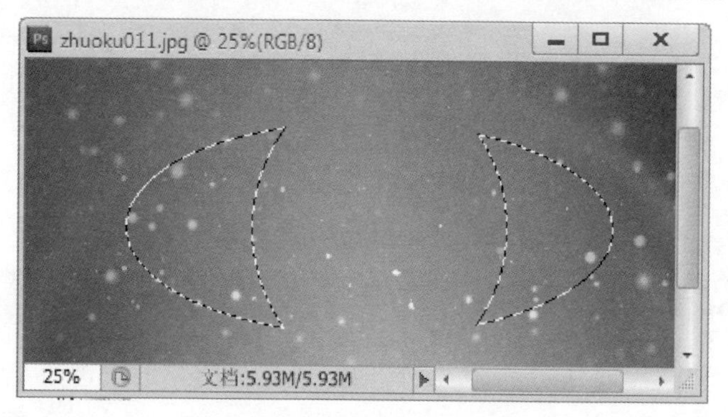

图 4-38

03 减去图像选区

返回到文档窗口中，图像的选区已经被减去。通过以上方法即可完成从选区减去的操作，如图 4-38 所示。

教你一招

复制选区内的图像

在Photoshop CS6中，在【工具箱】中，单击【移动工具】按钮，然后在键盘上按住【Alt】键的同时，拖动鼠标移动选区内的图像，这样即可复制选区内图像。

Section 4.8

编辑选区的操作

本节导读

创建选区后，用户不仅可以对创建的选区进行基本操作，同时还可以对选区进行调整边缘、平滑选区、扩展选区、收缩选区、边界选区和羽化选区等编辑操作。本节将介绍选区的编辑操作方面的知识。

4.8.1 平滑选区

在Photoshop CS6中，使用平滑选区功能，用户可以将创建选区中生硬的边缘变得平滑顺畅，使选区中的图像更加美观，下面介绍平滑选区的操作方法。

图 4-39

01 使用菜单项

No.1 在Photoshop CS6中，打开一张图像，在图像中创建一个选区。

No.2 创建选区后，单击【选择】主菜单。

No.3 在弹出的下拉菜单中，选择【修改】菜单项。

No.4 在弹出的下拉菜单中，选择【平滑】菜单项，如图4-39所示。

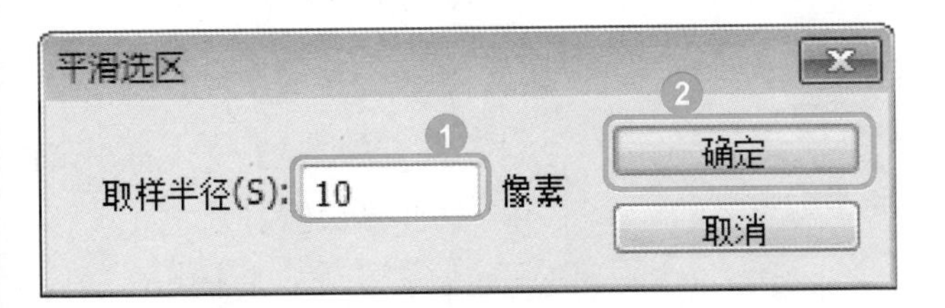

图 4-40

02 设置平滑选项

No.1 弹出【平滑选区】对话框，在【取样半径】文本框中，输入半径数值。

No.2 单击【确定】按钮，如图4-40所示。

图 4-41

03 平滑选区

返回到文档窗口中，创建的选区已经被平滑。通过以上方法即可完成平滑选区的操作，如图4-41所示。

4.8.2 扩展选区

在 Photoshop CS6 中，使用扩展选区的功能，用户可以将创建的选区范围按照输入的数值扩展。下面介绍扩展选区的操作方法。

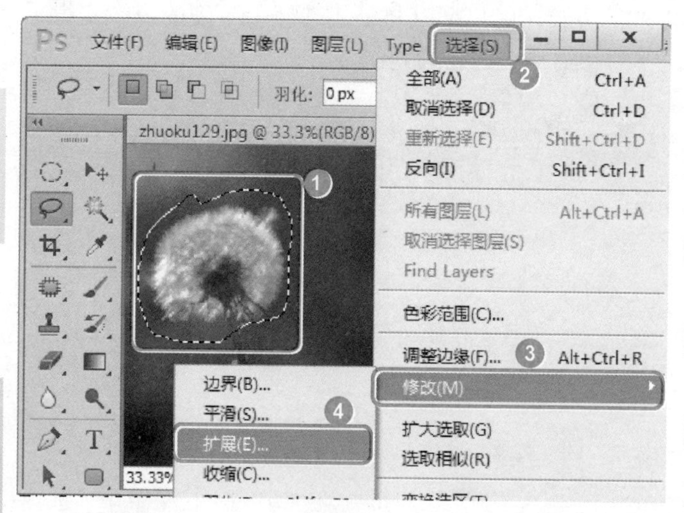

图 4-42

01 使用菜单项

No.1 在 Photoshop CS6 中，打开一张图像，在图像中创建一个选区。

No.2 创建选区后，单击【选择】主菜单。

No.3 在弹出的下拉菜单中，选择【修改】菜单项。

No.4 在弹出的下拉菜单中，选择【扩展】菜单项，如图4-42所示。

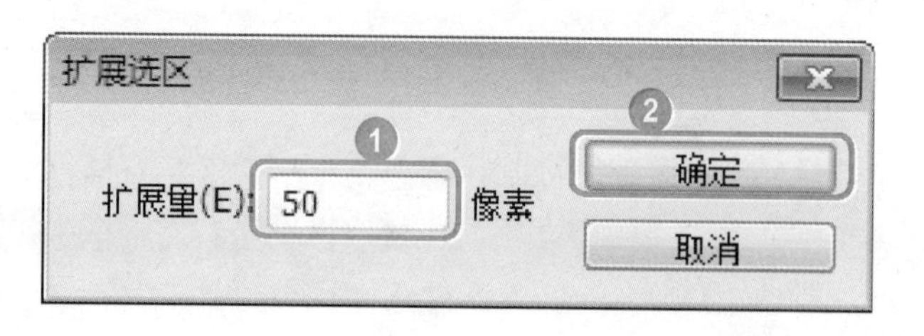

图 4-43

02 设置扩展选项

No.1 弹出【扩展选区】对话框，在【扩展量】文本框中，输入扩展数值。

No.2 单击【确定】按钮 确定 ，如图4-43所示。

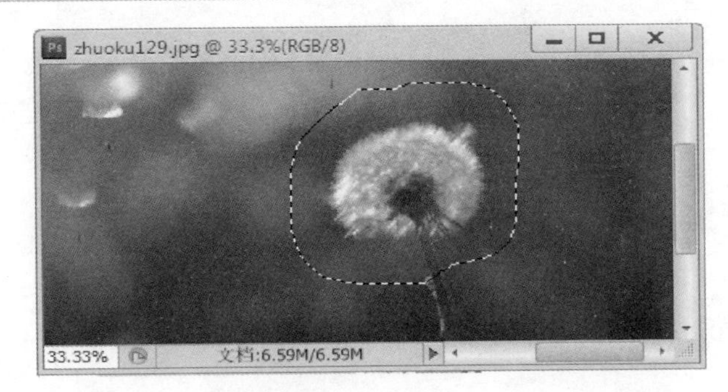

图 4-44

03 扩展选区

返回到文档窗口中，创建的选区已经被扩展，通过以上方法即可完成扩展选区的操作，如图 4-44 所示。

4.8.3 羽化选区

在 Photoshop CS6 中，羽化是指通过设置像素值对图像边缘进行模糊操作，一般来说，羽化数值越大，图像边缘虚化程度越大。下面介绍羽化选区的操作方法。

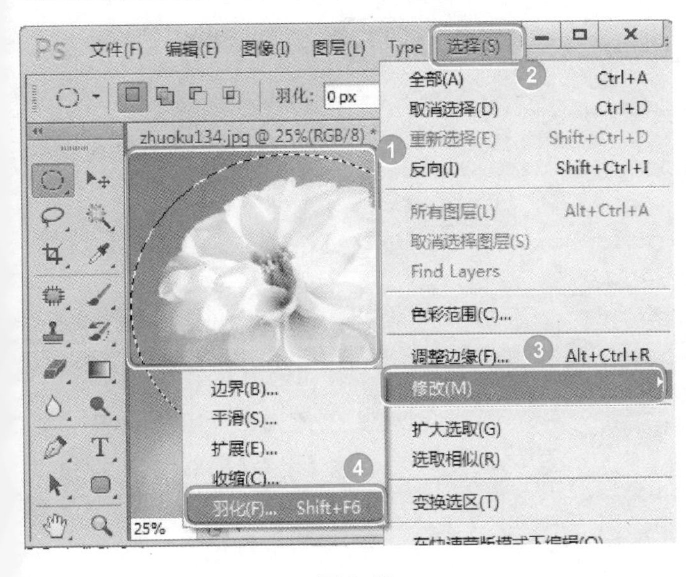

图 4-45

01 使用菜单项

No.1 在 Photoshop CS6 中，打开一张图像，在图像中创建一个选区。

No.2 创建选区后，单击【选择】主菜单。

No.3 在弹出的下拉菜单中，选择【修改】菜单项。

No.4 在弹出的下拉菜单中，选择【羽化】菜单项，如图 4-45 所示。

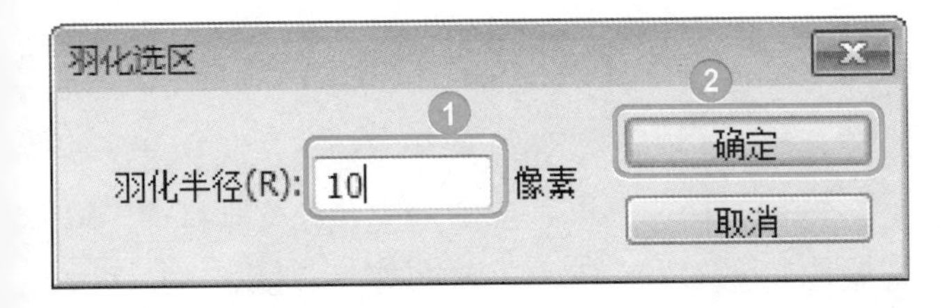

图 4-46

02 设置羽化选项

No.1 弹出【羽化选区】对话框，在【羽化半径】文本框中，输入羽化数值。

No.2 单击【确定】按钮，如图 4-46 所示。

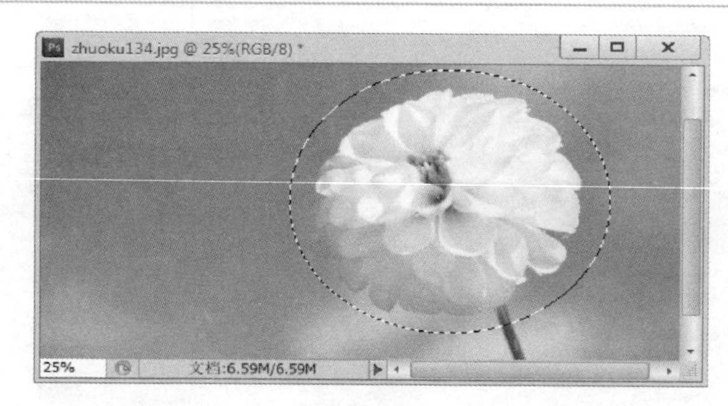

图 4-47

03 羽化选区

返回到文档窗口中，创建的选区已经被羽化，通过以上方法即可完成羽化选区的操作，如图 4-47 所示。

4.8.4 边界选区

在 Photoshop CS6 中，边界选区是将设置的像素值同时向选区内部和外部扩展所得到的区域。下面介绍创建边界选区的操作方法。

图 4-48

01 使用菜单项

No.1 在 Photoshop CS6 中，打开一张图像，在图像中创建一个选区。

No.2 创建选区后，单击【选择】主菜单。

No.3 在弹出的下拉菜单中，选择【修改】菜单项。

No.4 在弹出的下拉菜单中，选择【边界】菜单项，如图 4-48 所示。

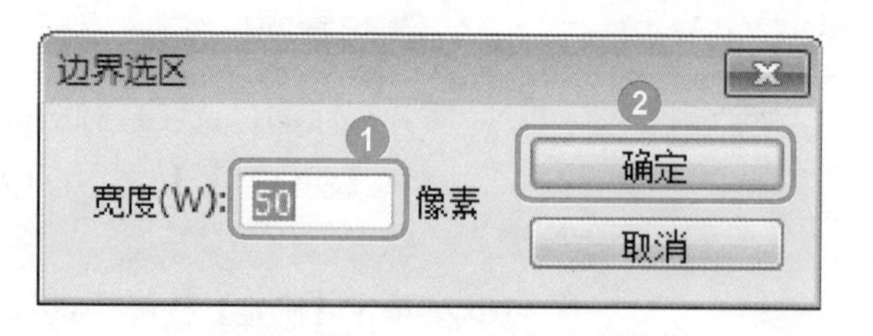

图 4-49

02 设置边界选项

No.1 弹出【边界选区】对话框，在【宽度】文本框中，输入边界宽度数值。

No.2 单击【确定】按钮 确定 ，如图 4-49 所示。

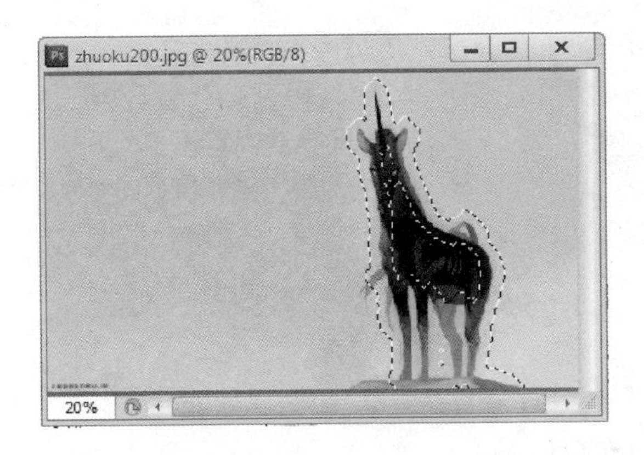

图 4-50

03 边界选区

返回到文档窗口中，创建的选区已经被边界扩展，通过以上方法即可完成边界选区的操作，如图 4-50 所示。

举一反三

在【边界选区】对话框中，输入的宽度值越大，选区边界扩展度越大。

4.8.5 收缩选区

在 Photoshop CS6 中，使用收缩选区的功能，用户可以将创建的选区范围按照输入的数值收缩，下面介绍收缩选区的操作方法。

图 4-51

01 使用菜单项

No.1 创建一个图像选区。

No.2 单击【选择】主菜单。

No.3 在弹出的下拉菜单中，选择【修改】菜单项。

No.4 在弹出的下拉菜单中，选择【收缩】菜单项，如图 4-51 所示。

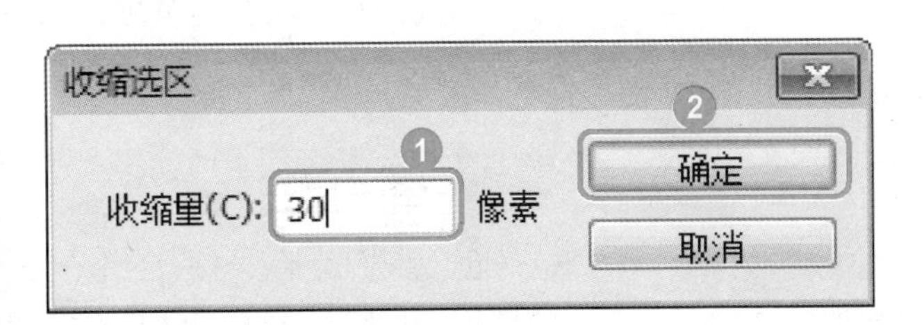

图 4-52

02 设置收缩选项

No.1 弹出【收缩选区】对话框，在【收缩量】文本框中，输入选区收缩的数值。

No.2 单击【确定】按钮 确定，如图 4-52 所示。

图 4-53

03 收缩选区

返回到文档窗口中，创建的选区已经被收缩，通过以上方法即可完成收缩选区的操作，如图 4-53 所示。

Section 4.9 实践案例与上机操作

本节导读

对 Photoshop CS6 选区的应用与操作有所认识后，本节将针对以上所学知识制作六个案例，分别是调整边缘、选区反选、移动选区、变换选区、选区描边和存储选区。

4.9.1 调整边缘

在 Photoshop CS6 中，创建选区后，用户可以对创建的选区进行调整边缘的操作。下面介绍调整边缘的操作方法。

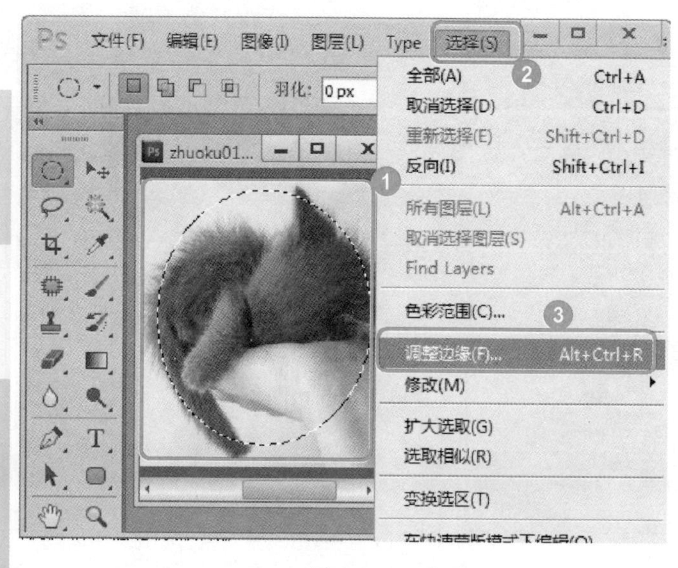

图 4-54

01 使用菜单项

No.1 在 Photoshop CS6 中打开图像文件并创建一个图像选区。

No.2 单击【选择】主菜单。

No.3 在弹出的下拉菜单中，选择【调整边缘】菜单项，如图 4-54 所示。

举一反三

创建选区后，按下组合键 <Alt+Ctrl+R>，同样可以进行调整边缘的操作。

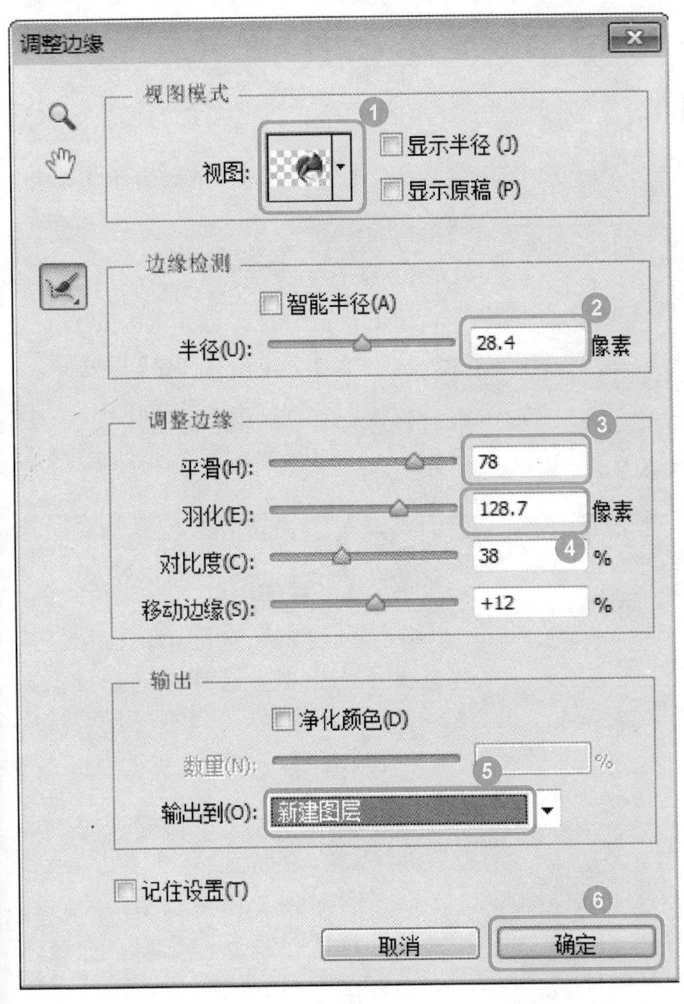

图 4-55

02 设置调整边缘项

No.1 弹出【调整边缘】对话框，在【视图】下拉列表框中，选择【背景图层】选项。

No.2 在【边缘检测】区域中，在【半径】文本框中，输入像素边缘的半径值，如“28.4”。

No.3 在【调整边缘】区域中，在【平滑】文本框中，输入像素边缘的平滑度数值，如“78”。

No.4 在【羽化】文本框中，输入边缘羽化的数值，如“128.7”。

No.5 在【输出】区域中，在【输出到】下拉列表框中，选择【新建图层】选项。

No.6 单击【确定】按钮 确定 ，如图 4-55 所示。

图 4-56

03 调整图像边缘

返回到 Photoshop CS6 主程序中，在【图层】面板中，自动生成一个新图层，在新图层中，调整边缘的结果显示在其中。通过以上方法即可完成调整边缘的操作，如图 4-56 所示。

4.9.2 选区反选

在 Photoshop CS6 中，用户可以对已经创建选区的图像，进行选区反选的操作。下面介绍进行选区反选的操作方法。

图 4-57

01 使用菜单项

No.1 打开已经创建选区的图像文件，单击【选择】主菜单。

No.2 在弹出的下拉菜单中，选择【反向】菜单项，如图 4-57 所示。

举一反三

创建图像选区后，在选区内部单击右键，选择【选择反向】菜单项，同样可以进行反选选区的操作。

图 4-58

02 反选选区

返回到文档窗口中，此时图像的选区已经反向选取。通过以上方法即可完成图像选区反选的操作，如图 4-58 所示。

举一反三

创建图像选区后，在键盘上按下组合键 <Shift+Ctrl+I>，同样可以进行反选选区的操作。

4.9.3 移动选区

在 Photoshop CS6 中，创建选区后，用户可以将创建的选区移动到指定的位置。下面介绍移动选区的操作方法。

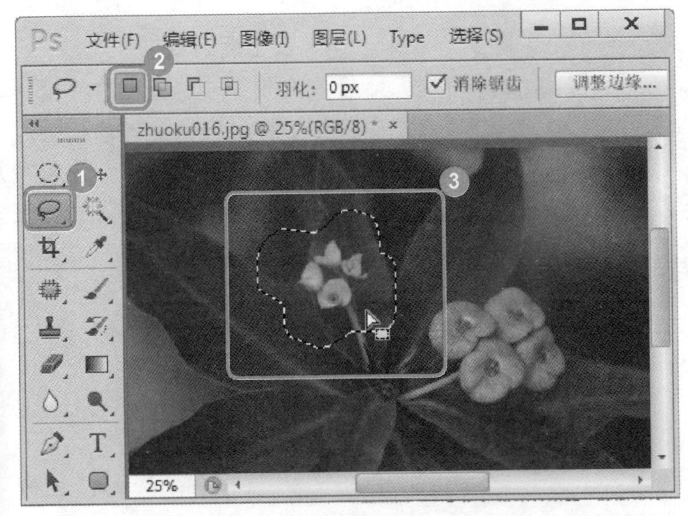

图 4-59

01 使用菜单项

No.1 在【工具箱】中，单击【套索工具】按钮。

No.2 在工具选项栏中，单击【新选区】按钮。

No.3 将鼠标指针移动至选区内部，当鼠标指针变为后，拖动鼠标至目标位置，如图 4-59 所示。

图 4-60

02 移动选区

拖动鼠标将选区移动至目标位置后，释放鼠标。通过以上方法即可完成移动选区的操作，如图 4-60 所示。

4.9.4 变换选区

在 Photoshop CS6 中，创建选区后，用户可以对创建的选区进行变换操作。下面介绍变换选区的操作方法。

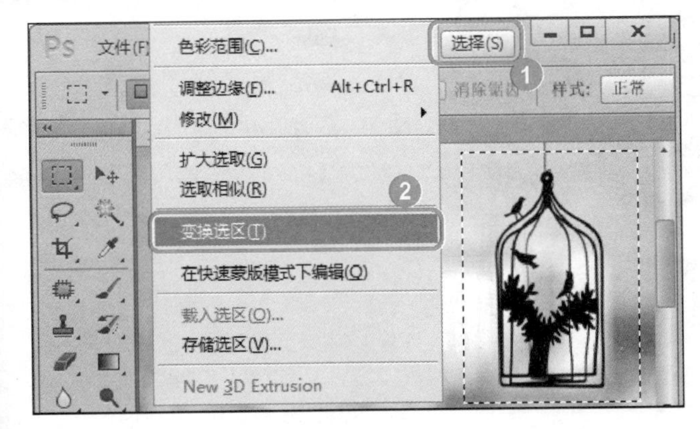

图 4-61

01 使用菜单项

No.1 在图像中创建选区后，单击【选择】主菜单。

No.2 在弹出的下拉菜单中，选择【变换选区】菜单项，如图 4-61 所示。

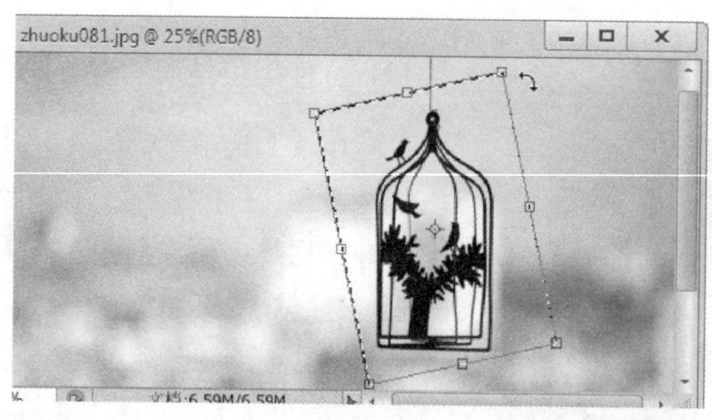

图 4-62

02 设置选区变换

在文档窗口中，出现边界框，当鼠标指针变为 ↰ 后，拖动控制点对选区进行旋转操作，然后在键盘上按下〈Enter〉键，如图 4-62 所示。

图 4-63

03 选区变换

在文档窗口中，选区已经变换，通过以上方法即可完成变换选区的操作，如图 4-63 所示。

4.9.5 选区描边

在 Photoshop CS6 中，创建选区后，用户可以对创建的选区进行选区描边的操作，将选区内的图像用自定义颜色区分出来。下面介绍选区描边的操作方法。

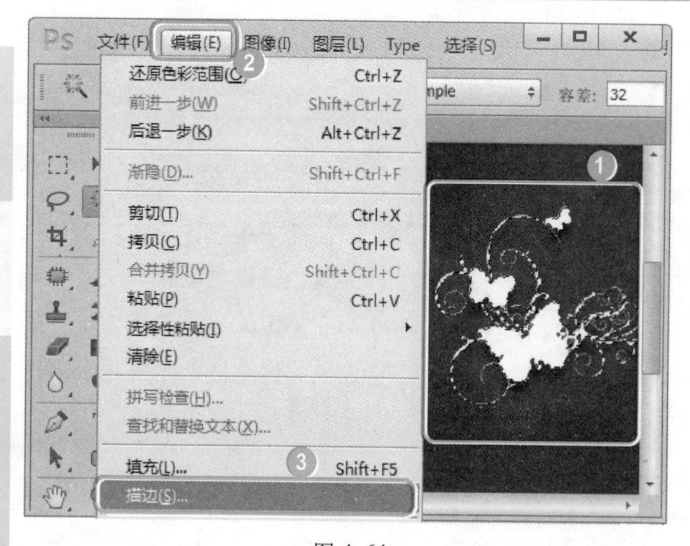

图 4-64

01 使用菜单项

No.1 在打开的图像中，创建一个选区。

No.2 单击【编辑】主菜单。

No.3 在弹出的下拉菜单中，选择【描边】菜单项，如图 4-64 所示。

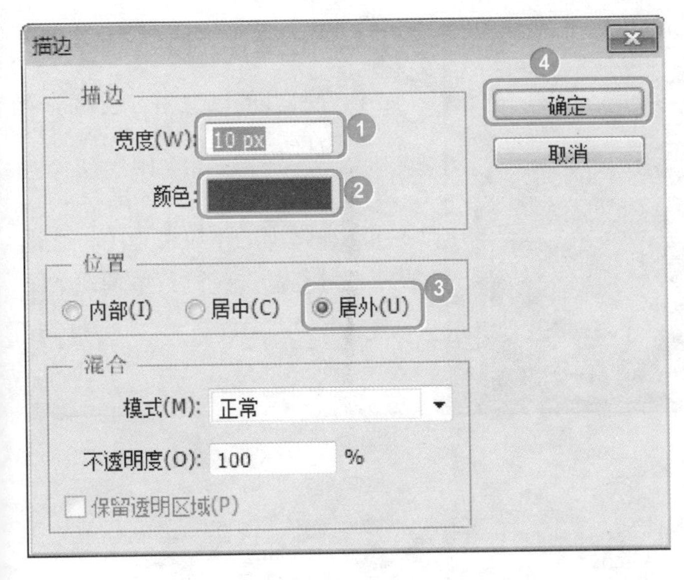

图 4-65

02 设置描边选项

No.1 弹出【描边】对话框，在【宽度】文本框中，输入描边的宽度数值。

No.2 在【颜色】选取框中，设置准备描边的颜色。

No.3 在【位置】区域中，选中【居外】单选项。

No.4 单击【确定】按钮，如图 4-65 所示。

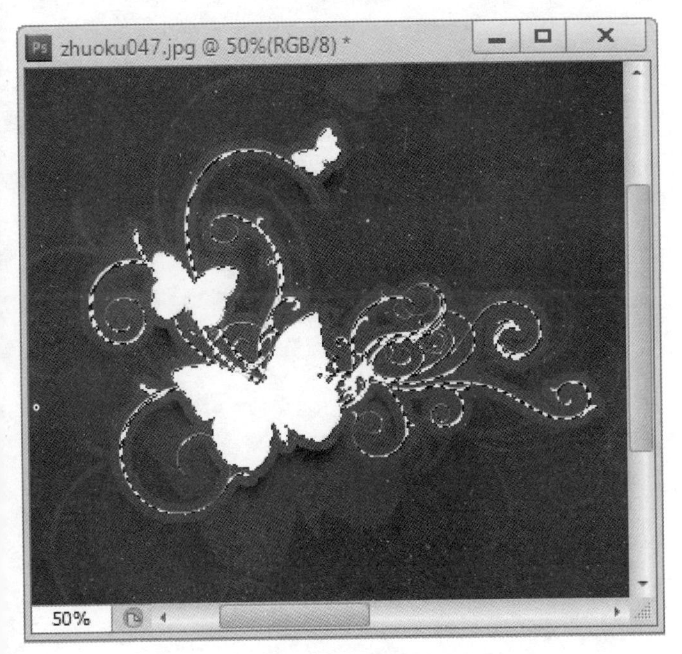

图 4-66

03 选区描边

返回到文档窗口中，创建的选区已经被描边显示。通过以上方法即可完成选区描边的操作，如图 4-66 所示。

举一反三

在描边的过程中，用户可以对描边的颜色、宽度、混合模式、不透明度和位置进行详细设置。同时，描边的宽度值需在 1 像素至 255 像素之间的整数中进行选取设定。

4.9.6 存储选区

在 Photoshop CS6 中，创建选区后，用户可以将创建的选区进行存储，以便经常使用。下面介绍存储选区的操作方法。

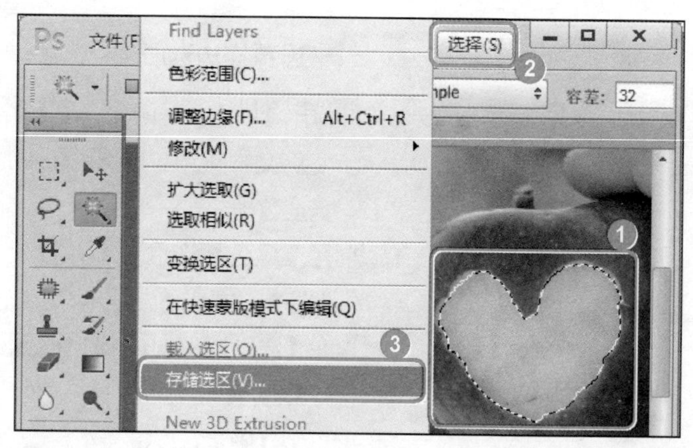

图 4-67

01 使用菜单项

No.1 在打开的图像中，创建一个选区。

No.2 单击【选择】主菜单。

No.3 在弹出的下拉菜单中，选择【存储选区】菜单项，如图4-67所示。

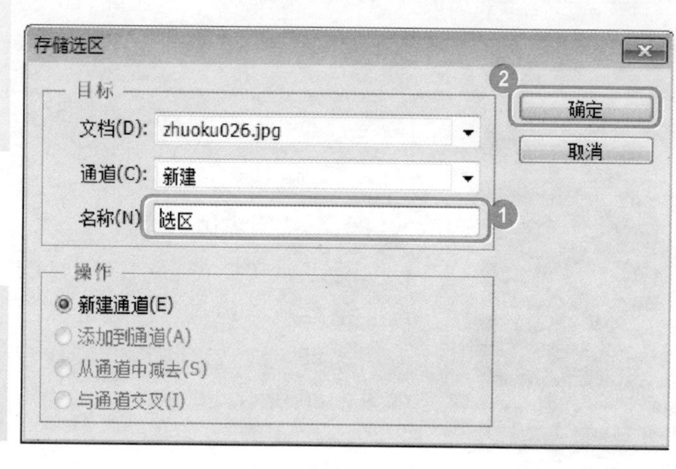

图 4-68

02 存储选区

No.1 弹出【存储选区】对话框，在【名称】文本框中，输入选区被保存的名称。

No.2 单击【确定】按钮 确定 ，通过以上方法即可完成存储选区的操作，如图4-68所示。

第 5 章

修复与修饰图像

本章主要介绍了修复与修饰图像方面的基础知识，同时还讲解了修复图像、擦除图像、复制图像和编辑图像等方面的操作技巧。通过本章的学习，读者可以掌握修复与修饰图像方面的知识，为进一步学习 Photoshop CS6 相关知识奠定良好基础。

Section

5.1 修复图像

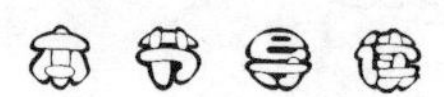

在 Photoshop CS6 中，修复图像效果是一项核心功能，用户可以使用修复画笔工具、修补工具、污点修复画笔、红眼工具和颜色替换工具等对图像进行修饰与修复，使图像可以变得美观。本节将重点介绍修饰与修复图像效果方面的知识与操作技巧。

5.1.1 修复画笔

在 Photoshop CS6 中，【修复画笔】工具可用于校正瑕疵，修复画笔工具可将样本像素的纹理、光照、透明度和阴影与所修复的像素进行匹配，从而使修复后的像素不留痕迹地融入图像的其余部分。下面介绍运用【修复画笔】工具的操作方法。

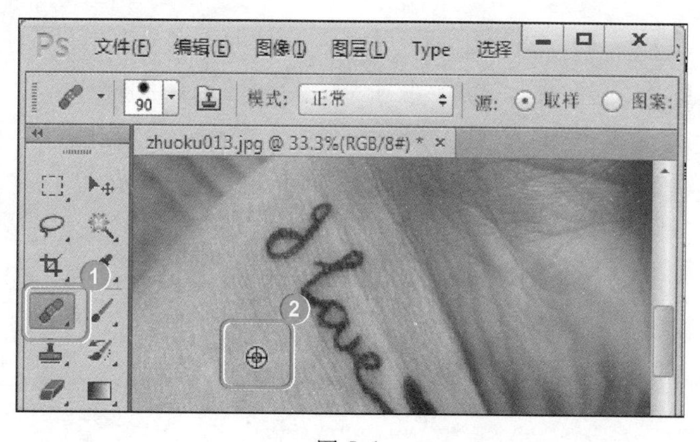

图 5-1

01 选择准备设置的字体格式

No.1 打开图像文件后，单击【工具箱】中的【修复画笔工具】按钮。

No.2 在文档窗口中，在键盘上按住 <Alt> 键，当鼠标指针变成⊕时，在图像皮肤光滑处单击取样，如图 5-1 所示。

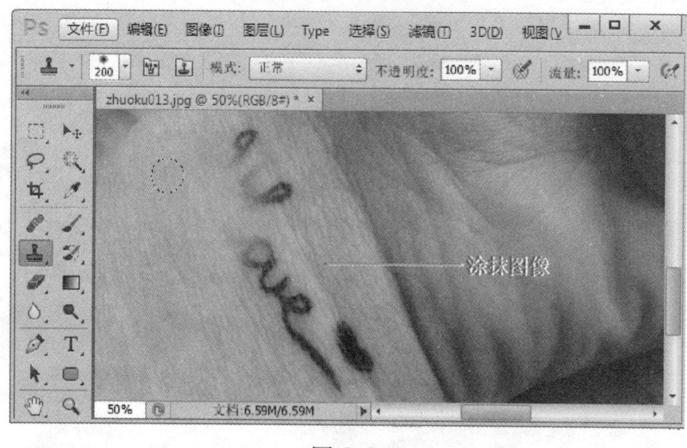

图 5-2

02 进行涂抹操作

当鼠标指针变成○时，在图像需要修复的位置上，重复进行单击并拖动鼠标的操作，直至修复图像为止，如图 5-2 所示。

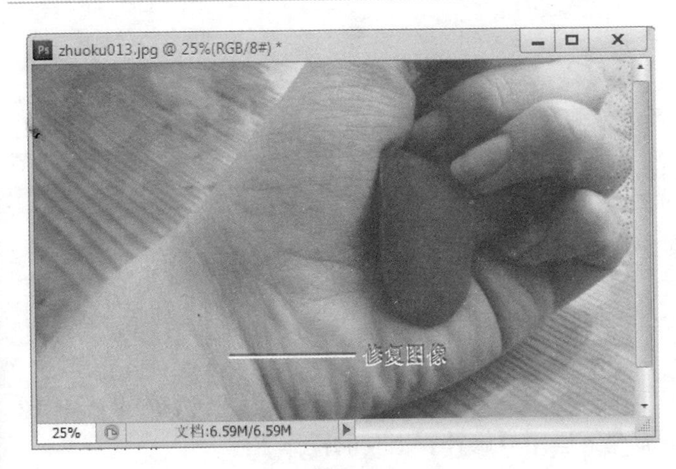

图 5-3

03 图像已经被修复

此时返回到文档窗口中，图像已经被修复。通过以上方法即可完成运用【修复画笔】工具修复图像的操作，如图 5-3 所示。

5.1.2 污点修复

在 Photoshop CS6 中，【污点修复画笔】工具可以快速移去照片中的污点和其他不理想部分。下面介绍运用【污点修复画笔】工具的操作方法。

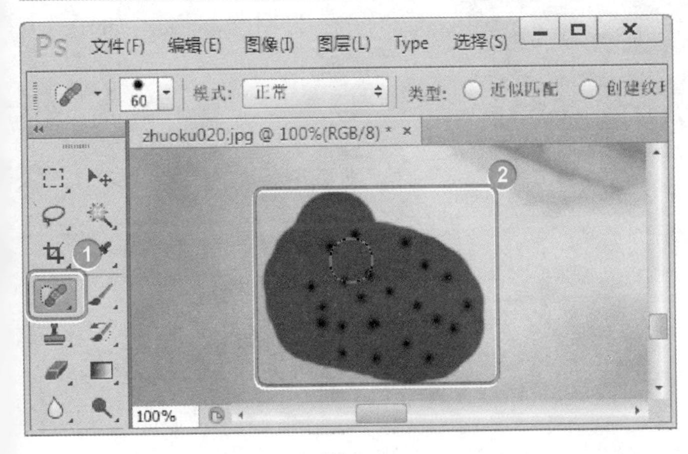

图 5-4

01 使用污点修复工具

No.1 打开图像后，单击【工具箱】中的【污点修复画笔工具】按钮。

No.2 当鼠标指针变为○时，在文档窗口中，在需要修复的位置，进行鼠标拖动涂抹的操作，如图 5-4 所示。

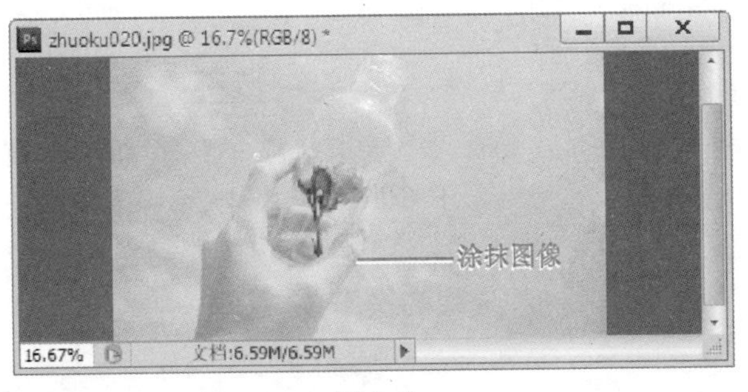

图 5-5

02 进行涂抹操作

通过以上方法即可完成运用【污点修复画笔】工具修复图像的操作，如图 5-5 所示。

教你一招

使用污点修复画笔工具的注意事项

在 Photoshop CS6 中，如果在污点修复画笔工具选项栏中，选择“对所有图层取样”选项，用户可从所有可见图层中对数据进行取样，否则就只能从现用图层中取样。

5.1.3 修补工具

在 Photoshop CS6 中，【修补】工具是通过将取样像素的纹理等因素与修补图像的像素进行匹配，清除图像中的杂点。下面介绍运用【修补】工具的操作方法。

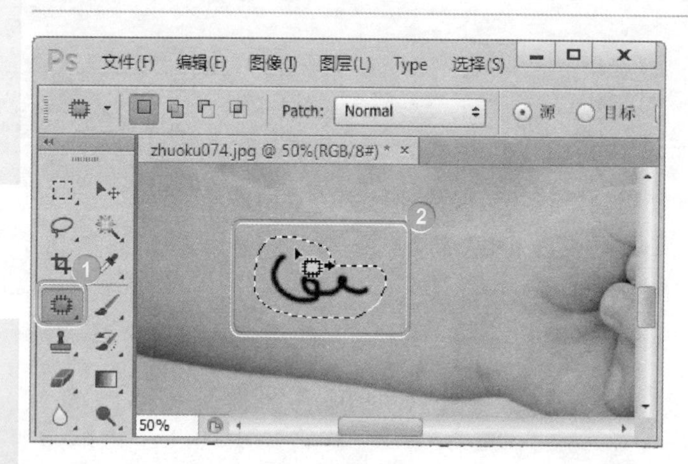

图 5-6

01 使用修补工具

No.1 打开图像后，单击【工具箱】中的【修补工具】按钮。

No.2 当鼠标指针变为时，在文档窗口中，划取需要修补的图像区域，如图 5-6 所示。

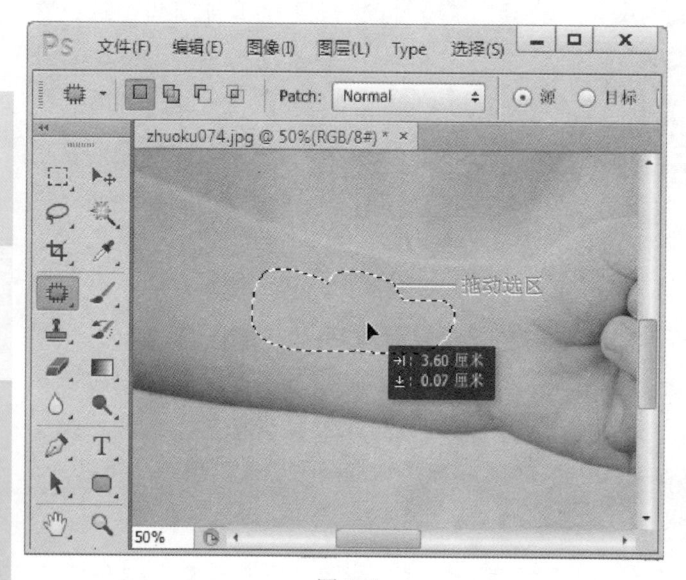

图 5-7

02 进行拖动操作

将鼠标指针移动至选区的周围，当鼠标指针变成时，单击并拖动鼠标，移动到可以替换需要修复图像的位置，如图 5-7 所示。

举一反三

使用【修补】工具时，在修补工具选项栏中选中【目标】单选项，用户可以进行复制选中图像的操作。

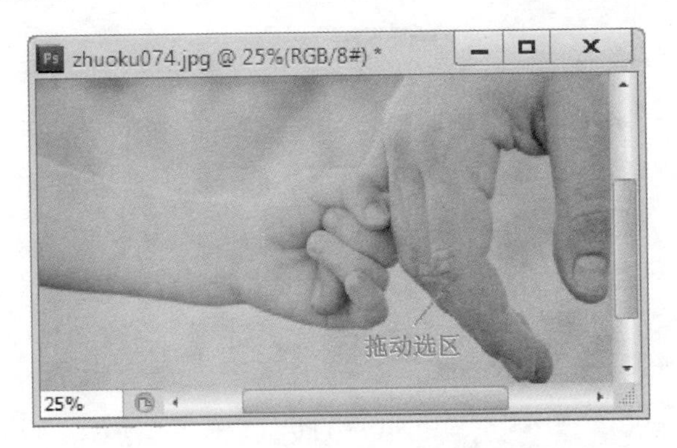

图 5-8

03 图像已经被修补

此时返回到文档窗口中，图像文字部分已经被修补。通过以上方法即可完成运用【修补】工具修复图像的操作，如图 5-8 所示。

5.1.4 红眼工具

在 Photoshop CS6 中，使用【红眼】工具，用户可以修复由闪光灯照射到人眼时，瞳孔放大而产生的视网膜泛红现象。下面介绍运用【红眼】工具的操作方法。

图 5-9

01 使用红眼工具

No.1 打开图像后，单击【工具箱】中的【红眼工具】按钮。

No.2 当鼠标指针变为 ⁺◉ 时，在文档窗口中，在需要修复红眼的地方单击，如图 5-9 所示。

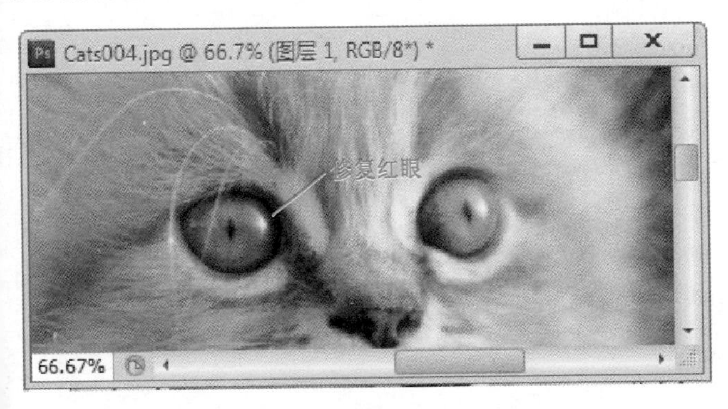

图 5-10

02 红眼部分被修复

返回到文档窗口中，图像红眼的部分已经被修复。通过以上方法即可完成运用【红眼】工具修复图像的操作，如图 5-10 所示。

5.1.5 颜色替换工具

在 Photoshop CS6 中，【颜色替换工具】能够简化图像中特定颜色的替换，用户可以用不同的颜色，如黄色，在目标颜色上绘画，同时用户还可以使用颜色替换工具校正颜色。下面介绍运用【颜色替换工具】的操作方法。

图 5-11

01 使用颜色替换工具

No.1 打开图像文件后，创建准备替换颜色的选区。

No.2 在【工具箱】中，单击【画笔工具】下拉按钮。

No.3 在弹出的下拉面板中，选择【颜色替换工具】选项。

No.4 在【工具箱】中，选择准备替换的前景颜色，如图 5-11 所示。

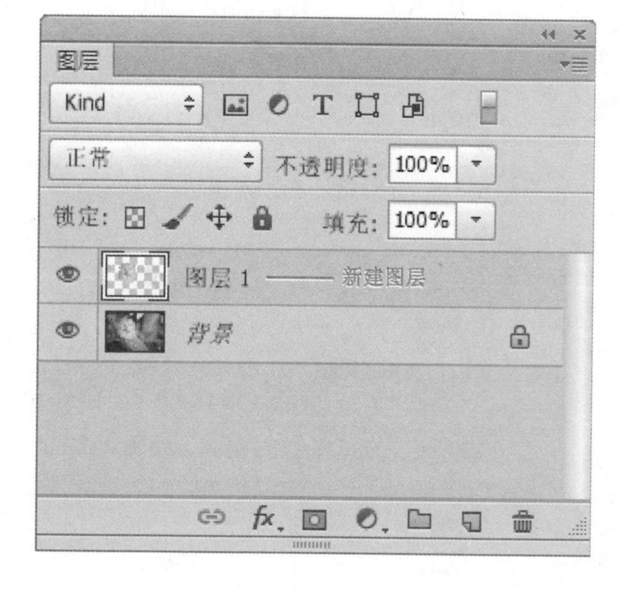

图 5-12

02 新建图层

选择【颜色替换】工具后，在键盘上按下组合键<Ctrl+J>，这样即可快速将选区内的图像复制到新图层中，如“图层 1”，如图 5-12 所示。

举一反三

颜色替换工具的原理是用前景色替换图像中指定的像素，因此使用时需选择好前景色。

图 5-13

03 替换图像颜色

此时在文档窗口中，在新建的图层中，当鼠标指针变为 ⊙ 时，对图像进行涂抹操作。通过以上方法即可完成运用【颜色替换】工具替换图像颜色的操作，如图 5-13 所示。

Section 5.2 擦除图像

本节导读

在 Photoshop CS6 中，如果图像文件中有不准备使用的区域，用户可以将其擦除，以保持图像的整洁和美观。图像擦除工具包括橡皮擦工具、背景橡皮擦工具和魔术橡皮擦工具等。本节将重点介绍图像擦除工具方面的知识与操作技巧。

5.2.1 橡皮擦工具

在 Photoshop CS6 中，在图像中拖动时，【橡皮擦】工具会更改图像中的像素，如果在【背景】图层中或在透明区域锁定的图层中工作，抹除的像素会更改为背景色，否则抹除的像素会变为透明。下面介绍运用【橡皮擦】工具的操作方法。

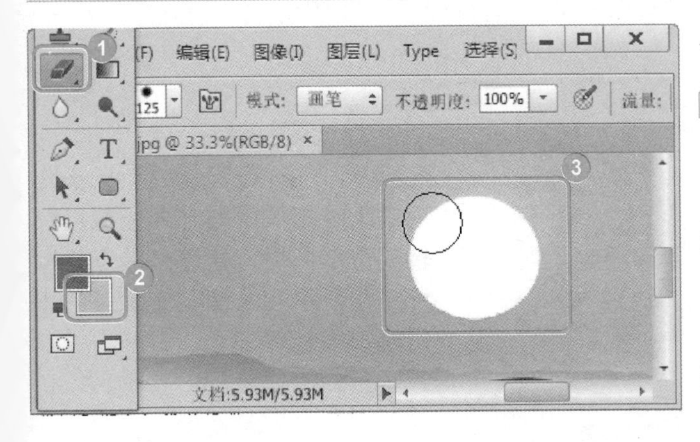

图 5-14

01 使用橡皮擦工具

No.1 打开图像文件后，在【工具箱】中，单击【橡皮擦工具】按钮。

No.2 在【工具箱】中的【背景色】框中，设置准备擦除图像的颜色。

No.3 在文档窗口中，对准备擦除的图像区域进行涂抹的操作，如图 5-14 所示。

图 5-15

02 擦除图像

对图像进行反复涂抹操作后，此时图像中的文字已经擦除干净。通过以上方法即可完成使用橡皮擦工具的操作，如图 5-15 所示。

5.2.2 背景橡皮擦工具

在 Photoshop CS6 中，【背景橡皮擦】工具可以自动识别图像的边缘，将背景擦为透明区域。下面介绍使用【背景橡皮擦】工具的操作方法。

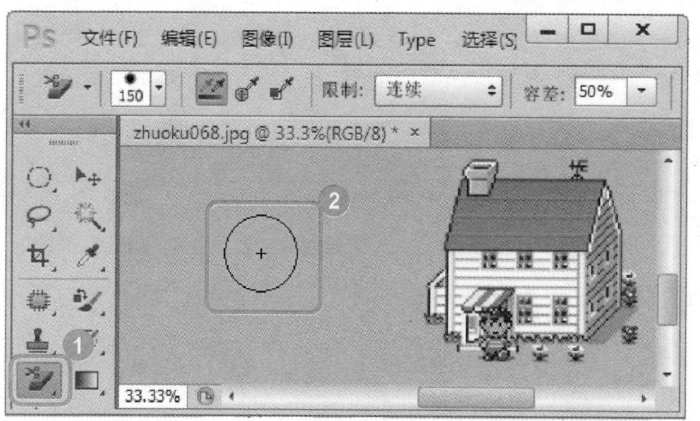

图 5-16

01 背景橡皮擦工具

No.1 打开图像文件后，在【工具箱】中，单击【背景橡皮擦工具】按钮。

No.2 在文档窗口中，当鼠标指针变为 时，在需要擦除图像的位置，拖动鼠标进行擦除操作，如图 5-16 所示。

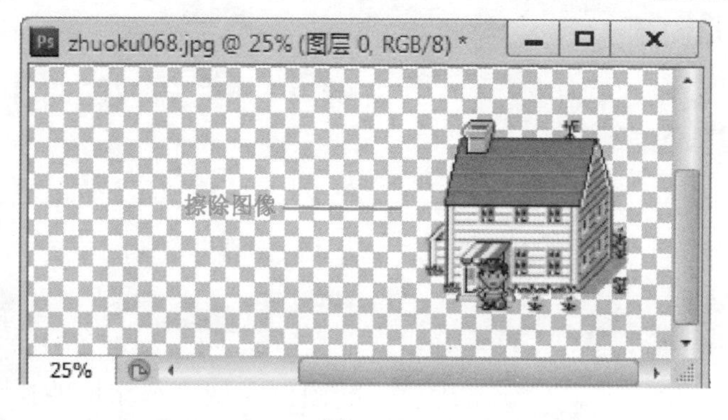

图 5-17

02 擦除图像

对图像进行反复的涂抹操作后，此时图像中的部分区域已经转成透明区域。通过以上操作即可完成使用背景橡皮擦工具的操作，如图 5-17 所示。

5.2.3 魔术橡皮擦工具

在 Photoshop CS6 中，在图层中单击【魔术橡皮擦】工具时，会将所有相似的像素更改为透明。下面介绍运用【魔术橡皮擦】工具的操作方法。

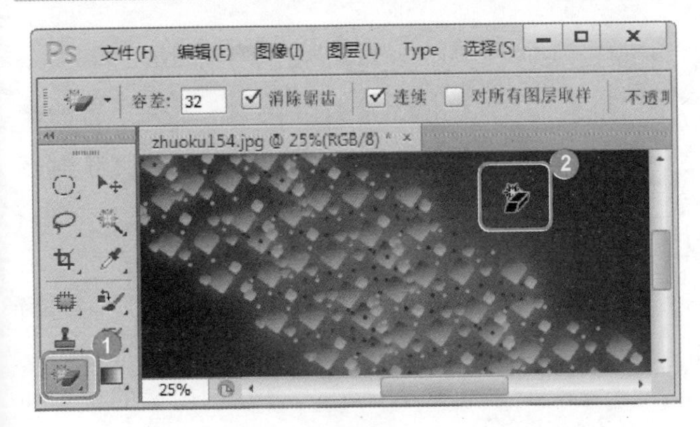

图 5-18

01 魔术橡皮擦工具

No.1 打开图像文件后，在【工具箱】中，单击【魔术橡皮擦工具】按钮。

No.2 在文档窗口中，当鼠标指针变为形状时，在需要擦除图像的位置处单击，如图 5-18 所示。

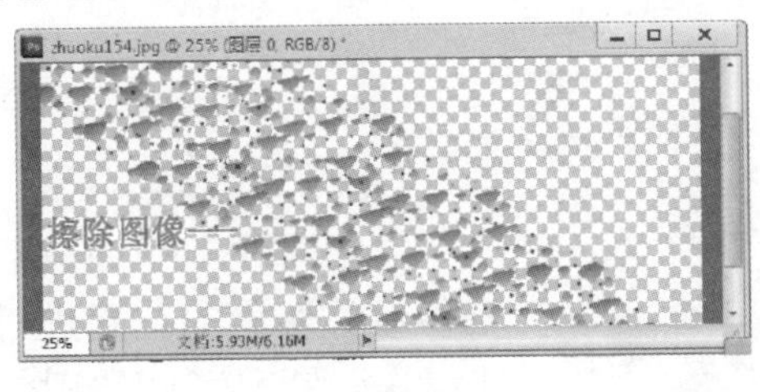

图 5-19

02 擦除图像

对图像进行反复的涂抹操作后，此时图像中的部分区域已经转成透明区域。通过以上方法即可完成使用魔术橡皮擦工具的操作，如图 5-19 所示。

教你一招

魔术橡皮擦与背景橡皮擦的区别

魔术橡皮擦工具在作用上与背景橡皮擦工具类似，都是将像素抹除以得到透明区域。只是两者的操作方法不同，背景橡皮擦工具采用了类似画笔的绘制（涂抹）型操作方式，而魔术橡皮擦工具则是区域型的操作方式。

Section 5.3 复制图像

本节导读

在 Photoshop CS6 中，运用仿制图章工具和图案图章工具，用户可以对图像的局部区域进行编辑或复制，这样可以使用复制的图像范围修复图像破损或不整洁的区域。本节将介绍复制图像方面的知识。

5.3.1 仿制图章工具

使用【仿制图章】工具，用户可以拷贝图形中的信息，同时将其应用到其他位置，这样可以修复图像中的污点、褶皱和光斑等。下面介绍运用【仿制图章】工具的操作方法。

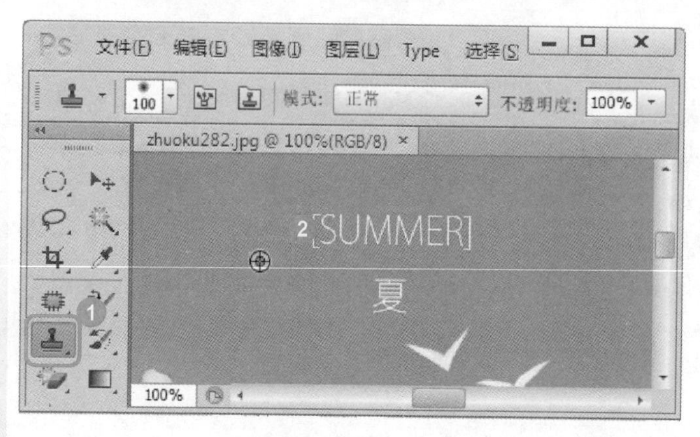

图 5-20

01 使用仿制图章工具

No.1 打开图像文件后，在【工具箱】中，单击【仿制图章工具】按钮。

No.2 在文档窗口中，在键盘上按住 <Alt> 键的同时，当鼠标指针变为形状时，在需要复制图像的位置处单击，如图 5-20 所示。

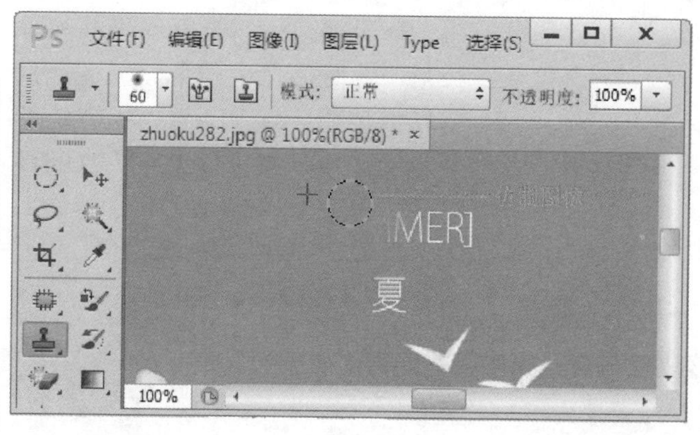

图 5-21

02 仿制图案

复制取样工作完成后，在准备仿制该图案的位置进行连续单击操作，直至仿制图案成功为止，如图 5-21 所示。

图 5-22

03 仿制图案完成

此时图像中的文字部分将被擦除。通过以上方法即可完成使用仿制图章工具复制图像的操作，如图 5-22 所示。

5.3.2 图案图章工具

使用【图案图章】工具，用户可以使用系统自带的图案在在图像中填充。下面介绍运用【图案图章】工具的操作方法。

图 5-23

01 使用图案图章工具

No.1 打开图像文件后，创建准备填充图案的选区。

No.2 在【工具箱】中，单击【图案图章工具】按钮。

No.3 在工具选项栏中，在【图案样式】下拉列表框中，选择准备填充的图案样式，如图 5-23 所示。

图 5-24

02 填充图案

选择准备填充的图案样式后，当鼠标指针变为形状○时，在创建的选区中，反复涂抹图像，填充选择的图案样式，如图 5-24 所示。

图 5-25

03 图案绘制完成

完成涂抹图像的操作后，此时选区内的图像已经被选择图案样式所覆盖，通过以上方法即可完成使用图案图章工具复制图像的操作，如图 5-25 所示。

教你一招

使用图案图章工具的小技巧

在【工具箱】中选择【图案图章】工具后，在【图案图章工具】选项栏中，在【模式】下拉列表框中，用户可以设置图案图章工具的填充模式，在【不透明度】文本框中输入数值，用户可以设置图案图章填充图案时，图案的不透明度。

Section

5.4 编辑图像

5.4.1 涂抹工具

在Photoshop CS6中，使用【涂抹】工具，用户可以模拟手指拖过湿油漆时形成的效果，下面介绍运用【涂抹】工具的操作方法。

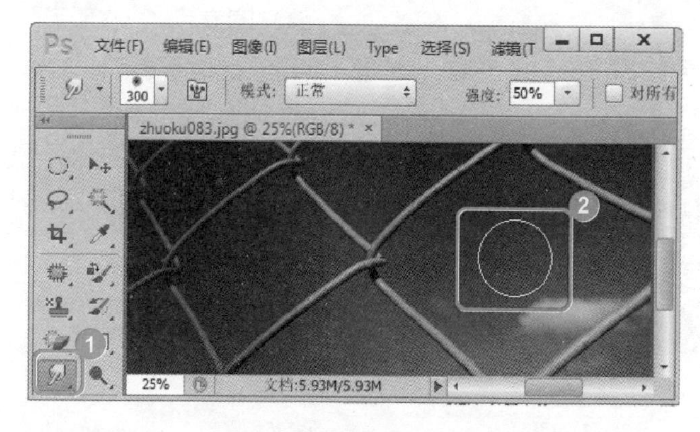

图 5-26

01 使用涂抹工具

No.1 打开图像文件后，在【工具箱】中，单击【涂抹工具】按钮。

No.2 在文档窗口中，对准备涂抹的图像区域进行涂抹操作，如图5-26所示。

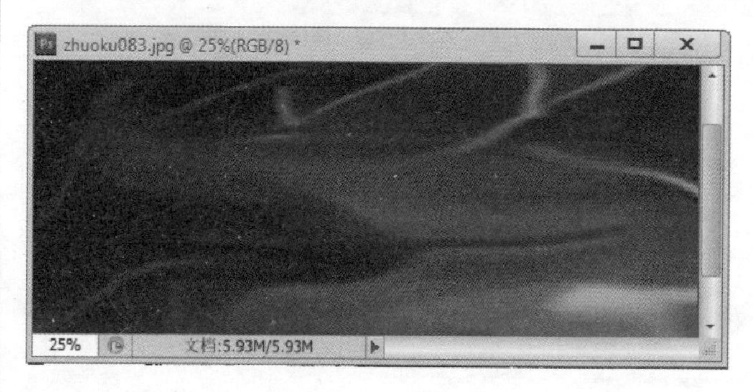

图 5-27

02 涂抹图像

对图像进行反复的涂抹操作后，在达到用户满意的制作效果后释放鼠标，这样即可完成使用涂抹工具涂抹图像的操作，如图5-27所示。

5.4.2 模糊工具

在 Photoshop CS6 中，使用【模糊】工具，用户可以减少图像中的细节显示，使图像产生柔化模糊的效果。下面介绍运用【模糊】工具的操作方法。

图 5-28

01 使用模糊工具

No.1 打开图像文件后，在【工具箱】中，单击【模糊工具】按钮。

No.2 在文档窗口中，对准备模糊的图像进行涂抹的操作，如图 5-28 所示。

图 5-29

02 图像被模糊处理

对图像进行反复的涂抹操作后，在达到用户满意的制作效果后释放鼠标。通过以上方法即可完成使用模糊工具模糊图像的操作，如图 5-29 所示。

教你一招

使用模糊工具的小技巧

在 Photoshop CS6 中，在模糊工具选项栏中，用户单击【模式】下拉列表框，在弹出的列表中，可以指定模糊的像素与图像中其他像素混合的方式。

5.4.3 锐化工具

在 Photoshop CS6 中，使用【锐化】工具，可以增加图像的清晰度或聚焦程度，但不会过度锐化图像。下面介绍运用【锐化】工具的操作方法。

图 5-30

01 使用锐化工具

No.1 打开图像文件后，在【工具箱】中，单击【锐化工具】按钮。

No.2 在文档窗口中，对准备锐化的图像进行涂抹的操作，如图 5-30 所示。

图 5-31

02 图像被锐化处理

对图像进行反复的涂抹操作后，在达到用户满意的制作效果后释放鼠标。通过以上方法即可完成使用锐化工具锐化图像的操作，如图 5-31 所示。

5.4.4 海绵工具

在 Photoshop CS6 中，【海绵】工具可以对图像的区域加色或去色，用户可以使用【海绵】工具使对象或区域上的颜色更鲜明或更柔和。下面介绍运用【海绵工具】的操作方法。

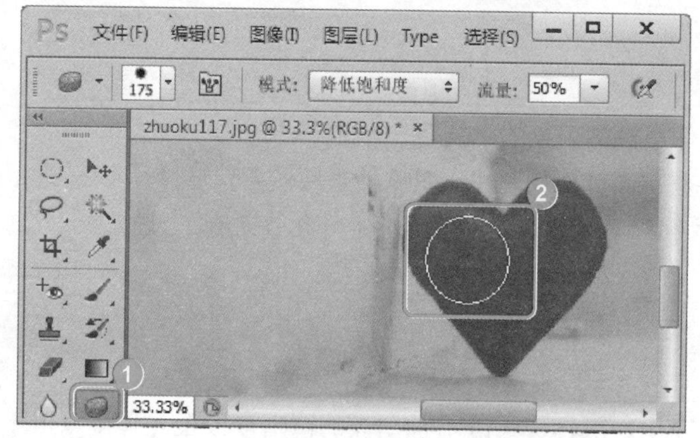

图 5-32

01 使用海绵工具

No.1 打开图像文件后，在【工具箱】中，单击【海绵工具】按钮。

No.2 在文档窗口中，对准备吸取颜色的图像区域进行涂抹的操作，如图 5-32 所示。

图 5-33

02 降低饱和度

对图像进行反复的涂抹操作后，在达到用户满意的制作效果后释放鼠标，通过以上方法即可完成使用海绵工具降低图像饱和度的操作，如图 5-33 所示。

5.4.5 加深工具

在 Photoshop CS6 中，【加深】工具用于调节照片特定区域的曝光度，使用【加深】工具可使图像区域变暗。下面介绍运用【加深】工具的操作方法。

图 5-34

01 使用加深工具

No.1 打开图像文件后，在【工具箱】中，单击【加深工具】按钮。

No.2 在文档窗口中，对准备颜色加深的图像区域进行涂抹的操作，如图 5-34 所示。

图 5-35

02 图像被加深处理

对图像进行反复的涂抹操作后，在达到用户满意的制作效果后释放鼠标。通过以上方法即可完成使用加深工具加深图像颜色的操作，如图 5-35 所示。

Section

5.5 实践案例与上机操作

本节导读

对 Photoshop CS6 修复与修饰图像操作有所认识后，本节将针对以上所学知识制作四个案例，分别是修复机器人图像、修复小狗的红眼并替换背景、擦除多余字体和替换树叶颜色。

5.5.1 修复机器人图像

通过本章的学习，用户已经掌握了修复图像的操作技巧。下面介绍修复机器人图像的操作方法。

图 5-36

01 用修复画笔工具

No.1 打开素材图像文件后，单击【工具箱】中的【修复画笔工具】按钮。

No.2 在文档窗口中，在键盘上按住 <Alt> 键，当鼠标指针变成⊕时，在图像皮肤光滑处单击取样，如图 5-36 所示。

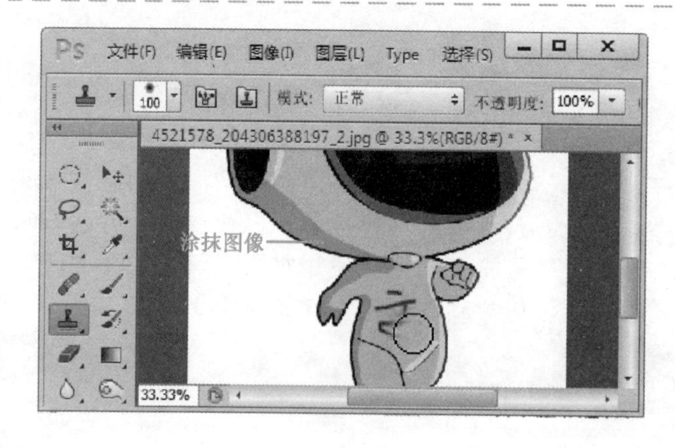

图 5-37

02 进行涂抹操作

当鼠标指针变成○时，在图像需要修复的位置上，重复进行单击并拖动鼠标的操作，直至修复图像为止，如图 5-37 所示。

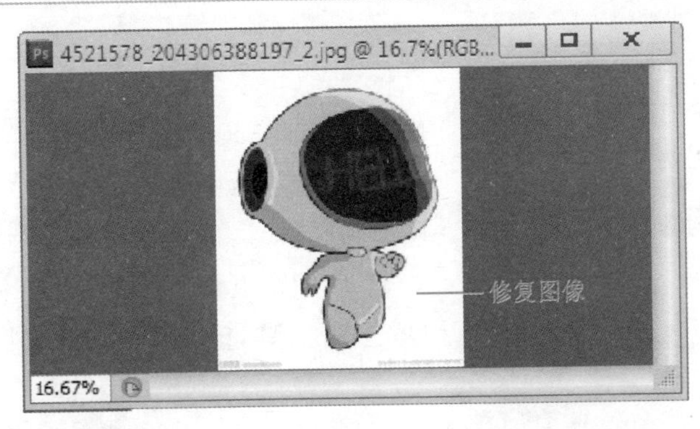

图 5-38

03 图像已经被修复

此时返回到文档窗口中，图像已经被修复，通过以上方法即可完成运用【修复画笔】工具修复机器人图像的操作，如图 5-38 所示。

5.5.2 修复小狗的红眼并替换背景

通过本章的学习，用户已经掌握了修复图像和复制图像的操作技巧。下面介绍修复小狗的红眼并替换背景的操作方法。

图 5-39

01 使用红眼工具

No.1 打开素材图像后，单击【工具箱】中的【红眼工具】按钮。

No.2 当鼠标指针变为+👁时，在文档窗口中，在需要修复红眼的地方单击，如图 5-39 所示。

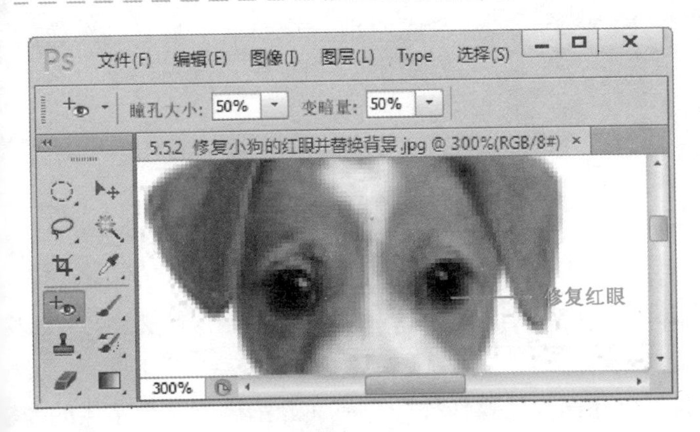

图 5-40

02 红眼部分被修复

返回到文档窗口中，图像红眼的部分已经被修复，通过以上方法即可完成运用【红眼】工具修复图像的操作，如图 5-40 所示。

图 5-41

03 用图案图章工具

No.1 将图像文件红眼修复后，创建准备填充图案的选区。

No.2 在【工具箱】中，单击【图案图章工具】按钮。

No.3 在工具选项栏中，在【图案样式】下拉列表框中，选择准备填充的图案样式，如图 5-41 所示。

图 5-42

04 填充图案

选择准备填充的图案样式后，当鼠标指针变为形状○时，在创建的选区中，反复涂抹图像，填充选择的图案样式，如图 5-42 所示。

图 5-43

05 图案绘制完成

完成涂抹图像的操作后，此时选区内的图像已经被所选图案样式覆盖，通过以上方法即可完成使用图案图章工具复制图像的操作，如图 5-43 所示。

5.5.3 擦除多余字体

通过本章的学习，用户已经掌握了擦除图像的操作技巧。下面介绍擦除多余字体的操作方法。

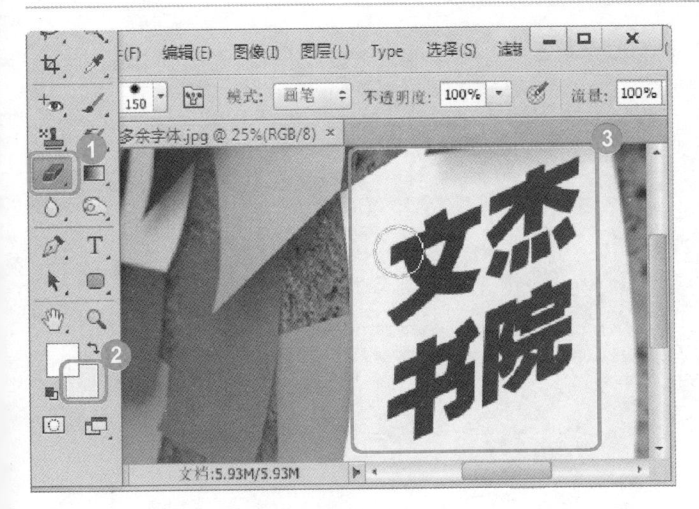

图 5-44

01 使用橡皮擦工具

No.1 打开素材图像文件后，在【工具箱】中，单击【橡皮擦工具】按钮。

No.2 在【工具箱】中的【背景色】框中，设置准备擦除图像的颜色。

No.3 在文档窗口中，对准备擦除的图像区域进行涂抹的操作，如图 5-44 所示。

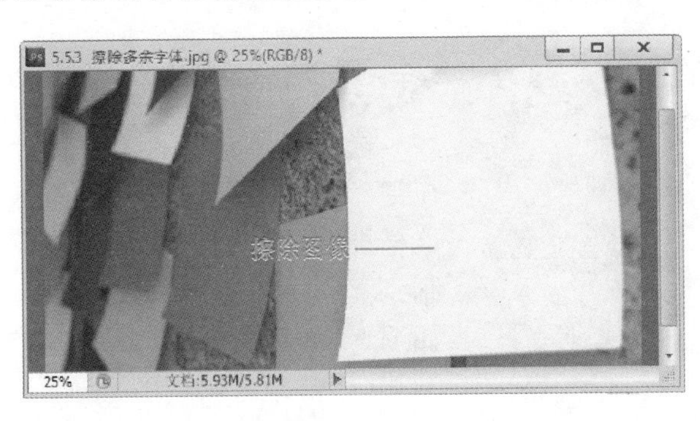

图 5-45

02 擦除图像

对图像进行反复的涂抹操作后，此时图像中的文字已经被擦除干净，通过以上方法即可完成使用橡皮擦工具擦除多余字体的操作，如图 5-45 所示。

5.5.4 替换树叶颜色

通过本章的学习，用户已经掌握了修复图像的操作技巧。下面介绍替换树叶颜色的操作方法。

图 5-46

01 创建图像选区

打开素材图像文件后，创建准备替换颜色的选区，如图 5-46 所示。

图 5-47

02 使用颜色替换工具

No.1 在【工具箱】中，单击【画笔工具】下拉按钮。

No.2 在弹出的下拉面板中，选择【颜色替换工具】选项。

No.3 在【工具箱】中，选择准备替换的前景颜色，如图 5-47 所示。

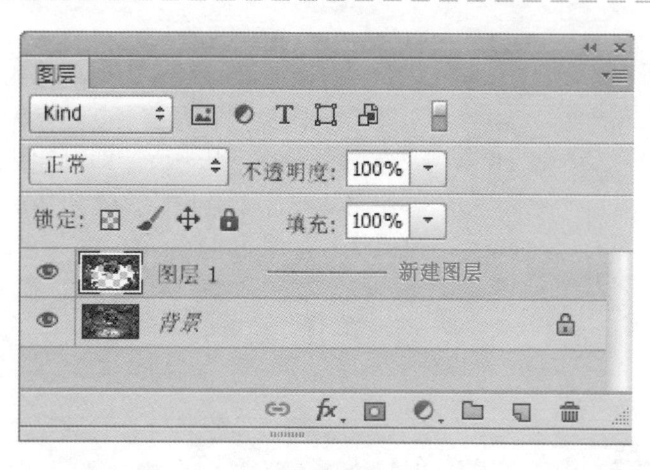

图 5-48

03 新建图层

选择【颜色替换】工具后，在键盘上按下组合键<Ctrl+J>，这样即可快速将选区内的图像复制到新图层中，如“图层 1”，如图 5-48 所示。

图 5-49

04 替换图像颜色

此时在文档窗口中，在新建的图层中，当鼠标指针变为⊕时，对图像进行涂抹操作，通过以上方法即可完成运用【颜色替换】工具替换图像颜色的操作，如图 5-49 所示。

第 6 章

调整图像色彩

本章主要介绍了调整图像色彩方面的基础知识，同时还讲解了特殊的色彩效果、自动校正颜色、手动校正图像色彩和自定义调整图像色调等方面的操作技巧。通过本章的学习，读者可以掌握调整图像色彩方面的知识，为进一步学习 Photoshop CS6 相关知识奠定良好基础。

Section

6.1 特殊的色彩效果

本节导读

在Photoshop CS6中，用户可以使用【渐变映射】命令、【反相】命令、【阈值】命令、【色调分离】命令、【去色】命令、【曝光度】命令和【照片滤镜】命令等对图像进行特殊颜色的设置，以便制作出精美的艺术效果。本节将重点介绍调整图像特殊颜色方面的操作方法和技巧。

6.1.1 色调分离

在Photoshop CS6中，使用【色调分离】命令，用户可以将图像制作出手绘的效果，以便制作出符合用户要求的效果。下面介绍使用【色调分离】命令制作手绘效果的操作方法。

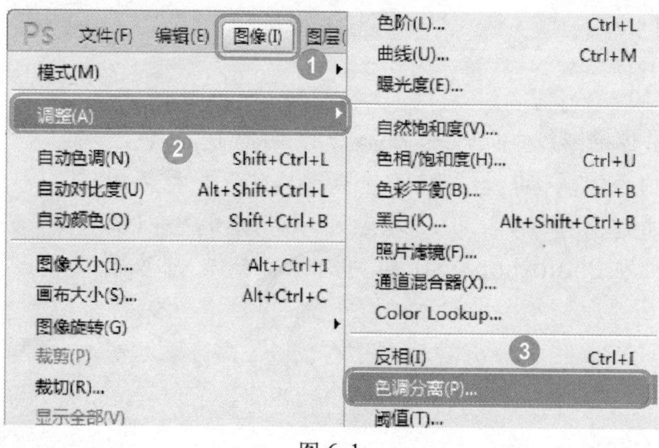

图 6-1

01 使用菜单项

No.1 打开图像文件后，单击【图像】主菜单。

No.2 在弹出的下拉菜单中，选择【调整】菜单项。

No.3 在弹出的下拉菜单中，选择【色调分离】菜单项，如图 6-1 所示。

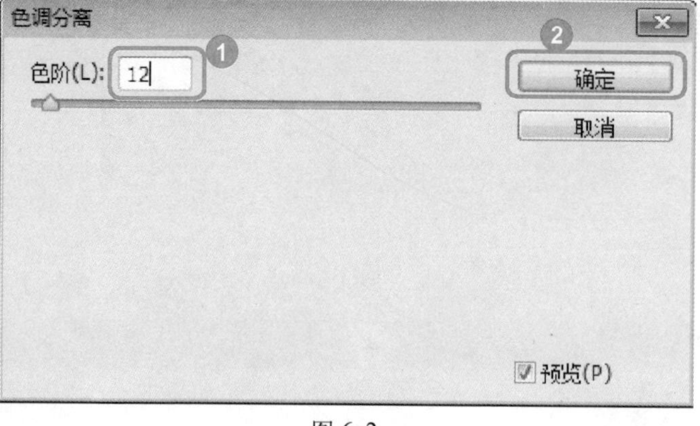

图 6-2

02 设置图像色阶值

No.1 弹出【色调分离】对话框，在【色阶】文本框中，输入图像色调分离的色阶数值。

No.2 输入色阶数值后，单击【确定】按钮确定，如图 6-2 所示。

图 6-3

03 图像色调分离

此时，返回到文档窗口中，图像已经显示出手绘效果。通过以上方法即可完成运用【色调分离】命令制作手绘图像效果的操作，如图 6-3 所示。

6.1.2 反相

在 Photoshop CS6 中，使用【反相】命令，用户可以将照片制作出底片效果，同时也可以将底片反相出冲印的效果。下面介绍运用【反相】命令制作底片冲印效果的操作方法。

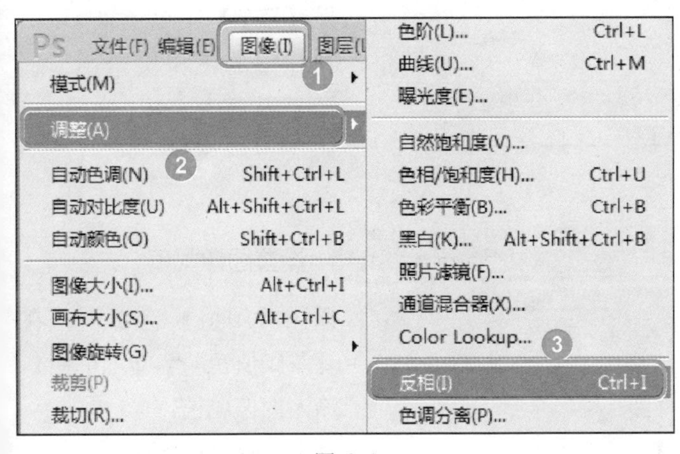

图 6-4

01 使用菜单项

No.1 打开图像文件后，单击【图像】主菜单。

No.2 在弹出的下拉菜单中，选择【调整】菜单项。

No.3 在弹出的下拉菜单中，选择【反相】菜单项，如图 6-4 所示。

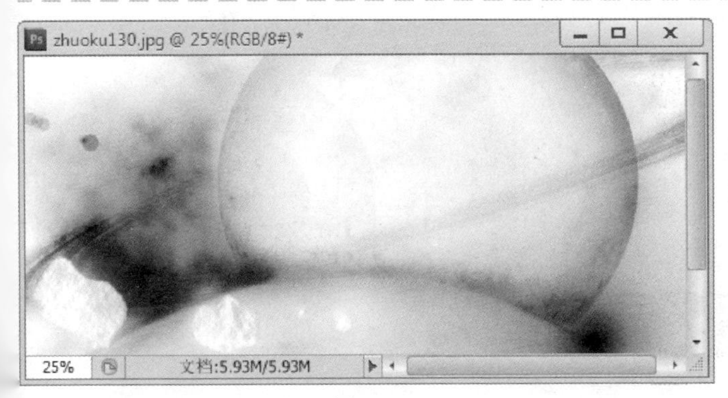

图 6-5

02 图像已经反相

此时，返回到文档窗口中，图像已经被反相。通过以上方法即可完成运用【反相】命令反转图像色彩的操作，如图 6-5 所示。

教你一招

反向设置渐变映射效果

在 Photoshop CS6 中，打开【渐变映射】对话框，选择准备应用的渐变映射样式后，选中【反向】复选框，用户即可完成反向设置渐变映射效果的操作，以使用户制作更满意的渐变效果。

6.1.3 阈值

在 Photoshop CS6 中，使用【阈值】命令，用户可以对图像进行黑白图像效果的制作，下面介绍运用【阈值】命令制作黑白图像效果的操作方法。

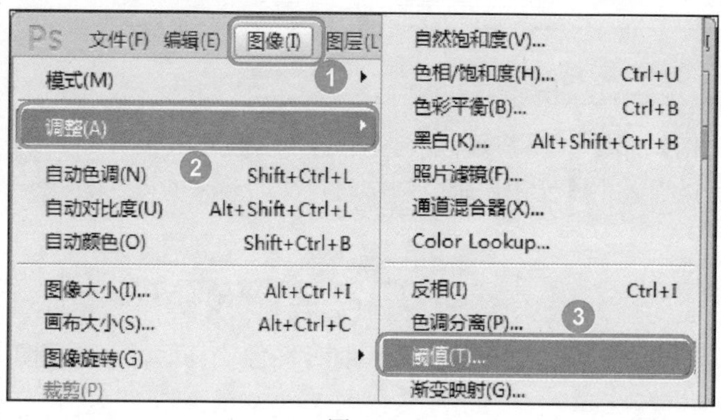

图 6-6

01 使用菜单项

No.1 打开图像文件后，单击【图像】主菜单。

No.2 在弹出的下拉菜单中，选择【调整】菜单项。

No.3 在弹出的下拉菜单中，选择【阈值】菜单项，如图 6-6 所示。

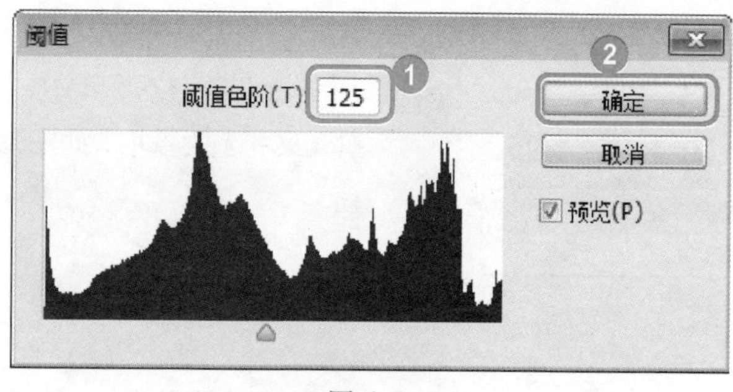

图 6-7

02 设置图像阈值

No.1 弹出【阈值】对话框，在【灰阈值色阶】文本框中，输入图像阈值。

No.2 单击【确定】按钮 确定，如图 6-7 所示。

图 6-8

03 设置黑白效果

通过以上方法即可完成运用【阈值】命令制作黑白图像效果的操作，如图 6-8 所示。

6.1.4 去色

在 Photoshop CS6 中，使用【去色】命令，用户可以快速将图像去除颜色，制作出灰色图片效果。下面介绍使用【去色】命令的操作方法。

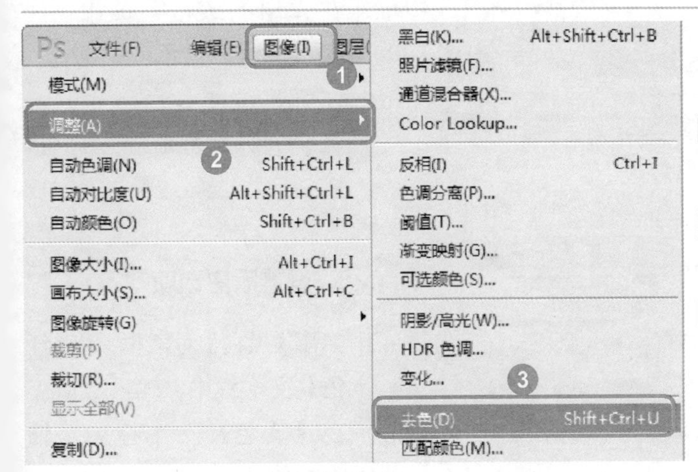

图 6-9

01 使用菜单项

No.1 打开图像文件后，单击【图像】主菜单。

No.2 在弹出的下拉菜单中，选择【调整】菜单项。

No.3 在弹出的下拉菜单中，选择【去色】菜单项，如图 6-9 所示。

图 6-10

02 图像已经去色

此时，返回到文档窗口中，图像已经去色。通过以上方法即可完成运用【去色】命令去除图像颜色的操作，如图 6-10 所示。

去色的快捷键

在 Photoshop CS6 中，在键盘上按下组合键〈Ctrl+Shift+U〉，用户同样可以在打开的图像文件中进行去色的操作。

6.1.5 黑白

在 Photoshop CS6 中，使用【黑白】命令，用户可快速将图像颜色设置成黑白效果，并且根据绘图需要调整图像黑白效果的显示模式，下面介绍使用【黑白】命令调整图像色调的方法。

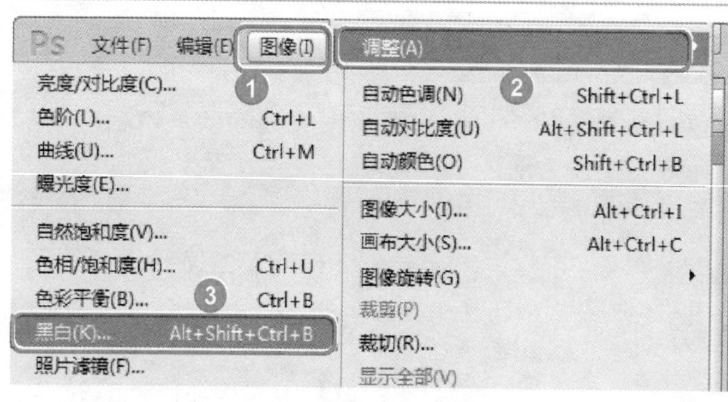

图 6-11

01 使用菜单项

No.1 打开图像文件后，单击【图像】主菜单。

No.2 在弹出的下拉菜单中，选择【调整】菜单项。

No.3 在弹出的下拉菜单中，选择【黑白】菜单项，如图 6-11 所示。

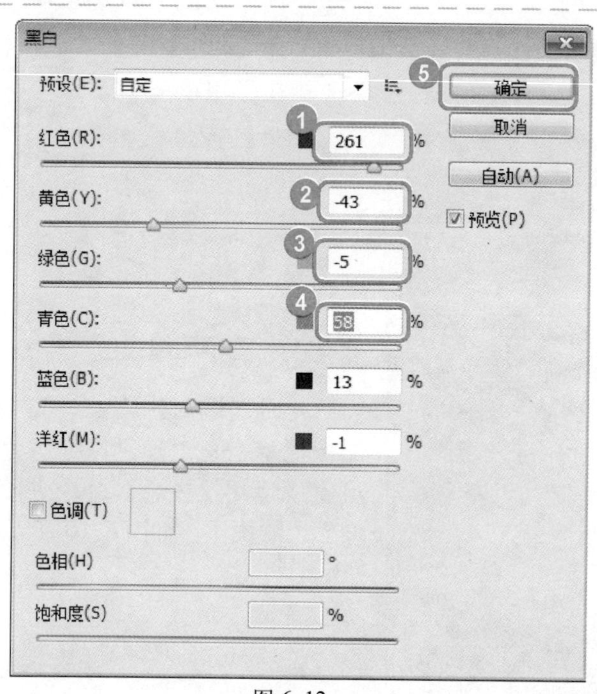

图 6-12

02 设置黑白选项

No.1 弹出【黑白】对话框，在【红色】文本框中，输入数值。

No.2 在【黄色】文本框中，输入数值。

No.3 在【绿色】文本框中，输入数值。

No.4 在【青色】文本框中，输入数值。

No.5 单击【确定】按钮 确定 ，如图 6-12 所示。

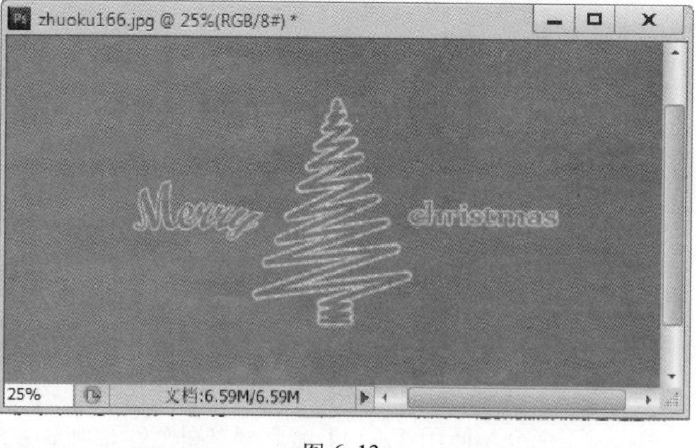

图 6-13

03 设置黑白效果

此时，返回到文档窗口中，图像已经按照设定的黑白效果显示。通过以上方法即可完成运用【黑白】命令设置图像黑白效果的操作，如图 6-13 所示。

6.1.6 渐变映射

在 Photoshop CS6 中，使用【渐变映射】命令，用户可以将图像填充成不同的色彩。下面介绍运用【渐变映射】命令制作彩色渐变效果的操作方法。

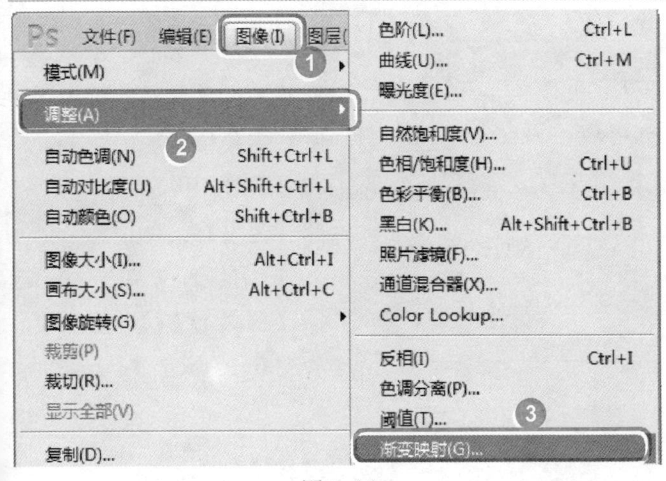

图 6-14

01 使用菜单项

No.1 打开图像文件后，单击【图像】主菜单。

No.2 在弹出的下拉菜单中，选择【调整】菜单项。

No.3 在弹出的下拉菜单中，选择【渐变映射】菜单项，如图 6-14 所示。

图 6-15

02 设置映射选项

No.1 弹出【渐变映射】对话框，在【灰度映射所用的渐变】列表框中，设置渐变映射选项。

No.2 单击【确定】按钮，如图 6-15 所示。

图 6-16

03 设置渐变效果

此时，返回到文档窗口中，图像已经被设置成渐变映射的颜色。通过以上方法即可完成运用【渐变映射】命令设置图像渐变颜色的操作，如图 6-16 所示。

6.1.7 照片滤镜

在 Photoshop CS6 中，使用【照片滤镜】命令，用户可以快速设置图像滤镜颜色，将图像色温快速更改。下面介绍【照片滤镜】的操作方法。

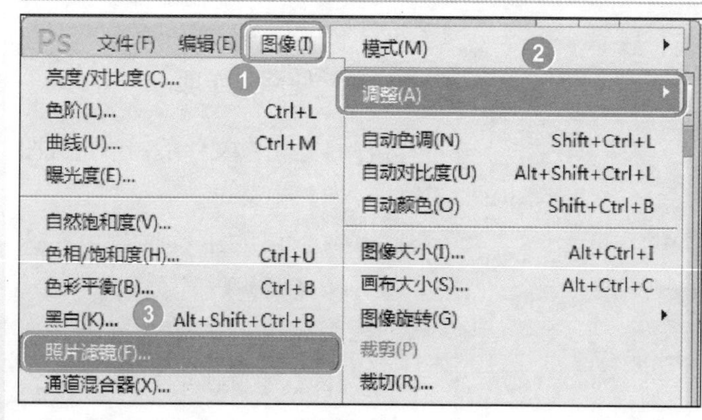

图 6-17

01 使用菜单项

No.1 打开图像文件后，单击【图像】主菜单。

No.2 在弹出的下拉菜单中，选择【调整】菜单项。

No.3 在弹出的下拉菜单中，选择【照片滤镜】菜单项，如图 6-17 所示。

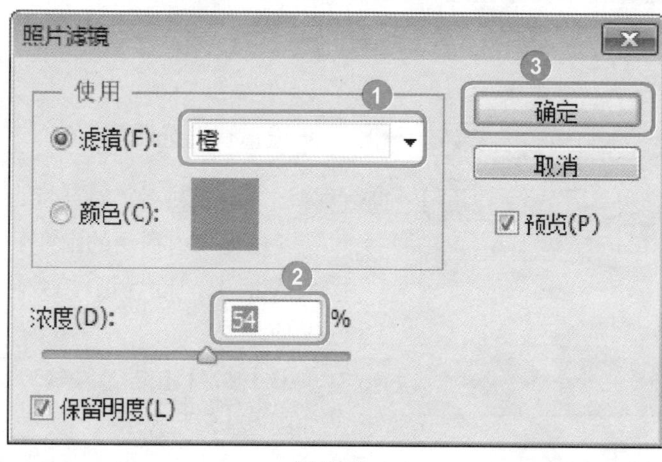

图 6-18

02 设置映射选项

No.1 弹出【照片滤镜】对话框，选中【滤镜】单选项，在【滤镜】列表框中，设置滤镜颜色。

No.2 在【浓度】文本框中，输入滤镜颜色的浓度数值。

No.3 单击【确定】按钮 确定，如图 6-18 所示。

图 6-19

03 设置渐变效果

此时，返回到文档窗口中，图像已经按照设定的滤镜颜色显示。通过以上方法即可完成运用【照片滤镜】命令设置图像滤镜颜色的操作，如图 6-19 所示。

6.1.8 色相/饱和度

在 Photoshop CS6 中，使用【色相/饱和度】命令，用户可以对图像的整体色相与饱和度进行调整，这样可以使图像的颜色更加浓烈饱满。下面介绍运用【色相/饱和度】命令的操作方法。

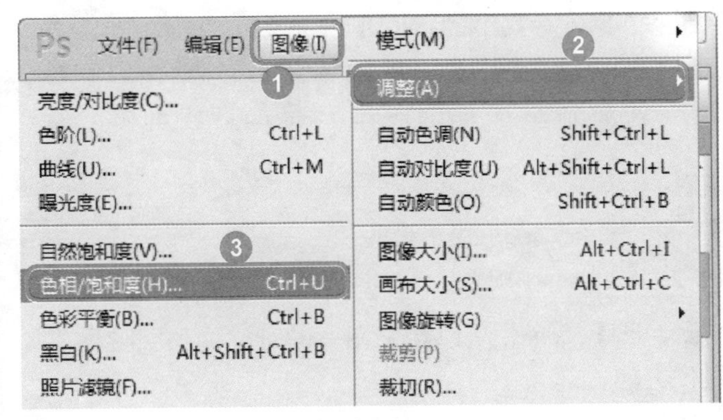

图 6-20

01 使用菜单项

No.1 打开图像文件后，单击【图像】主菜单。

No.2 在弹出的下拉菜单中，选择【调整】菜单项。

No.3 在弹出的下拉菜单中，选择【色相/饱和度】菜单项，如图 6-20 所示。

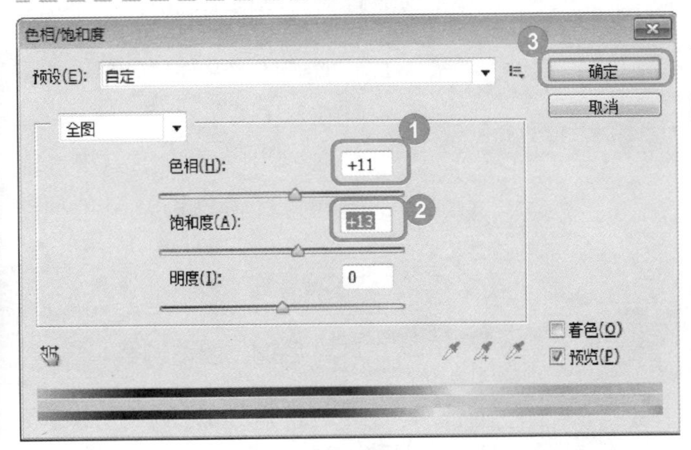

图 6-21

02 设置色相饱和度

No.1 弹出【色相/饱和度】对话框，在【色相】文本框中，输入数值，调整图像色相颜色。

No.2 在【饱和度】文本框中，输入图像饱和度的数值。

No.3 单击【确定】按钮 确定 ，如图 6-21 所示。

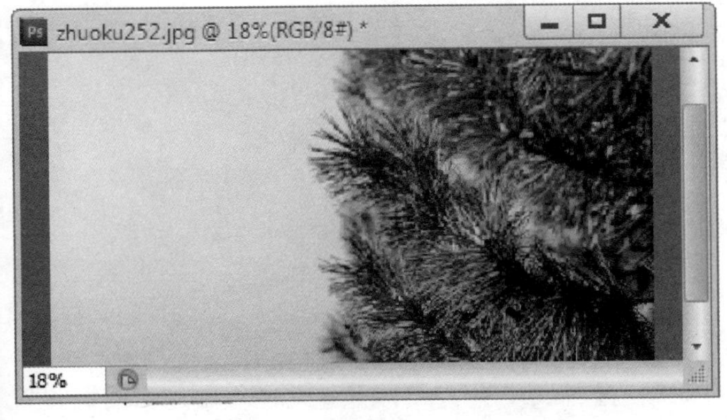

图 6-22

03 色相饱和效果

此时，返回到文档窗口中，图像文件的色相和饱和度已经得到调整。通过以上方法即可完成运用【色相/饱和度】命令调整图像色调的操作，如图 6-22 所示。

Section

6.2 自动校正颜色

本节导读

在 Photoshop CS6 中，用户可以对图像对象进行自动校正图像色彩与色调的操作，包括对图像进行自动调整色调、自动调整对比度和自动校正图像偏色等操作。本节将重点介绍自动调整图像色彩与色调方面的操作方法。

6.2.1 自动色调

在 Photoshop CS6 中，使用【自动色调】命令，可以增强图像的对比度和明暗程度。下面介绍运用【自动色调】命令的操作方法。

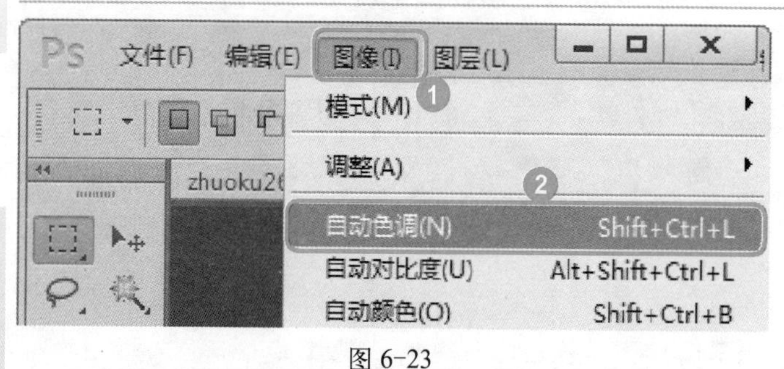

图 6-23

01 使用菜单项

No.1 打开图像文件后，单击【图像】主菜单。

No.2 在弹出的下拉菜单中，选择【自动色调】菜单项，如图 6-23 所示。

图 6-24

02 色调已自动调整

此时，图像的色调已经自动调整。通过以上方法即可完成运用【自动色调】命令的操作，如图 6-24 所示。

6.2.2 自动颜色

在 Photoshop CS6 中，使用【自动颜色】命令，用户可以通过对图像中的中间调、阴影和高光进行标识，自动校正图像偏色问题。下面介绍运用【自动颜色】命令的操作方法。

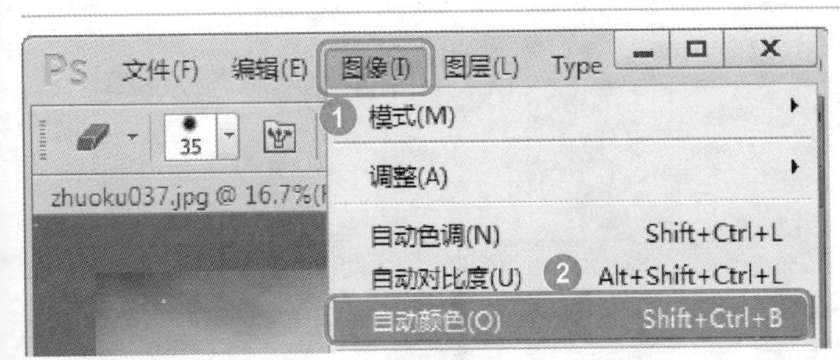

图 6-25

01 使用菜单项

No.1 打开图像文件后，单击【图像】主菜单。

No.2 在弹出的下拉菜单中，选择【自动颜色】菜单项，如图 6-25 所示。

图 6-26

02 颜色已自动调整

此时，图像的颜色已经自动调整，通过以上方法即可完成运用【自动颜色】命令自动校正图像偏色的操作，如图 6-26 所示。

教你一招

自动调整图像颜色的快捷键

在 Photoshop CS6 中，在键盘上按下组合键〈Shift+Ctrl+B〉，用户同样可以使用自动颜色的功能。

6.2.3 自动对比度

在 Photoshop CS6 中，使用【自动对比度】命令，用户可以自动调整图像的对比度，这样可以使图像中的高光更亮，阴影更暗。下面介绍运用【自动对比度】命令的操作方法。

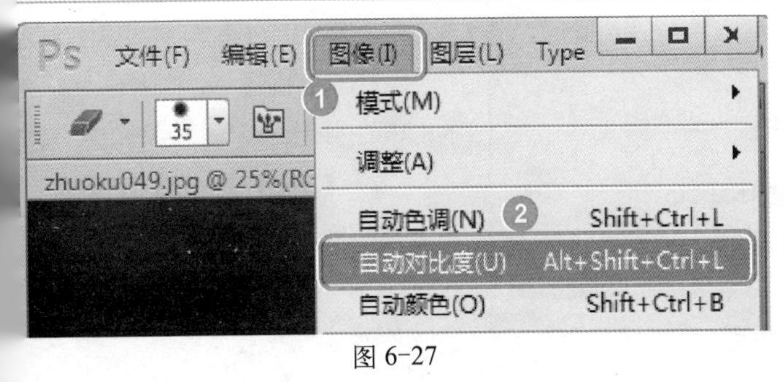

图 6-27

01 使用菜单项

No.1 打开图像文件后，单击【图像】主菜单。

No.2 在弹出的下拉菜单中，选择【自动对比度】菜单项，如图 6-27 所示。

图 6-28

02 对比度已自动调整

此时，图像的对比度已经自动调整，通过以上方法即可完成运用【自动对比度】命令调整图像的操作，如图 6-28 所示。

Section 6.3 手动校正图像色彩

本节导读

在 Photoshop CS6 中，用户还可以对图像对象进行手动校正图像色彩与色调的操作，这样可以更灵活地根据用户的编辑需求进行色彩调整。本节将重点介绍手动校正图像色彩方面的操作方法和技巧。

6.3.1 阴影 / 高光

在 Photoshop CS6 中，用户可以使用【阴影 / 高光】命令对图像中的阴影或高光区域相邻像素进行校正处理。下面介绍使用【阴影 / 高光】命令的操作方法。

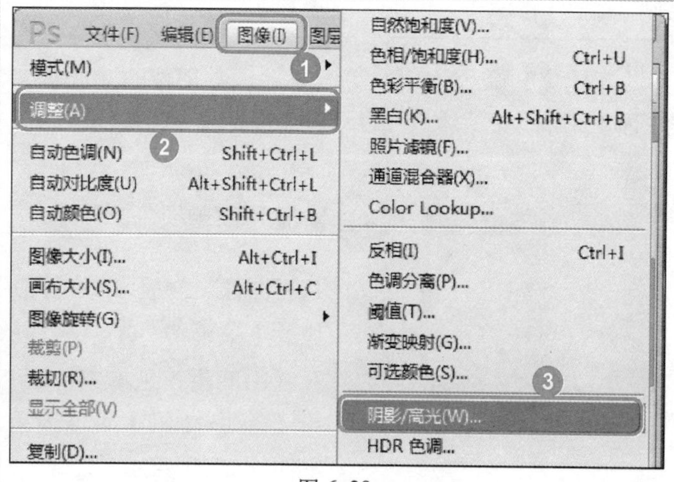

图 6-29

01 使用菜单项

No.1 打开图像文件后，单击【图像】主菜单。

No.2 在弹出的下拉菜单中，选择【调整】菜单项。

No.3 在弹出的下拉菜单中，选择【阴影 / 高光】菜单项，如图 6-29 所示。

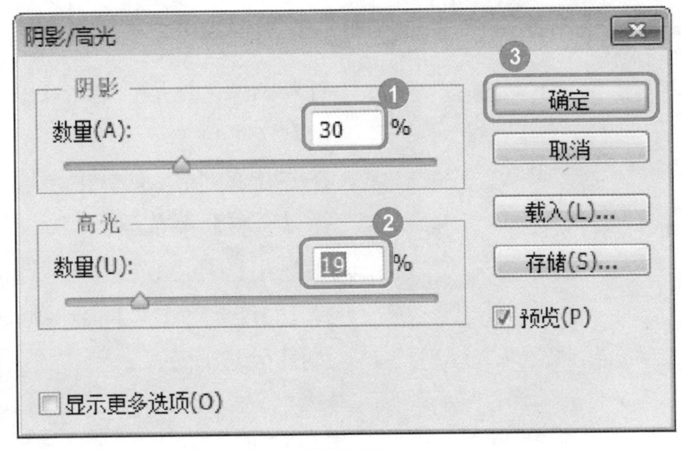

图 6-30

02 设置阴影 / 高光选项

No.1 弹出【阴影 / 高光】对话框，在【阴影】区域，在【数量】文本框中，设置图像阴影数值。

No.2 在【高光】区域中，在【数量】文本框中，设置图像高光数值。

No.3 单击【确定】按钮，如图 6-30 所示。

图 6-31

03 制作效果

此时，返回到文档窗口中，图像文件的阴影区和高光区的细节已经得到调整。通过以上方法即可完成运用【阴影 / 高光】命令调整图像色调的操作，如图 6-31 所示。

教你一招

校正图像阴影或高光区域的注意事项

在使用【阴影 / 高光】命令对图像阴影或高光区域相邻像素进行校正操作时，对阴影区域进行调整时，高光区域的影响可以忽略不计，对高光区域进行调整时，阴影区域的影响可以忽略不计。

6.3.2 亮度 / 对比度

在 Photoshop CS6 中，运用【亮度 / 对比度】命令，用户可以对图像进行亮度和对比度的自定义调整，解决图像偏灰不亮的问题。下面介绍运用【亮度 / 对比度】命令的操作方法。

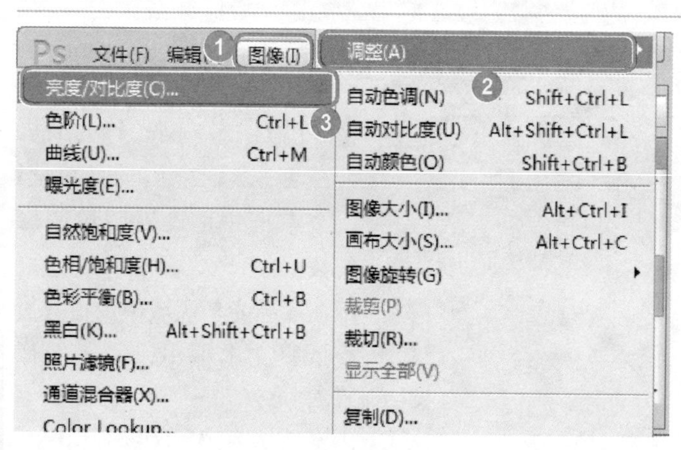

图 6-32

01 使用菜单项

No.1 打开图像文件后，单击【图像】主菜单。

No.2 在弹出的下拉菜单中，选择【调整】菜单项。

No.3 在弹出的下拉菜单中，选择【亮度/对比度】菜单项，如图 6-32 所示。

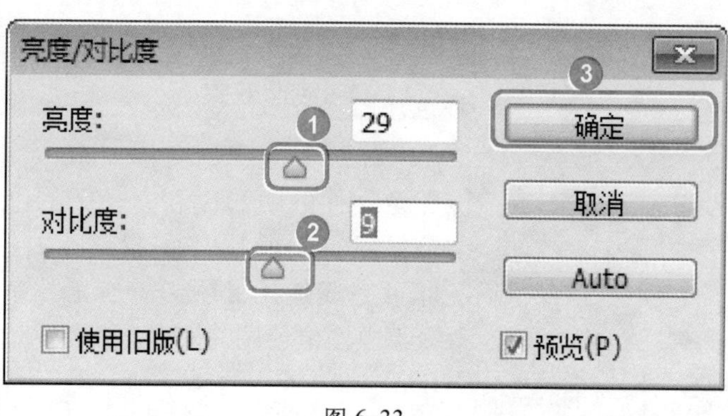

图 6-33

02 设置亮度/对比度

No.1 弹出【亮度/对比度】对话框，向右拖动【亮度】滑块。

No.2 向右拖动【对比度】滑块，这样可以将图像对比度增强。

No.3 单击【确定】按钮 确定 ，如图 6-33 所示。

图 6-34

03 调整亮度/对比度

此时，返回到文档窗口中，图像文件的亮度和对比度已经得到调整，通过以上方法即可完成运用【亮度/对比度】命令调整图像亮度/对比度的操作，如图 6-34 所示。

6.3.3 变化

在 Photoshop CS6 中，用户可以使用【变化】命令，快速调整图像的不同着色效果，下面介绍运用【变化】命令快速调整图像不同着色的操作方法。

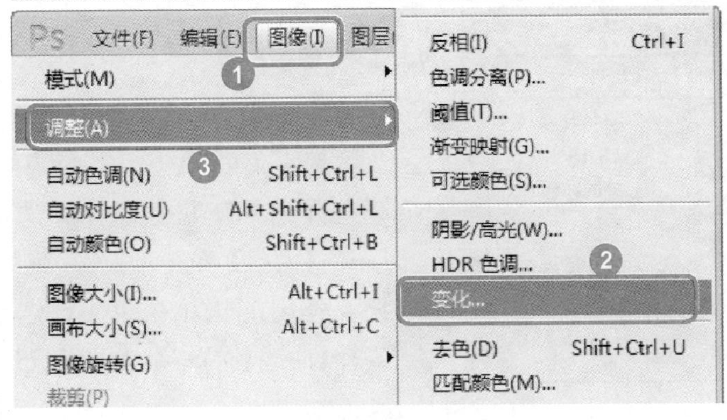

图 6-35

01 使用菜单项

No.1 打开图像文件后，单击【图像】主菜单。

No.2 在弹出的下拉菜单中，选择【调整】菜单项。

No.3 在弹出的下拉菜单中，选择【变化】菜单项，如图 6-35 所示。

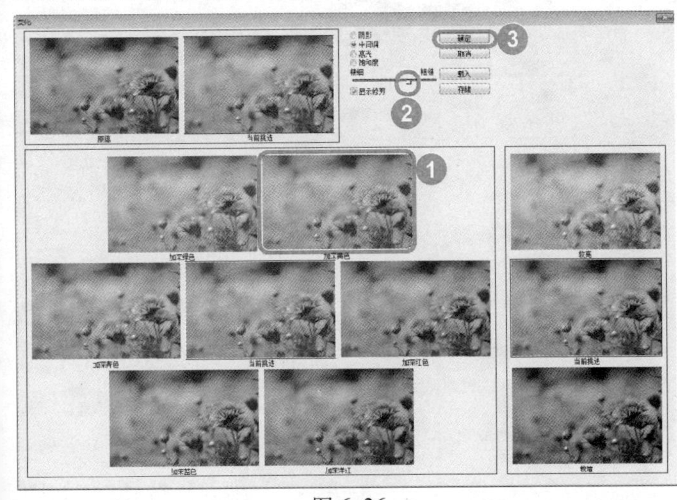

图 6-36

02 设置变化选项

No.1 弹出【变化】对话框，单击【加深黄色】选项。

No.2 向右拖动【精细 / 粗糙】拖动条，设置色调的粗糙程度。

No.3 单击【确定】按钮 确定 ，如图 6-36 所示。

图 6-37

03 图像颜色已变化

此时，返回到文档窗口中，图像文件的色调已经得到调整，通过以上方法即可完成运用【变化】命令调整图像色调的操作，如图 6-37 所示。

6.3.4 曲线

在 Photoshop CS6 中，用户可以使用【曲线】命令，来调整图像整体深度明暗，曲线调节点最多为 14 个点。下面介绍运用【曲线】命令调整图像深度明暗的方法。

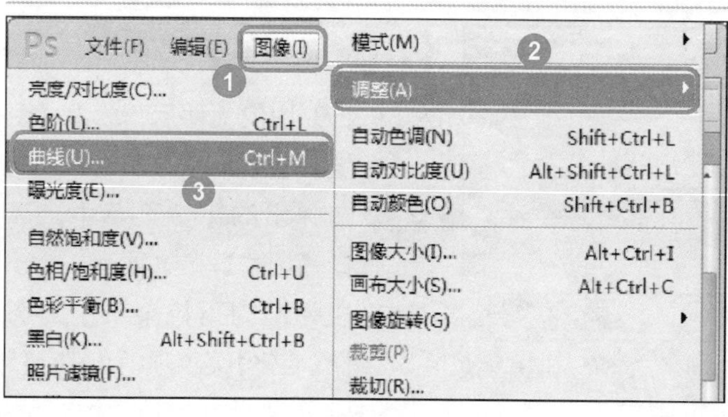

图 6-38

01 使用菜单项

No.1 打开图像文件后，单击【图像】主菜单。

No.2 在弹出的下拉菜单中，选择【调整】菜单项。

No.3 在弹出的下拉菜单中，选择【曲线】菜单项，如图 6-38 所示。

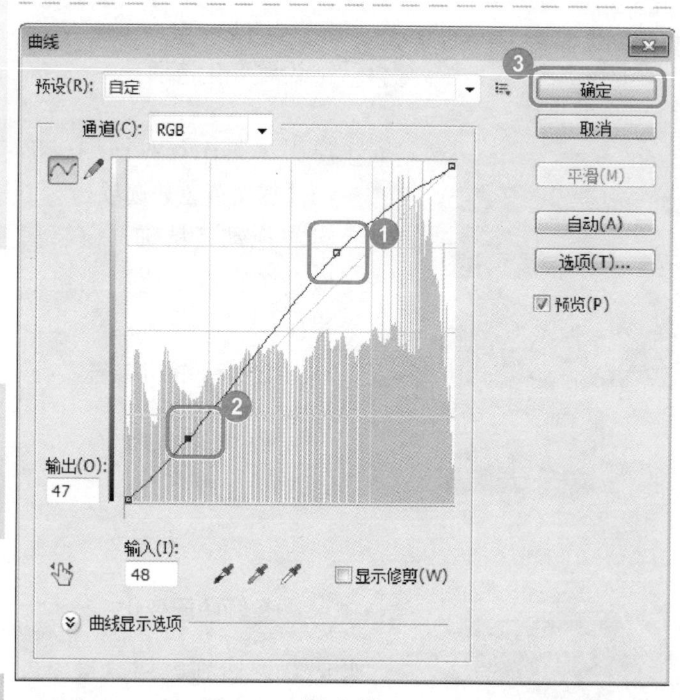

图 6-39

02 设置曲线选项

No.1 弹出【曲线】对话框，在【曲线调整】区域中，在【高光】范围内，向上拉伸曲线，设置第一个调整点，这样可以增加图像高光亮度。

No.2 在【阴影】范围中，向下拉伸曲线，设置第二个调整点，这样可以增加图像阴影亮度。

No.3 单击【确定】按钮，如图 6-39 所示。

图 6-40

03 图像明暗已变化

此时，返回到文档窗口中，图像文件的深度明暗已经得到调整。通过以上方法即可完成运用【曲线】命令调整图像深度明暗的操作，如图 6-40 所示。

6.3.5 色阶

在Photoshop CS6中，用户可以使用【色阶】命令来调整图像亮度，校正图像的色彩平衡，下面介绍运用【色阶】命令调整图像亮度的操作方法。

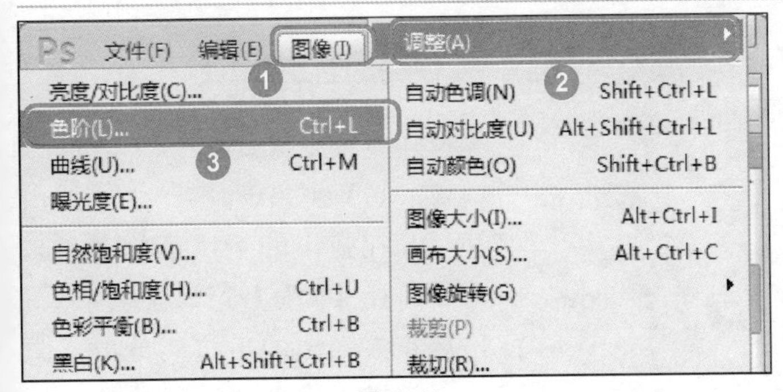

图 6-41

01 使用菜单项

No.1 打开图像文件后，单击【图像】主菜单。

No.2 在弹出的下拉菜单中，选择【调整】菜单项。

No.3 在弹出的下拉菜单中，选择【色阶】菜单项，如图6-41所示。

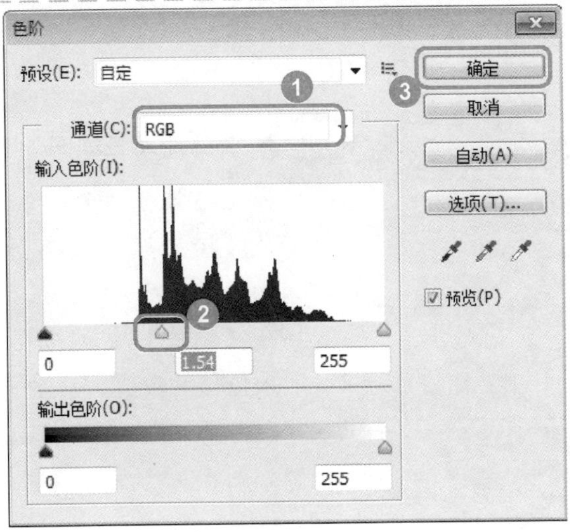

图 6-42

02 设置色阶选项

No.1 弹出【色阶】对话框，在【通道】下拉列表中，选择【RGB】选项。

No.2 在【输入色阶】区域中，向左拖动【中间调】的滑块，这样可以将图像调亮。

No.3 单击【确定】按钮 确定 ，如图 6-42 所示。

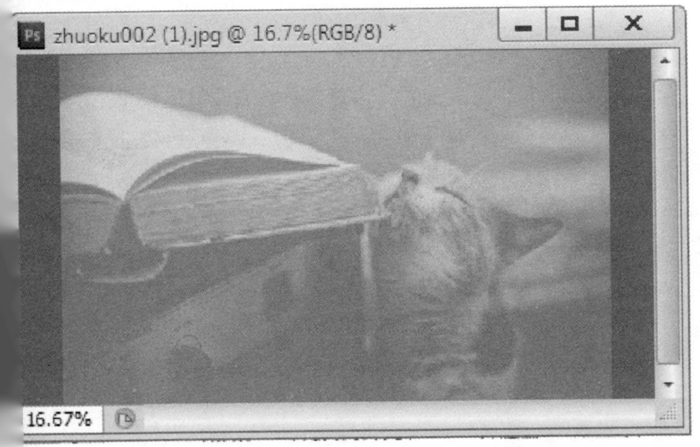

图 6-43

03 图像亮度已变化

此时，返回到文档窗口中，图像文件的亮度已经得到调整，通过以上方法即可完成运用【色阶】命令调整图像亮度的操作，如图 6-43 所示。

6.3.6 曝光度

在 Photoshop CS6 中，使用【曝光度】命令，用户可以快速调整图像的曝光度。下面介绍使用【曝光度】命令调整图像曝光度的操作方法。

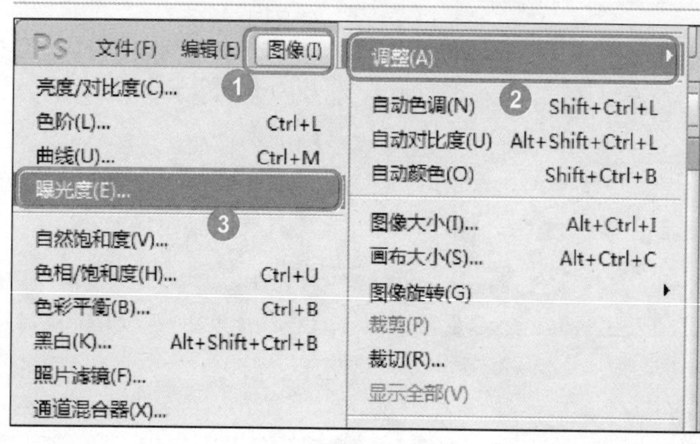

图 6-44

01 使用菜单项

No.1 打开图像文件后，单击【图像】主菜单。

No.2 在弹出的下拉菜单中，选择【调整】菜单项。

No.3 在弹出的下拉菜单中，选择【曝光度】菜单项，如图 6-44 所示。

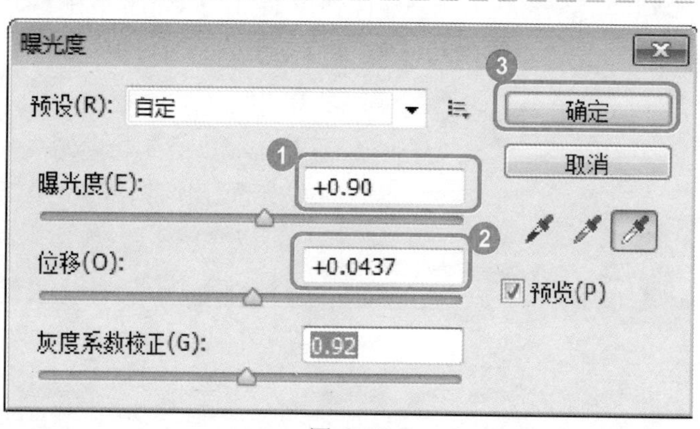

图 6-45

02 设置曝光度选项

No.1 弹出【曝光度】对话框，在【曝光度】文本框中，输入曝光度数值。

No.2 在【位移】文本框中，输入位移的数值。

No.3 单击【确定】按钮，如图 6-45 所示。

图 6-46

03 图像曝光度已变化

此时，返回到文档窗口中，图像已经按照设置的曝光度数值显示。通过以上方法即可完成运用【曝光度】命令调整图像曝光度的操作，如图 6-46 所示。

Section 6.4 自定义调整图像色调

本节导读

在 Photoshop CS6 中，用户可以使用【色彩平衡】命令、【替换颜色】命令、【匹配颜色】命令和【通道混合器】命令等来自定义校正图像颜色，这样用户即可对图像文件制作出不同的颜色效果和艺术效果。本节将重点介绍自定义校正图像颜色的操作方法。

6.4.1 色彩平衡

在 Photoshop CS6 中，用户可以使用【色彩平衡】命令调整图像偏色方面的问题，使用【色彩平衡】命令可以整体更改图像的颜色混合。下面介绍使用【色彩平衡】命令调整图像偏色的操作方法。

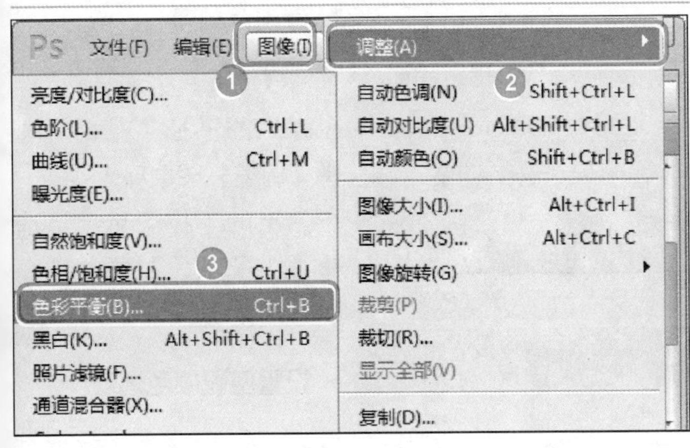

图 6-47

01 使用菜单项

No.1 打开图像文件后，单击【图像】主菜单。

No.2 在弹出的下拉菜单中，选择【调整】菜单项。

No.3 在弹出的下拉菜单中，选择【色彩平衡】菜单项，如图 6-47 所示。

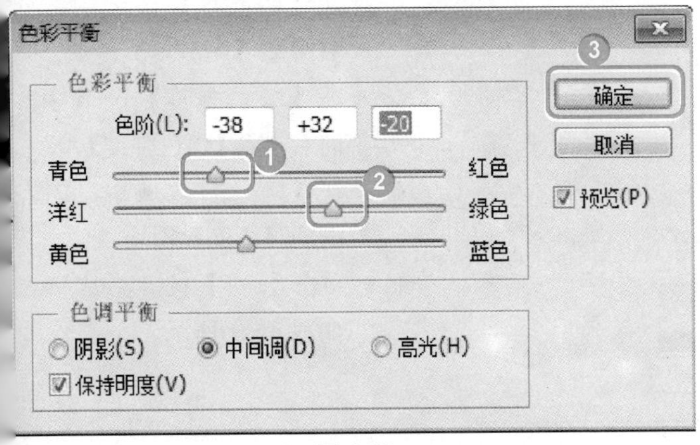

图 6-48

02 设置色彩平衡选项

No.1 弹出【色彩平衡】对话框，向左滑动【青色】滑块。

No.2 向右滑动【绿色】滑块。

No.3 单击【确定】按钮 确定，如图 6-48 所示。

图 6-49

03 调整图像偏色

此时，返回到文档窗口中，图像文件的偏色已经得到调整。通过以上方法即可完成运用【色彩平衡】命令调整图像偏色的操作，如图 6-49 所示。

6.4.2 匹配颜色

在 Photoshop CS6 中，用户可以使用【匹配颜色】命令将一个图像中的颜色与另一个图像中的颜色匹配。下面介绍运用【匹配颜色】命令匹配图像色调的操作方法。

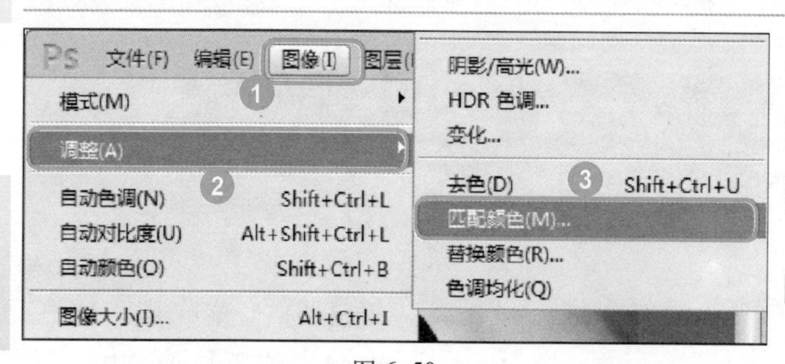

图 6-50

01 使用菜单项

No.1 单击【图像】主菜单。

No.2 在弹出的下拉菜单中，选择【调整】菜单项。

No.3 在弹出的下拉菜单中，选择【匹配颜色】菜单项，如图 6-50 所示。

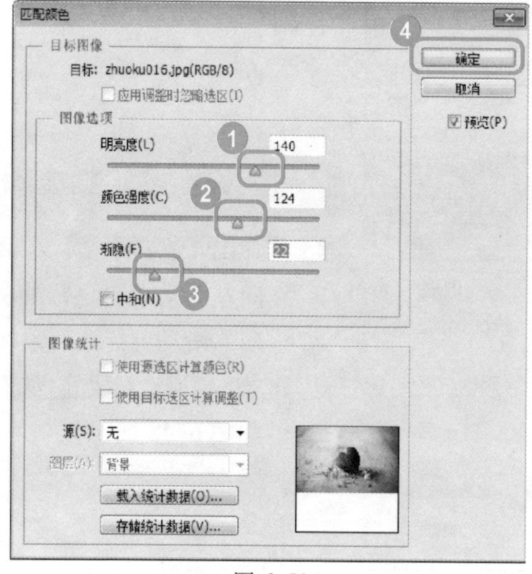

图 6-51

02 设置匹配颜色选项

No.1 弹出【匹配颜色】对话框，在【明亮度】区域中，向右滑动【明亮度】滑块。

No.2 在【颜色强度】区域中，向右滑动【颜色强度】滑块。

No.3 在【渐隐】区域中，向左滑动【渐隐】滑块。

No.4 单击【确定】按钮 确定 ，如图 6-51 所示。

图 6-52

03 图像颜色已匹配

此时，返回到文档窗口中，图像颜色已经重新匹配。通过以上方法即可完成运用【匹配颜色】命令匹配图像颜色的操作，如图 6-52 所示。

6.4.3 可选颜色

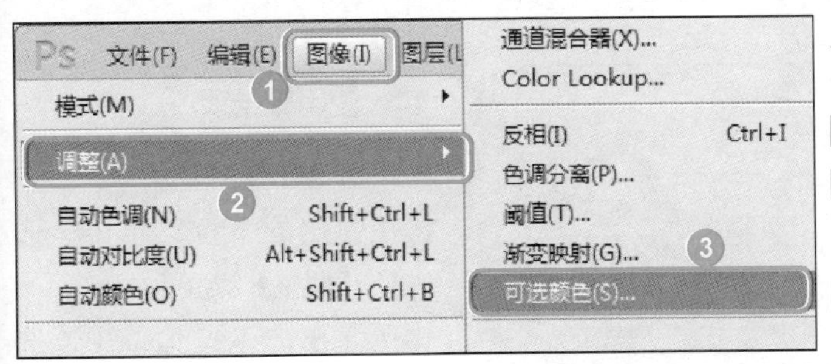

图 6-53

01 使用菜单项

No.1 单击【图像】主菜单。

No.2 在弹出的下拉菜单中，选择【调整】菜单项。

No.3 在弹出的下拉菜单中，选择【可选颜色】菜单项，如图 6-53 所示。

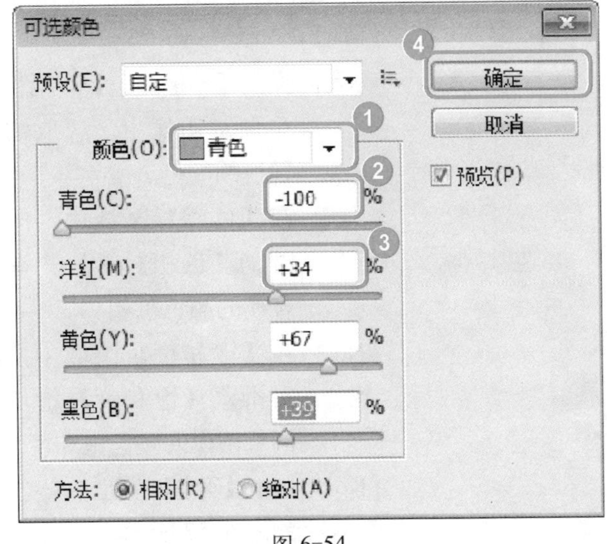

图 6-54

02 设置可选颜色选项

No.1 弹出【可选颜色】对话框，在【颜色】下拉列表框中，选择【青色】选项。

No.2 在【青色】文本框中，输入数值。

No.3 在【洋红】文本框中，输入数值。

No.4 单击【确定】按钮 确定 ，如图 6-54 所示。

图 6-55

03 图像颜色已校正

返回到文档窗口中，图像已经按照设定的可选颜色显示。通过以上方法即可完成运用【可选颜色】命令校正图像颜色平衡的操作，如图 6-55 所示。

6.4.4 替换颜色

在 Photoshop CS6 中，用户可以使用【替换颜色】命令将图像中的某一种颜色替换成其他颜色。下面介绍运用【替换颜色】命令替换图像颜色的操作方法。

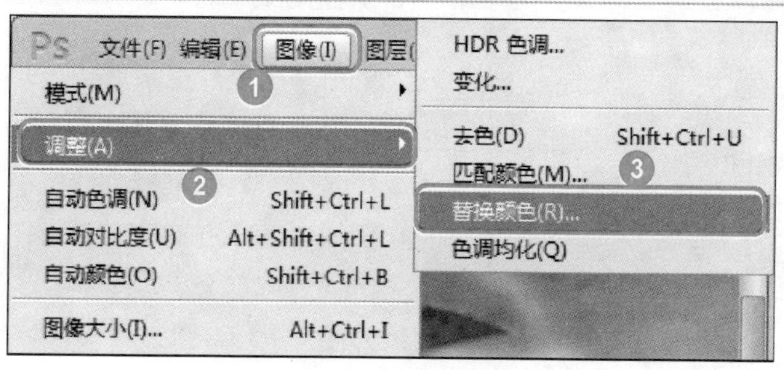

图 6-56

01 使用菜单项

No.1 单击【图像】主菜单。

No.2 在弹出的下拉菜单中，选择【调整】菜单项。

No.3 在弹出的下拉菜单中，选择【替换颜色】菜单项，如图 6-56 所示。

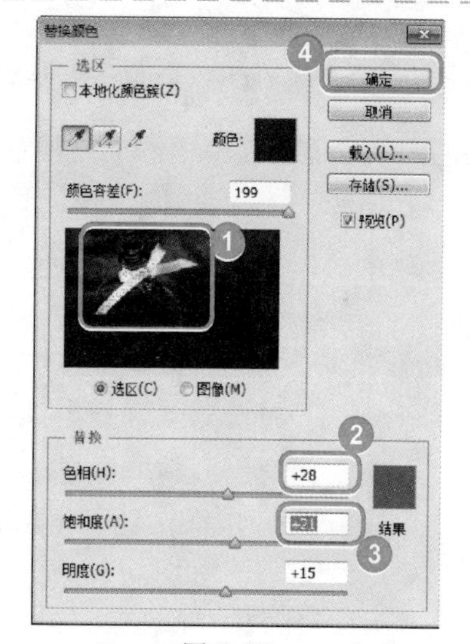

图 6-57

02 设置替换颜色选项

No.1 弹出【替换颜色】对话框，在预览图像中，选取需要替换的颜色。

No.2 在【色相】区域中，向左滑动【色相】滑块，调整替换的颜色色相。

No.3 在【饱和度】区域中，向右滑动【饱和度】滑块，调整图像的颜色饱和度。

No.4 单击【确定】按钮 确定 ，如图 6-57 所示。

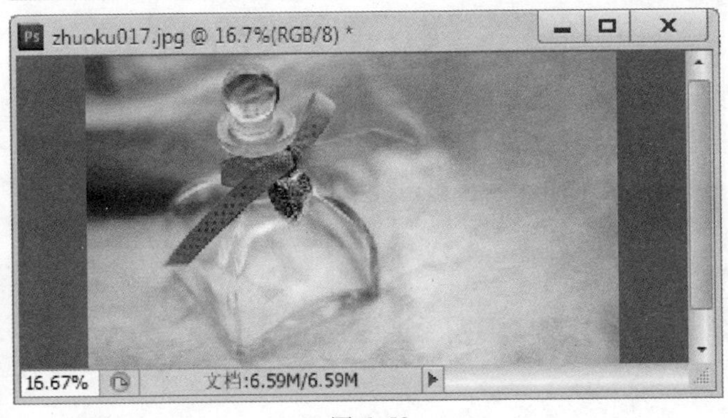

图 6-58

03 图像颜色已校正

此时，返回到文档窗口中，图像颜色已经得到替换。通过以上方法即可完成运用【替换颜色】命令替换图像颜色的操作，如图 6-58 所示。

6.4.5 通道混合器

在 Photoshop CS6 中，使用【通道混合器】命令可以修改图像的颜色通道，可以创建灰度图像、棕褐色调图像和其他色调图像等。下面介绍使用【通道混合器】命令的方法。

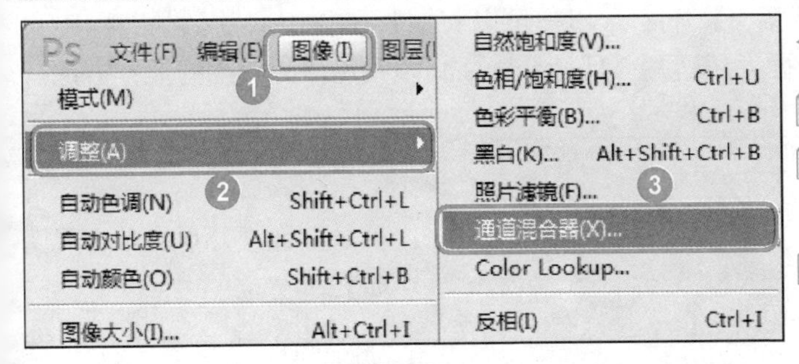

图 6-59

01 使用菜单项

No.1 单击【图像】主菜单。

No.2 在弹出的下拉菜单中，选择【调整】菜单项。

No.3 在弹出的下拉菜单中，选择【通道混合器】菜单项，如图 6-59 所示。

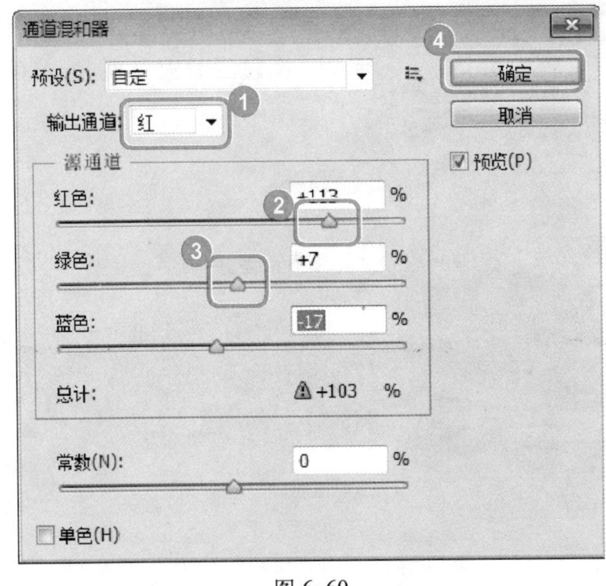

图 6-60

02 设置通道混合器选项

No.1 弹出【通道混合器】对话框，在【输出通道】下拉列表框中，选择【红】选项。

No.2 在【红色】区域中，向右滑动【红色】滑块。

No.3 在【绿色】区域中，向左滑动【绿色】滑块。

No.4 单击【确定】按钮 确定，如图 6-60 所示。

图 6-61

03 图像颜色已混合

此时，返回到文档窗口中，图像颜色已经重新设置。通过以上方法即可完成运用【通道混合器】命令设置图像颜色的操作，如图 6-61 所示。

Section 6.5 实践案例与上机操作

6.5.1 冲印底片照片

在 Photoshop CS6 中，使用【反相】命令，用户可以将照片制作出底片效果，同时也可以将底片反相出冲印的效果。下面介绍运用【反相】命令制作底片冲印效果的操作方法。

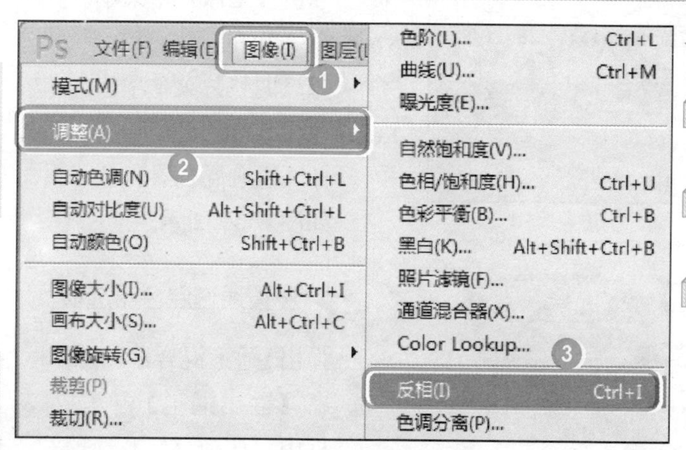

图 6-62

01 使用菜单项

No.1 打开图像文件后，单击【图像】主菜单。

No.2 在弹出的下拉菜单中，选择【调整】菜单项。

No.3 在弹出的下拉菜单中，选择【反相】菜单项，如图 6-62 所示。

图 6-63

02 底片冲印

通过以上方法即可完成运用【反相】命令制作底片冲印效果的操作，如图 6-63 所示。

6.5.2 将照片制作成黑白效果

在 Photoshop CS6 中，使用【黑白】命令，用户可以将照片制作成黑白效果，下面介绍运用【黑白】命令将照片制作成黑白效果的操作方法。

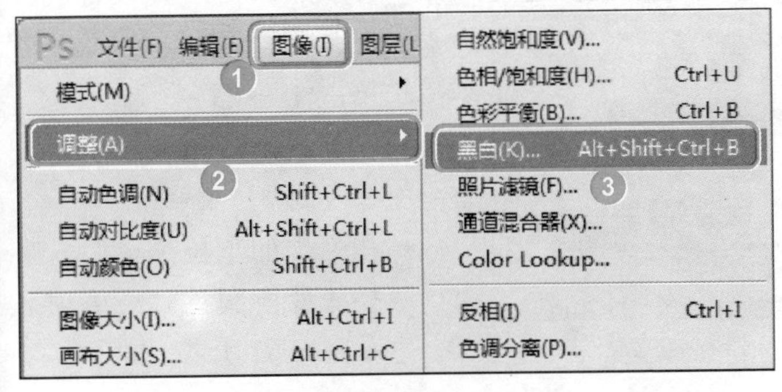

图 6-64

01 使用菜单项

No.1 打开图像文件后，单击【图像】主菜单。

No.2 在弹出的下拉菜单中，选择【调整】菜单项。

No.3 在弹出的下拉菜单中，选择【黑白】菜单项，如图 6-64 所示。

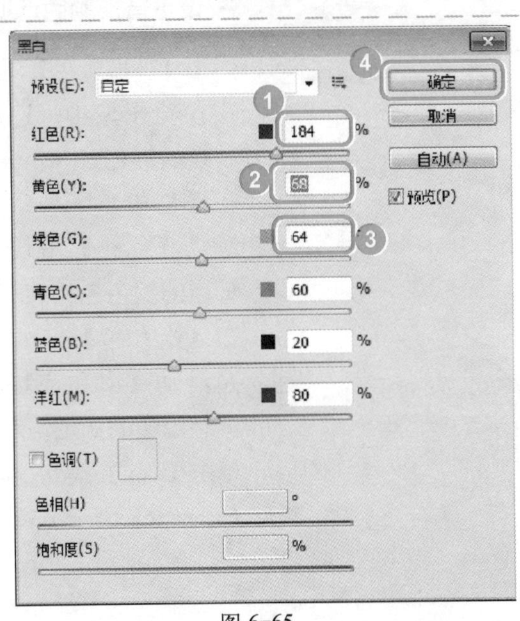

图 6-65

02 设置黑白选项

No.1 弹出【黑白】对话框，在【红色】文本框中，输入数值。

No.2 在【黄色】文本框中，输入数值。

No.3 在【绿色】文本框中，输入数值。

No.4 单击【确定】按钮，如图 6-65 所示。

图 6-66

03 设置黑白效果

此时，返回到文档窗口中，图像已经按照设定的黑白效果显示。通过以上方法即可完成运用【黑白】命令将照片制作成黑白效果的操作，如图 6-66 所示。

6.5.3 替换花朵颜色

在 Photoshop CS6 中，用户可以使用【替换颜色】命令将图像中的花朵的颜色替换成其他颜色。下面介绍运用【替换颜色】命令替换花朵颜色的操作方法。

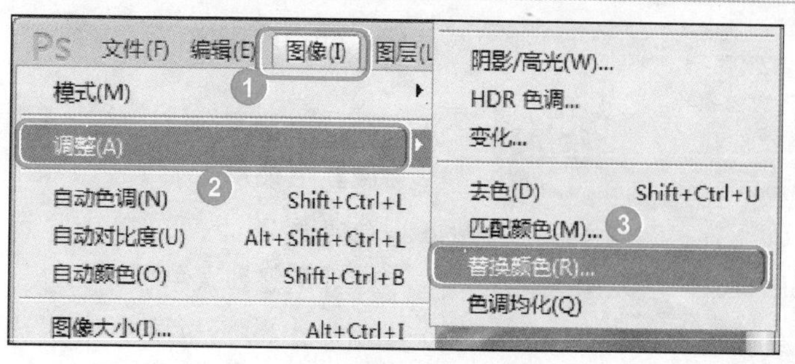

图 6-67

01 使用菜单项

No.1 单击【图像】主菜单。

No.2 在弹出的下拉菜单中，选择【调整】菜单项。

No.3 在弹出的下拉菜单中，选择【替换颜色】菜单项，如图 6-67 所示。

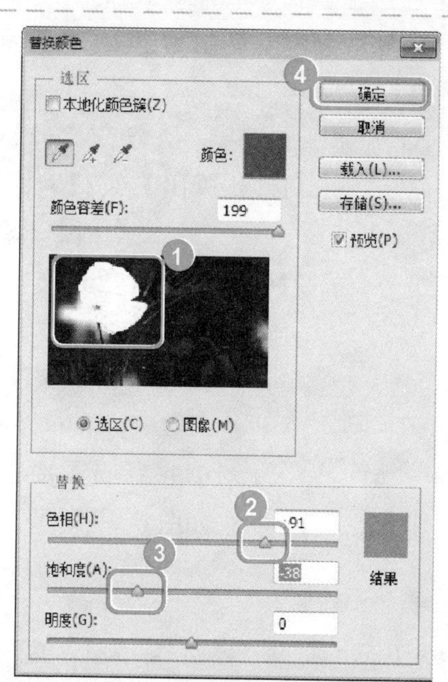

图 6-68

02 设置替换颜色选项

No.1 弹出【替换颜色】对话框，在预览图像中，选取需要替换的颜色。

No.2 在【色相】区域中，向右滑动【色相】滑块，调整替换的颜色色相。

No.3 在【饱和度】区域中，向左滑动【饱和度】滑块，调整图像的颜色饱和度。

No.4 单击【确定】按钮 确定 ，如图 6-68 所示。

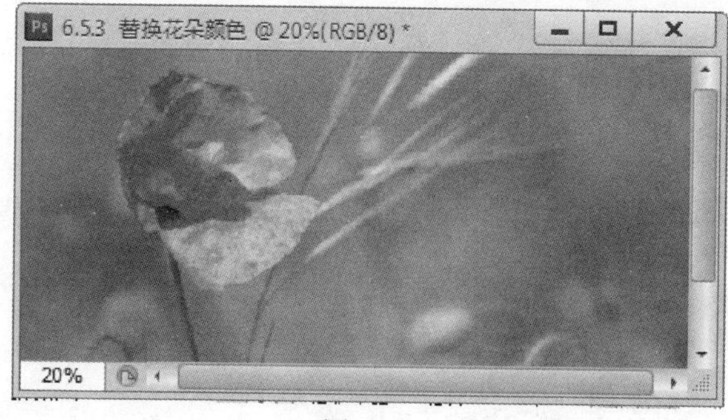

图 6-69

03 完成设置

通过以上方法即可完成替换花朵颜色的操作，如图 6-69 所示。

6.5.4 为照片添加渐变颜色

在 Photoshop CS6 中，使用【渐变映射】命令，用户可以为照片添加渐变颜色效果。下面介绍运用【渐变映射】命令为照片添加渐变颜色的操作方法。

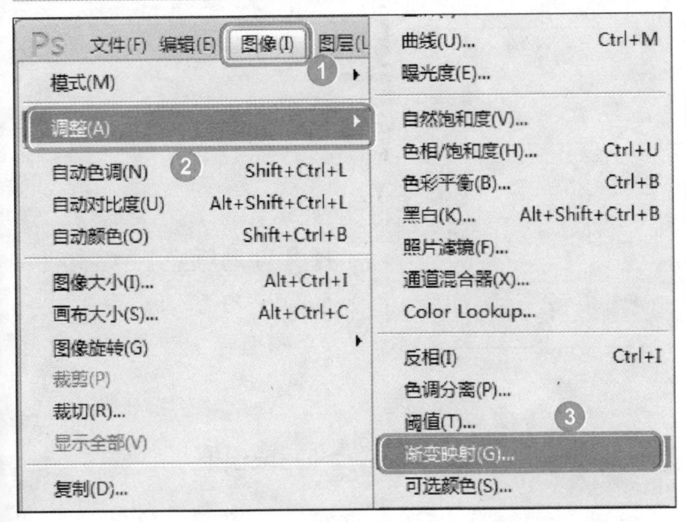

图 6-70

01 使用菜单项

No.1 打开图像文件后，单击【图像】主菜单。

No.2 在弹出的下拉菜单中，选择【调整】菜单项。

No.3 在弹出的下拉菜单中，选择【渐变映射】菜单项，如图 6-70 所示。

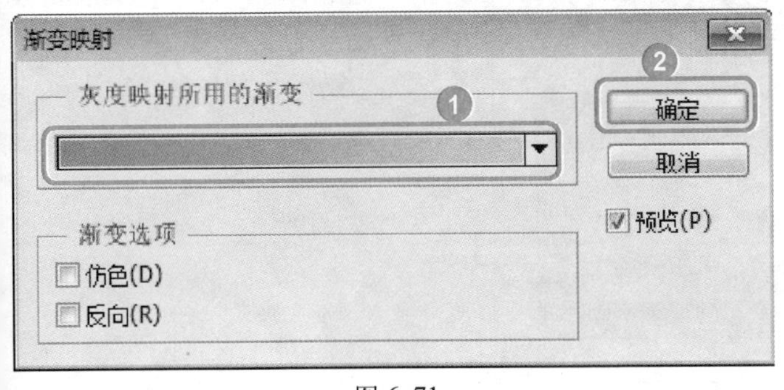

图 6-71

02 设置渐变映射选项

No.1 弹出【渐变映射】对话框，在【灰度映射所用的渐变】列表框中，设置渐变映射选项。

No.2 单击【确定】按钮 确定 ，如图 6-71 所示。

图 6-72

03 设置渐变效果

此时，返回到文档窗口中，图像已经设置成渐变映射的颜色。通过以上方法即可完成运用【渐变映射】命令为照片添加渐变颜色的操作，如图 6-72 所示。

6.5.5 自动调整照片颜色

通过本章的学习，运用【自动颜色】命令，用户可以自动调整照片的颜色。下面介绍自动调整照片颜色的操作方法。

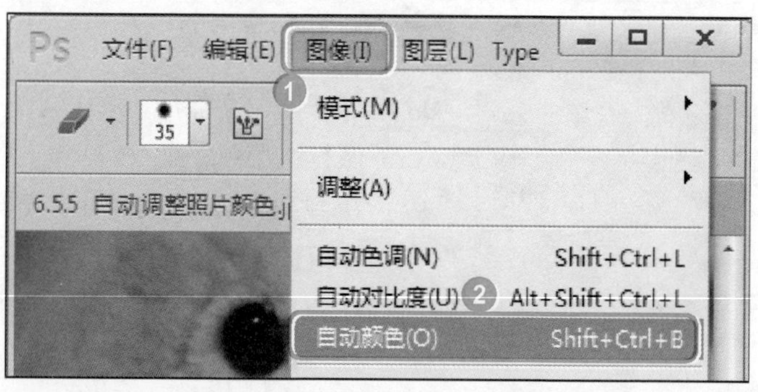

图 6-73

01 使用菜单项

No.1 打开图像文件后，单击【图像】主菜单。

No.2 在弹出的下拉菜单中，选择【自动颜色】菜单项，如图 6-73 所示。

图 6-74

02 完成设置

此时，图像的颜色已经自动调整，通过以上方法即可完成运用【自动颜色】命令自动调整照片颜色的操作，如图 6-74 所示。

第1章 颜色与绘画工具

本章主要介绍了选取颜色、画笔面板和绘画工具方面的知识与技巧，同时还讲解了填充颜色与图案方面的知识，在本章的最后还针对实际的工作需求，讲解了使用颜色面板和追加画笔样式实例的制作和使用方法。通过本章的学习，读者可以掌握颜色与绘画工具方面的知识，为进一步学习 Photoshop CS6 奠定基础。

Section

7.1 选取颜色

本节导读

在 Photoshop CS6 中，选取颜色是一项非常重要的功能，通过选取颜色，用户可以对图像进行填充、描边、设置图层颜色等操作。选取与设置颜色的方法多种多样，包括使用拾色器对话框设置颜色、运用“色板”面板选取颜色和使用吸管工具快速吸取颜色等操作技巧。本节将重点介绍选取颜色方面的知识。

7.1.1 前景色和背景色

在 Photoshop CS6 的工具箱中，用户可以根据需要，快速设置准备使用的前景色或背景色。使用前景色，用户可以绘画、填充和描边选区；使用背景色，用户可以生成渐变填充和在图像已抹除的区域中填充。下面介绍前景色和背景色方面的知识，如图 7-1 所示。

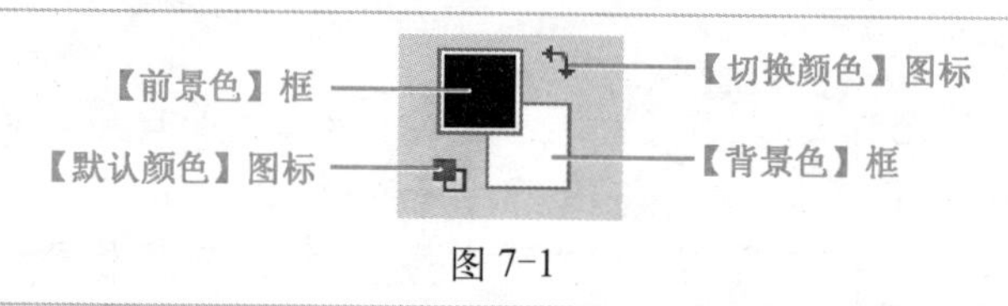

图 7-1

- 【前景色】框：如果准备更改前景色，可以单击工具箱中靠上的颜色选择框，然后在拾色器中选取一种颜色。
- 【默认颜色】图标：单击此图标，可以切换回默认的前景色和背景色颜色。默认的前景色是黑色，默认背景色是白色。
- 【切换颜色】图标：如果准备反转前景色和背景色，可以单击工具箱中的【切换颜色】图标。
- 【背景色】框：如果准备更改背景色，可以单击工具箱中靠下的颜色选择框，然后在拾色器中选取一种颜色。

教你一招

在色板中选取背景色

在 Photoshop CS6 中，如果准备选取背景色，用户可以按住〈Ctrl〉键，同时单击【色板】面板中的颜色，这样即可在色板中选取背景色。

7.1.2 使用拾色器对话框设置颜色

使用拾色器，用户可以设置前景色、背景色和文本颜色，同时也可以为不同的工具、命令和选项设置目标颜色。下面介绍使用拾色器对话框设置颜色的方法。

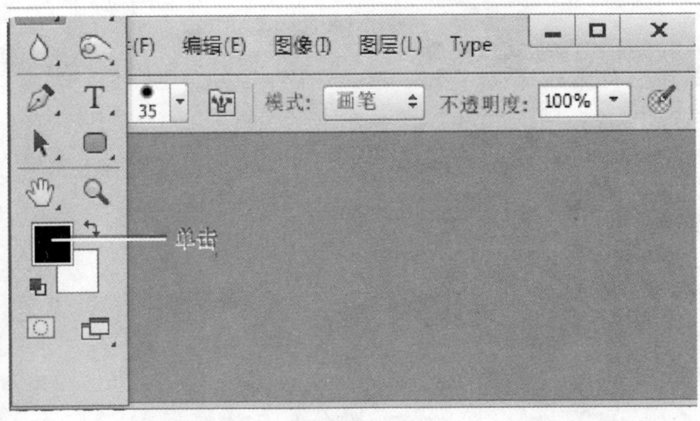

图 7-2

01 单击前景色框

在【工具箱】中，单击【前景色】框，如图 7-2 所示。

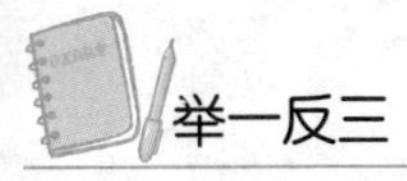

举一反三

在【拾色器】对话框的【#】文本框中输入颜色编号，可直接选取编号颜色。

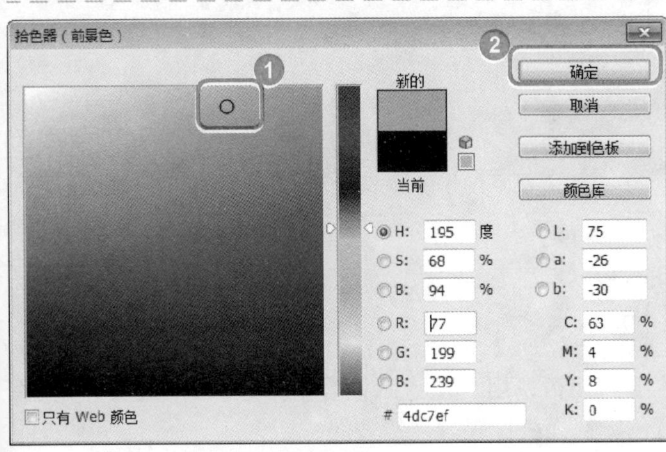

图 7-3

02 设置拾色器

No.1 弹出【拾色器（前景色）】对话框，在【色域】中，拾取颜色。

No.2 单击【确定】按钮 确定 ，如图 7-3 所示。

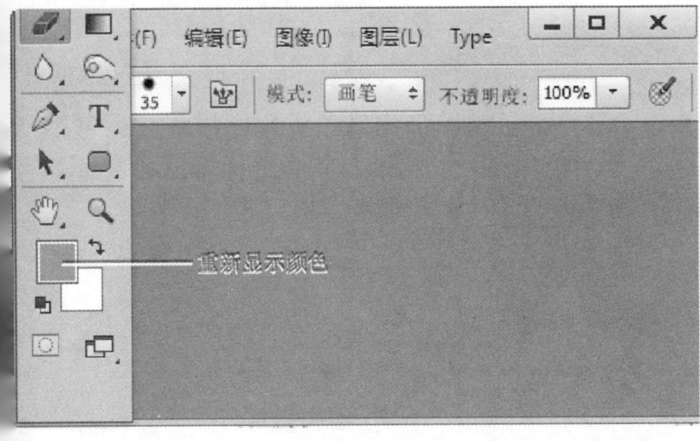

图 7-4

03 设置颜色

返回到 Photoshop CS6 主程序中，前景色框按照设定的颜色显示，通过以上方法即可完成使用拾色器对话框设置颜色的操作，如图 7-4 所示。

7.1.3 使用吸管工具快速吸取颜色

在工具箱中选择【吸管工具】按钮，在图像文件上单击以拾取准备应用的颜色。通过以上方法即可完成使用吸管工具快速吸取颜色的操作，如图 7-5 所示。

图 7-5

7.1.4 使用色板面板

在 Photoshop CS6 中，使用【色板】面板，用户也可以设置前景色和背景色，同时还可以追加颜色。下面具体介绍使用【色板】面板设置颜色的方法。

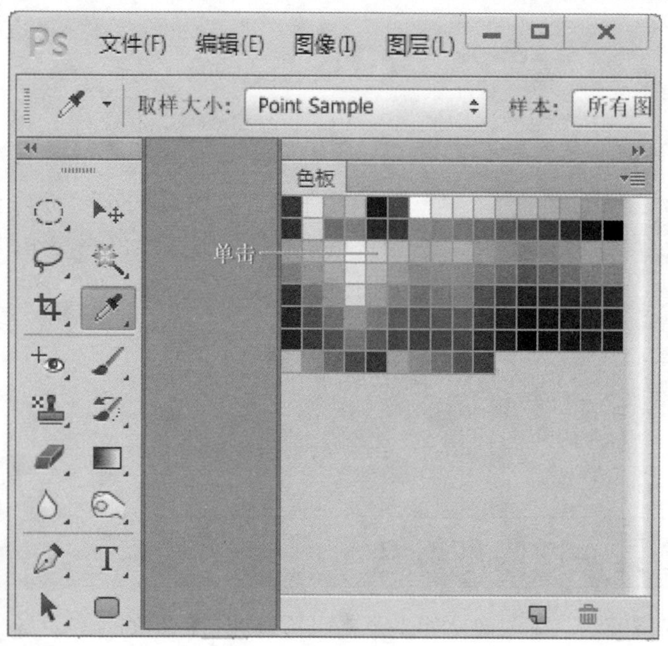

图 7-6

01 使用菜单项

在 Photoshop CS6 主程序中，调出【色板】面板，然后单击其中的一个颜色样本，如“蜡笔青豆绿”，如图 7-6 所示。

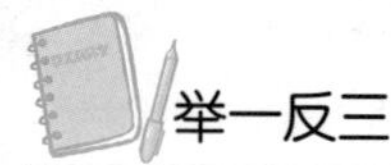

举一反三

执行【窗口】→【色板】菜单项，这样即可调出【色板】面板。

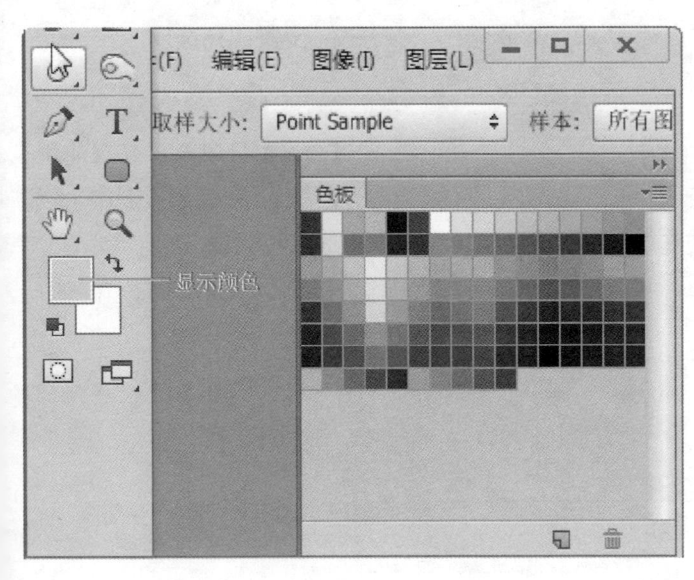

图 7-7

02 设置图像颜色

返回到 Photoshop CS6 主程序中，前景色框按照【色板】面板选取的颜色显示。通过以上方法即可完成运用“色板”面板选取颜色的操作，如图 7-7 所示。

Section 7.2 填充颜色

7.2.1 应用填充菜单命令填充颜色

在 Photoshop CS6 中，运用【编辑】主菜单中的【填充】菜单命令，用户同样可以对图像进行填充颜色的操作，下面介绍运用“填充”菜单命令的操作方法。

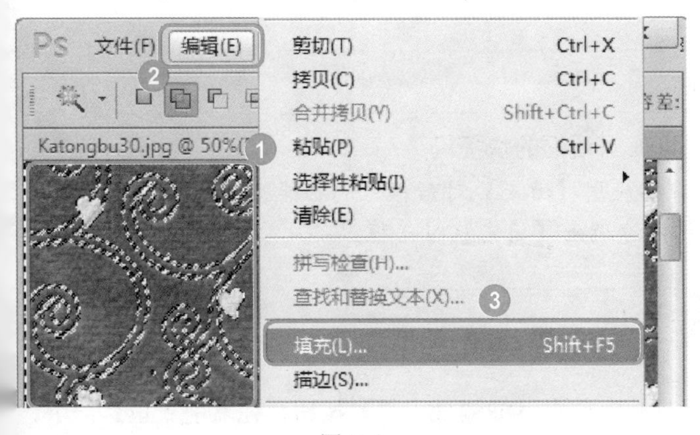

图 7-8

01 使用菜单项

No.1 打开图像，在图片空白处创建选区色。

No.2 单击【编辑】主菜单。

No.3 在弹出的下拉菜单中，选择【填充】菜单项，如图 7-8 所示。

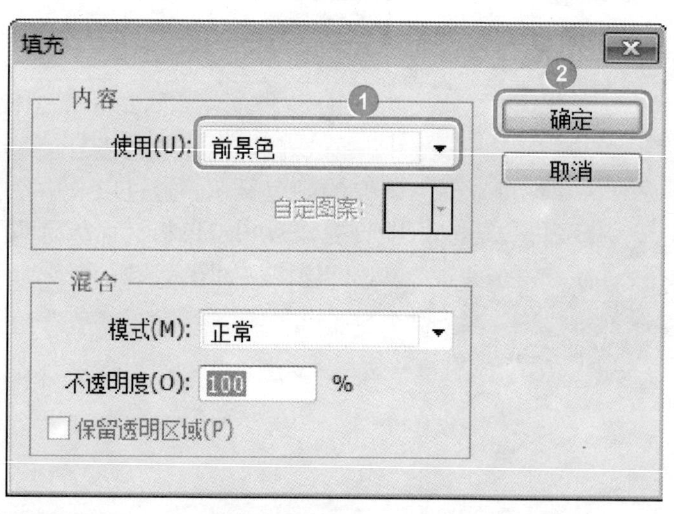

图 7-9

02 设置填充选项

No.1 弹出【填充】对话框。在【内容】区域中，在【使用】下拉列表框中，选择【前景色】选项。

No.2 单击【确定】按钮确定，如图 7-9 所示。

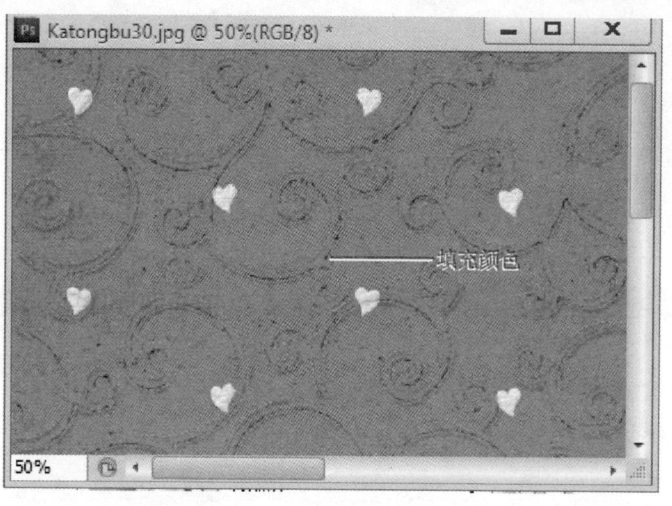

图 7-10

03 填充颜色

在文档窗口中，已显示填充颜色的效果。通过以上方法即可完成运用“填充”菜单命令的操作，如图 7-10 所示。

教你一招

调出填充对话框的快捷键

在 Photoshop CS6 中，如果准备应用【填充】对话框中的功能，在键盘上按下组合键〈Shift+F5〉，这样即可快速调出【填充】对话框。

7.2.2 使用油漆桶工具

在 Photoshop CS6 中，在【工具箱】中单击【油漆桶工具】按钮，在【前景色】框中，选择准备应用的颜色，然后在文档窗口中，在准备填充的图像区域处，单击鼠标，这样即可完成运用“油漆桶”工具填充颜色的操作，如图 7-11 所示。

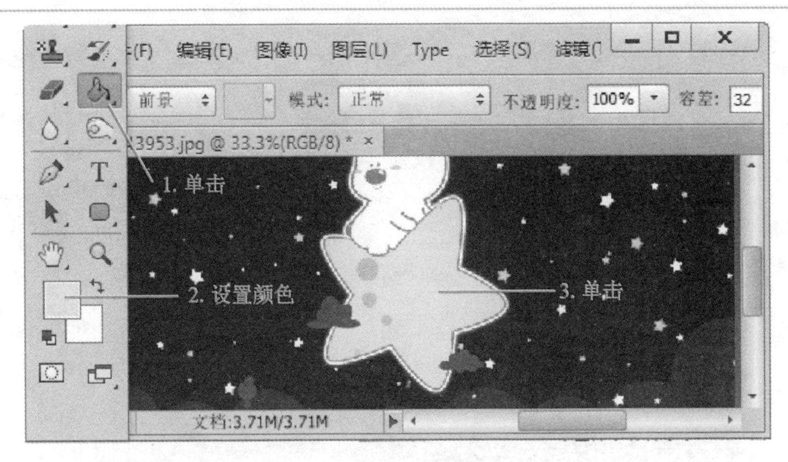

图 7-11

7.2.3 使用渐变工具

在 Photoshop CS6 中，运用【工具箱】中的【渐变】工具，用户可以对图像填充更为丰富美观的渐变色彩。下面介绍运用【渐变】工具填充颜色的操作方法。

图 7-12

01 使用渐变工具

No.1 在【工具箱】中单击【渐变工具】按钮。

No.2 在【前景色】框，选择准备应用的颜色。

No.3 在渐变工具选项栏中，单击【渐变样式的管理器】下拉按钮。

No.4 在弹出的下拉面板中，选择准备应用的画笔样式，如图 7-12 所示。

图 7-13

02 填充渐变样式

当鼠标指针变为┼时，在文档窗口中，指定渐变的第一个点，拖动鼠标到目标位置处，然后释放鼠标左键，如图 7-13 所示。

图 7-14

03 填充渐变样式

在文档窗口中，已显示填充渐变的效果。通过以上方法即可完成运用“渐变”工具的操作，如图 7-14 所示。

Section 7.3 转换图像色彩模式

本节导读

在 Photoshop CS6 中，图像的常用色彩模式可分为 RGB 颜色模式、CMYK 颜色模式、灰度模式、位图模式、双色调模式、索引颜色模式和 Lab 颜色模式等。下面介绍转换图像色彩模式的操作方法。

7.3.1 RGB 模式

RGB 颜色模式采用三基色模型。三基色又称为加色模式，是目前图像软件最常用的基本颜色模式，可复合生成 1670 多万种颜色。下面介绍进入 RGB 颜色模式的操作方法。

打开图像文件后，单击【图像】主菜单，在弹出的下拉菜单中，选择【模式】菜单项，在弹出的下拉菜单中，选择【RGB 颜色】菜单项，通过以上方法即可完成进入 RGB 颜色模式的操作，如图 7-15 所示。

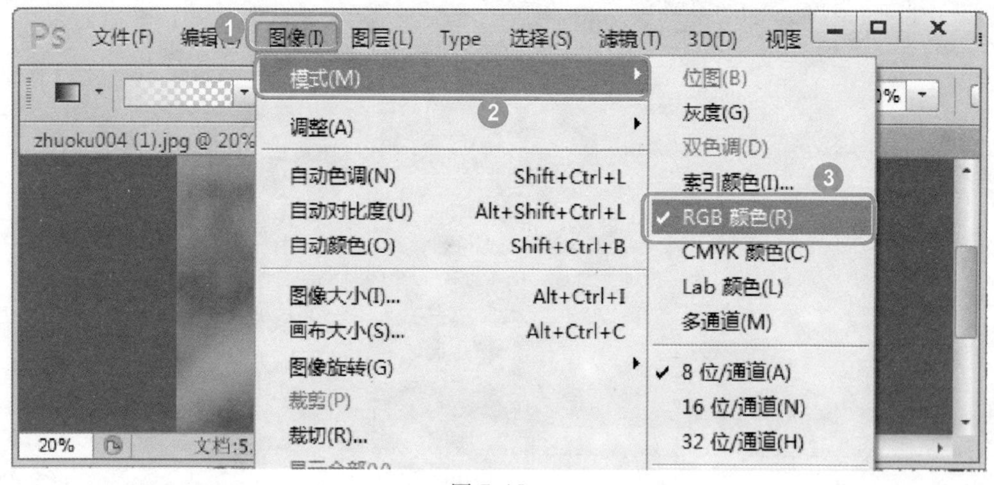

图 7-15

7.3.2 CMYK 模式

CMYK 颜色模式采用印刷三原色模型，又称减色模式，是打印、印刷等油墨成像设备及印刷领域使用的专有模式。下面介绍进入 CMYK 颜色模式的操作方法。

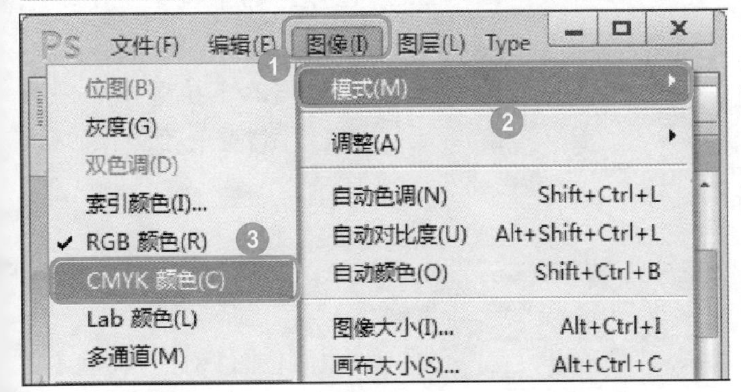

图 7-16

01 使用菜单项

No.1 打开图像文件后，单击【图像】主菜单。

No.2 在弹出的下拉菜单中，选择【模式】菜单项。

No.3 在弹出的下拉菜单中，选择【CMYK 颜色】菜单项，如图 7-16 所示。

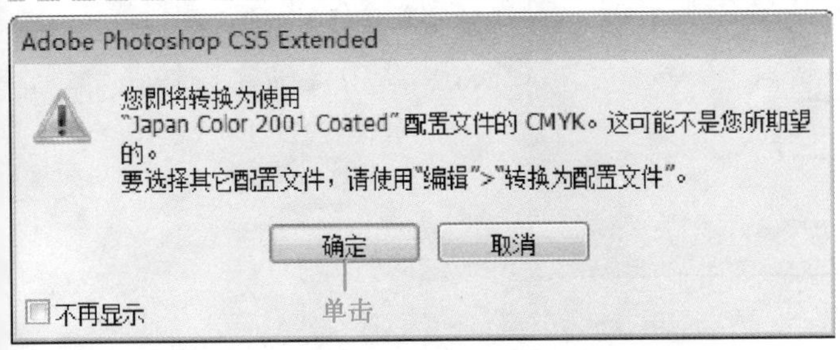

图 7-17

02 确认转换模式

弹出【adobe Photoshop CS6 Extended】对话框，单击【确定】按钮 确定 ，确认图像颜色转换，如图 7-17 所示。

图 7-18

03 转换 CMYK 模式

通过以上方法即可完成进入 CMYK 颜色模式的操作，如图 7-18 所示。

7.3.3 位图模式

位图模式又称黑白模式，是一种最简单的色彩模式，属于无彩色模式，位图模式图像只有黑白两色，由 1 位像素组成，每个像素用 1 位二进制数来表示，文件占据存储空间非常小。下面介绍进入位图模式的操作方法。

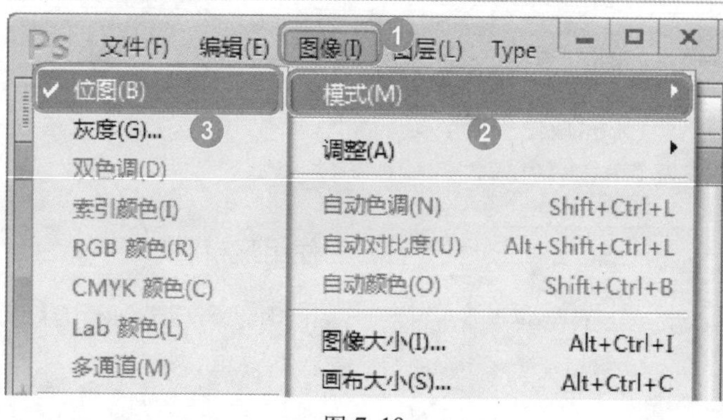

图 7-19

01 使用菜单项

No.1 打开图像文件后，单击【图像】主菜单。

No.2 在弹出的下拉菜单中，选择【模式】菜单项。

No.3 在弹出的下拉菜单中，选择【位图】菜单项，如图 7-19 所示。

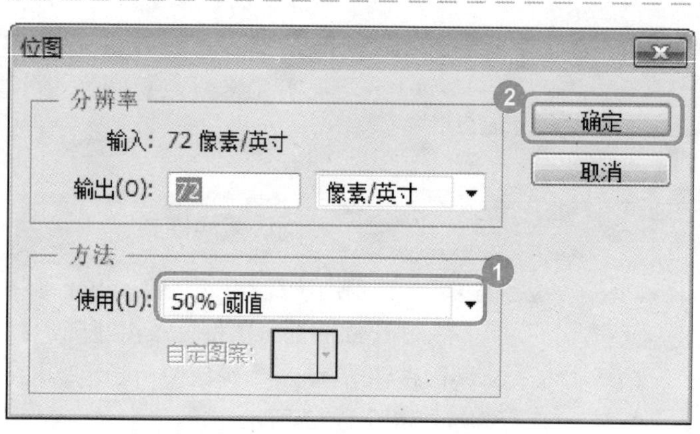

图 7-20

02 设置位图选项

No.1 弹出【位图】对话框，在【使用】下拉列表中，选择【50% 阈值】选项。

No.2 单击【确定】按钮，如图 7-20 所示。

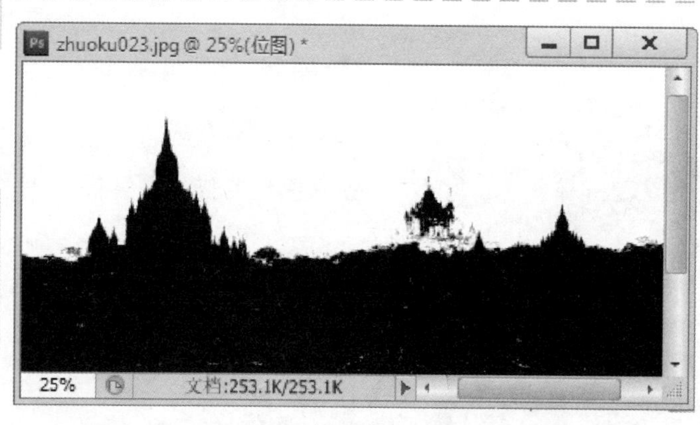

图 7-21

03 转换位图模式

通过以上方法即可完成进入位图颜色模式的操作，如图 7-21 所示。

教你一招

【位图】对话框【50% 阈值】选项的功能

打开【位图】对话框，在【使用】下拉列表框中，选择【50% 阈值】后，系统会自动以 50% 的色调作为分界点，灰度值高于中间色 128 的像素将转换为白色；灰度值低于中间色 128 的像素将转换为黑色。

7.3.4 灰度模式

灰度模式图像中没有颜色信息，色彩饱和度为 0，属无彩色模式，图像由介于黑白之间的 256 级灰色所组成。下面介绍进入灰度模式的操作方法。

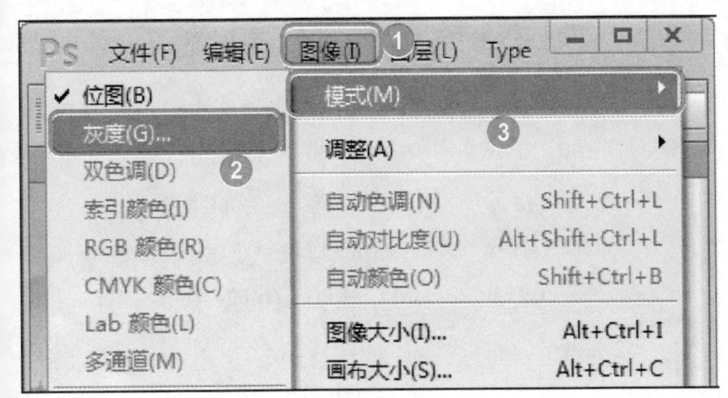

图 7-22

01 使用菜单项

No.1 打开图像文件后，单击【图像】主菜单。

No.2 在弹出的下拉菜单中，选择【模式】菜单项。

No.3 在弹出的下拉菜单中，选择【灰度】菜单项，如图 7-22 所示。

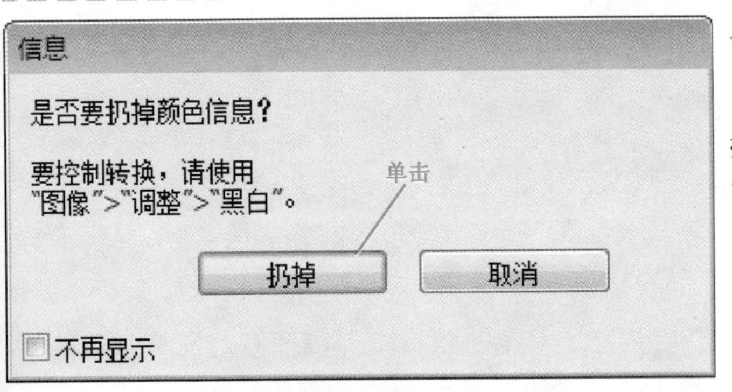

图 7-23

02 确认转换模式

弹出【信息】对话框，单击【扔掉】按钮 ，确认图像颜色转换，如图 7-23 所示。

图 7-24

03 转换灰度模式

通过以上方法即可完成进入灰度颜色模式的操作，如图 7-24 所示。

举一反三

灰色在 RGB 中每个数值都是相等的。其数值最高时为纯黑，最低时为纯白。

7.3.5 双色调模式

双色调模式是通过 1 ~ 4 种自定义灰色油墨或彩色油墨创建一幅双色调、三色调或者四色调的含有色彩的灰度图像。下面介绍进入双色调模式的操作方法。

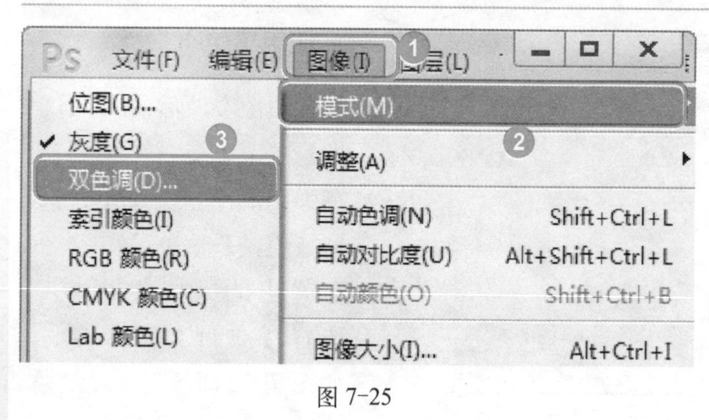

图 7-25

01 使用菜单项

No.1 打开图像文件后，单击【图像】主菜单。

No.2 在弹出的下拉菜单中，选择【模式】菜单项。

No.3 在弹出的下拉菜单中，选择【双色调】菜单项，如图 7-25 所示。

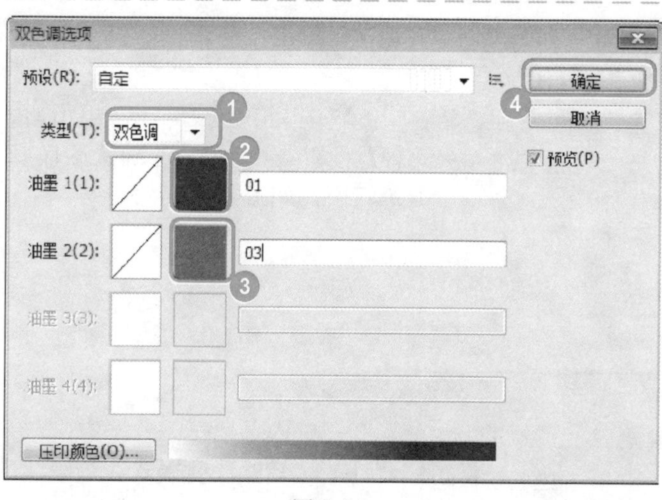

图 7-26

02 设置双色调选项

No.1 弹出【双色调选项】对话框，在【类别】下拉列表中，选择【双色调】选项。

No.2 在【油墨 1】颜色选取框中，选取红颜色。

No.3 在【油墨 2】颜色选取框中，选取蓝颜色。

No.4 单击【确定】按钮 确定，如图 7-26 所示。

图 7-27

03 转换位图模式

通过以上方法即可完成进入双色调模式的操作，如图 7-27 所示。

7.3.6　索引模式

索引颜色模式只支持 8 位色彩，是使用系统预先定义好的最多含有 256 种典型颜色的颜色表中的颜色来表现彩色图像的。下面介绍进入索引颜色模式的操作方法。

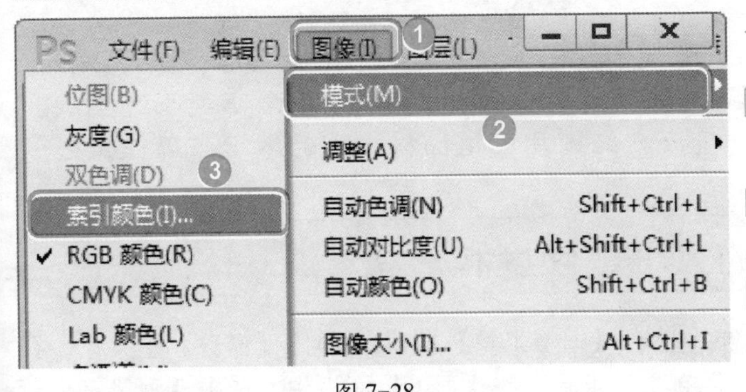

图 7-28

01 使用菜单项

No.1 打开图像文件后，单击【图像】主菜单。

No.2 在弹出的下拉菜单中，选择【模式】菜单项。

No.3 在弹出的下拉菜单中，选择【索引颜色】菜单项，如图 7-28 所示。

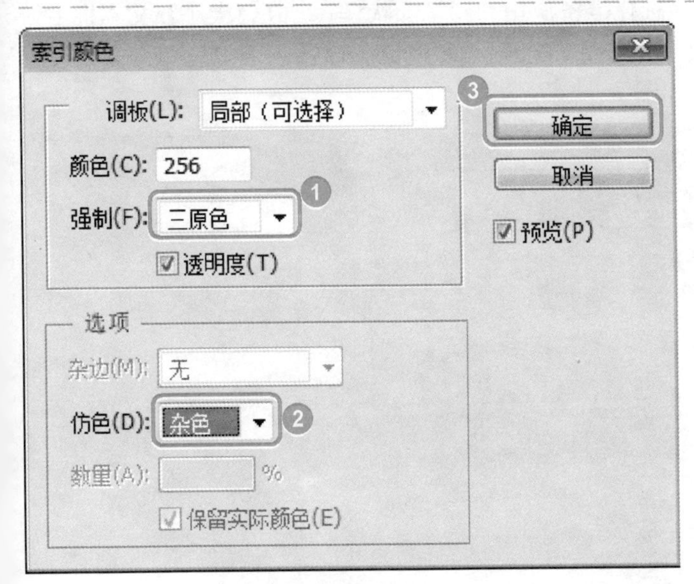

图 7-29

02 设置索引颜色选项

No.1 弹出【索引颜色】对话框，在【强制】下拉列表中，选择【三原色】选项。

No.2 在【仿色】下拉列表中，选择【杂色】选项。

No.3 单击【确定】按钮，如图 7-29 所示。

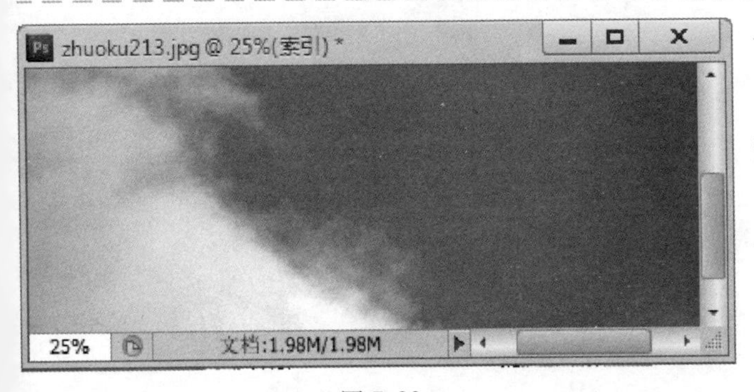

图 7-30

03 转换索引模式

通过以上方法即可完成进入索引模式的操作，如图 7-30 所示。

Section

7.4 画笔工具

本节导读

在 Photoshop CS6 中，【画笔】面板是一种经常使用的面板工具，用户可以使用【画笔】面板来设置画笔的大小、设置绘图模式、设置画笔不透明度、形状动态和散布选项等选项。下面介绍使用画笔面板方面的知识与操作技巧。

7.4.1 设置画笔的大小、硬度和形状

在 Photoshop CS6 中，在工具箱中单击【画笔工具】按钮，弹出【窗口】主菜单，在弹出的下拉菜单中，选择【画笔】菜单项，在调出的【画笔】面板中，选中【画笔笔尖形状】选项，在【画笔样式】区域中，选择准备应用的画笔形状样式，在【大小】文本框中，设置画笔的大小值，在【硬度】文本框中，输入画笔硬度值。通过以上方法即可完成设置画笔的大小、硬度和形状的操作，如图 7-31 所示。

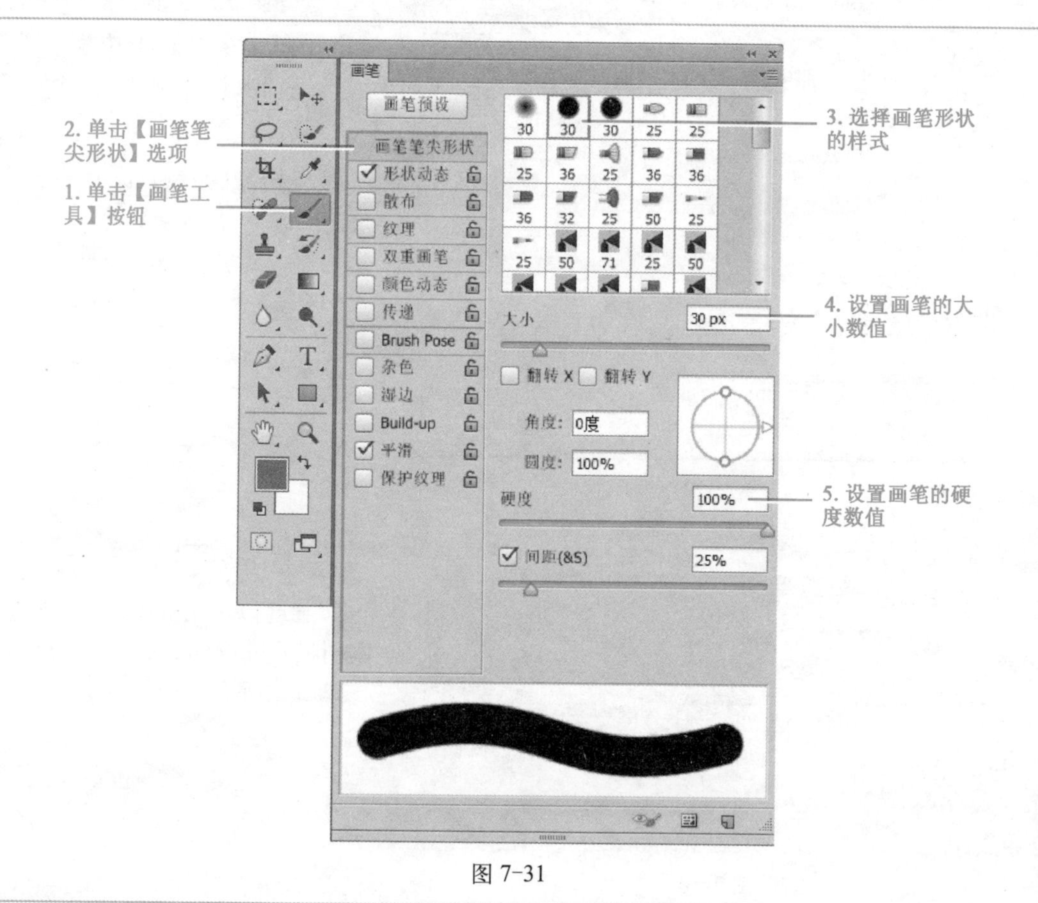

图 7-31

7.4.2 设置绘图模式

在 Photoshop CS6 中，用户可以设置画笔的绘图模式，使用不同的绘图模式，画笔也会具有不同的绘制效果。下面介绍设置绘图模式的操作方法。

在 Photoshop CS6 中，在工具箱中单击【画笔工具】按钮，在【画笔工具】选项栏中，在【模式】下拉列表框中，选择准备应用的绘图模式选项。通过以上方法即可完成设置绘图模式的操作，如图 7-32 所示。

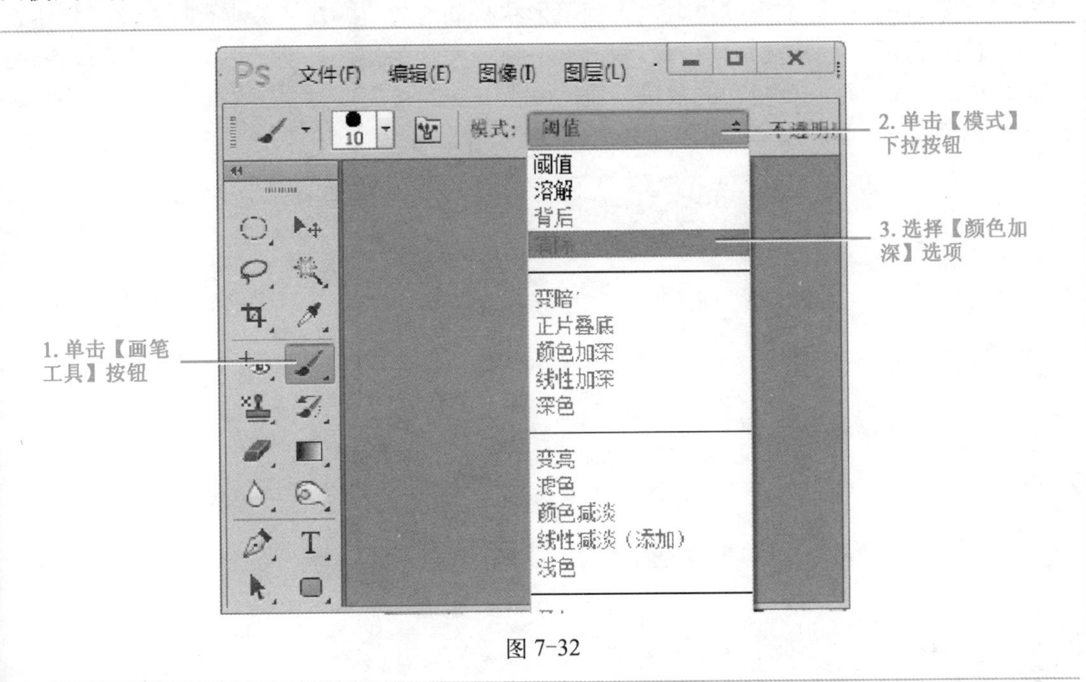

图 7-32

7.4.3 设置画笔不透明度

在 Photoshop CS6 中，用户可以设置画笔的不透明度，这样画笔绘制的效果也会有所不同。下面介绍设置画笔不透明度的操作方法。

在 Photoshop CS6 中，在工具箱中单击【画笔工具】按钮，在【画笔工具】选项栏中，在【不透明度】文本框中，输入画笔的不透明度数值。通过以上方法即可完成设置画笔不透明度的操作，如图 7-33 所示。

图 7-33

7.4.4 设置画笔的形状动态

在 Photoshop CS6 中，形状动态决定描边中画笔笔迹的变化。下面介绍设置画笔形状动态的操作方法。

在 Photoshop CS6 中，调出【画笔】面板后，在【画笔笔尖形状】选项中，在【画笔样式】区域中，选择准备应用的画笔形状样式，如“散布枫叶”，然后选择【形状动态】选项，在【大小抖动】文本框中，输入画笔形状抖动的数值，在【最小直径】文本框中，输入画笔直径的数值，在【角度抖动】文本框中，输入画笔角度抖动的数值，在【圆度抖动】文本框中，输入画笔圆度抖动的数值，通过以上方法即可完成设置画笔形状动态的操作，如图 7-34 所示。

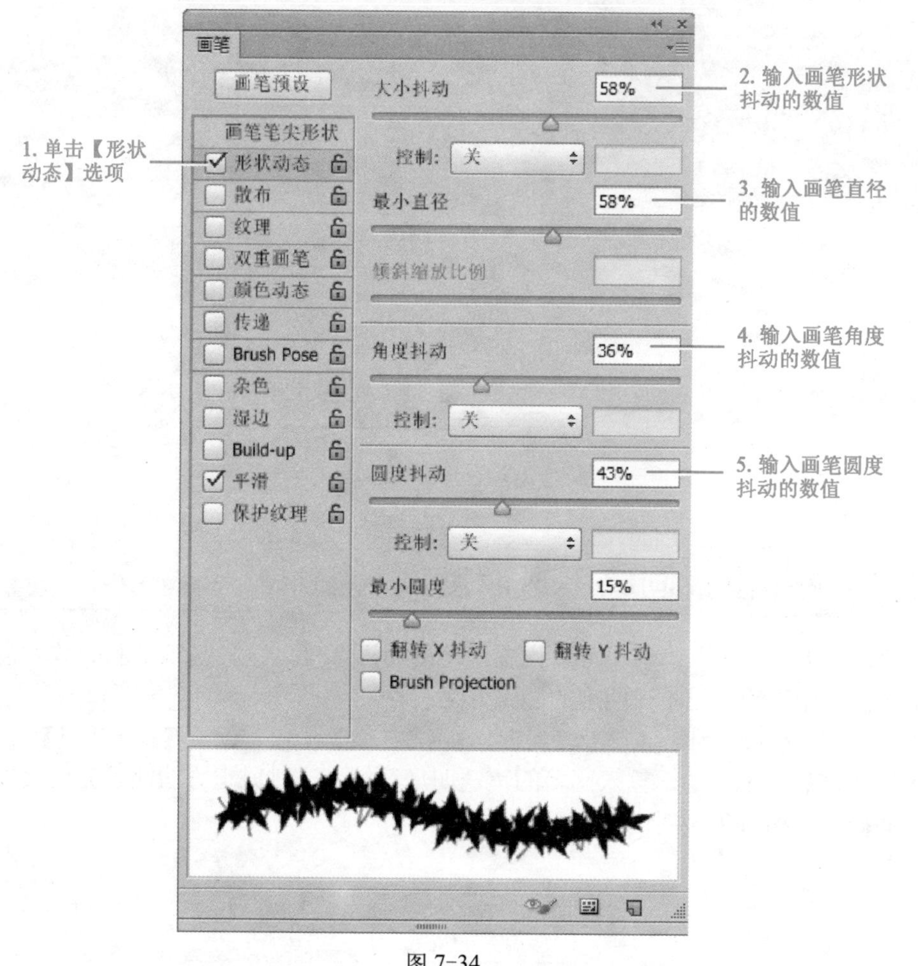

图 7-34

- 大小抖动：指定描边中画笔笔迹大小的改变方式。如果准备指定抖动的最大百分比，可以通过键入数字或使用滑块来输入值。

➢ 最小直径：指定当启用“大小抖动”或“大小控制”时画笔笔迹可以缩放的最小百分比。可通过键入数字或使用滑块来输入画笔笔尖直径的百分比值。该值越高，笔尖直径越小。
➢ 角度抖动：指定描边中画笔笔迹角度的改变方式。如果准备指定抖动的最大百分比，可以在文本框中输入一个是 360° 的百分比的值。
➢ 圆度抖动：指定画笔笔迹的圆度在描边中的改变方式。如果准备指定抖动的最大百分比，可以输入一个指明画笔长短轴之间的比率的百分比。

7.4.5 设置画笔散布效果

在 Photoshop CS6 中，画笔散布可确定描边中笔迹的数目和位置。下面介绍设置画笔散布选项的操作方法。

在 Photoshop CS6 中，调出【画笔】面板后，在【画笔笔尖形状】选项中，在【画笔样式】区域中，选择准备应用的画笔形状样式，如“散布枫叶”，然后选择【散布】选项，在【散布】文本框中，输入画笔散布的数值，在【数量】文本框中，输入画笔散布数量的百分比，在【数量抖动】文本框中，输入画笔数量抖动的数值。通过以上方法即可完成设置画笔散布选项的操作，如图 7-35 所示。

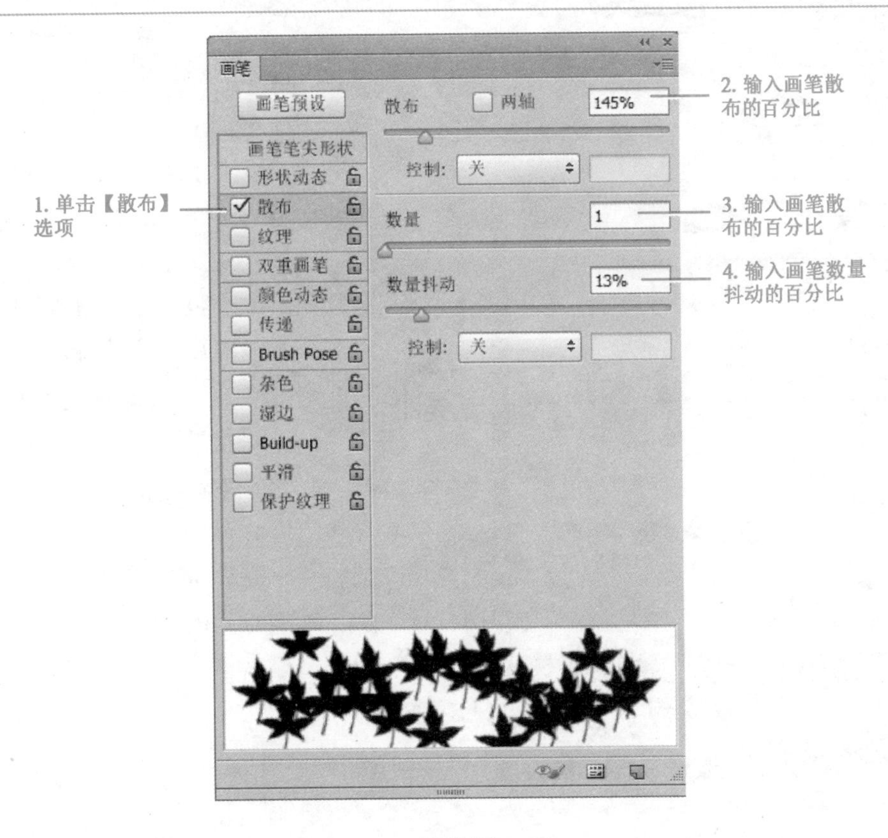

图 7-35

- 散布：指定画笔笔迹在描边中的分布方式。当选中【两轴】复选框时，画笔笔迹按径向分布。当取消选中【两轴】复选框时，画笔笔迹垂直于描边路径分布。如果准备指定散布的最大百分比，用户可以输入一个值。
- 数量：指定在每个间距间隔应用的画笔笔迹数量。
- 数量抖动：指定画笔笔迹的数量如何针对各种间距间隔而变化。如准备指定在每个间距间隔处涂抹的画笔笔迹的最大百分比，用户可以输入一个值。

Section 7.5 绘画工具

本节导读

在 Photoshop CS6 中，在【画笔】面板中设置画笔形状样式、大小及绘图模式后，用户即可使用工具箱中的画笔工具和铅笔工具进行图像编辑的操作。使用画笔工具和铅笔工具，用户可以模拟传统介质进行绘画。本节将重点介绍绘画工具方面的知识。

7.5.1 画笔工具

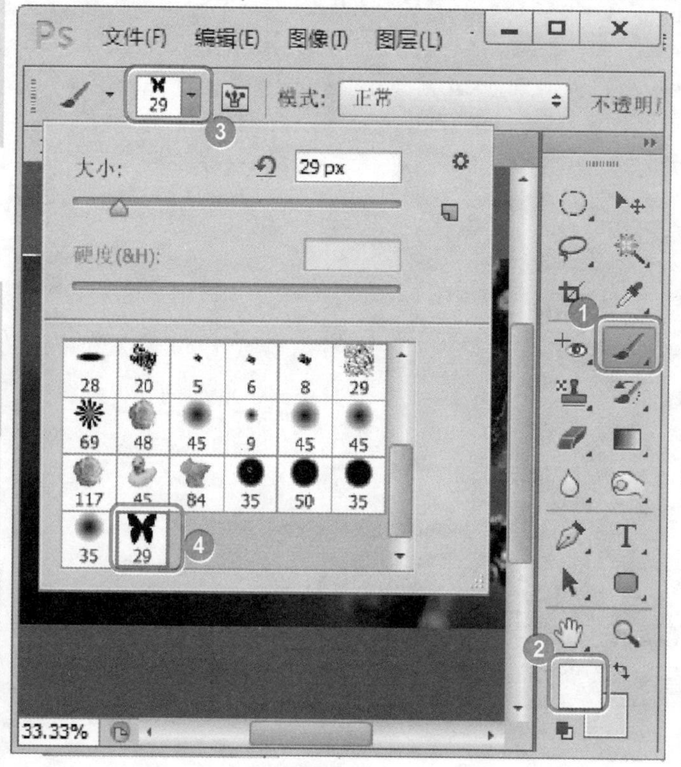

图 7-36

01 使用画笔工具

No.1 打开图像，在【工具箱】中单击【画笔工具】按钮。

No.2 在【前景色】框中，选择准备应用的颜色。

No.3 在画笔工具选项栏中，单击【画笔工具预设管理器】下拉按钮。

No.4 在弹出的下拉面板中，选择准备应用的画笔样式，如图 7-36 所示。

图 7-37

02 填充画笔样式

返回到文档窗口中，在准备应用画笔图形的位置处单击，通过以上方法即可完成使用画笔工具的操作，如图 7-37 所示。

教你一招

调出画笔面板的快捷键

在 Photoshop CS6 中，如果准备应用【画笔】面板中的功能，在键盘上按下快捷键【F5】，这样即可快速调出【画笔】面板。

7.5.2 铅笔工具的应用

使用铅笔工具可以创建硬边直线，与画笔工具一样可以在当前图像上绘制前景色。下面介绍使用铅笔工具绘制图形的操作方法。

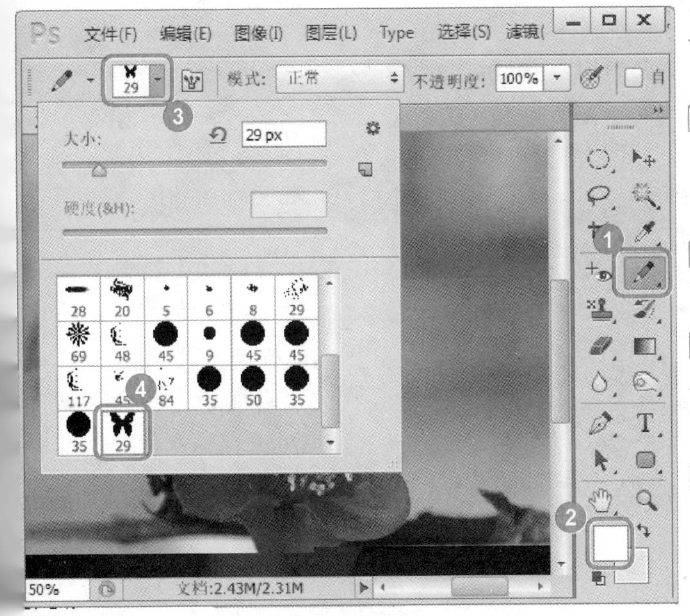

图 7-38

01 使用铅笔工具

No.1 打开图像，在【工具箱】中单击【铅笔工具】按钮。

No.2 在【前景色】框中，选择准备应用的颜色。

No.3 在画笔工具选项栏中，单击【铅笔工具预设管理器】下拉按钮。

No.4 在弹出的下拉面板中，选择准备应用的铅笔样式，如图 7-38 所示。

图 7-39

02 填充铅笔样式

返回到文档窗口中，在准备应用铅笔图形的位置处单击，通过以上方法即可完成使用铅笔工具绘制图形的操作，如图 7-39 所示。

Section 7.6 实践案例与上机操作

本节导读

对 Photoshop CS6 调整图像色彩方面的知识有所认识后，本节将针对以上所学知识制作五个案例，分别是使用颜色面板、追加画笔样式、双重画笔选项 Lab 颜色模式和多通道颜色模式。

7.6.1 使用颜色面板

在 Photoshop CS6 工具箱中，用户可以运用【颜色】面板选取绘图所需要的颜色。下面介绍运用【颜色】面板选取颜色的操作方法。

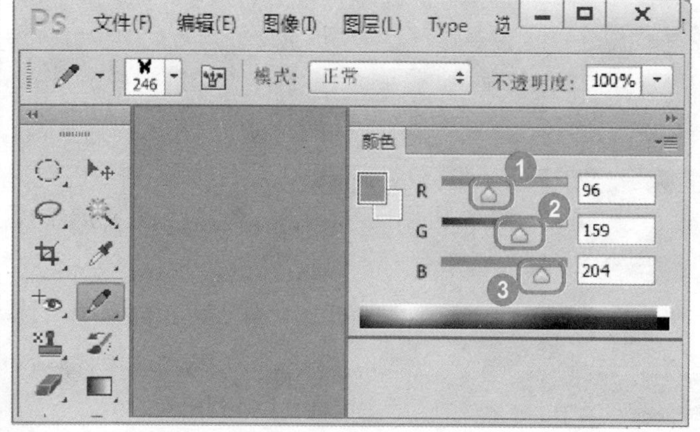

图 7-40

01 使用颜色面板

No.1 调出【颜色】面板，向右拖动【R】滑块。

No.2 向左拖动【G】滑块。

No.3 在向右拖动【B】滑块，如图 7-40 所示。

举一反三

在键盘上按下快捷键〈F6〉键，用户同样可以使用颜色面板。

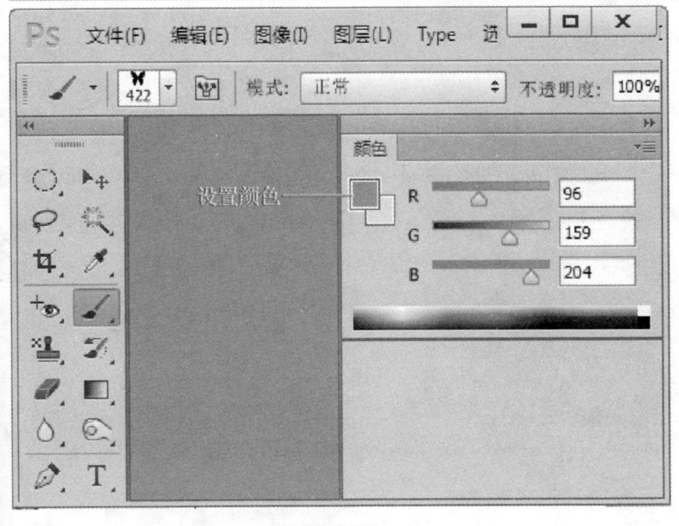

图 7-41

02 设置颜色

在【颜色】面板的【前景色】框中，用户可以查看设置后的颜色，通过以上方法即可完成运用“颜色”面板选取颜色的操作，如图 7-41 所示。

7.6.2 追加画笔样式

在 Photoshop CS6 中，如果默认的画笔样式不能满足用户编辑图像的需要，用户可以追加程序自带的其它画笔样式。下面介绍追加画笔样式的操作方法。

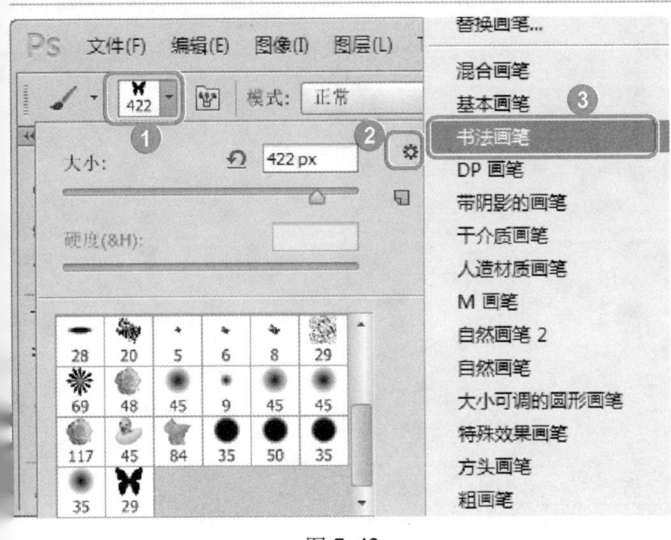

图 7-42

01 使用菜单项

No.1 选择【画笔】工具后，在【画笔工具】选项栏中，单击【画笔工具预设管理器】下拉按钮。

No.2 在弹出的下拉面板中，单击【工具】按钮。

No.3 在弹出的下拉菜单中，选择【带书法画笔】菜单项，如图 7-42 所示。

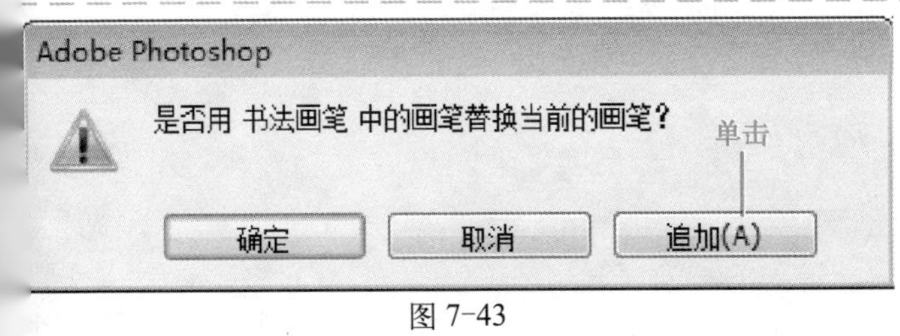

图 7-43

02 追加样式

弹出【Adobe Photoshop】对话框，单击【追加】按钮，如图 7-43 所示。

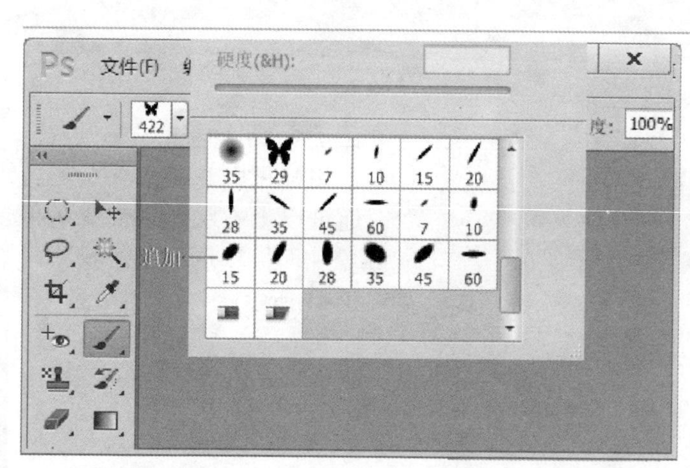

图 7-44

03 画笔样式已添加

此时，在【画笔工具】选项栏的【画笔工具预设管理器】下拉面板中，已显示追加的画笔样式。通过以上方法即可完成追加画笔样式的操作，如图 7-44 所示。

7.6.3 双重画笔选项

调出【画笔】面板后，在【画笔笔尖形状】选项中，在【画笔样式】区域中，选择准备应用的画笔形状样式，如“散布枫叶”，然后选择【双重画笔】选项，在【画笔样式】区域中，选择准备应用的画笔形状样式，如“草”，在【大小】文本框中，输入画笔大小的数值，在【间距】文本框中，输入画笔间距的数值，在【散布】文本框中，输入画笔散布的数值，在【数量】文本框中，输入画笔数量的数值。通过以上方法即可完成设置双重画笔选项的操作，如图 7-45 所示。

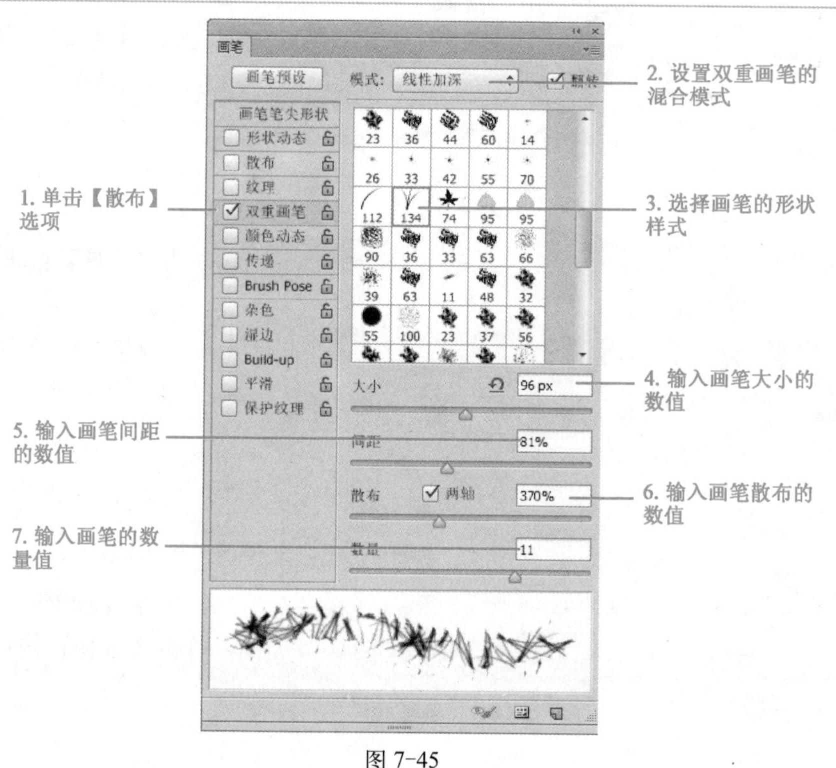

图 7-45

- 模式：选择从主要笔尖和双重笔尖组合画笔笔迹时要使用的混合模式。
- 大小：控制双笔尖的大小。以像素为单位输入值，或者单击“使用取样大小”来使用画笔笔尖的原始直径。
- 间距：控制描边中双笔尖画笔笔迹之间的距离。如果准备更改间距，可以键入数字，或使用滑块输入笔尖直径的百分比。
- 散布：指定描边中双笔尖画笔笔迹的分布方式。当选中【两轴】复选框时，双笔尖画笔笔迹按径向分布。当取消选中【两轴】复选框时，双笔尖画笔笔迹垂直于描边路径分布。要指定散布的最大百分比，请键入数字或使用滑块来输入值。
- 数量：指定在每个间距间隔应用的双笔尖画笔笔迹的数量。键入数字，或者使用滑块来输入值。

7.6.4 Lab 颜色模式

Lab 颜色模式是一种色彩范围最广的色彩模式，它是各种色彩模式之间相互转换的中间模式。下面介绍进入 Lab 颜色模式的操作方法。

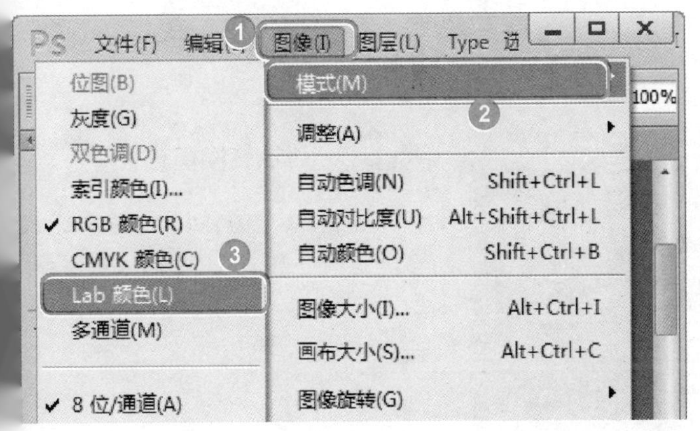

图 7-46

01 使用菜单项

No.1 打开图像文件后，单击【图像】主菜单。

No.2 在弹出的下拉菜单中，选择【模式】菜单项。

No.3 在弹出的下拉菜单中，选择【Lab 颜色】菜单项，如图 7-46 所示。

图 7-47

02 确认转换模式

通过以上方法即可完成进入 Lab 颜色模式的操作，如图 7-47 所示。

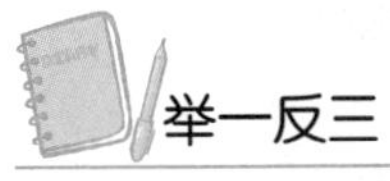

举一反三

Lab 模式与 RGB 模式相似，色彩的混合将产生更亮的色彩。

7.6.5 多通道颜色模式

在多通道模式中，每个通道都使用 256 灰度级存放着图像中颜色元素的信息。下面介绍使用多通道颜色模式的操作方法。

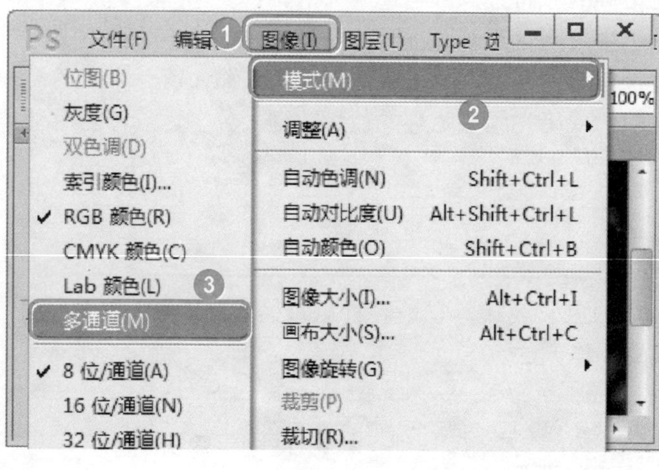

图 7-48

01 使用菜单项

No.1 打开图像文件后，单击【图像】主菜单。

No.2 在弹出的下拉菜单中，选择【模式】菜单项。

No.3 在弹出的下拉菜单中，选择【多通道】菜单项，如图 7-48 所示。

图 7-49

02 确认转换模式

通过以上方法即可完成进入多通道颜色模式的操作，如图 7-49 所示。

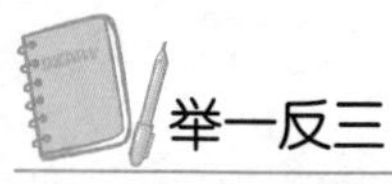

举一反三

多通道模式一般包括 8 Bits channel（8 位通道）与 16 Bits channel（16 位通道）。

第8章

滤　　镜

本章主要介绍了滤镜、滤镜库、智能滤镜和风格化与画笔描边方面的知识与技巧，同时还讲解了模糊与锐化、扭曲与素描、纹理与像素化、渲染与艺术效果和杂色与其他方面的知识，通过本章的学习，读者可以掌握滤镜方面的知识，为进一步学习 Photoshop CS6 奠定基础。

Section
8.1 滤镜及其应用特点

本节导读

在 Photoshop CS6 中，滤镜主要用来实现图像的各种特殊效果。它在 Photoshop 中具有非常神奇的作用。滤镜通常需要同通道、图层等联合使用，才能取得最佳的艺术效果，本节将介绍滤镜及其应用特点方面的知识。

8.1.1 什么是滤镜

Photoshop 滤镜基本可以分为内阙滤镜、内置滤镜、外挂滤镜三种。内阙滤镜指内阙于 Photoshop 程序内部的滤镜；内置滤镜指 Photoshop 缺省安装时，Photoshop 安装程序自动安装到 pluging 目录下的滤镜；外挂滤镜就是除上面两种滤镜以外，由第三方厂商为 Photoshop 所生产的滤镜，它们不仅种类齐全、品种繁多而且功能强大。

在 Photoshop CS6【滤镜】主菜单中，【滤镜库】、【镜头校正】、【液化】和【消失点】是特殊滤镜，单独放置在菜单中，其他滤镜依据其主要功能被放置在不同类别的滤镜组中。

8.1.2 滤镜的使用规则

在 Photoshop CS6 中使用滤镜时，用户应遵循一定的规则，否则不能出现满意的制作效果。下面介绍使用滤镜的基本原则。

- 图层可见性：使用滤镜处理图层中的图像时，该图层必须是可见的。
- 选区内操作：如果创建了选区，滤镜只处理选区内的图像；如果没有创建选区，滤镜则处理当前图层中的全部图像。
- 滤镜的使用对象：滤镜不仅可以在图像中使用，也可以在蒙版和通道中使用。
- 滤镜的计算单位：滤镜是以像素为计算单位进行处理的，如果图像的分辨率不同，对其进行同样的滤镜处理，得到的效果也不同。
- 滤镜的应用区域：在 Photoshop CS6 中，除“云彩”滤镜之外，其他滤镜都必须应用在包含像素的区域，否则不能使用这些滤镜。
- 使用滤镜的图像模式：如果图像为 RGB 模式，用户可以应用 Photoshop CS6 中的全部滤镜；如果图像为 CMYK 模式，用户仅可以应用 Photoshop CS6 中的部分滤镜；如果图像为索引模式或位图模式，用户则不可以应用 Photoshop CS6 中的滤镜。

Section

8.2 滤镜库

本节导读

在 Photoshop CS6 中，滤镜库是对滤镜管理的一种非常有用的工具，方便用户随时更改和管理使用滤镜。本节将介绍滤镜库方面的知识。

8.2.1 滤镜库概述

在 Photoshop CS6 中，滤镜库可以应用多个滤镜、打开或关闭滤镜效果、复位滤镜的选项以及更改应用滤镜的顺序。在应用滤镜之后，可通过在已应用的滤镜列表中将滤镜名称拖动到另一个位置来重新排列它们。重新排列滤镜效果可显著改变图像的外观。

8.2.2 滤镜库概览

滤镜库是整合多个滤镜的对话框，用户可以同时将多个滤镜应用在一个图像中，或对一个图像多次应用同一个滤镜。下面详细介绍滤镜库方面的知识，如图 8-1 所示。

图 8-1

- 预览区：在该区域中，用户可以预览当前图像加载的滤镜效果。
- 滤镜组/参数设置区：滤镜库中包含6组滤镜，单击任意一个滤镜组前的【展开】按钮▶，即可展开该滤镜组，选择滤镜组中的一个滤镜即可使用该滤镜。与此同时，右侧的参数设置区将显示与之相关的参数项，可以根据需要设置相应的参数。
- 【新建效果图层】按钮：单击该按钮可以创建效果图层。
- 下拉列表框：单击该下拉列表框右侧的下拉箭头，在弹出的下拉列表中可以选择相应的滤镜，这些滤镜是按照滤镜名称的拼音顺序排列的。
- 缩放区 100%：单击【减号】按钮将缩小预览区的图像，单击【加号】按钮将放大显示预览区图像，也可以在【缩放区】下拉列表框中输入数值精确设置缩放比例。

教你一招

重复使用滤镜的方法

在Photoshop CS6中，如果准备重复使用滤镜组中的某一滤镜，用户可以按下组合键〈Ctrl+F〉完成重复使用该滤镜的操作。

Section 8.3

智能滤镜

本节导读

在Photoshop CS6中，智能滤镜是一种非破坏性的滤镜，用户可以像使用图层样式一样随时调整滤镜的参数，只要是智能对象图层都可以使用智能滤镜，应用于智能对象的任何滤镜也都是智能滤镜。使用智能滤镜就像为图层添加图层样式那样为图层添加滤镜命令，并且可以对添加的滤镜进行反复修改。本节将重点介绍智能滤镜方面的知识与技巧。

8.3.1 创建智能滤镜

在Photoshop CS6中，创建智能滤镜时，所选的图层也将自动转换成智能对象，这样方便用户在图层中更改滤镜的效果，达到编辑的需要。下面介绍创建智能滤镜的操作方法。

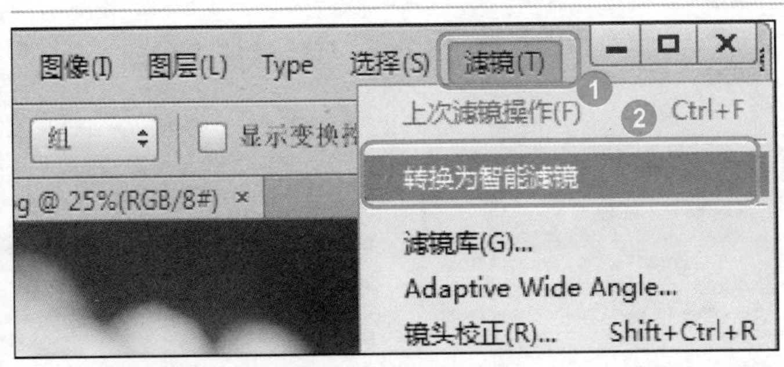

图 8-2

01 使用菜单项

No.1 单击【滤镜】主菜单。

No.2 在弹出的下拉菜单中，选择【转换为智能滤镜】菜单项，如图 8-2 所示。

图 8-3

02 使用菜单项

No.1 图层转换成智能对象后，单击【滤镜】主菜单。

No.2 在弹出的下拉菜单中，选择【风格化】菜单项。

No.3 在弹出的下拉菜单中，选择【查找边缘】菜单项，如图 8-3 所示。

图 8-4

03 智能滤镜已创建

此时，返回到【图层】面板中，智能滤镜已经创建。通过以上方法即可完成创建智能滤镜的操作，如图 8-4 所示。

举一反三

单击【图层】面板中的面板按钮，选择【转换为智能对象】菜单项可创建智能对象。

8.3.2 停用智能滤镜

在 Photoshop CS6 中，如果有暂时不准备使用的智能滤镜，用户可以将其进行停用。下面介绍停用智能滤镜的操作方法。

图 8-5

01 使用快捷菜单项

No.1 打开文件，右键单击准备停用的智能滤镜。

No.2 在弹出的快捷菜单中，选择【停用智能滤镜】菜单项，如图 8-5 所示。

举一反三

在【图层】面板中，单击智能滤镜前【切换单个智能滤镜可见性】按钮，也可停用当前智能滤镜。

图 8-6

02 使用菜单项

此时，返回到【图层】面板中，智能滤镜已经被停用。通过以上方法即可完成停用智能滤镜的操作，如图 8-6 所示。

教你一招

将智能对象图层栅格化

在【图层】面板中右键单击准备栅格化的智能对象图层，在弹出的快捷菜单中，选择【栅格化图层】菜单项，即可将智能对象图层栅格化。

8.3.3 删除智能滤镜

在 Photoshop CS6 中，如果对创建的智能滤镜效果不满意，用户可以将其进行删除。下面介绍删除智能滤镜的操作方法。

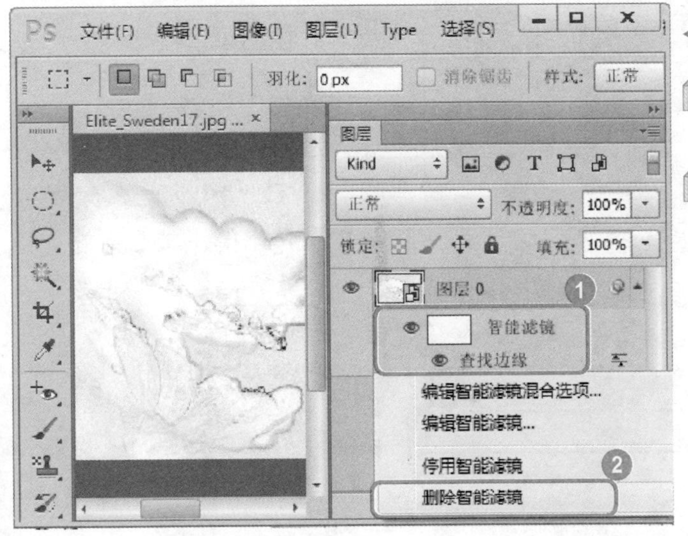

图 8-7

01 使用快捷菜单项

No.1 打开文件，右键单击准备删除的智能滤镜。

No.2 在弹出的快捷菜单中，选择【删除智能滤镜】菜单项，如图 8-7 所示。

图 8-8

02 使用菜单项

此时，返回到【图层】面板中，智能滤镜已经被删除。通过以上方法即可删除智能滤镜，如图 8-8 所示。

Section 8.4 风格化与画笔描边

本节导读

在 Photoshop CS6 中，使用风格化滤镜，用户可以对图像进行风格化处理；使用画笔描边滤镜，用户可以对图像进行描边等特殊化处理。本节将重点介绍风格化滤镜与画笔描边滤镜方面的知识。

8.4.1 等高线

等高线滤镜通过查找图像的主要亮度区，为每个颜色通道勾勒主要亮度区域的效果，以便得到与等高线颜色类似的效果。下面介绍运用等高线滤镜的方法。

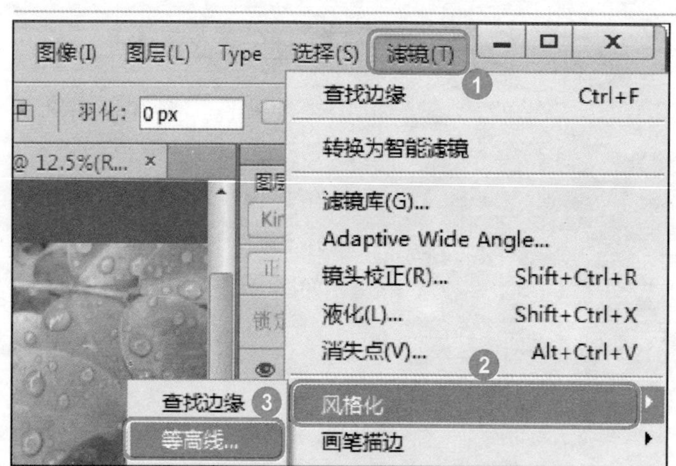

图 8-9

01 使用菜单项

No.1 单击【滤镜】主菜单。

No.2 在弹出的下拉菜单中，选择【风格化】菜单项。

No.3 在弹出的下拉菜单中，选择【等高线】菜单项，如图 8-9 所示。

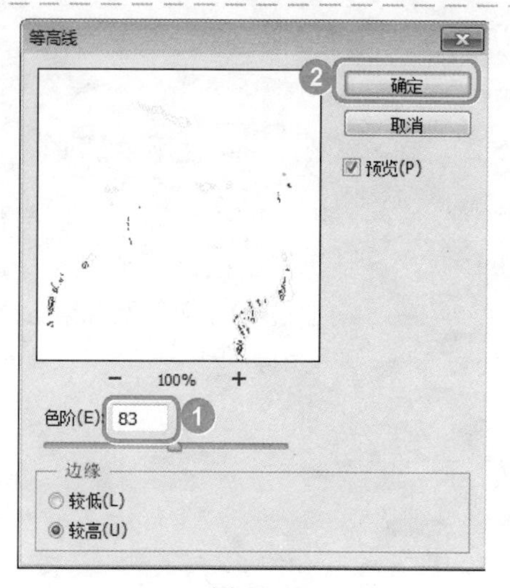

图 8-10

02 设置等高线选项

No.1 弹出【等高线】对话框，在【色阶】文本框中，设置等高线色阶数。

No.2 单击【确定】按钮 确定，如图 8-10 所示。

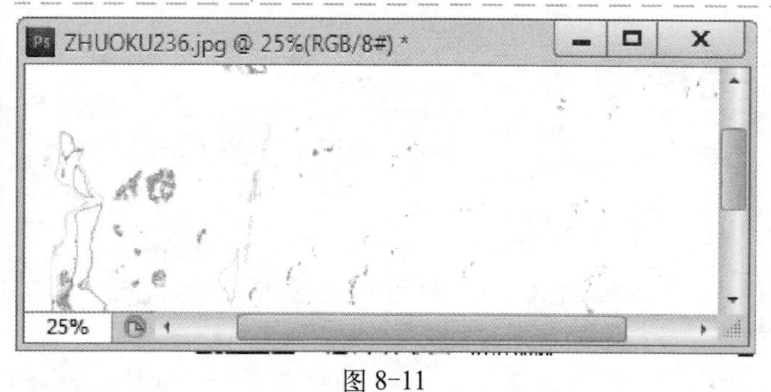

图 8-11

03 已创建滤镜效果

通过以上方法即可完成运用等高线滤镜的操作，如图 8-11 所示。

8.4.2 风

在 Photoshop CS6 中，风滤镜通过在图像中增加细小的水平线模拟风吹的效果，而且该滤镜仅在水平方向发挥作用。下面介绍使用风滤镜的方法。

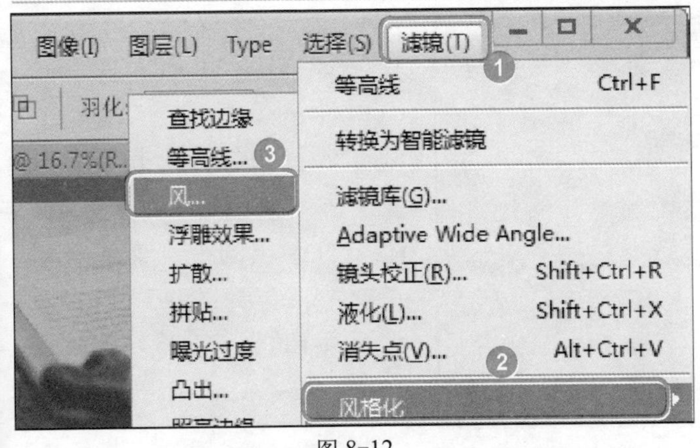

图 8-12

01 使用菜单项

No.1 单击【滤镜】主菜单。

No.2 在弹出的下拉菜单中，选择【风格化】菜单项。

No.3 在弹出的下拉菜单中，选择【风】菜单项，如图 8-12 所示。

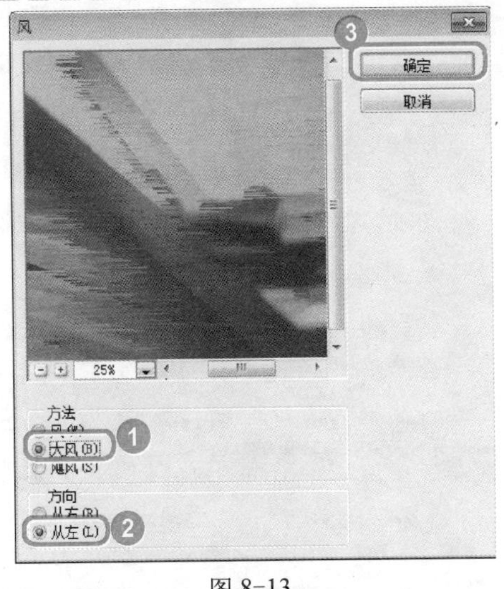

图 8-13

02 设置风滤镜选项

No.1 弹出【风】对话框，在【方法】区域，选中【大风】单选项。

No.2 在【方向】区域，选择【从左】单选项。

No.3 单击【确定】按钮，如图 8-13 所示。

图 8-14

03 已创建滤镜效果

通过以上方法即可完成运用风滤镜的操作，如图 8-14 所示。

8.4.3 浮雕效果

浮雕效果滤镜通过勾画图像或选区轮廓，降低勾画图像或选区周围色值产生凸起或凹陷的效果。下面介绍使用浮雕效果滤镜的方法。

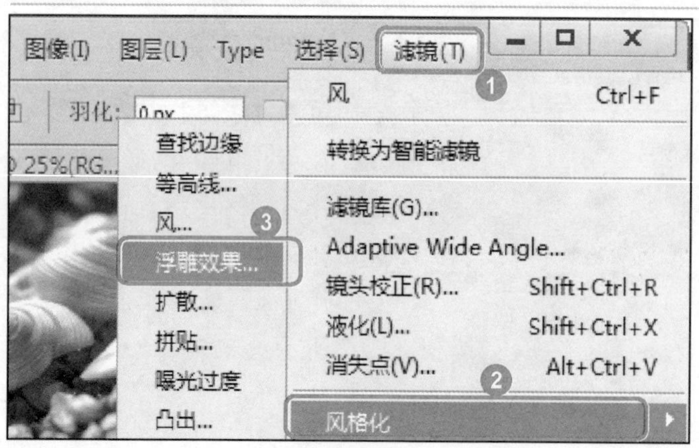

图 8-15

01 使用菜单项

No.1 单击【滤镜】主菜单。

No.2 在弹出的下拉菜单中，选择【风格化】菜单项。

No.3 在弹出的下拉菜单中，选择【浮雕效果】菜单项，如图 8-15 所示。

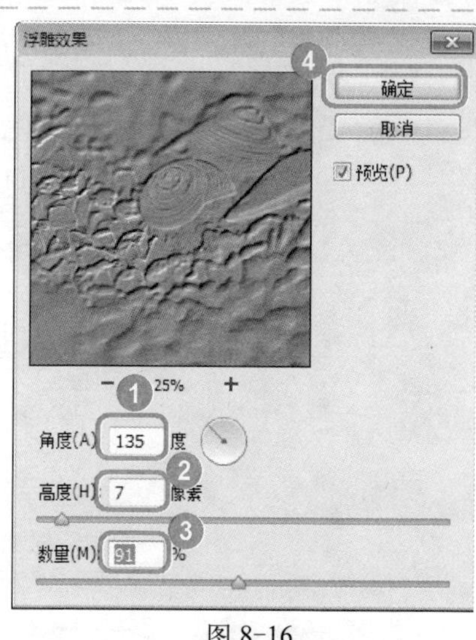

图 8-16

02 设置浮雕效果选项

No.1 弹出【浮雕效果】对话框，在【角度】文本框中，设置浮雕效果的角度值。

No.2 在【高度】文本框中，设置浮雕效果的高度。

No.3 在【数量】文本框中，设置浮雕效果的数量。

No.4 单击【确定】按钮，如图 8-16 所示。

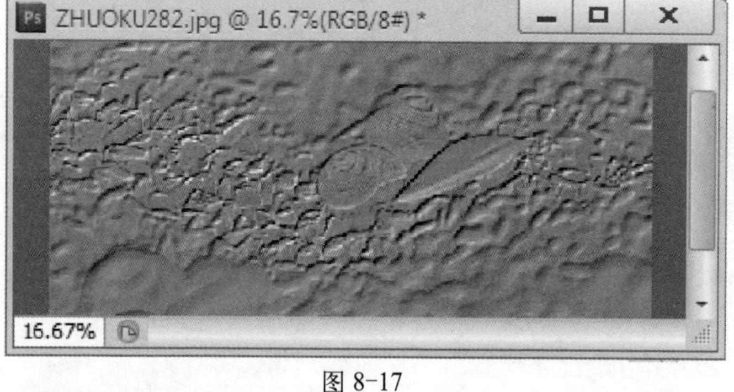

图 8-17

03 已创建滤镜效果

通过以上方法即可完成运用浮雕效果滤镜的操作，如图 8-17 所示。

8.4.4 扩散

扩散滤镜通过将图像中相邻像素按规定的方式有机移动，使得图像进行扩散，从而形成类似透过磨砂玻璃查看图像的效果。下面介绍使用扩散滤镜的方法。

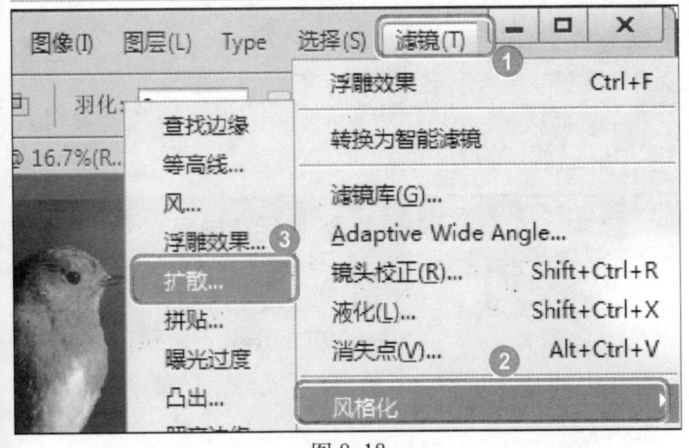

图 8-18

01 使用菜单项

No.1 单击【滤镜】主菜单。

No.2 在弹出的下拉菜单中，选择【风格化】菜单项。

No.3 在弹出的下拉菜单中，选择【扩散】菜单项，如图 8-18 所示。

图 8-19

02 设置扩散选项

No.1 弹出【扩散】对话框，在【模式】区域中，选择【变亮优先】单选项。

No.2 单击【确定】按钮，如图 8-19 所示。

举一反三

在【扩散】对话框中，使用【正常】模式，图像中的所有区域将进行扩散，扩散过程与图像颜色无关。使用【变暗优先】模式，图像中的较暗的像素将转换为较亮的像素，仅是将暗部扩散开来。

图 8-20

03 已创建滤镜效果

通过以上方法即可完成运用扩散滤镜的操作，如图 8-20 所示。

8.4.5 拼贴

拼贴滤镜可以根据设定的值将图像分成若干块，并使图像从原来的位置偏离，看起来类似由砖块拼贴成的效果。下面介绍使用拼贴滤镜的方法。

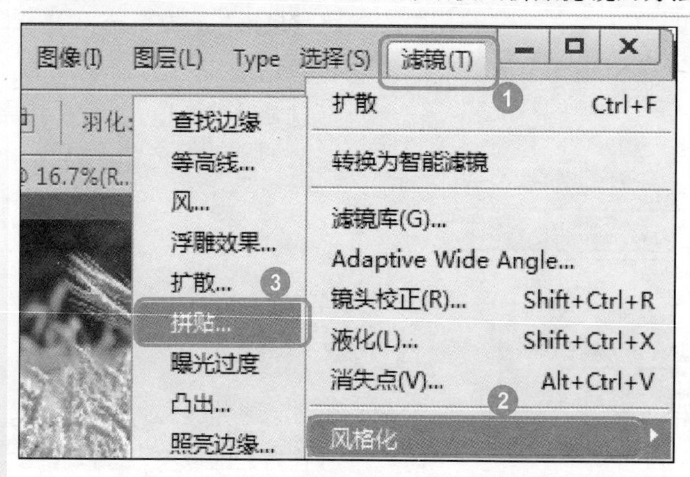

图 8-21

01 使用菜单项

No.1 单击【滤镜】主菜单。

No.2 在弹出的下拉菜单中，选择【风格化】菜单项。

No.3 在弹出的下拉菜单中，选择【拼贴】菜单项，如图 8-21 所示。

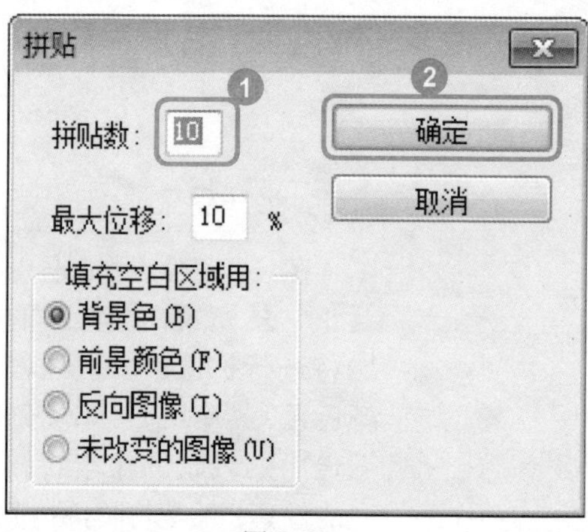

图 8-22

02 设置拼贴选项

No.1 弹出【拼贴】对话框，在【拼贴数】文本框中，输入图像拼贴数值。

No.2 单击【确定】按钮，如图 8-22 所示。

图 8-23

03 已创建滤镜效果

通过以上方法即可完成运用拼贴滤镜的操作，如图 8-23 所示。

8.4.6 凸出

凸出滤镜通过设置的数值将图像分成大小相同、重叠放置的立方体或锥体，产生 3D 效果。下面介绍使用凸出滤镜的方法。

图 8-24

01 使用菜单项

No.1 单击【滤镜】主菜单。

No.2 在弹出的下拉菜单中，选择【风格化】菜单项。

No.3 在弹出的下拉菜单中，选择【凸出】菜单项，如图 8-24 所示。

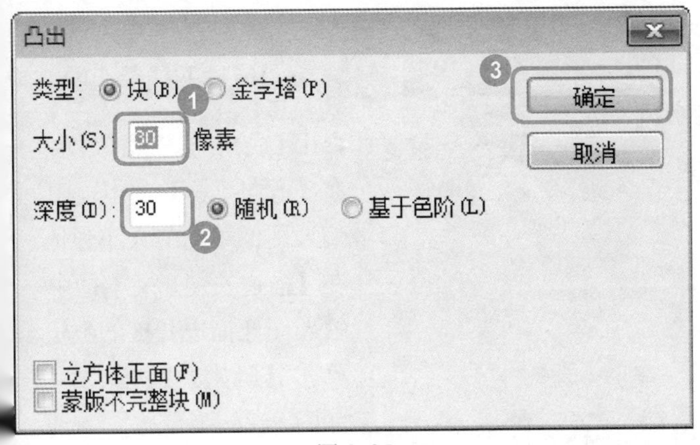

图 8-25

02 设置凸出选项

No.1 弹出【凸出】对话框，在【大小】文本框中，输入图像凸出的大小的数值。

No.2 在【深度】文本框中，输入图像凸出的深度的数值。

No.3 单击【确定】按钮，如图 8-25 所示。

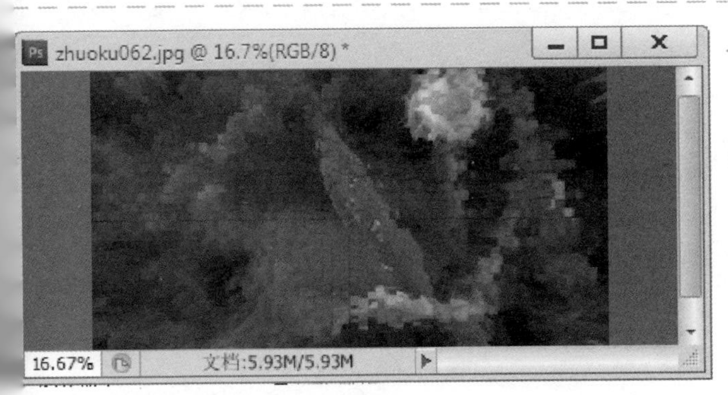

图 8-26

03 已创建滤镜效果

通过以上方法即可完成运用凸出滤镜的操作，如图 8-26 所示。

8.4.7 成角的线条

成角的线条滤镜通过对角描边的方式重新绘制图像，利用一个方向的线条绘制图像的亮部，再利用相反方向的线条绘制图像的暗部，通过设置方向平衡、描边长度和锐化程度等数值达到满意的效果。下面介绍运用成角的线条滤镜的方法。

图 8-27

01 使用菜单项

No.1 单击【滤镜】主菜单。

No.2 在弹出的下拉菜单中，选择【画笔描边】菜单项。

No.3 在弹出的下拉菜单中，选择【成角的线条】菜单项，如图 8-27 所示。

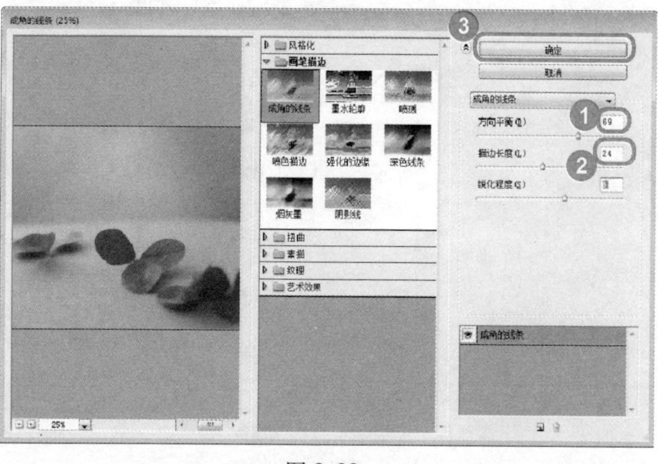

图 8-28

02 设置成角的线条选项

No.1 弹出【成角的线条】对话框，在【方向平衡】文本框中，输入图像平衡的大小数值。

No.2 在【描边长度】文本框中，输入图像描边长度的数值。

No.3 单击【确定】按钮，如图 8-28 所示。

图 8-29

03 已创建滤镜效果

通过以上方法即可完成运用成角的线条滤镜的操作，如图 8-29 所示。

8.4.8 墨水轮廓

墨水轮廓滤镜通过纤细的线条在图像中重新绘画，以便形成钢笔画的风格。下面介绍运用墨水轮廓滤镜的方法。

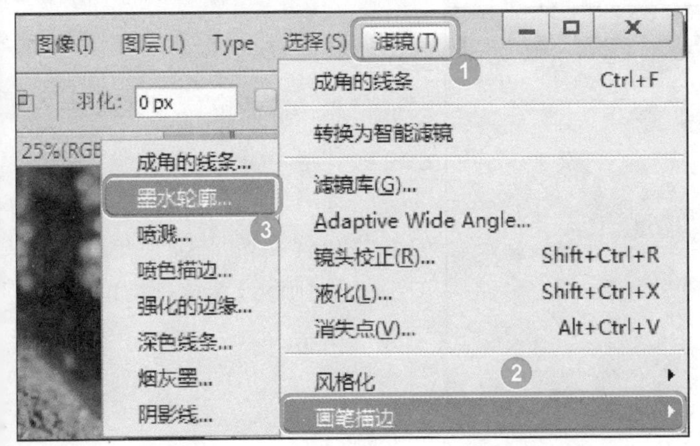

图 8-30

01 使用菜单项

No.1 单击【滤镜】主菜单。

No.2 在弹出的下拉菜单中，选择【画笔描边】菜单项。

No.3 在弹出的下拉菜单中，选择【墨水轮廓】菜单项，如图 8-30 所示。

图 8-31

02 设置墨水轮廓选项

No.1 弹出【墨水轮廓】对话框，在【描边长度】文本框中，输入图像描边的大小数值。

No.2 在【深色强度】文本框中，输入图像描边深度的数值。

No.3 单击【确定】按钮 确定 ，如图 8-31 所示。

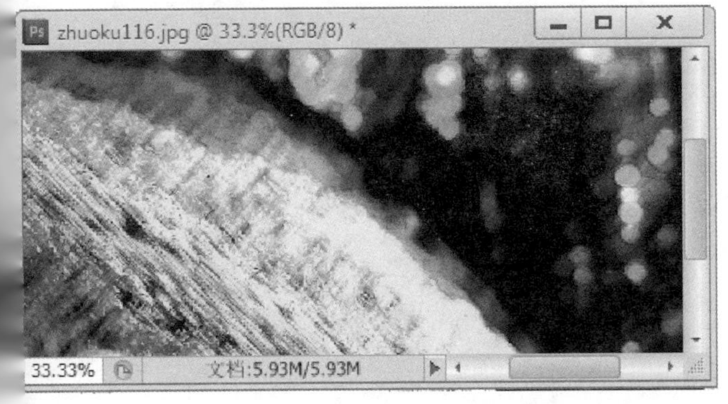

图 8-32

03 已创建滤镜效果

通过以上方法即可完成运用墨水轮廓滤镜的操作，如图 8-32 所示。

8.4.9 喷溅

在 Photoshop CS6 中，喷溅滤镜通过模拟喷枪在图像中喷溅，使图像产生笔墨喷溅的效果。下面介绍使用喷溅滤镜的方法。

图 8-33

01 使用菜单项

No.1 单击【滤镜】主菜单。

No.2 在弹出的下拉菜单中，选择【画笔描边】菜单项。

No.3 在弹出的下拉菜单中，选择【喷溅】菜单项，如图 8-33 所示。

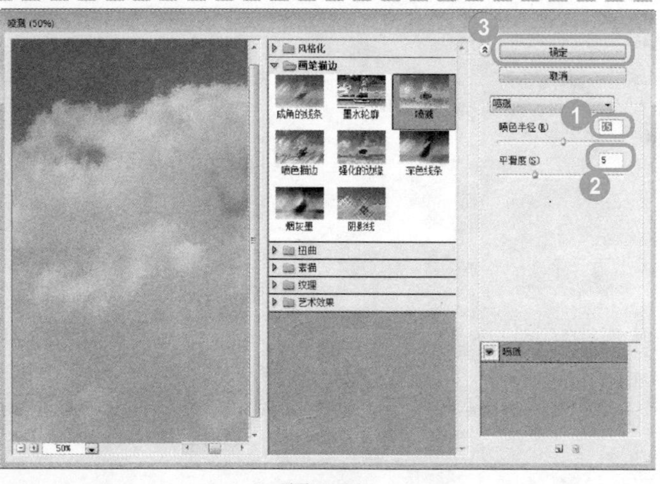

图 8-34

02 设置喷溅选项

No.1 弹出【喷溅】对话框，在【喷色半径】文本框中，输入喷色半径的值。

No.2 在【平滑度】文本框中，输入喷溅的平滑度值。

No.3 单击【确定】按钮，如图 8-34 所示。

图 8-35

03 已创建滤镜效果

通过以上方法即可完成运用喷溅滤镜的操作，如图 8-35 所示。

8.4.10 喷色描边

喷色描边滤镜通过图像的主导颜色，利用成角的线条和喷溅颜色线条绘画图像，达到斜纹飞溅的效果。下面介绍运用喷色描边滤镜的方法。

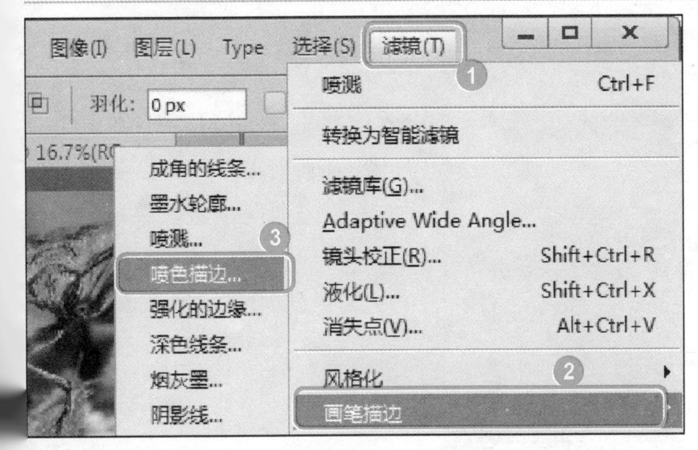

图 8-36

01 使用菜单项

No.1 单击【滤镜】主菜单。

No.2 在弹出的下拉菜单中，选择【画笔描边】菜单项。

No.3 在弹出的下拉菜单中，选择【喷色描边】菜单项，如图 8-36 所示。

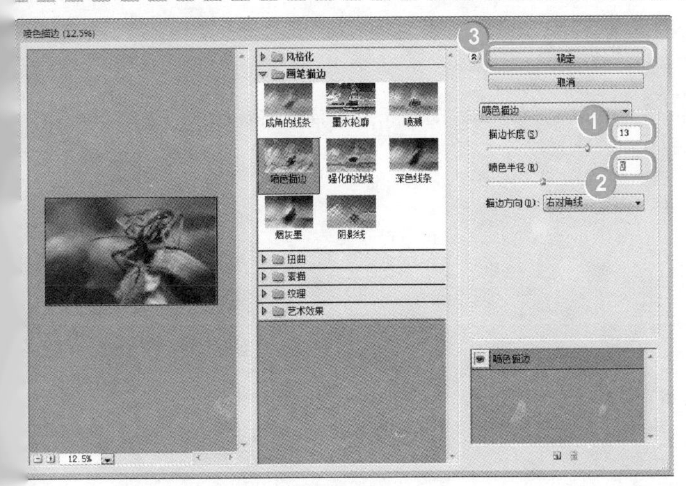

图 8-37

02 设置喷色描边选项

No.1 弹出【喷色描边】对话框，在【描边长度】文本框中，输入描边长度的数值。

No.2 在【喷色半径】文本框中，输入喷色半径的值。

No.3 单击【确定】按钮，如图 8-37 所示。

图 8-38

03 已创建滤镜效果

通过以上方法即可完成运用喷色描边滤镜的操作，如图 8-38 所示。

8.4.11 强化的边缘

强化的边缘滤镜通过设置图像的亮度值对图像的边缘进行强化，如果设置高的边缘度值，会产生白色粉笔描边的效果。下面介绍运用强化的边缘滤镜的方法。

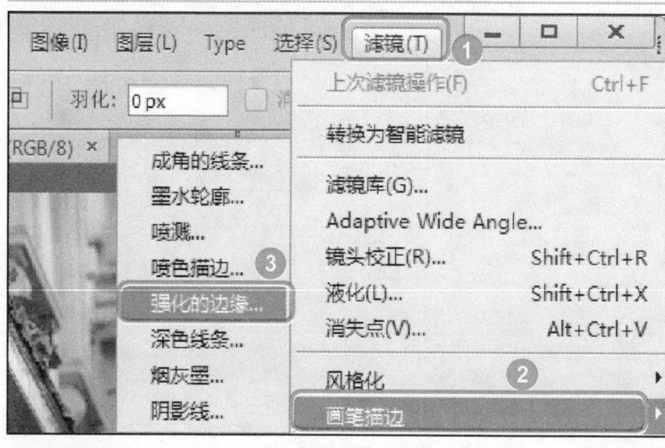

图 8-39

01 使用菜单项

No.1 单击【滤镜】主菜单。

No.2 在弹出的下拉菜单中，择【画笔描边】菜单项。

No.3 在弹出的下拉菜单中，择【强化的边缘】菜单项如图 8-39 所示。

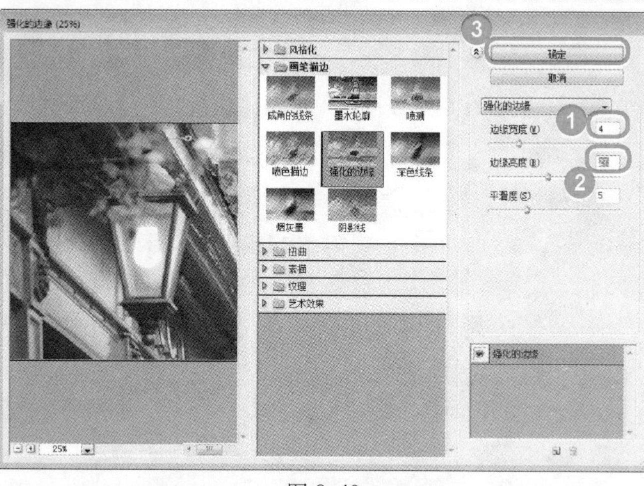

图 8-40

02 设置强化的边缘选项

No.1 弹出【强化的边缘】对话框在【边缘宽度】文本框中输入边缘宽度的数值。

No.2 在【边缘亮度】文本框中输入边缘亮度的值。

No.3 单击【确定】按钮 如图 8-40 所示。

图 8-41

03 已创建滤镜效果

通过以上方法即可完成运强化的边缘滤镜的操作，如图 8-所示。

8.4.12 阴影线

阴影线滤镜是在保留图像细节与特征的同时使用铅笔阴影线添加纹理，使得图像边缘变得粗糙。下面介绍使用阴影线滤镜的操作方法。

图 8-42

01 使用菜单项

No.1 单击【滤镜】主菜单。

No.2 在弹出的下拉菜单中，选择【画笔描边】菜单项。

No.3 在弹出的下拉菜单中，选择【阴影线】菜单项，如图 8-42 所示。

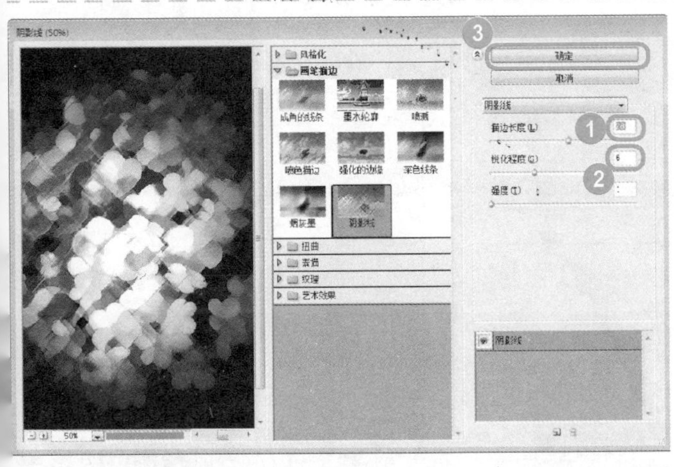

图 8-43

02 设置阴影线选项

No.1 弹出【阴影线】对话框，在【描边长度】文本框中，输入描边长度的值。

No.2 在【锐化程度】文本框中，输入图像锐化的值。

No.3 单击【确定】按钮，如图 8-43 所示。

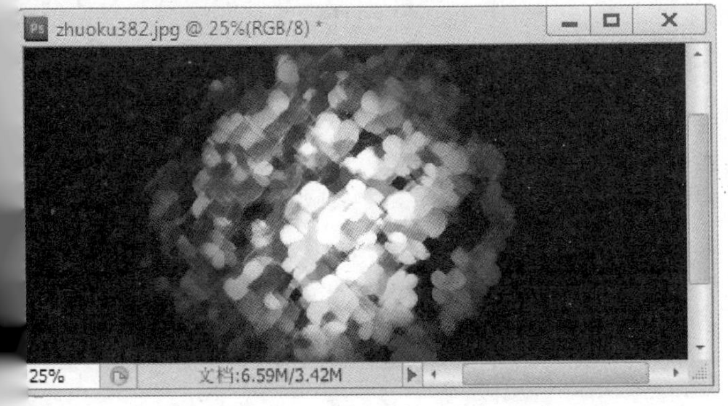

图 8-44

03 已创建滤镜效果

通过以上方法即可完成运用阴影线滤镜的操作，如图 8-44 所示。

Section

8.5 模糊与锐化

本节导读

在 Photoshop CS6 中，使用模糊滤镜，用户可以对图像进行模糊化处理，使用锐化滤镜，用户可以对图像进行锐化等特殊化处理，本节将重点介绍模糊滤镜与锐化滤镜方面的知识。

8.5.1 表面模糊

表面模糊滤镜通过保留图像边缘的模糊图像，使用该滤镜可以创建特殊的效果，消除图像中的杂色或颗粒。下面介绍使用表面模糊滤镜的方法。

图 8-45

01 使用菜单项

No.1 单击【滤镜】主菜单。

No.2 在弹出的下拉菜单中，选择【模糊】菜单项。

No.3 在弹出的下拉菜单中，选择【More Blurs】菜单项。

No.4 在弹出的下拉菜单中，选择【表面模糊】菜单项，如图 8-45 所示。

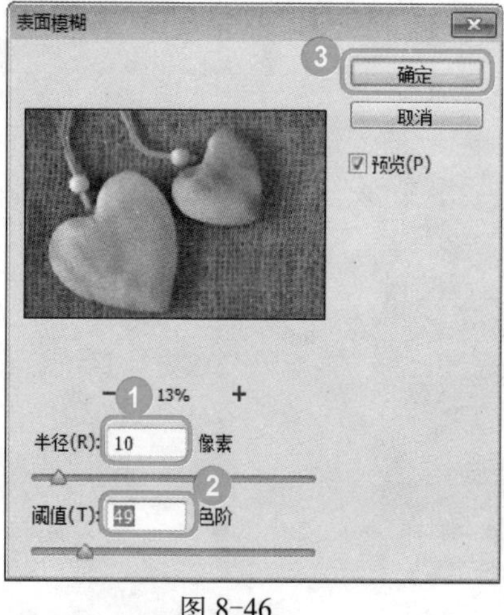

图 8-46

02 设置表面模糊选项

No.1 弹出【表面模糊】对话框，在【半径】文本框中，输入半径值。

No.2 在【阈值】文本框中，输入阈值。

No.3 单击【确定】按钮，如图 8-46 所示。

图 8-47

03 已创建滤镜效果

通过以上方法即可完成使用表面模糊滤镜的操作，如图 8-47 所示。

8.5.2 方框模糊

方框模糊滤镜使用图像中相邻像素的平均颜色模糊图像，在【方框模糊】对话框中可以设置模糊的区域范围。下面介绍使用方框模糊滤镜的方法。

图 8-48

01 使用菜单项

No.1 单击【滤镜】主菜单。

No.2 在弹出的下拉菜单中，选择【模糊】菜单项。

No.3 在弹出的下拉菜单中，选择【More Blurs】菜单。

No.4 在弹出的下拉菜单中，选择【方框模糊】菜单项，如图 8-48 所示。

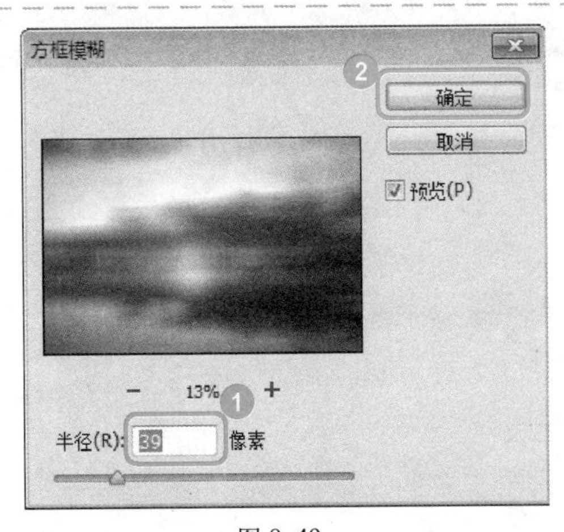

图 8-49

02 设置方框模糊选项

No.1 弹出【方框模糊】对话框，在【半径】文本框中，输入半径。

No.2 单击【确定】按钮，如图 8-49 所示。

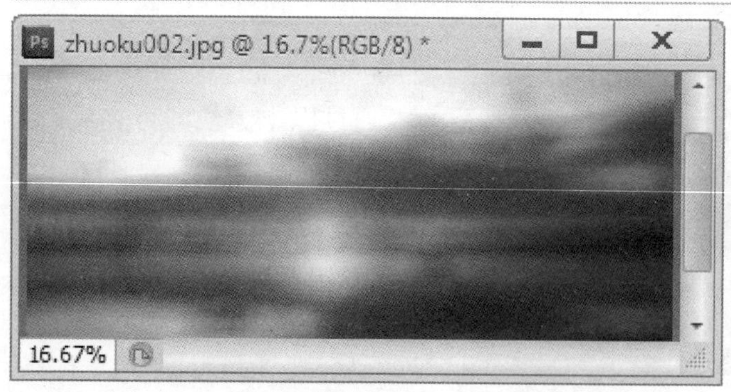

图 8-50

03 已创建滤镜效果

通过以上方法即可完成使用方框模糊滤镜的操作，如图 8-50 所示。

8.5.3 径向模糊

径向模糊滤镜通过模拟相机的缩放和旋转，从而产生模糊的效果。下面介绍使用径向模糊滤镜的方法。

图 8-51

01 使用菜单项

No.1 单击【滤镜】主菜单。

No.2 在弹出的下拉菜单中，选择【模糊】菜单项。

No.3 在弹出的下拉菜单中，选择【More Blurs】菜单。

No.4 在弹出的下拉菜单中，选择【径向模糊】菜单项，如图 8-51 所示。

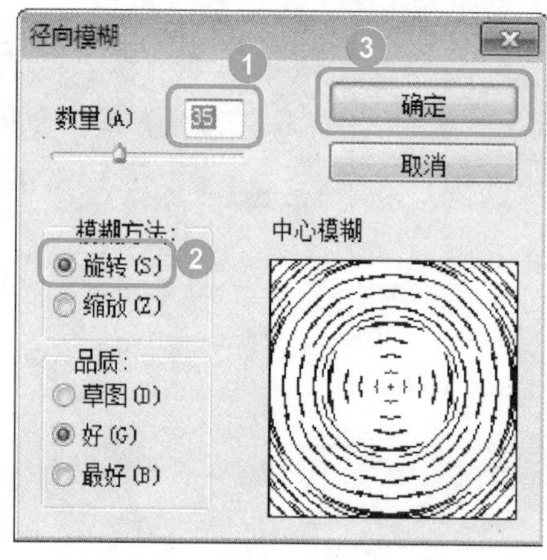

图 8-52

02 设置径向模糊选项

No.1 弹出【径向模糊】对话框，在【数量】文本框中，输入图像径向模糊的数量值。

No.2 在【模糊方法】区域中，选中【旋转】单选项。

No.3 单击【确定】按钮，如图 8-52 所示。

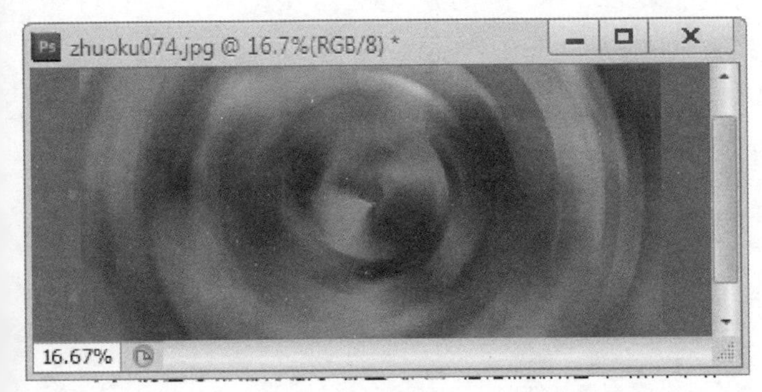

图 8-53

03 已创建滤镜效果

通过以上方法即可完成使用径向模糊滤镜的操作，如图 8-53 所示。

8.5.4 特殊模糊

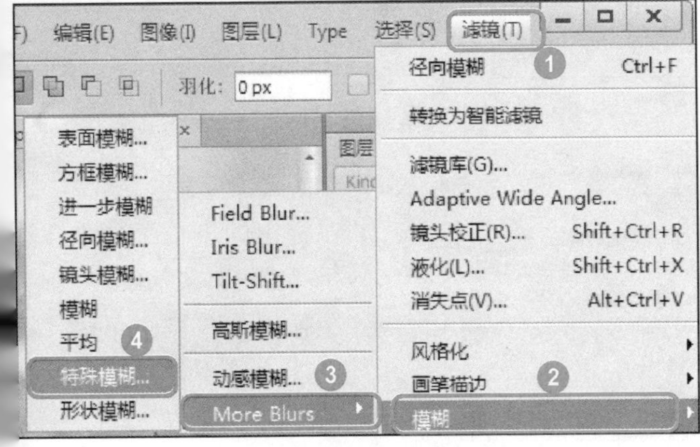

图 8-54

01 使用菜单项

No.1 单击【滤镜】主菜单。

No.2 在弹出的下拉菜单中，选择【模糊】菜单项。

No.3 在弹出的下拉菜单中，选择【More Blurs】菜单。

No.4 在弹出的下拉菜单中，选择【特殊模糊】菜单项，如图 8-54 所示。

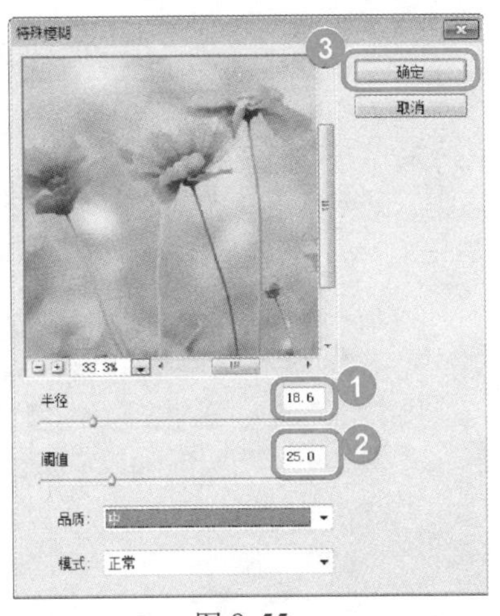

图 8-55

02 设置特殊模糊选项

No.1 弹出【特殊模糊】对话框，在【半径】文本框中，输入图像特殊模糊的半径。

No.2 在【阈值】文本框中，输入图像阈值。

No.3 单击【确定】按钮，如图 8-55 所示。

图 8-56

03 已创建滤镜效果

通过以上方法即可完成使用特殊模糊滤镜的操作，如图 8-56 所示。

8.5.5 动感模糊

图 8-57

01 使用菜单项

No.1 单击【滤镜】主菜单。

No.2 在弹出的下拉菜单中，选择【模糊】菜单项。

No.3 在弹出的下拉菜单中，选择【动感模糊】菜单，如图 8-57 所示。

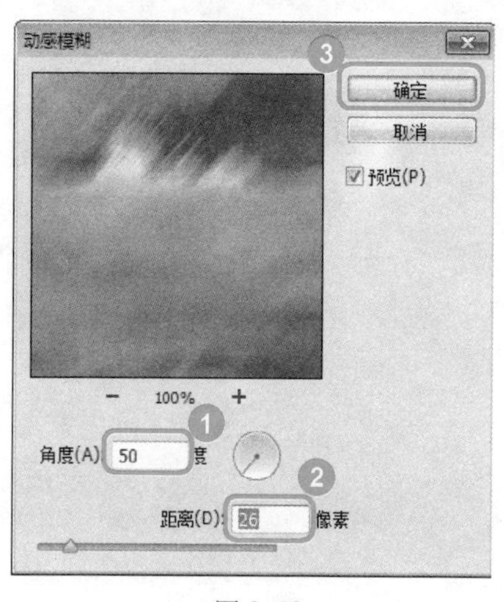

图 8-58

02 设置动感模糊选项

No.1 弹出【动感模糊】对话框，在【角度】文本框中，输入图像角度的值。

No.2 在【距离】文本框中，输入距离的数值。

No.3 单击【确定】按钮，如图 8-58 所示。

图 8-59

03 已创建滤镜效果

通过以上方法即可完成使用动感模糊滤镜的操作，如图 8-59 所示。

举一反三

动感模糊滤镜的效果类似于以固定的曝光时间给一个移动的对象拍照。

教你一招

动感模糊参数的设置

在 Photoshop CS6 中，在【动感模糊】对话框中，在【角度】文本框中可以输入准备设置的动感模糊角度值，或调节指针调整模糊角度。在【距离】文本框中可以输入像素移动的距离，或调节滑块调整模糊距离。

8.5.6 高斯模糊

在 Photoshop CS6 中，高斯模糊滤镜通过在图像中添加一些细节，使图像产生朦胧的感觉。下面介绍使用高斯模糊滤镜的方法。

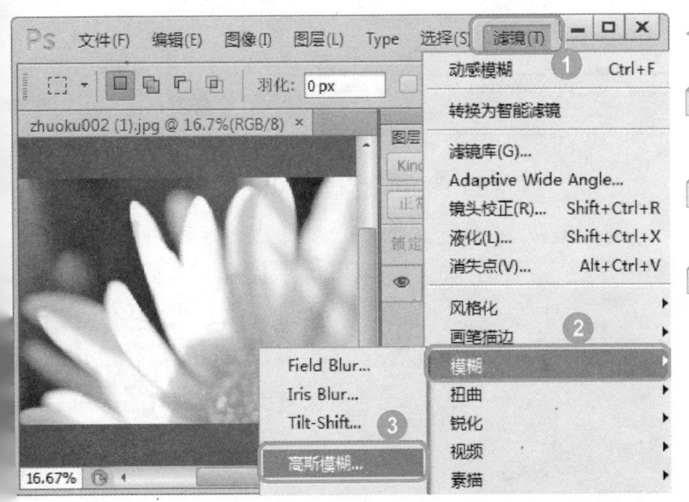

图 8-60

01 使用菜单项

No.1 打开图像文件后，单击【滤镜】主菜单。

No.2 在弹出的下拉菜单中，选择【模糊】菜单项。

No.3 在弹出的下拉菜单中，选择【高斯模糊】菜单，如图 8-60 所示。

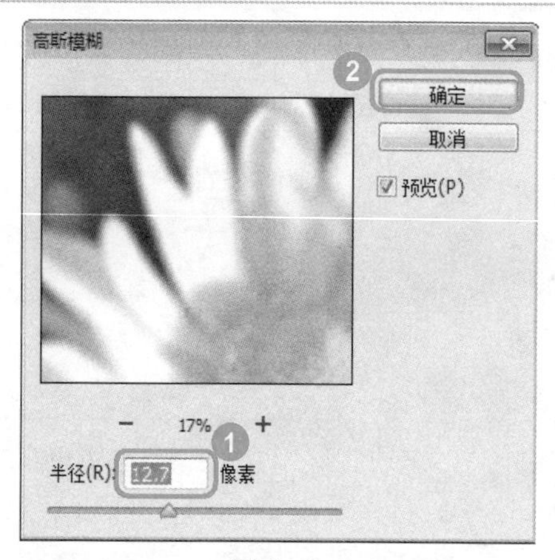

图 8-61

02 设置高斯模糊选项

No.1 弹出【高斯模糊】对话框，在【半径】文本框中，输入图像模糊半径的数值。

No.2 单击【确定】按钮，如图 8-61 所示。

图 8-62

03 已创建滤镜效果

通过以上方法即可完成使用高斯模糊滤镜的操作，如图 8-62 所示。

8.5.7 USM 锐化

在 Photoshop CS6 中，USM 锐化滤镜可以调整边缘细节的对比度。下面介绍运用 USM 锐化滤镜的方法。

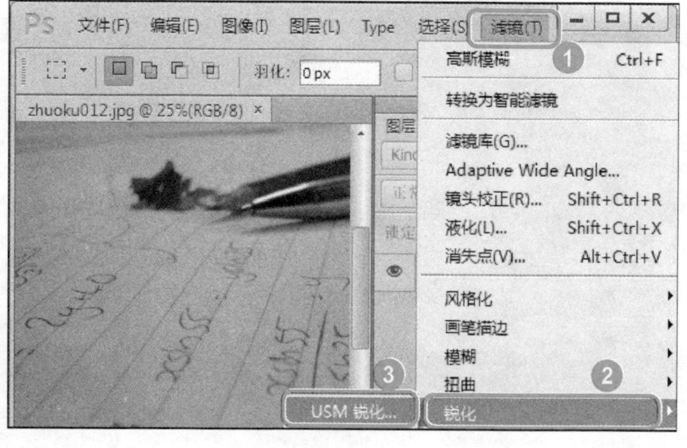

图 8-63

01 使用菜单项

No.1 打开图像文件后，单击【滤镜】主菜单。

No.2 在弹出的下拉菜单中，选择【锐化】菜单项。

No.3 在弹出的下拉菜单中，选择【USM 锐化】菜单，如图 8-63 所示。

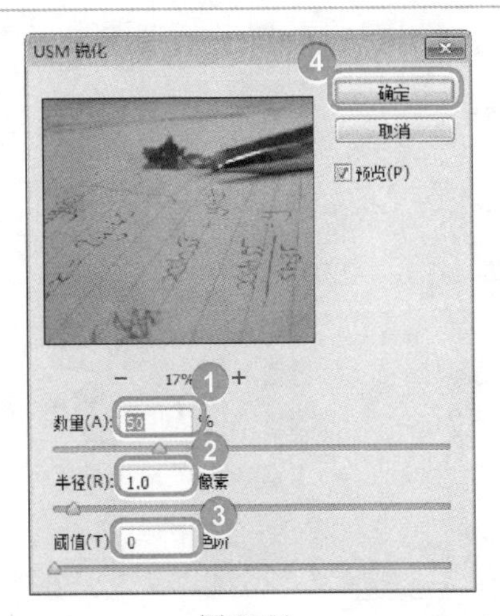

图 8-64

02 设置 USM 锐化选项

No.1 弹出【USM 锐化】对话框，在【数量】文本框中，输入图像锐化的数量值。

No.2 在【半径】文本框中，输入图像锐化的半径数值。

No.3 在【阈值】文本框中，输入图像锐化的阈值。

No.4 单击【确定】按钮，如图 8-64 所示。

图 8-65

03 已创建滤镜效果

通过以上方法即可完成使用 USM 锐化滤镜的操作，如图 8-65 所示。

8.5.8 智能锐化

在 Photoshop CS6 中，智能锐化滤镜可以设置锐化的计算方法，或控制锐化的区域，如阴影和高光区等。下面介绍使用智能锐化滤镜的方法。

图 8-66

01 使用菜单项

No.1 打开图像文件后，单击【滤镜】主菜单。

No.2 在弹出的下拉菜单中，选择【锐化】菜单项。

No.3 在弹出的下拉菜单中，选择【智能锐化】菜单，如图 8-66 所示。

图 8-67

02 设置智能锐化选项

No.1 弹出【智能锐化】对话框，在【数量】文本框中，输入图像锐化的数量值。

No.2 在【半径】文本框中，输入图像锐化的半径数值。

No.3 在【移去】下拉列表框中，选择【高斯模糊】选项。

No.4 单击【确定】按钮，如图 8-67 所示。

图 8-68

03 已创建滤镜效果

通过以上方法即可完成使用智能锐化滤镜的操作，如图 8-68 所示。

教你一招

锐化图像的小技巧

从锐化角度来说，图像有高频图像与低频图像之分。另外同一幅图像也有高频区域和低频区域之分。一般来说，低频图像不需要过多的锐化，而高频图像则需要适当的锐化才能清晰和凸显细节。

Section 8.6 扭曲与素描

本节导读

在 Photoshop CS6 中，使用扭曲滤镜，用户可以对图像进行扭曲化处理；使用素描滤镜，用户可以对图像进行素描等特殊化处理。本节将重点介绍扭曲滤镜与素描滤镜方面的知识。

8.6.1 波浪

波浪滤镜通过设置生成器数、波长、波幅和比例等参数，在图像中创建波状起伏的图案。下面介绍使用波浪滤镜的方法。

图 8-69

01 使用菜单项

No.1 打开图像文件后，单击【滤镜】主菜单。

No.2 在弹出的下拉菜单中，选择【扭曲】菜单项。

No.3 在弹出的下拉菜单中，选择【波浪】菜单，如图 8-69 所示。

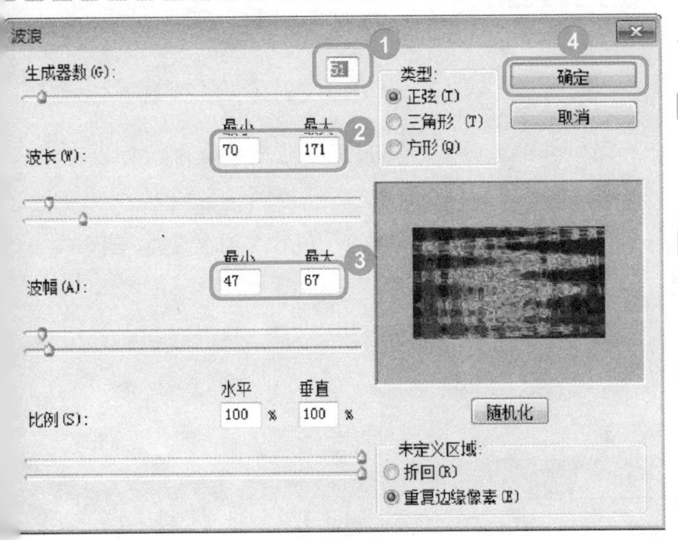

图 8-70

02 设置波浪选项

No.1 弹出【波浪】对话框，在【生成器数】文本框中，输入数值。

No.2 在【波长】区域中，输入图像波长的最大值与最小值。

No.3 在【波幅】区域中，输入图像波幅的最大值与最小值。

No.4 单击【确定】按钮，如图 8-70 所示。

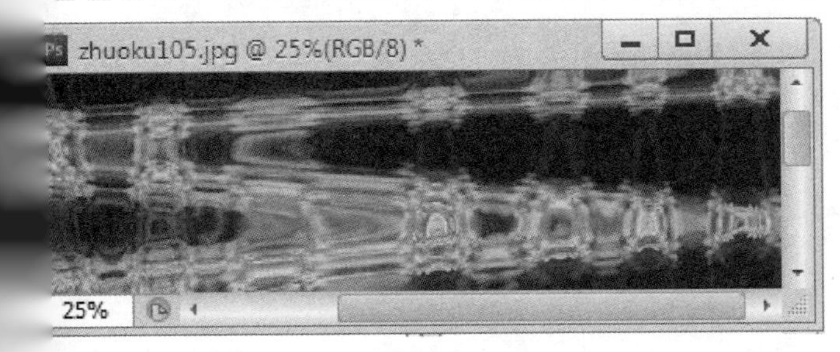

图 8-71

03 已创建滤镜效果

通过以上方法即可完成使用波浪滤镜的操作，如图 8-71 所示。

8.6.2 波纹

波纹滤镜同波浪滤镜功能相同，但其仅可以控制波纹的数量和大小。下面介绍使用波纹滤镜的方法。

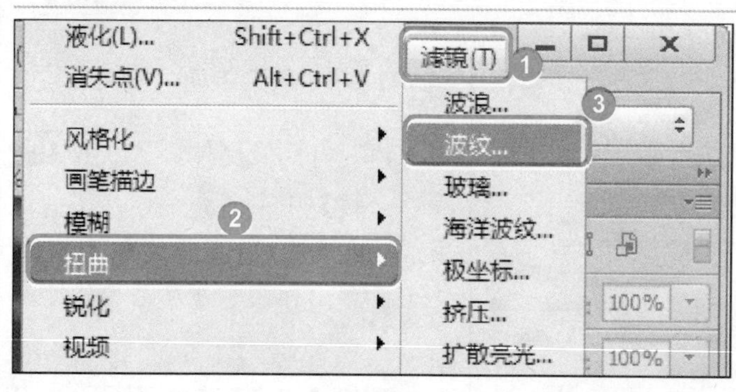

图 8-72

01 使用菜单项

No.1 打开图像文件后，单击【滤镜】主菜单。

No.2 在弹出的下拉菜单中，选择【扭曲】菜单项。

No.3 在弹出的下拉菜单中，选择【波纹】菜单，如图 8-72 所示。

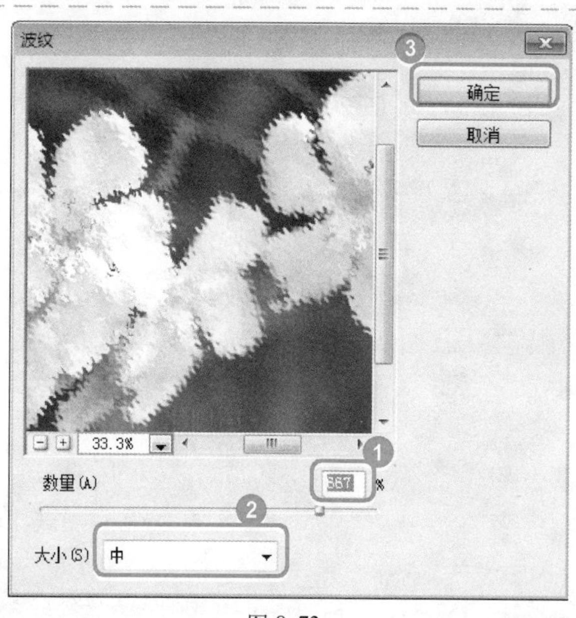

图 8-73

02 设置波纹选项

No.1 弹出【波纹】对话框，在【数量】文本框中，输入波纹的数量值。

No.2 在【大小】下拉列表框中，选择【中】选项。

No.3 单击【确定】按钮，如图 8-73 所示。

图 8-74

03 已创建滤镜效果

通过以上方法即可完成使用波纹滤镜的操作，如图 8-74 所示

8.6.3 玻璃

玻璃滤镜通过制作细小的纹理，模拟透过不同类型玻璃观看图像的效果。下面介绍运用玻璃滤镜的方法。

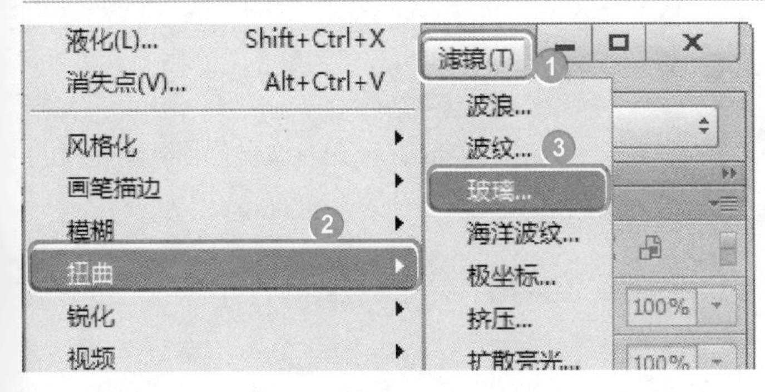

图 8-75

01 使用菜单项

No.1 打开图像文件后，单击【滤镜】主菜单。

No.2 在弹出的下拉菜单中，选择【扭曲】菜单项。

No.3 在弹出的下拉菜单中，选择【玻璃】菜单，如图 8-75 所示。

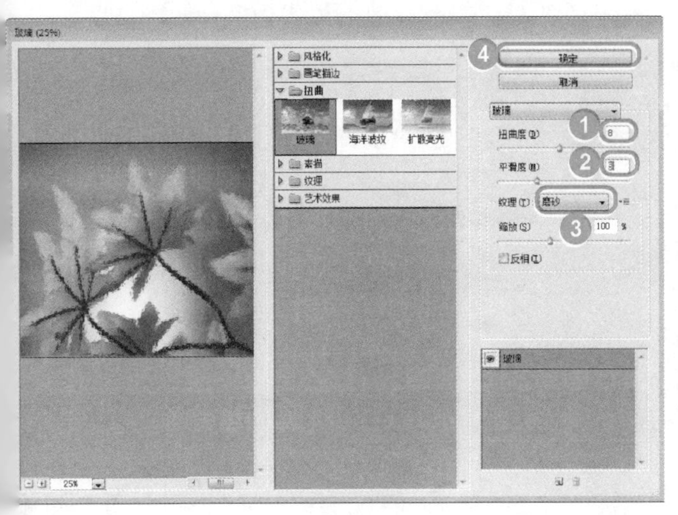

图 8-76

02 设置玻璃选项

No.1 弹出【玻璃】对话框，在【扭曲度】文本框中，输入图像扭曲的数值。

No.2 在【平滑度】文本框中，输入图像平滑度的数量值。

No.3 在【纹理】下拉列表框中，选择【磨砂】选项。

No.4 单击【确定】按钮 确定 ，如图 8-76 所示。

图 8-77

03 已创建滤镜效果

通过以上方法即可完成使用玻璃滤镜的操作，如图 8-77 所示。

8.6.4 极坐标

在 Photoshop CS6 中，极坐标滤镜包括【平面坐标到极坐标】与【极坐标到平面坐标】两种特殊效果。使用极坐标滤镜，用户可以创建曲面扭曲的效果。下面介绍使用极坐标滤镜的方法。

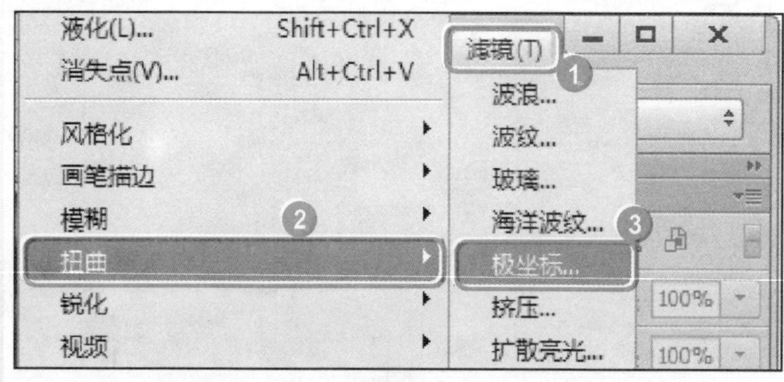

图 8-78

01 使用菜单项

No.1 打开图像文件后，单击【滤镜】主菜单。

No.2 在弹出的下拉菜单中，选择【扭曲】菜单项。

No.3 在弹出的下拉菜单中，选择【极坐标】菜单，如图 8-78 所示。

图 8-79

02 设置极坐标选项

No.1 弹出【极坐标】对话框，选中【平面坐标到极坐标】单选项。

No.2 单击【确定】按钮，如图 8-79 所示。

举一反三

平面坐标到极坐标的变化，可认为是顶边下凹，底边和两侧边上翻的过程。

图 8-80

03 已创建滤镜效果

通过以上方法即可完成使用极坐标滤镜的操作，如图 8-80 所示。

8.6.5 挤压

挤压滤镜是将图像或选区中的内容向外或向内挤压，使图像产生向外凸出或向内凹陷的效果。下面介绍运用挤压滤镜的方法。

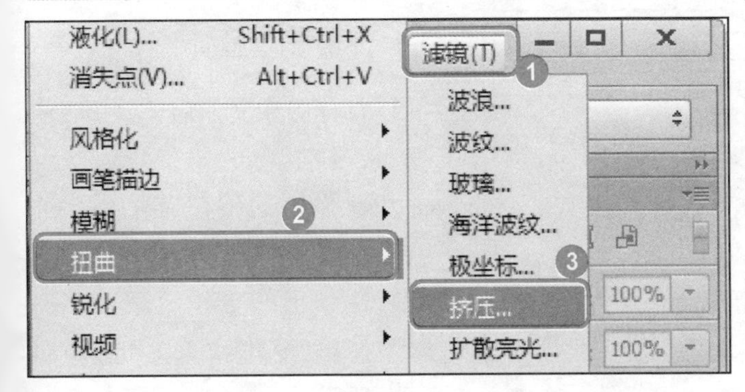

图 8-81

01 使用菜单项

No.1 打开图像文件后，单击【滤镜】主菜单。

No.2 在弹出的下拉菜单中，选择【扭曲】菜单项。

No.3 在弹出的下拉菜单中，选择【挤压】菜单项，如图 8-81 所示。

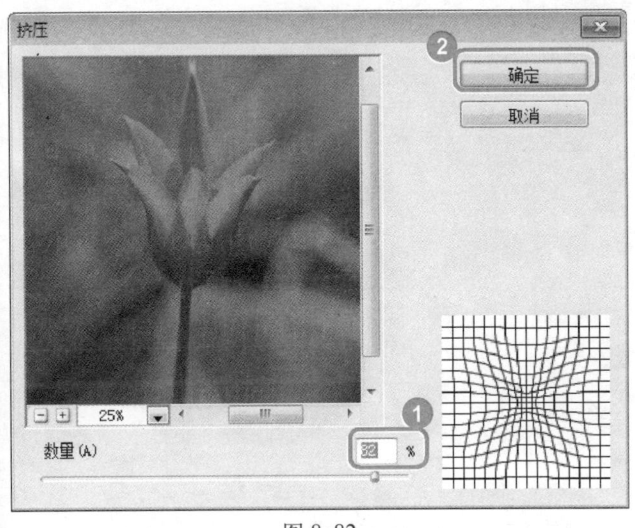

图 8-82

02 设置挤压选项

No.1 弹出【挤压】对话框，在【数量】文本框中，输入图像挤压的数值。

No.2 单击【确定】按钮，如图 8-82 所示。

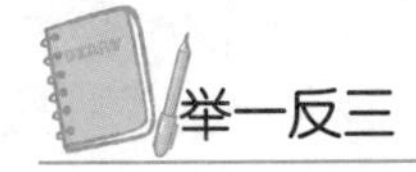

举一反三

在【挤压】对话框中，数量值越大，挤压的效果就越强。

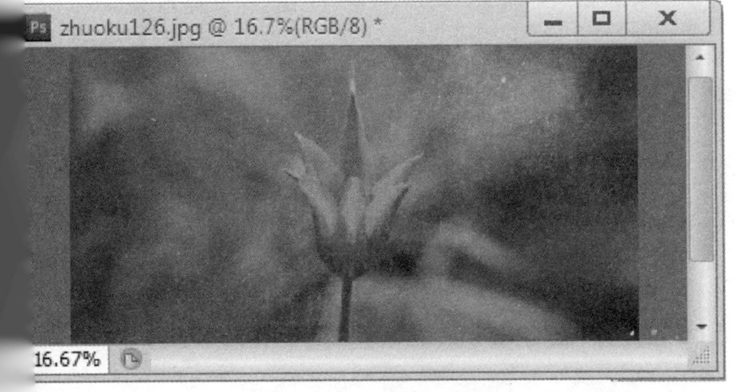

图 8-83

03 已创建滤镜效果

通过以上方法即可完成使用挤压滤镜的操作，如图 8-83 所示。

8.6.6 切变

在 Photoshop CS6 中，切变滤镜可以按照用户自己的想法设定图像的扭曲程度，下面介绍运用切变滤镜的方法。

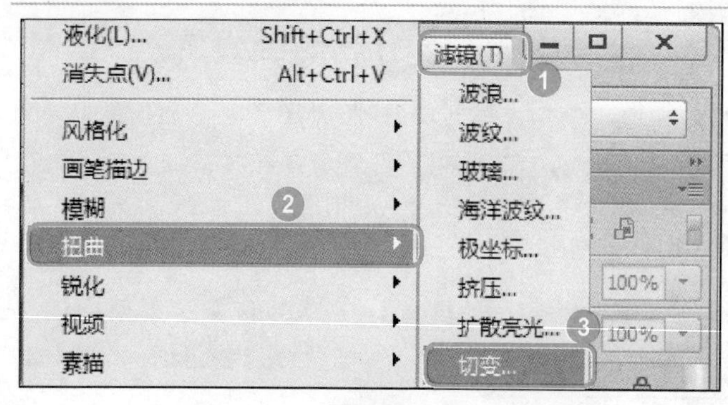

图 8-84

01 使用菜单项

No.1 打开图像文件后，单击【滤镜】主菜单。

No.2 在弹出的下拉菜单中，选择【扭曲】菜单项。

No.3 在弹出的下拉菜单中，选择【切变】菜单项，如图 8-84 所示。

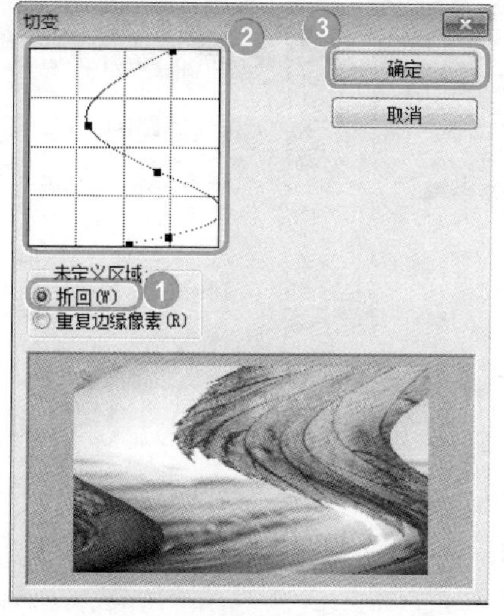

图 8-85

02 设置切变选项

No.1 弹出【切变】对话框，选中【折回】单选项。

No.2 在【切变】区域，设置图像切变的折点。

No.3 单击【确定】按钮，如图 8-85 所示。

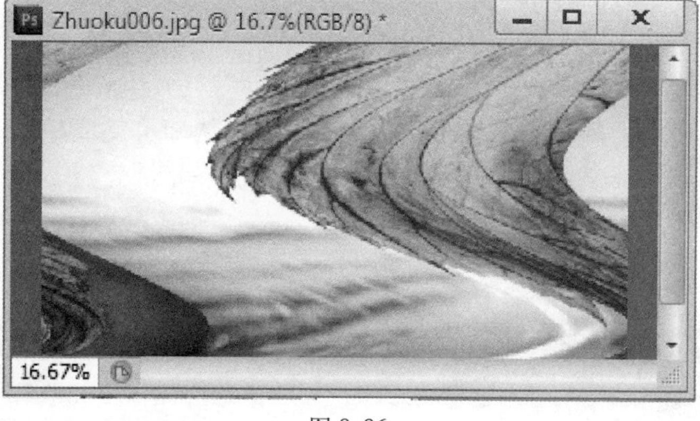

图 8-86

03 已创建滤镜效果

通过以上方法即可完成使用切变滤镜的操作，如图 8-86 所示。

8.6.7 半调图案

在 Photoshop CS6 中，半调图案滤镜是在保持连续色调范围的情况下，形成半调网屏的效果。下面介绍运用半调图案滤镜的方法。

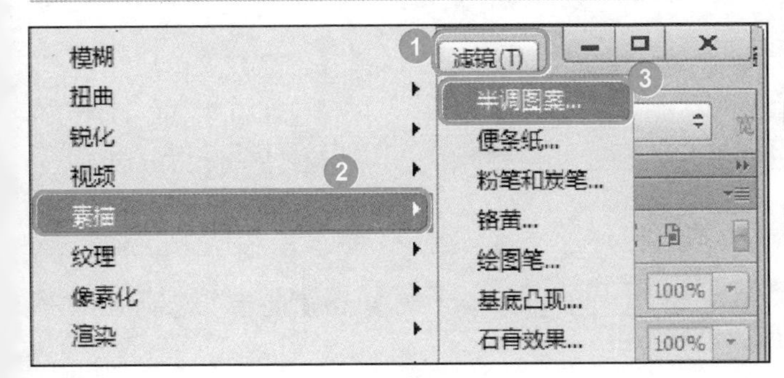

图 8-87

01 使用菜单项

No.1 打开图像文件后，单击【滤镜】主菜单。

No.2 在弹出的下拉菜单中，选择【素描】菜单项。

No.3 在弹出的下拉菜单中，选择【半调图案】菜单项，如图 8-87 所示。

图 8-88

02 设置半调图案选项

No.1 弹出【半调图案】对话框，在【大小】文本框中，输入半调图案的大小数值。

No.2 在【对比度】文本框中，输入半调图案的对比度数值。

No.3 单击【确定】按钮，如图 8-88 所示。

图 8-89

03 已创建滤镜效果

通过以上方法即可完成使用半调图案滤镜的操作，如图 8-89 所示。

8.6.8 便条纸

在 Photoshop CS6 中，便条纸滤镜可以简化图像，形成类似手工制作的纸张图像，下面介绍运用便条纸滤镜的方法。

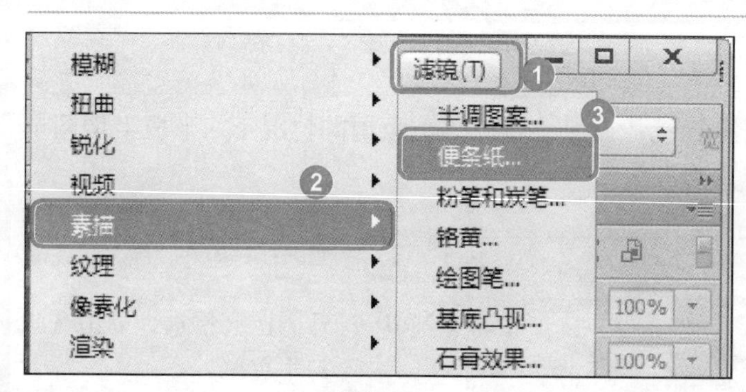

图 8-90

01 使用菜单项

No.1 打开图像文件后，单击【滤镜】主菜单。

No.2 在弹出的下拉菜单中，选择【素描】菜单项。

No.3 在弹出的下拉菜单中，选择【便条纸】菜单项，如图 8-90 所示。

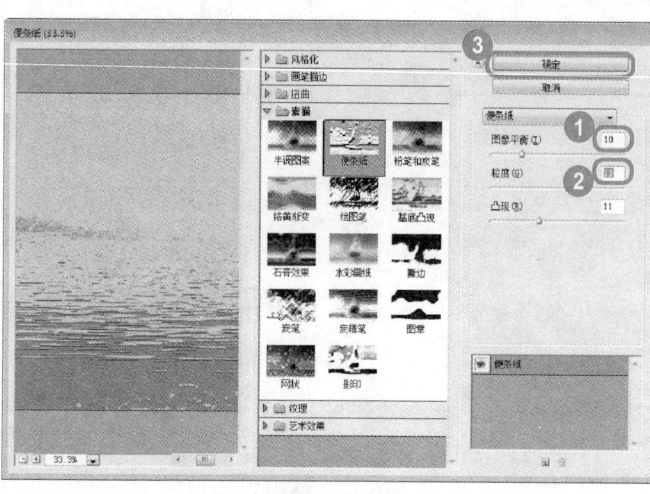

图 8-91

02 设置便条纸选项

No.1 弹出【便条纸】对话框，在【图像平衡】文本框中，输入图像平衡的数值。

No.2 在【粒度】文本框中，输入粒度的数值。

No.3 单击【确定】按钮，如图 8-91 所示。

图 8-92

03 已创建滤镜效果

通过以上方法即可完成使用便条纸滤镜的操作，如图 8-92 所示。

8.6.9 水彩画纸

水彩画纸滤镜是利用有污点的像画在潮湿的纤维纸上的涂抹，以制作颜色流动并混合的特殊艺术效果。下面介绍运用水彩画纸滤镜的方法。

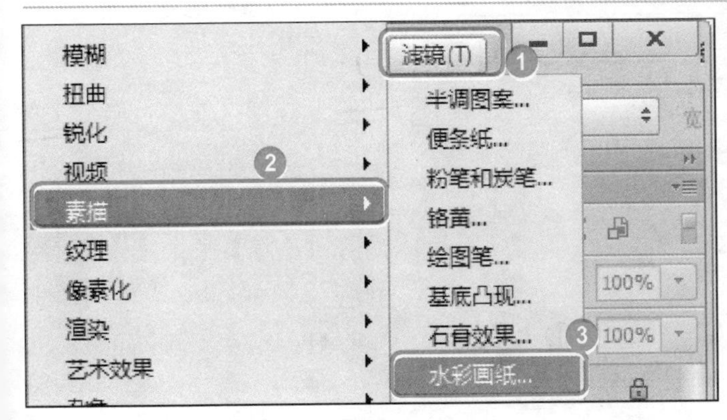

图 8-93

01 使用菜单项

No.1 打开图像文件后，单击【滤镜】主菜单。

No.2 在弹出的下拉菜单中，选择【素描】菜单项。

No.3 在弹出的下拉菜单中，选择【水彩画纸】菜单项，如图 8-93 所示。

图 8-94

02 设置水彩画纸选项

No.1 弹出【水彩画纸】对话框，在【纤维长度】文本框中，输入纤维长度的数值。

No.2 在【亮度】文本框中，输入亮度的值。

No.3 单击【确定】按钮，如图 8-94 所示。

图 8-95

03 已创建滤镜效果

通过以上方法即可完成使用水彩画纸滤镜的操作，如图 8-95 所示。

8.6.10 网状

网状滤镜通过模拟胶片乳胶的可控收缩和扭曲来创建图像，使图像在阴影部分呈现结块状，在高光部分呈现轻微颗粒化效果。下面介绍运用网状滤镜的方法。

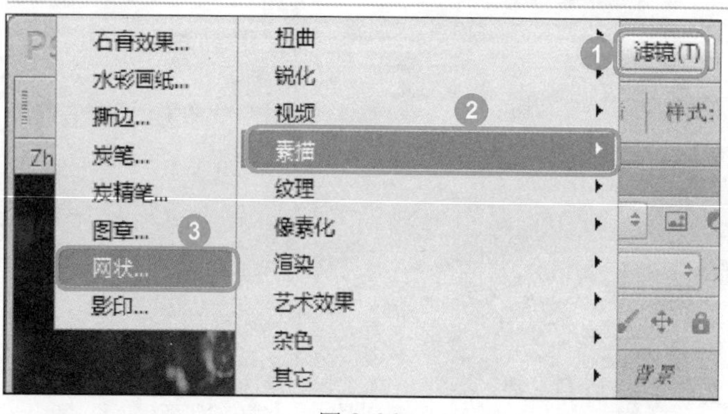

图 8-96

01 使用菜单项

No.1 打开图像文件后，单击【滤镜】主菜单。

No.2 在弹出的下拉菜单中，选择【素描】菜单项。

No.3 在弹出的下拉菜单中，选择【网状】菜单项，如图 8-96 所示。

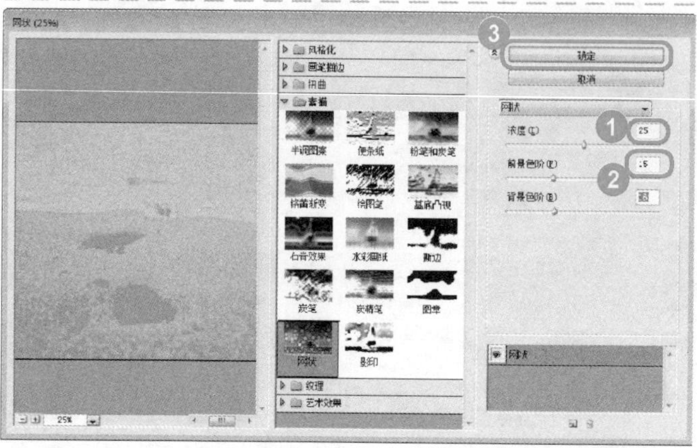

图 8-97

02 设置网状选项

No.1 弹出【网状】对话框，在【浓度】文本框中，输入图像浓度的数值。

No.2 在【前景色阶】文本框中，输入前景色阶的数值。

No.3 单击【确定】按钮，如图 8-97 所示。

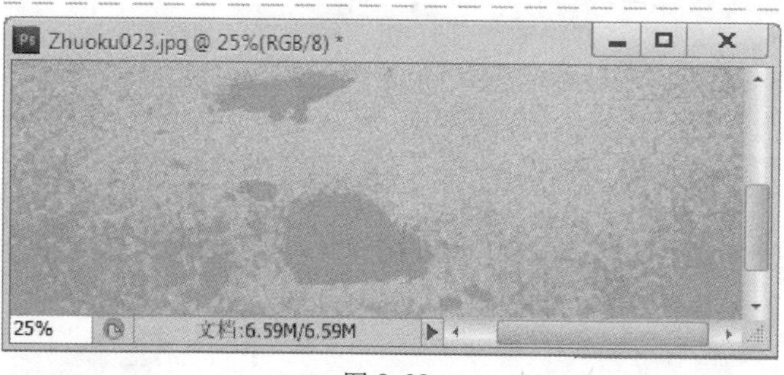

图 8-98

03 已创建滤镜效果

通过以上方法即可完成使用网状滤镜的操作，如图 8-98 所示。

Section 8.7 纹理与像素化

本节导读

在 Photoshop CS6 中，使用纹理滤镜，用户可以对图像进行纹理化的处理，使用像素化滤镜，用户可以对图像的像素进行特殊化的处理，本节将重点介绍纹理滤镜与像素化滤镜方面的知识。

8.7.1 龟裂缝

龟裂缝滤镜通过将图像绘制在一个高凸现的石膏上，以便形成精细的网状裂缝。可以使用该滤镜创建浮雕效果，下面介绍运用龟裂缝滤镜的方法。

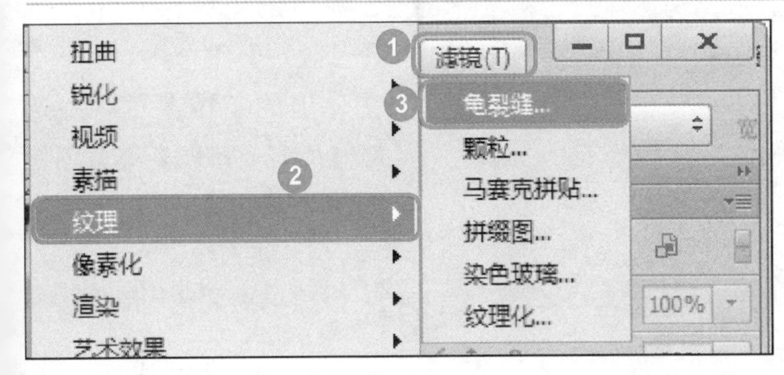

图 8-99

01 使用菜单项

No.1 打开图像文件后，单击【滤镜】主菜单。

No.2 在弹出的下拉菜单中，选择【纹理】菜单项。

No.3 在弹出的下拉菜单中，选择【龟裂缝】菜单项，如图 8-99 所示。

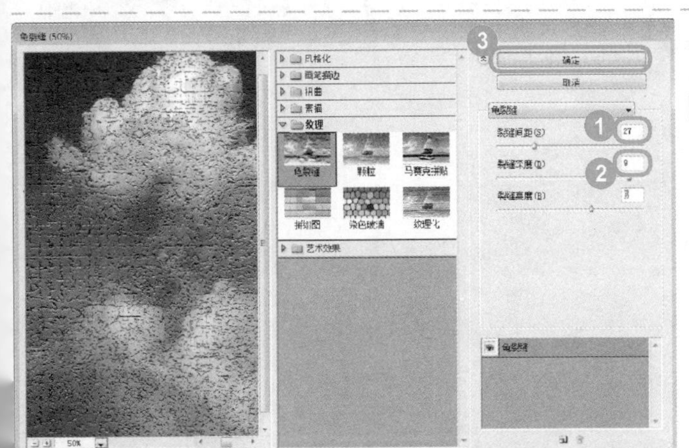

图 8-100

02 设置龟裂缝选项

No.1 弹出【龟裂缝】对话框，在【裂缝间距】文本框中，输入裂缝间距的数值。

No.2 在【裂缝深度】文本框中，输入裂缝深度的数值。

No.3 单击【确定】按钮，如图 8-100 所示。

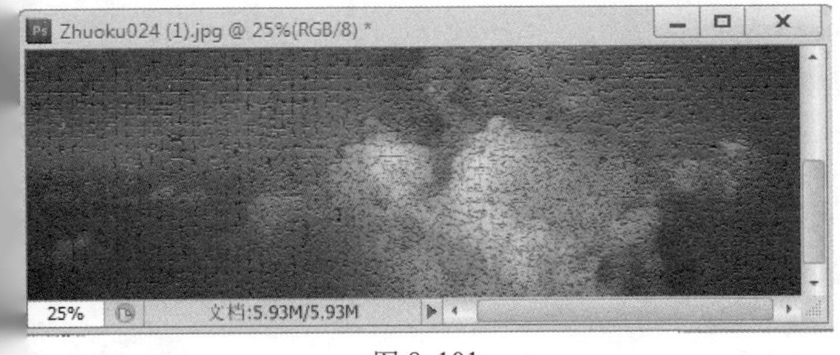

图 8-101

03 已创建滤镜效果

通过以上方法即可完成使用龟裂缝滤镜的操作，如图 8-101 所示。

8.7.2 马赛克拼贴

马赛克拼贴滤镜通过渲染图像，形成类似由小的碎片拼贴图像的效果，并加深拼贴的缝隙。下面介绍运用马赛克拼贴滤镜的方法。

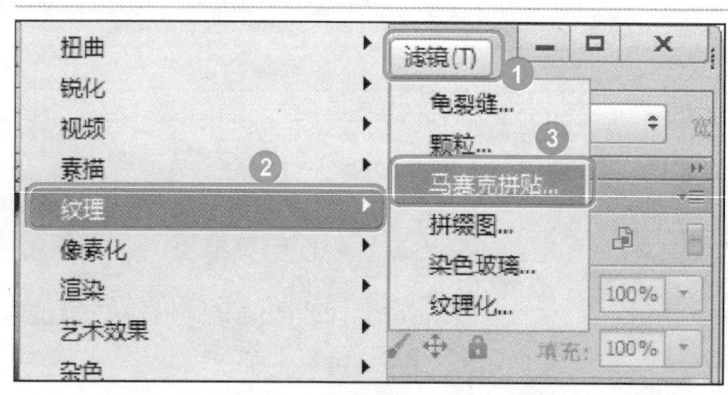

图 8-102

01 使用菜单项

No.1 打开图像文件后，单击【滤镜】主菜单。

No.2 在弹出的下拉菜单中，选择【纹理】菜单项。

No.3 在弹出的下拉菜单中，选择【马赛克拼贴】菜单项，如图 8-102 所示。

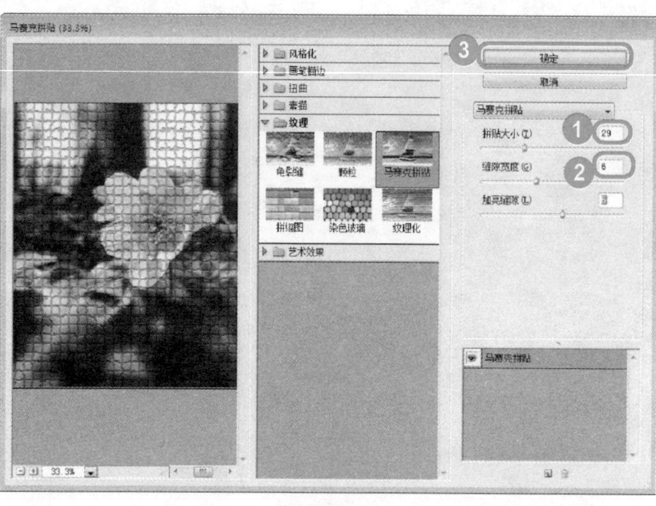

图 8-103

02 设置马赛克拼贴选项

No.1 弹出【马赛克拼贴】对话框，在【拼贴大小】文本框中，输入拼贴的大小数值。

No.2 在【缝隙宽度】文本框中，输入缝隙宽度的数值。

No.3 单击【确定】按钮，如图 8-103 所示。

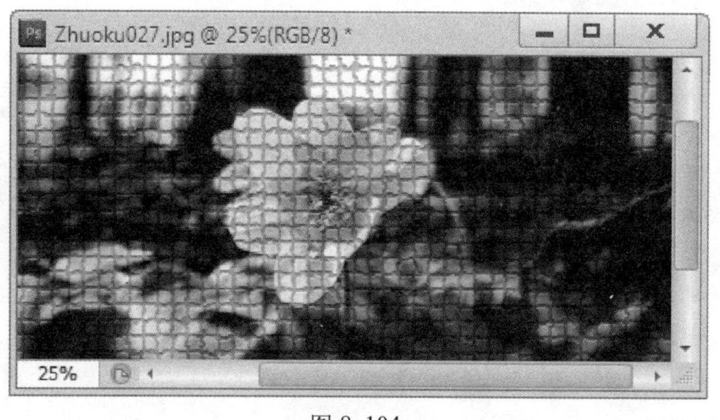

图 8-104

03 已创建滤镜效果

通过以上方法即可完成使用马赛克拼贴滤镜的操作，如图 8-104 所示。

8.7.3 染色玻璃

染色玻璃滤镜通过单色相邻的单元格绘制图像，并使用前景色填充单元格的缝隙。下面介绍运用染色玻璃滤镜的方法。

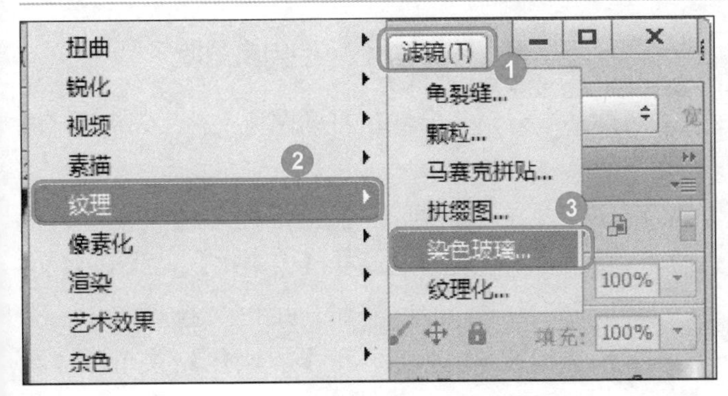

图 8-105

01 使用菜单项

No.1 打开图像文件后，单击【滤镜】主菜单。

No.2 在弹出的下拉菜单中，选择【纹理】菜单项。

No.3 在弹出的下拉菜单中，选择【染色玻璃】菜单项，如图 8-105 所示。

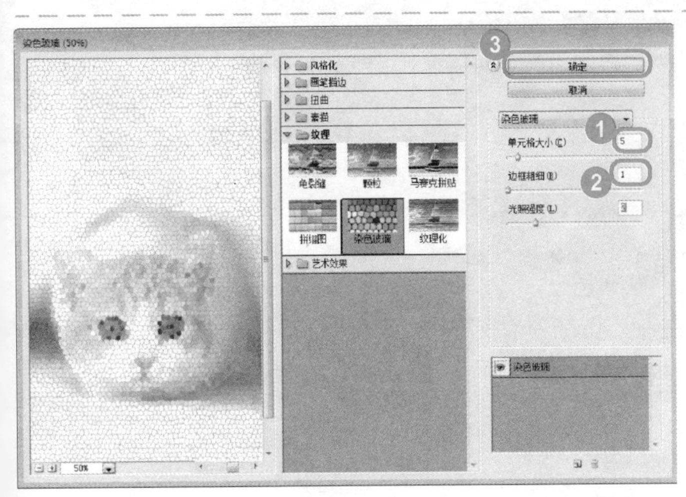

图 8-106

02 设置染色玻璃选项

No.1 弹出【染色玻璃】对话框，在【单元格大小】文本框中，输入染色玻璃的单元格大小值。

No.2 在【边框粗细】文本框中，输入染色玻璃边框粗细的数值。

No.3 单击【确定】按钮，如图 8-106 所示。

图 8-107

03 已创建滤镜效果

通过以上方法即可完成使用染色玻璃滤镜的操作，如图 8-107 所示。

8.7.4 彩块化

彩块化滤镜通过使用纯色或颜色相近的像素结成块，使图像看上去类似手绘制的效果。下面介绍运用彩块化滤镜的方法。

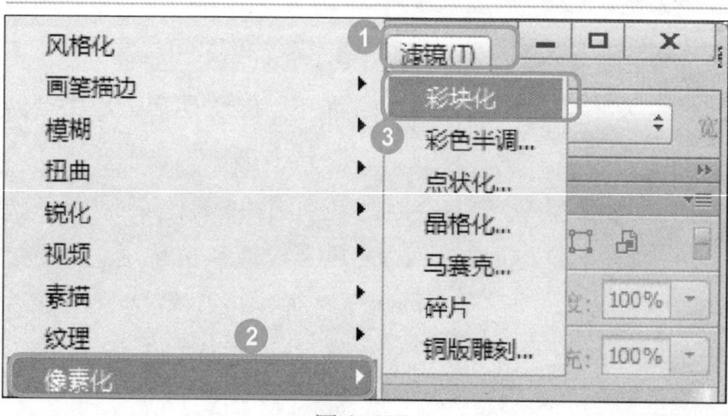

图 8-108

01 使用菜单项

No.1 打开图像文件后，单击【滤镜】主菜单。

No.2 在弹出的下拉菜单中，选择【像素化】菜单项。

No.3 在弹出的下拉菜单中，选择【彩块化】菜单项，如图 8-108 所示。

图 8-109

02 已创建滤镜效果

通过以上方法即可完成使用彩块化滤镜的操作，如图 8-109 所示。

8.7.5 彩色半调

彩色半调滤镜通过设置通道划分矩形区域，使图像形成网点状效果，高光部分的网点较小，阴影部分的网点较大。下面介绍运用彩色半调滤镜的方法。

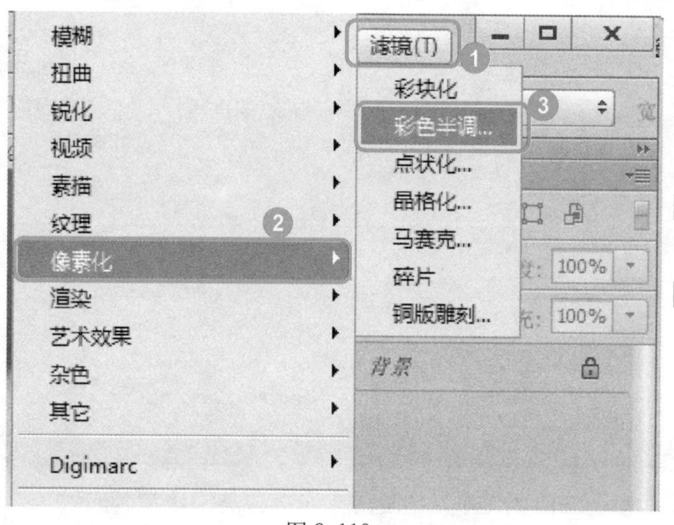

图 8-110

01 使用菜单项

No.1 打开图像文件后，单击【滤镜】主菜单。

No.2 在弹出的下拉菜单中，选择【像素化】菜单项。

No.3 在弹出的下拉菜单中，选择【彩色半调】菜单项，如图 8-110 所示。

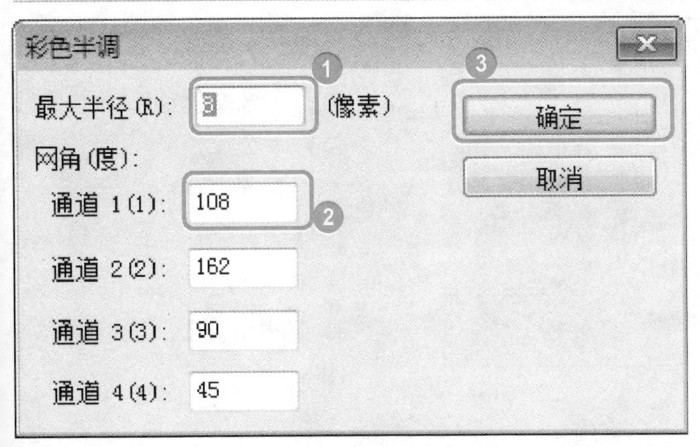

图 8-111

02 设置彩色半调选项

No.1 弹出【彩色半调】对话框，在【最大半径】文本框中，输入彩色半调的数值。

No.2 在【通道 1】文本框中，输入通道 1 的数值。

No.3 单击【确定】按钮，如图 8-111 所示。

图 8-112

03 已创建滤镜效果

通过以上方法即可完成使用彩色半调滤镜的操作，如图 8-112 所示。

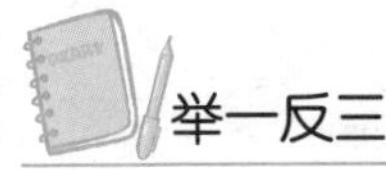

举一反三

彩色半调滤镜中【最大半径】，通俗的说就是圆点的大小。取值范围为“4”到“127”之间。半径值越小，半调图案中的圆点就越小、越多。

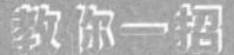

教你一招

彩色半调的小技巧

在 Photoshop CS6 中，在【彩色半调】对话框中，【最大半径】的功能是设置图像中最大网点的半径。【网角（度）】功能是设置图像中原色通道的网点角度，如果图像为灰度模式，仅能使用通道 1；图像为 RGB 模式，可以使用 3 个通道。

8.7.6 晶格化

晶格化滤镜通过将图像中相近像素集中到多边形色块中，产生结晶颗粒的效果，下面介绍运用晶格化滤镜的方法。

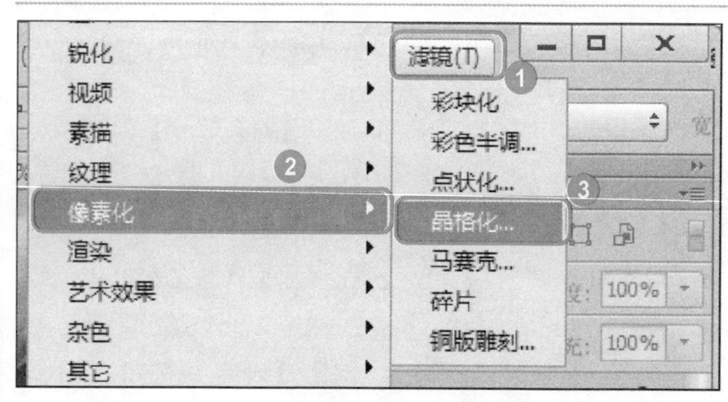

图 8-113

01 使用菜单项

No.1 打开图像文件后，单击【滤镜】主菜单。

No.2 在弹出的下拉菜单中，选择【像素化】菜单项。

No.3 在弹出的下拉菜单中，选择【晶格化】菜单项，如图 8-113 所示。

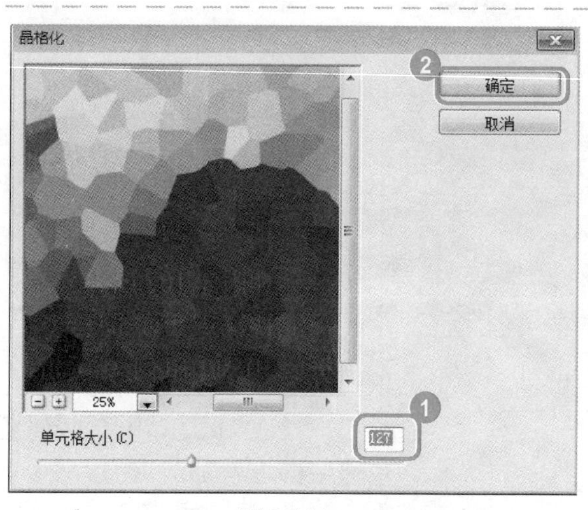

图 8-114

02 设置晶格化选项

No.1 弹出【晶格化】对话框，在【单元格大小】文本框中，输入图像晶格化的大小数值。

No.2 单击【确定】按钮，如图 8-114 所示。

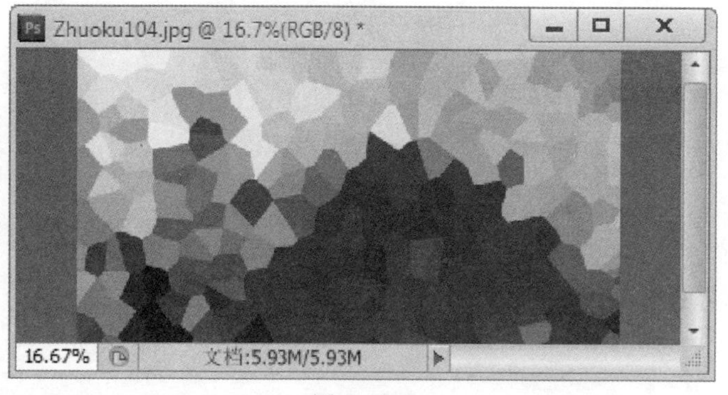

图 8-115

03 已创建滤镜效果

通过以上方法即可完成使用晶格化滤镜的操作，如图 8-115 所示。

8.7.7 马赛克

马赛克滤镜通过将像素结成方块，并使用块中的平均颜色填充，来创建马赛克的效果。下面介绍运用马赛克滤镜的方法。

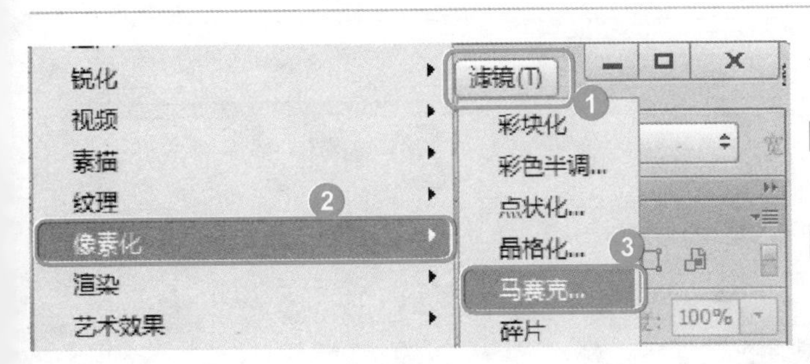

图 8-116

01 使用菜单项

No.1 打开图像文件后，单击【滤镜】主菜单。

No.2 在弹出的下拉菜单中，选择【像素化】菜单项。

No.3 在弹出的下拉菜单中，选择【马赛克】菜单项，如图 8-116 所示。

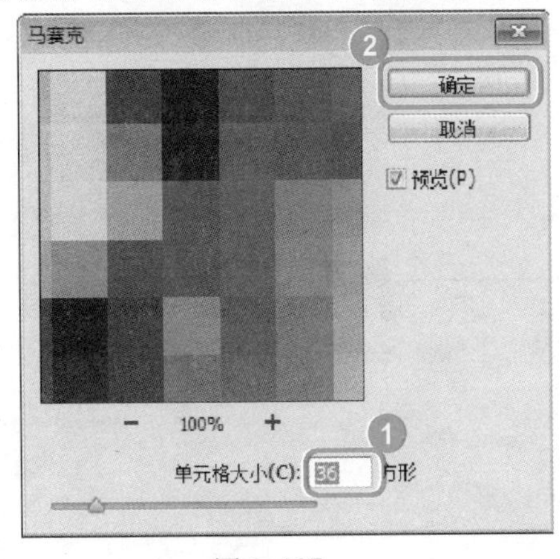

图 8-117

02 设置马赛克选项

No.1 弹出【马赛克】对话框，在【单元格大小】文本框中，输入图像马赛克的大小数值。

No.2 单击【确定】按钮，如图 8-117 所示。

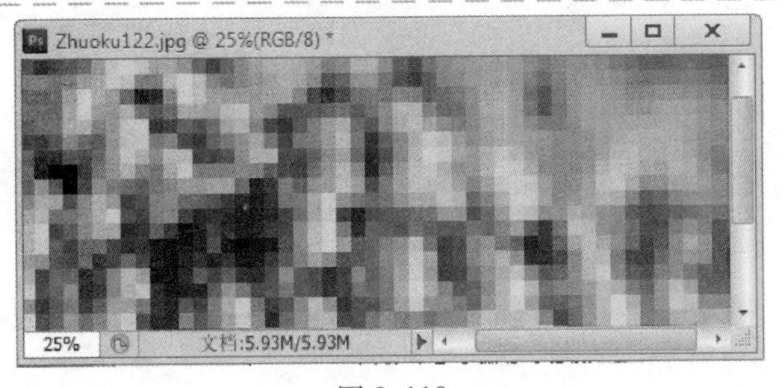

图 8-118

03 已创建滤镜效果

通过以上方法即可完成使用马赛克滤镜的操作，如图 8-118 所示。

Section 8.8 渲染与艺术效果

本节导读

使用渲染滤镜，用户可以创建 3D 图形、云彩图案、折射图案和模拟反光效果等；使用艺术效果滤镜，用户可以对图像进行艺术化处理的操作。本节将重点介绍渲染滤镜与艺术效果滤镜方面的知识。

8.8.1 分层云彩

分层云彩滤镜是将云彩数据与像素混合，创建类似大理石纹理的图案。下面介绍运用分层云彩滤镜的方法。

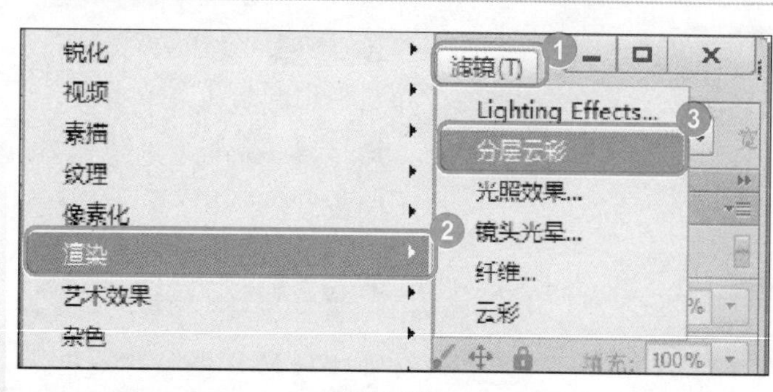

图 8-119

01 使用菜单项

No.1 打开图像文件后，单击【滤镜】主菜单。

No.2 在弹出的下拉菜单中，选择【渲染】菜单项。

No.3 在弹出的下拉菜单中，选择【分层云彩】菜单项，如图 8-119 所示。

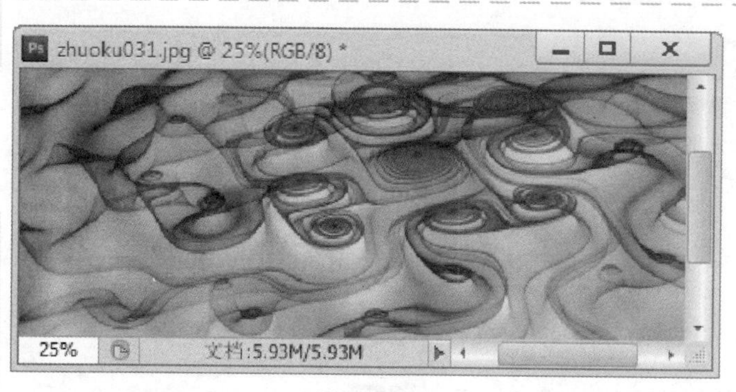

图 8-120

02 已创建滤镜效果

通过以上方法即可完成使用分层云彩滤镜的操作，如图 8-120 所示。

8.8.2 镜头光晕

镜头光晕滤镜通过模拟亮光照射到像机镜头后，产生折射的效果，可以创建玻璃或金属等反射的光芒。下面介绍运用镜头光晕滤镜的方法。

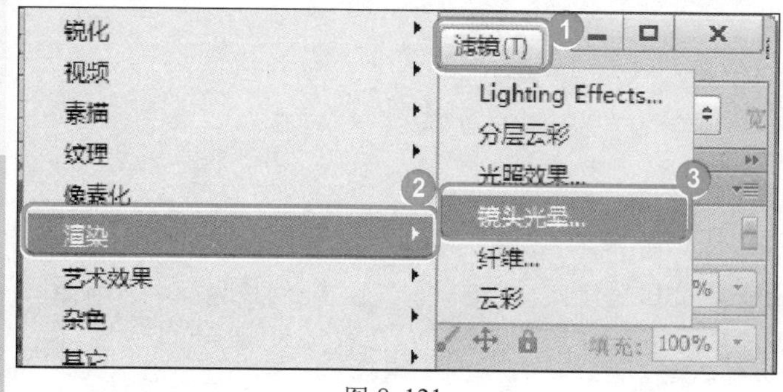

图 8-121

01 使用菜单项

No.1 打开图像文件后，单击【滤镜】主菜单。

No.2 在弹出的下拉菜单中，选择【渲染】菜单项。

No.3 在弹出的下拉菜单中，选择【镜头光晕】菜单项，如图 8-121 所示。

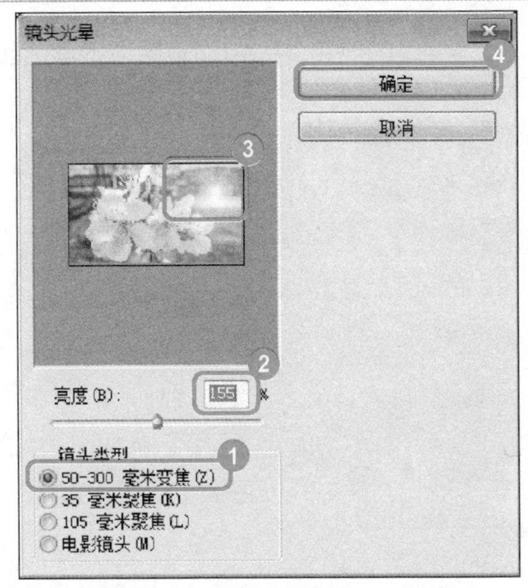

图 8-122

02 设置镜头光晕选项

No.1 弹出【镜头光晕】对话框，在【镜头类型】区域中，选中【50-300 毫米变焦】单选项。

No.2 在【亮度】文本框中，输入光晕的扩散亮度的数值。

No.3 在【预览】区域中，指定镜头光晕的位置。

No.4 单击【确定】按钮，如图 8-122 所示。

图 8-123

03 已创建滤镜效果

通过以上方法即可完成使用镜头光晕滤镜的操作，如图 8-123 所示。

8.8.3 粗糙蜡笔

粗糙蜡笔滤镜是在带有纹理的图像上使用蜡笔进行描边，在亮色区域后蜡笔会很厚，下面介绍运用粗糙蜡笔滤镜的方法。

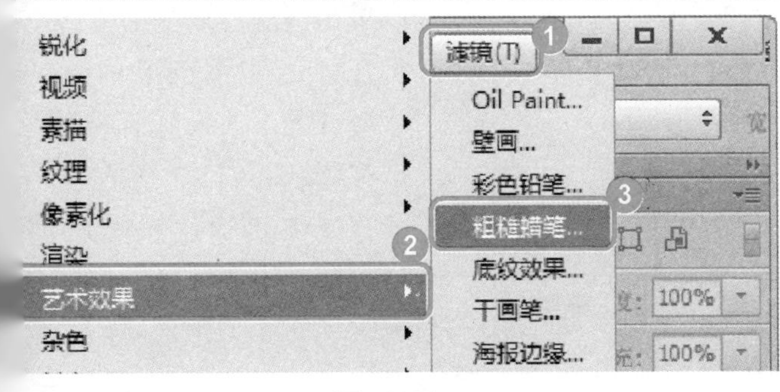

图 8-124

01 使用菜单项

No.1 单击【滤镜】主菜单。

No.2 在弹出的下拉菜单中，选择【艺术效果】菜单项。

No.3 在弹出的下拉菜单中，选择【粗糙蜡笔】菜单项，如图 8-124 所示。

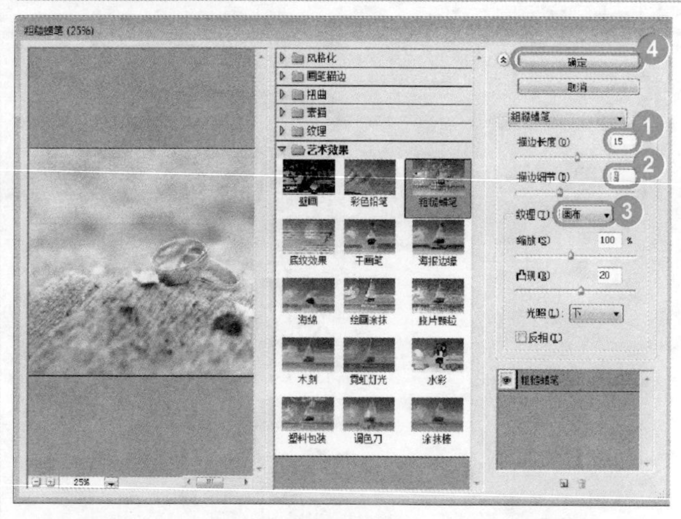

图 8-125

02 设置粗糙蜡笔选项

No.1 弹出【粗糙蜡笔】对话框，在【描边长度】文本框中，输入描边的长度值。

No.2 在【描边细节】文本框中，输入描边的细节值。

No.3 在【纹理】下拉列表框中，选择【画布】选项。

No.4 单击【确定】按钮，如图 8-125 所示。

图 8-126

03 已创建滤镜效果

通过以上方法即可完成使用粗糙蜡笔滤镜的操作，如图 8-126 所示。

8.8.4 海报边缘

海报边缘滤镜通过设置的选项自动跟踪图像中颜色变化剧烈的区域，并在边界上填入黑色阴影，产生海报的效果。下面介绍运用海报边缘滤镜的方法。

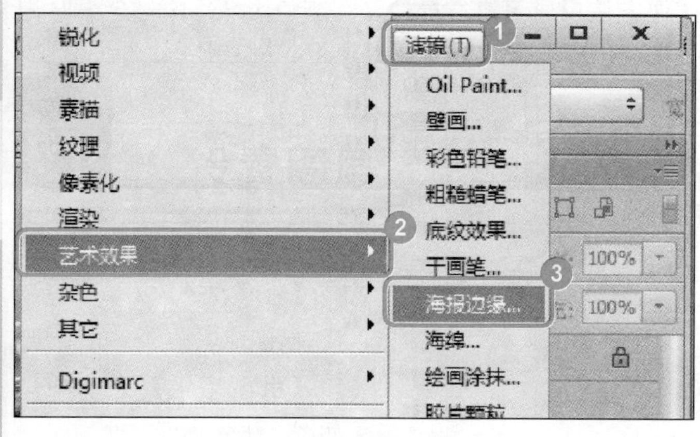

图 8-127

01 使用菜单项

No.1 单击【滤镜】主菜单。

No.2 在弹出的下拉菜单中，选择【艺术效果】菜单项。

No.3 在弹出的下拉菜单中，选择【海报边缘】菜单项，如图 8-127 所示。

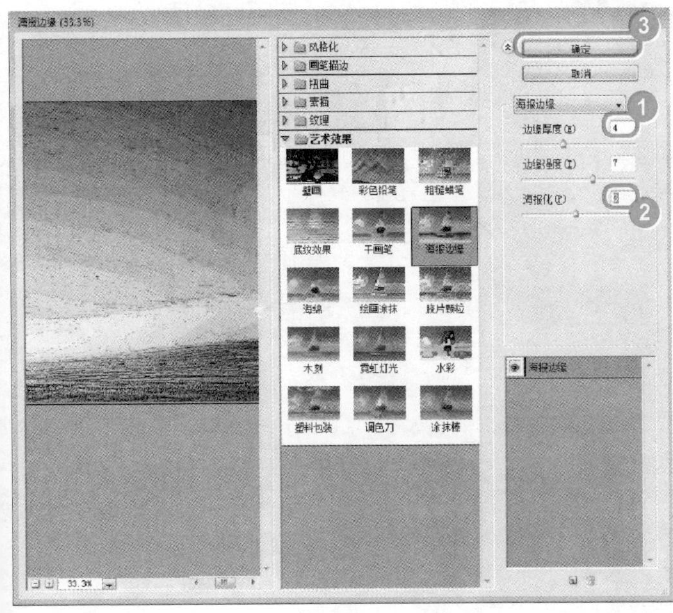

图 8-128

02 设置海报边缘选项

No.1 弹出【海报边缘】对话框，在【边缘厚度】文本框中，输入厚度值。

No.2 在【海报化】文本框中，输入数值。

No.3 单击【确定】按钮，如图 8-128 所示。

图 8-129

03 已创建滤镜效果

通过以上方法即可完成使用海报边缘滤镜的操作，如图 8-129 所示。

举一反三

海报边缘滤镜的作用是增加图像对比度并沿边缘的细微层次加上黑色，能够产生具有招贴画边缘效果的图像，也有近似木刻画的效果。

8.8.5 木刻

木刻滤镜是将图像从彩纸上剪下，由图像边缘比较粗糙的剪纸片组成的，如果图像的对比度比较高，则图像看起来为剪影状。下面介绍运用木刻滤镜的方法。

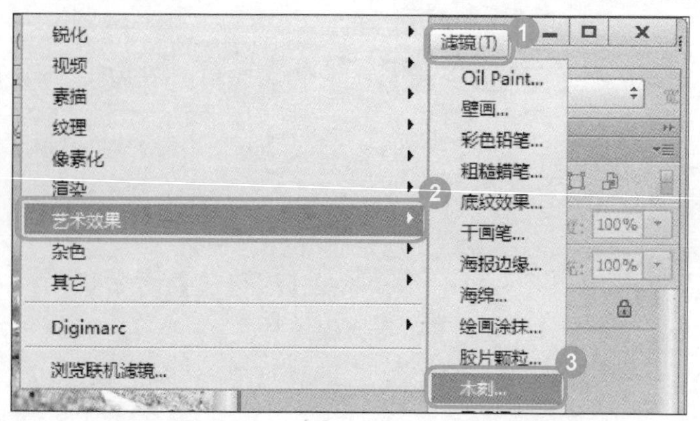

图 8-130

01 使用菜单项

No.1 单击【滤镜】主菜单。

No.2 在弹出的下拉菜单中，选择【艺术效果】菜单项。

No.3 在弹出的下拉菜单中，选择【木刻】菜单项，如图 8-130 所示。

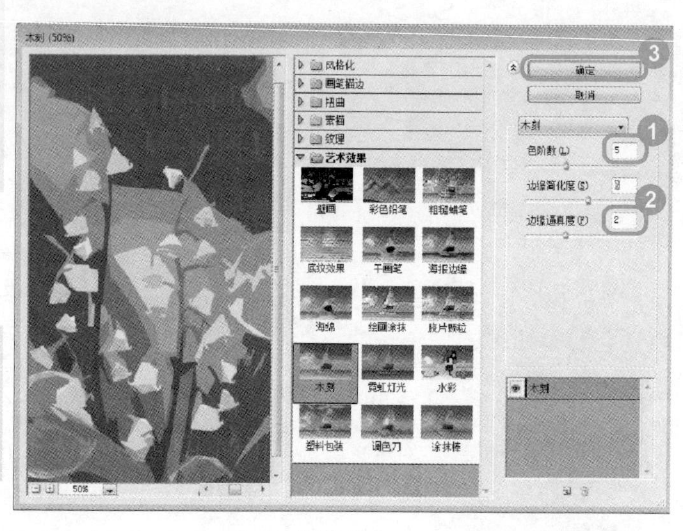

图 8-131

02 设置木刻选项

No.1 弹出【木刻】对话框，在【色阶数】文本框中，输入图像色阶的数值。

No.2 在【边缘逼真度】文本框中，输入图像边缘逼真的数值。

No.3 单击【确定】按钮，如图 8-131 所示。

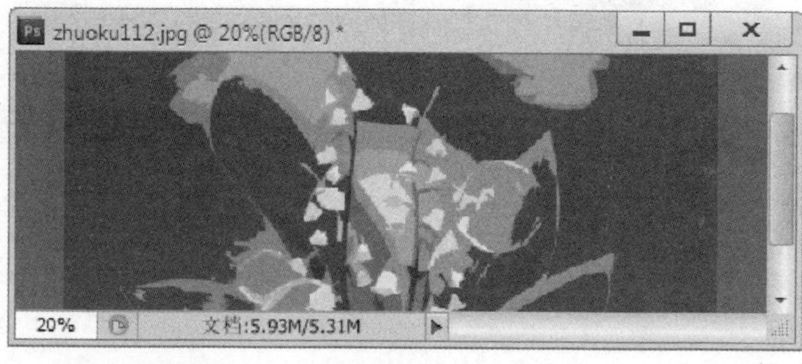

图 8-132

03 已创建滤镜效果

通过以上方法即可完成使用木刻滤镜的操作，如图 8-132 所示。

8.8.6 调色刀

在 Photoshop CS6 中，调色刀滤镜通过减少图像的细节，以便生成描绘很淡的画面效果。下面介绍运用调色刀滤镜的方法。

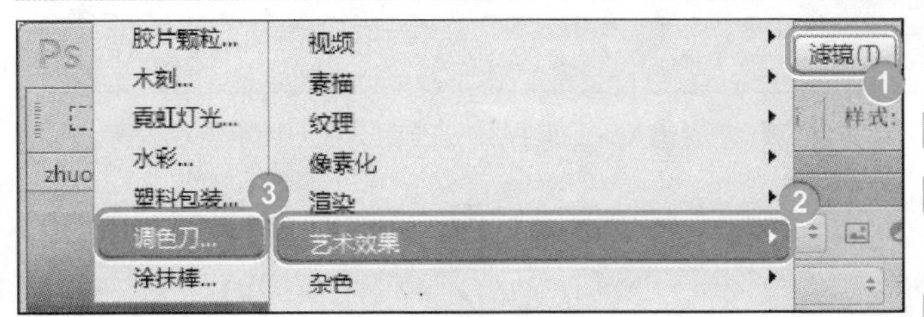

图 8-133

01 使用菜单项

No.1 单击【滤镜】主菜单。

No.2 在弹出的下拉菜单中，选择【艺术效果】菜单项。

No.3 在弹出的下拉菜单中，选择【调色刀】菜单项，如图 8-133 所示。

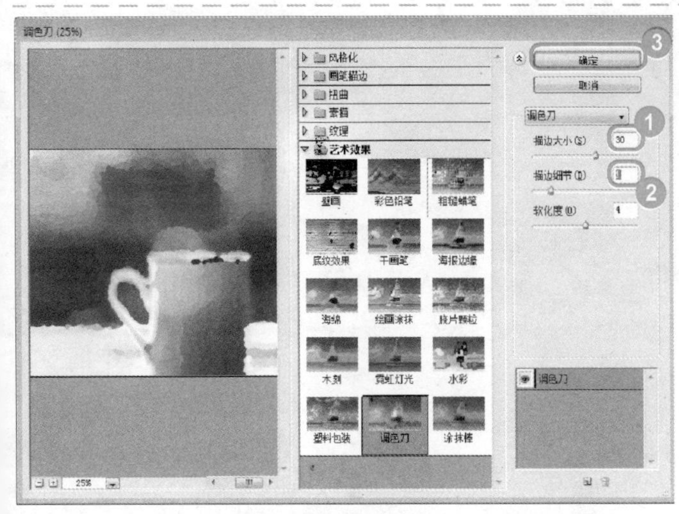

图 8-134

02 设置调色刀选项

No.1 弹出【调色刀】对话框，在【描边大小】文本框中，输入图像描边的数值。

No.2 在【描边细节】文本框中，输入图像描边细节的数值。

No.3 单击【确定】按钮，如图 8-134 所示。

图 8-135

03 已创建滤镜效果

通过以上方法即可完成使用调色刀滤镜的操作，如图 8-135 所示。

Section 8.9 杂色与其他

本节导读

在 Photoshop CS6 中，使用杂色滤镜，用户可创建与众不同的纹理去除有问题的区域；使用其他滤镜，用户可以进行修改蒙版和快速调整颜色等操作。本节将重点介绍杂色滤镜与其他滤镜方面的知识。

8.9.1 蒙尘与划痕

蒙尘与划痕滤镜通过更改不同像素来减少杂色，该滤镜对去除图像中的杂点与折痕最为有效。下面介绍运用蒙尘与划痕滤镜的方法。

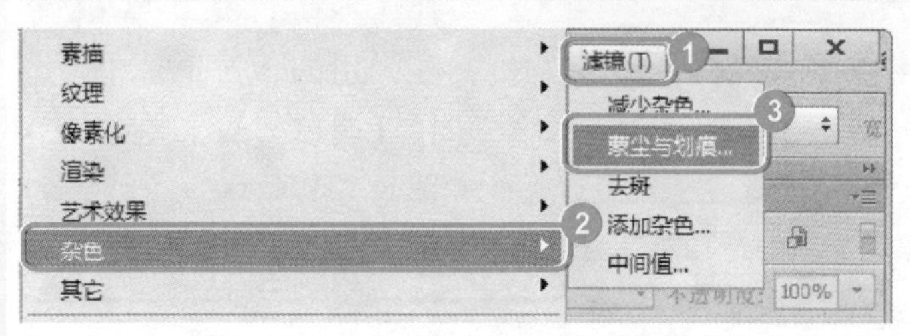

图 8-136

01 使用菜单项

No.1 单击【滤镜】主菜单。

No.2 在弹出的下拉菜单中，选择【杂色】菜单项。

No.3 在弹出的下拉菜单中，选择【蒙尘与划痕】菜单项，如图 8-136 所示。

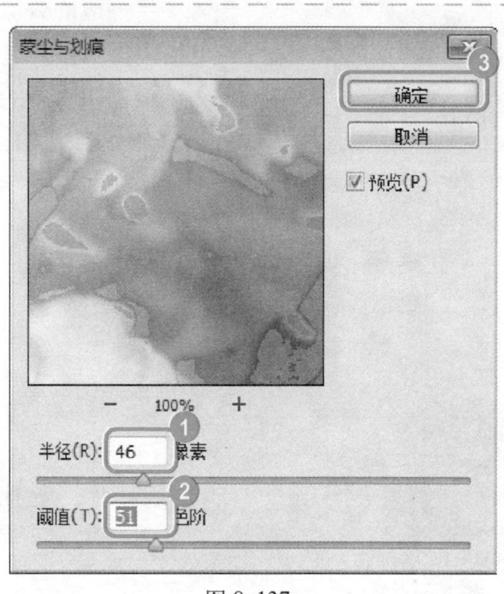

图 8-137

02 设置蒙尘与划痕选项

No.1 弹出【蒙尘与划痕】对话框，在【半径】文本框中，输入半径值。

No.2 在【阈值】文本框中，输入阈值。

No.3 单击【确定】按钮，如图 8-137 所示。

图 8-138

03 已创建滤镜效果

通过以上方法即可完成使用蒙尘与划痕滤镜的操作，如图 8-138 所示。

8.9.2 添加杂色

添加杂色滤镜通过将随机的像素应用到图像上，模拟出在调整胶片上拍照的效果。下面介绍运用添加杂色滤镜的方法。

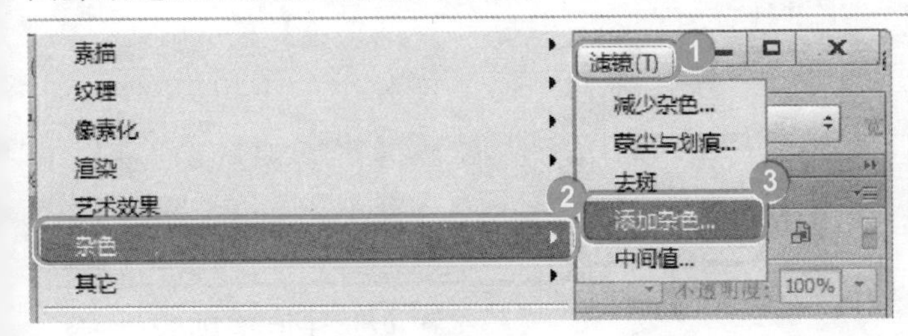

图 8-139

01 使用菜单项

No.1 单击【滤镜】主菜单。

No.2 在弹出的下拉菜单中，选择【杂色】菜单项。

No.3 在弹出的下拉菜单中，选择【添加杂色】菜单项，如图 8-139 所示。

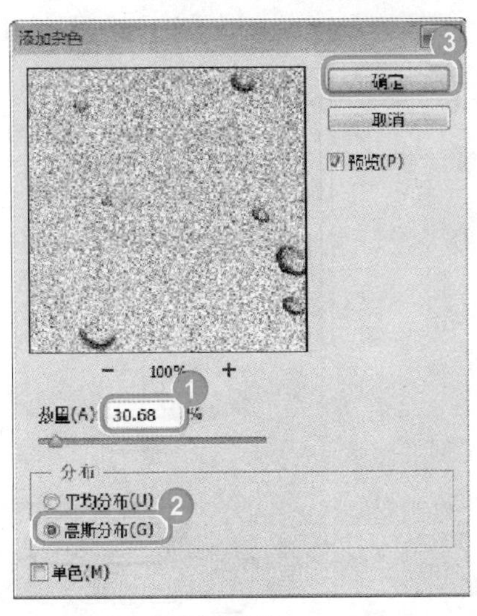

图 8-140

02 设置添加杂色选项

No.1 弹出【添加杂色】对话框，在【数量】文本框中，输入杂色的数值。

No.2 单击选中【高斯分布】单选项。

No.3 单击【确定】按钮，如图 8-140 所示。

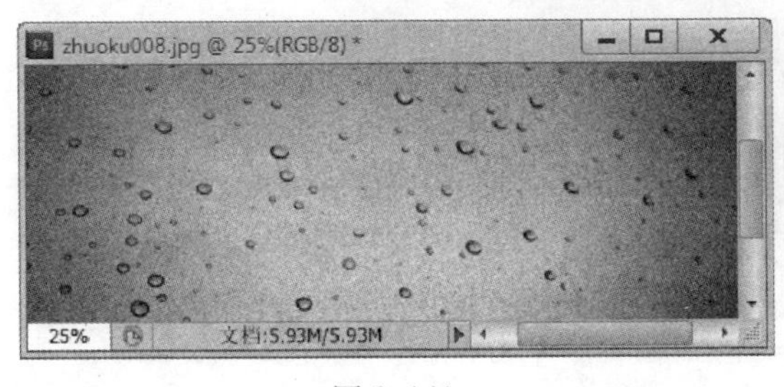

图 8-141

03 已创建滤镜效果

通过以上方法即可完成使用添加杂色滤镜的操作，如图 8-141 所示。

8.9.3 中间值

下面介绍运用中间值滤镜的方法。

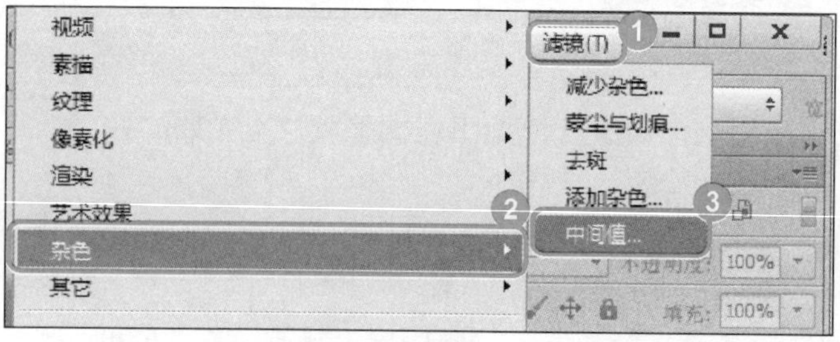

图 8-142

01 使用菜单项

No.1 单击【滤镜】主菜单。

No.2 在弹出的下拉菜单中，选择【杂色】菜单项。

No.3 在弹出的下拉菜单中，选择【中间值】菜单项，如图 8-142 所示。

图 8-143

02 设置中间值选项

No.1 弹出【中间值】对话框，在【半径】文本框中，输入中间值的半径值。

No.2 单击【确定】按钮，如图 8-143 所示。

图 8-144

03 已创建滤镜效果

通过以上方法即可完成使用中间值滤镜的操作，如图 8-144 所示。

8.9.4 高反差保留

在 Photoshop CS6 中，高反差保留滤镜通过在颜色强烈变化的位置按照指定的半径保留边缘细节，设置的半径越大，保留的像素越多。下面介绍运用高反差保留滤镜的方法。

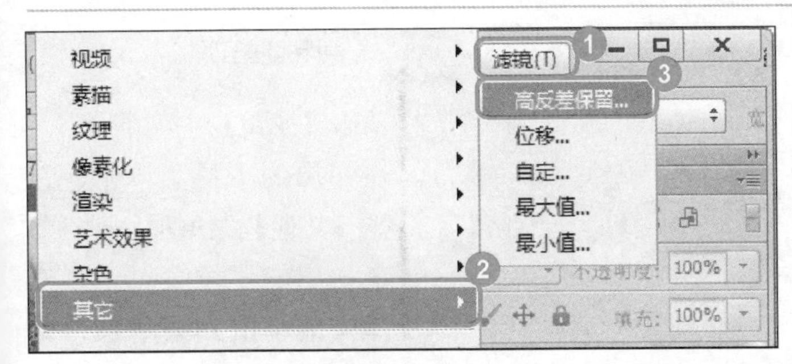

图 8-145

01 使用菜单项

No.1 单击【滤镜】主菜单。

No.2 在弹出的下拉菜单中，选择【其他】菜单项。

No.3 在弹出的下拉菜单中，选择【高反差保留】菜单项，如图 8-145 所示。

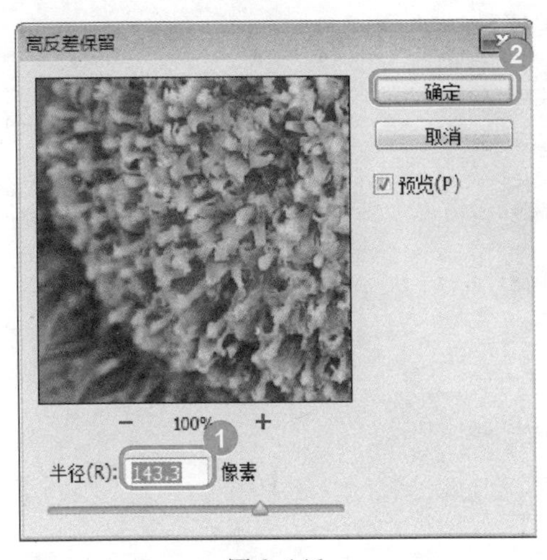

图 8-146

02 设置高反差保留选项

No.1 弹出【高反差保留】对话框，在【半径】文本框中，输入高反差保留的半径值。

No.2 单击【确定】按钮，如图 8-146 所示。

图 8-147

03 已创建滤镜效果

通过以上方法即可完成使用高反差保留滤镜的操作，如图 8-147 所示。

8.9.5 最小值

在 Photoshop CS6 中，最小值滤镜通过使用周围像素最低的亮度值来替换当前像素。下面介绍运用最小值滤镜的方法。

图 8-148

01 使用菜单项

No.1 单击【滤镜】主菜单。

No.2 在弹出的下拉菜单中，选择【其他】菜单项。

No.3 在弹出的下拉菜单中，选择【最小值】菜单项，如图 8-148 所示。

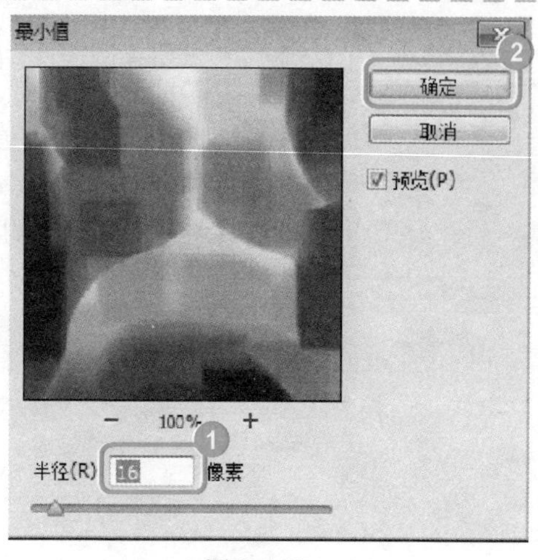

图 8-149

02 设置最小值选项

No.1 弹出【最小值】对话框，在【半径】文本框中，输入图像最小值的半径数值。

No.2 单击【确定】按钮，如图 8-149 所示。

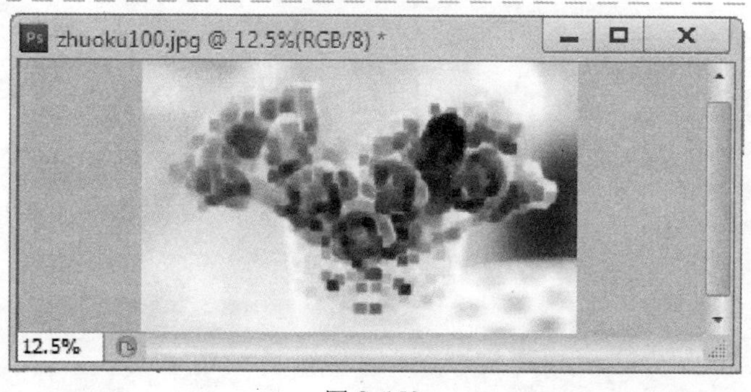

图 8-150

03 已创建滤镜效果

通过以上方法即可完成使用最小值滤镜的操作，如图 8-150 所示。

Section 8.10 实践案例与上机指导

本节导读

对滤镜有所认识后，本节将针对以上所学知识制作六个案例，分别是照亮边缘、深色线条、撕边效果、颗粒效果、铜版雕刻和去斑，供用户学习。

8.10.1 照亮边缘

照亮边缘滤镜可以搜寻主要颜色变化区域并强化其过渡像素，产生类似添加霓虹灯的光亮，下面介绍使用照亮边缘滤镜的操作方法。

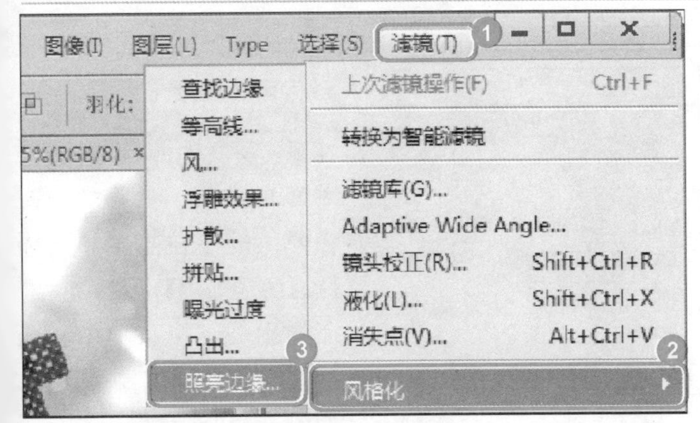

图 8-151

01 使用菜单项

No.1 打开素材文件，单击【滤镜】主菜单。

No.2 在弹出的下拉菜单中，选择【风格化】菜单项。

No.3 在弹出的下拉菜单中，选择【照亮边缘】菜单项，如图 8-151 所示。

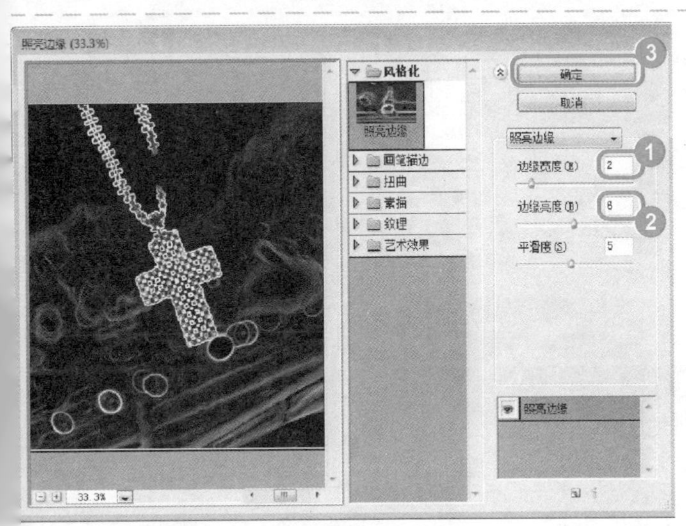

图 8-152

02 设置照亮边缘选项

No.1 弹出【照亮边缘】对话框，在【边框宽度】文本框中，输入数值。

No.2 在【边框亮度】文本框中，输入数值。

No.3 单击【确定】按钮，如图 8-152 所示。

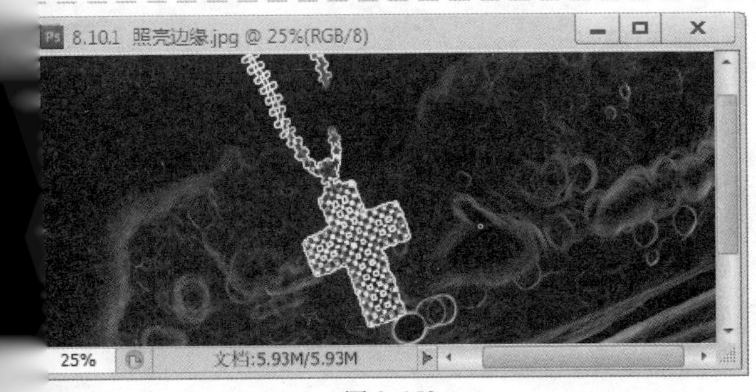

图 8-153

03 已创建滤镜效果

通过以上方法即可完成运用照亮边缘滤镜的操作，如图 8-153 所示。

8.10.2 深色线条

深色线条滤镜通过用短而密的线条来绘制图像中的深色区域，用长而白的线条来绘制图像中颜色较浅的区域，从而产生一种很强的黑色阴影效果。下面介绍深色线条滤镜的操作方法。

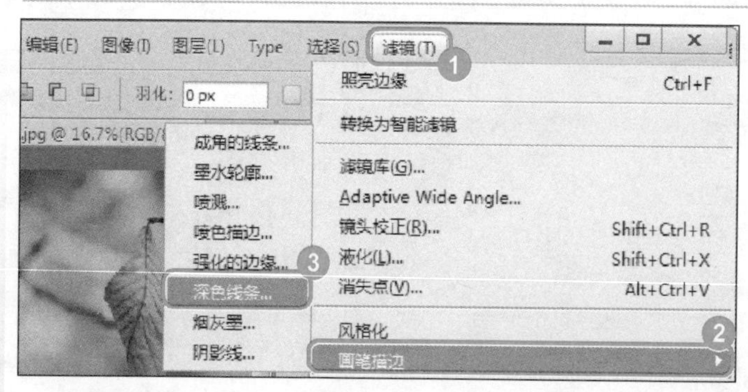

图 8-154

01 使用菜单项

No.1 打开素材文件，单击【滤镜】主菜单。

No.2 在弹出的下拉菜单中，选择【画笔描边】菜单项。

No.3 在弹出的下拉菜单中，选择【深色线条】菜单项，如图 8-154 所示。

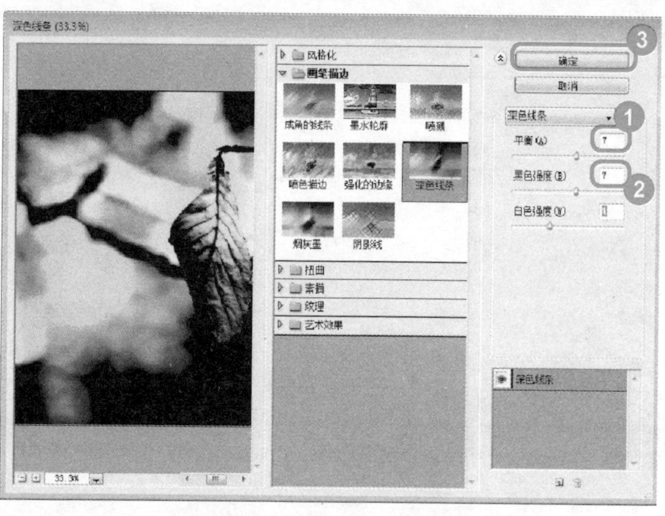

图 8-155

02 设置深色线条选项

No.1 弹出【深色线条】对话框，在【平衡】文本框中，输入数值。

No.2 在【黑色强度】文本框中，输入数值。

No.3 单击【确定】按钮，如图 8-155 所示。

图 8-156

03 已创建滤镜效果

通过以上方法即可完成运
深色线条滤镜的操作，如图 8-15
所示。

8.10.3 撕边效果

撕边滤镜可以使用前景色和背景色重绘图像，并用粗糙的颜色边缘模拟碎纸片的毛边效果，下面介绍使用撕边效果的操作方法。

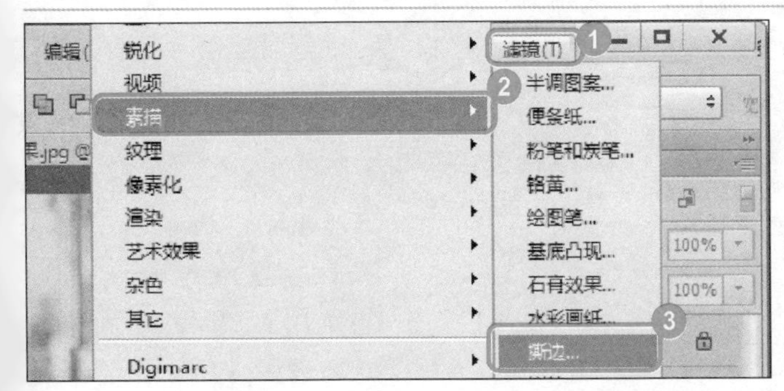

图 8-157

01 使用菜单项

No.1 打开素材文件，单击【滤镜】主菜单。

No.2 在弹出的下拉菜单中，选择【素描】菜单项。

No.3 在弹出的下拉菜单中，选择【撕边】菜单项，如图 8-157 所示。

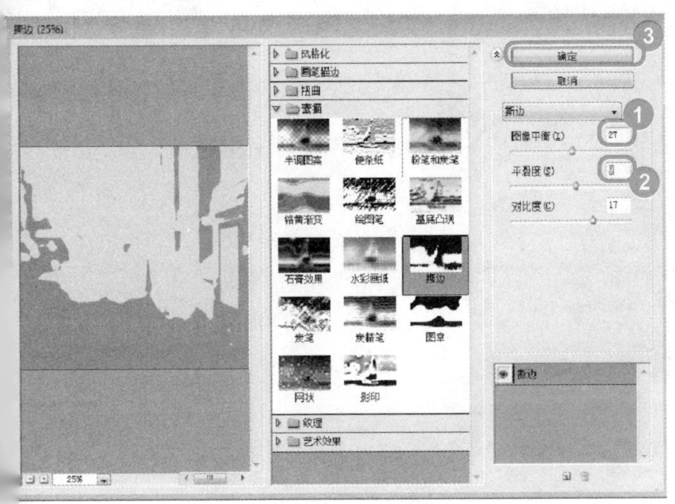

图 8-158

02 设置撕边选项

No.1 弹出【撕边】对话框，在【图像平衡】文本框中，输入数值。

No.2 在【平滑度】文本框中，输入数值。

No.3 单击【确定】按钮，如图 8-158 所示。

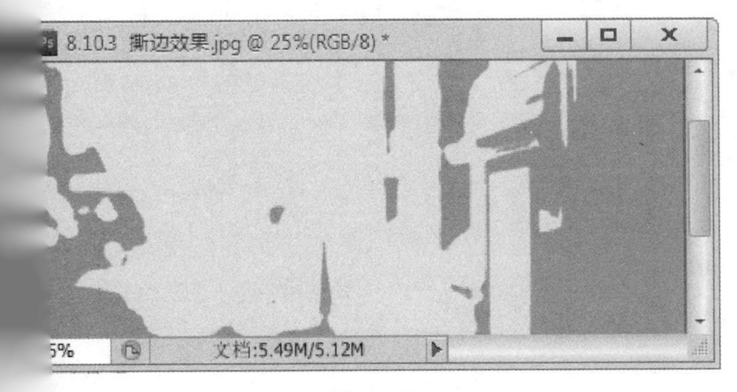

图 8-159

03 已创建滤镜效果

通过以上方法即可完成运用撕边滤镜的操作，如图 8-159 所示。

8.10.4 颗粒效果

颗粒滤镜可以为图像添加颗粒效果，制作类似胶片放映时产生的颗粒图像效果，下面介绍使用颗粒滤镜的操作方法。

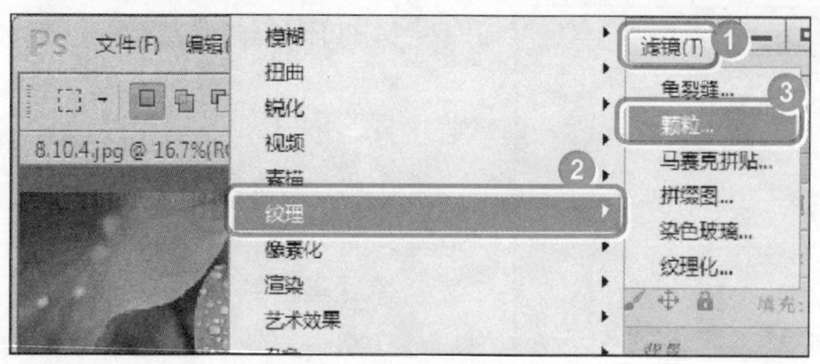

图 8-160

01 使用菜单项

No.1 打开素材文件，单击【滤镜】主菜单。

No.2 在弹出的下拉菜单中，选择【纹理】菜单项。

No.3 在弹出的下拉菜单中，选择【颗粒】菜单项，如图 8-160 所示。

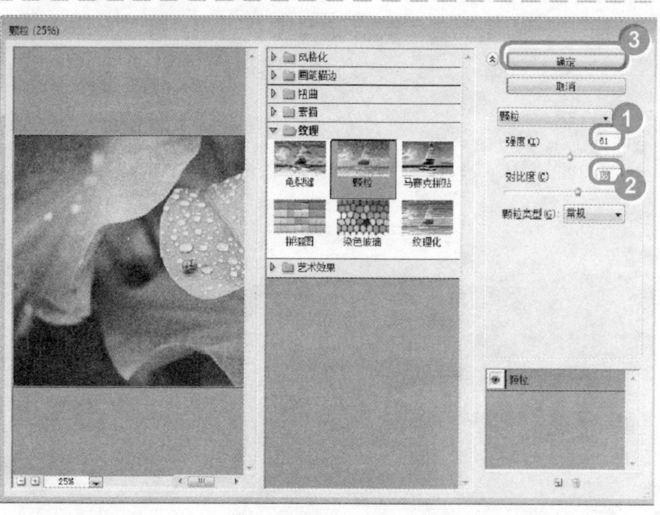

图 8-161

02 设置颗粒选项

No.1 弹出【颗粒】对话框，在【强度】文本框中，输入数值。

No.2 在【对比度】文本框中，输入数值。

No.3 单击【确定】按钮，如图 8-161 所示。

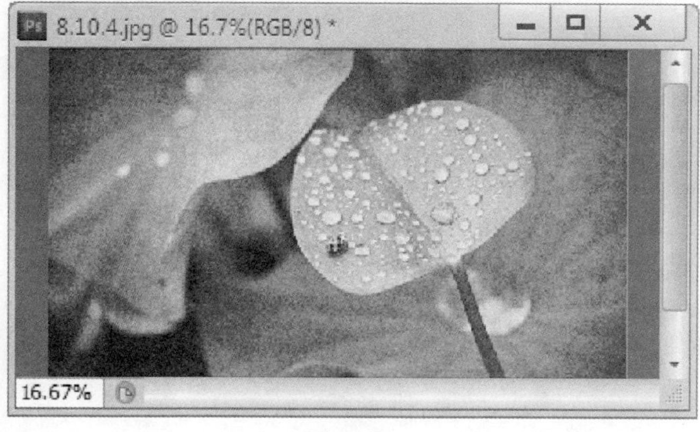

图 8-162

03 已创建滤镜效果

通过以上方法即可完成运用颗粒滤镜的操作，如图 8-162 所示。

8.10.5 铜版雕刻

铜版雕刻滤镜可以将灰度图像转换为黑白区域的随机图案，将彩色图像转换为全饱和颜色随机图案。下面介绍使用铜版雕刻滤镜的操作方法。

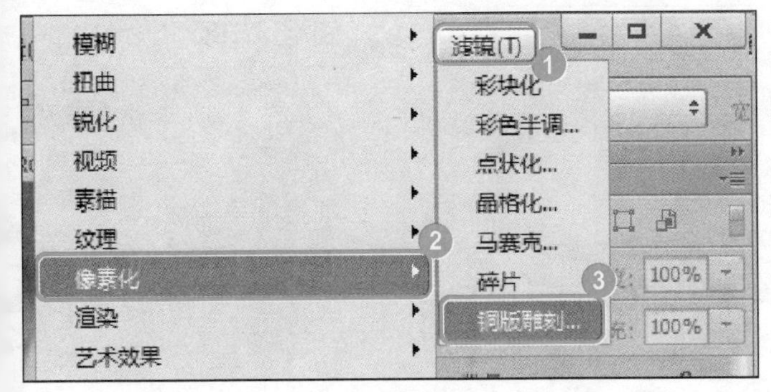

图 8-163

01 使用菜单项

No.1 打开素材文件，单击【滤镜】主菜单。

No.2 在弹出的下拉菜单中，选择【像素化】菜单项。

No.3 在弹出的下拉菜单中，选择【铜版雕刻】菜单项，如图 8-163 所示。

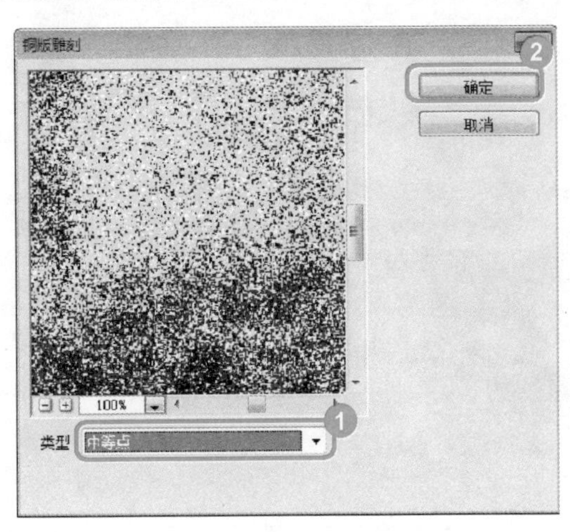

图 8-164

02 设置铜版雕刻选项

No.1 弹出【铜版雕刻】对话框，在【类型】下拉列表框中，选择【中等点】选项。

No.2 单击【确定】按钮，如图 8-164 所示。

图 8-165

03 已创建滤镜效果

通过以上方法即可完成运用铜版雕刻滤镜的操作，如图 8-165 所示。

8.10.6 去斑

去斑滤镜可以检测图像的边缘并模糊除那些边缘外的所有选区，该模糊操作会移去杂色，同时保留细节。下面介绍使用去斑滤镜的操作方法。

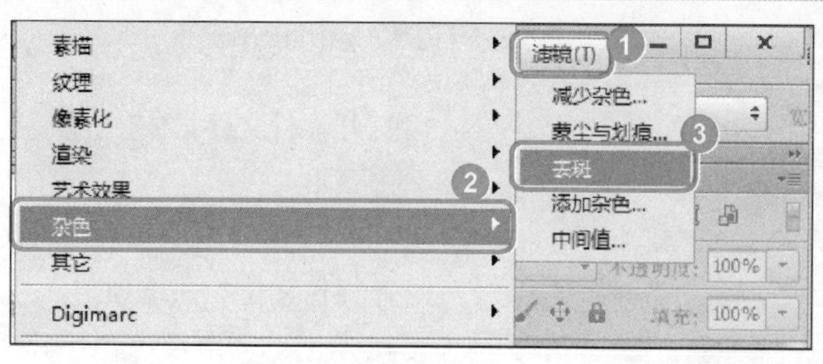

图 8-166

01 使用菜单项

No.1 打开素材文件，单击【滤镜】主菜单。

No.2 在弹出的下拉菜单中，选择【杂色】菜单项。

No.3 在弹出的下拉菜单中，选择【去斑】菜单项，如图 8-166 所示。

图 8-167

02 已创建滤镜效果

通过以上方法即可完成运用去斑滤镜的操作，如图 8-167 所示。

第 9 章

矢量工具与路径

本章主要介绍了路径与锚点、钢笔工具和编辑路径方面的知识与技巧，同时还讲解了路径的填充与描边、路径与选区的转换和使用形状工具方面的知识。通过本章的学习，读者可以掌握矢量工具与路径方面的知识，为进一步学习 Photoshop CS6 奠定基础。

Section

9.1 路径与锚点

本节导读

在 Photoshop CS6 中，路径是指使用贝赛尔曲线所构成的一段闭合或者开放的曲线段，线段的起始点和结束点由锚点标记，通过编辑路径的锚点，用户可以改变路径的形状，用户还可以通过拖动方向线末尾类似锚点的方向点来控制曲线。本节将介绍路径与锚点方面的知识。

9.1.1 什么是路径

路径是可以转换成选区并可以对其填充和描边的轮廓。路径包括开放式路径和闭合式路径两种，其中，开放式路径是有起点和终点的路径；闭合式路径则是没有起点和终点的路径。路径也可以由多个相互独立的路径组成，这些路径称为子路径，如图 9-1 所示。

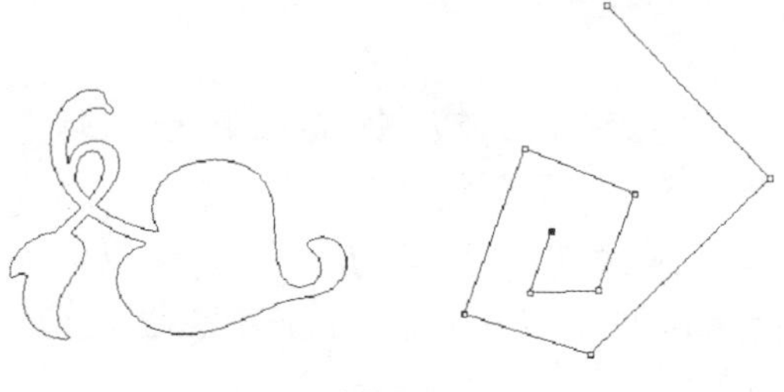

图 9-1

9.1.2 什么是锚点

锚点是组成路径的单位，包括平滑有点和角点两种，其中平滑点可以通过连接形成平滑的曲线；角点可以通过连接形成直线或有转角的曲线，曲线路径上锚点有方向线，该线的端点是方向点，可以调整曲线的形状，如图 9-2 所示。

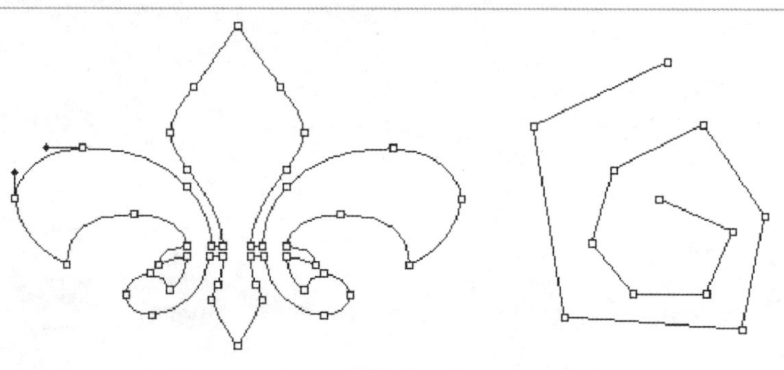

图 9-2

Section 9.2 钢笔工具

本节导读

标准钢笔工具可用于绘制具有最高精度的图像，自由钢笔工具可像使用铅笔在纸上绘图一样来绘制路径，磁性钢笔工具可用于绘制与图像中已定义区域的边缘对齐的路径。用户可以组合使用钢笔工具和形状工具以创建复杂的形状。本节将介绍钢笔工具方面的知识。

9.2.1 绘制直线路径

在 Photoshop CS6 中，用户可以使用【钢笔】工具绘制直线路径，下面介绍运用【钢笔】工具绘制直线路径的操作方法。

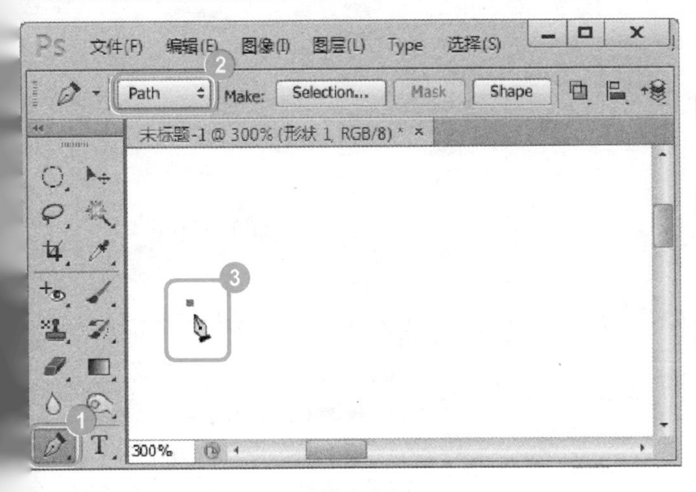

图 9-3

01 绘制路径第一点

No.1 新建图像后，单击【工具箱】中的【钢笔工具】按钮。

No.2 在【钢笔工具】选项栏中，在【路径】下拉列表框中，选择【Path】选项。

No.3 将鼠标指针移动至图像文件中，当鼠标指针变为时，在目标位置创建第一个锚点，如图 9-3 所示。

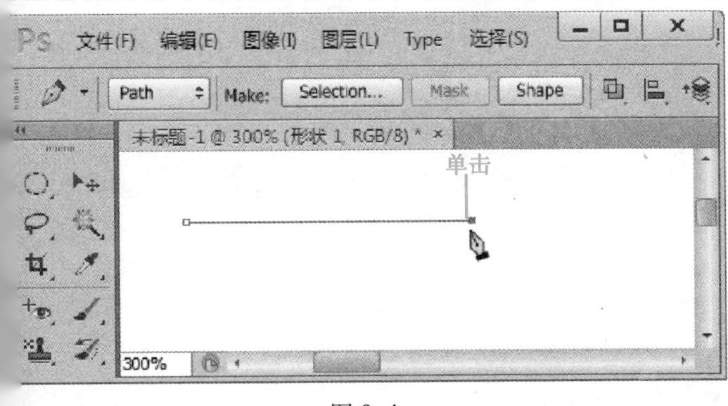

图 9-4

02 绘制直线路径

在文档窗口中，在下一处位置单击，创建第二个锚点，两个锚点会连接成一条由角点定义的直线路径，这样即可完成绘制直线路径的操作，如图 9-4 所示。

9.2.2 绘制曲线路径

在 Photoshop CS6 中，用户还可以使用【钢笔】工具绘制曲线路径，下面介绍运用【钢笔】工具绘制曲线路径的操作方法。

图 9-5

01 绘制路径第一点

No.1 新建图像后，单击【工具箱】中的【钢笔工具】按钮。

No.2 在【钢笔工具】选项栏中，在【路径】下拉列表框中，选择【Path】选项。

No.3 将鼠标指针移动至图像文件中，当鼠标指针变为时，在目标位置创建第一个锚点，如图 9-5 所示。

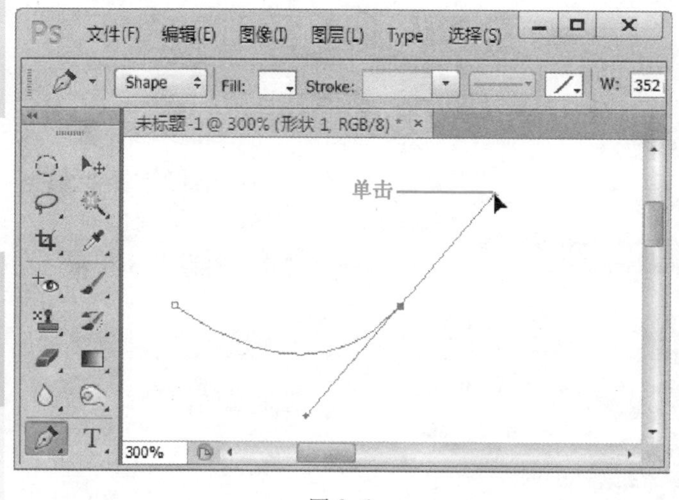

图 9-6

02 绘制曲线路径

在文档窗口中，在下一处位置单击，创建第二个锚点，两个锚点会连接成一条由角点定义的直线路径，拖动第二个锚点的角点向上移动，这样即可将直线路径转换成曲线路径，通过以上方法即可完成绘制曲线路径的操作，如图 9-6 所示。

教你一招

路径的矢量对象

在 Photoshop CS6 中，路径是一种矢量对象，它不包含像素，所以用户应注意，没有进行填充或者描边处理的路径是不能打印出来的。

9.2.3　自由钢笔工具

在 Photoshop CS6 中，使用【自由钢笔】工具，用户可以绘制任意图形，其使用方法与使用【套索】工具类似，下面介绍运用【自由钢笔】工具的操作方法。

新建图像文件后，单击【工具箱】中的【钢笔工具】按钮，当鼠标指针变为时，在文档窗口中，单击并拖动鼠标左键，绘制一个自定义路径，然后释放鼠标，这样即可完成使用自由钢笔工具绘制路径的操作，如图 9-7 所示。

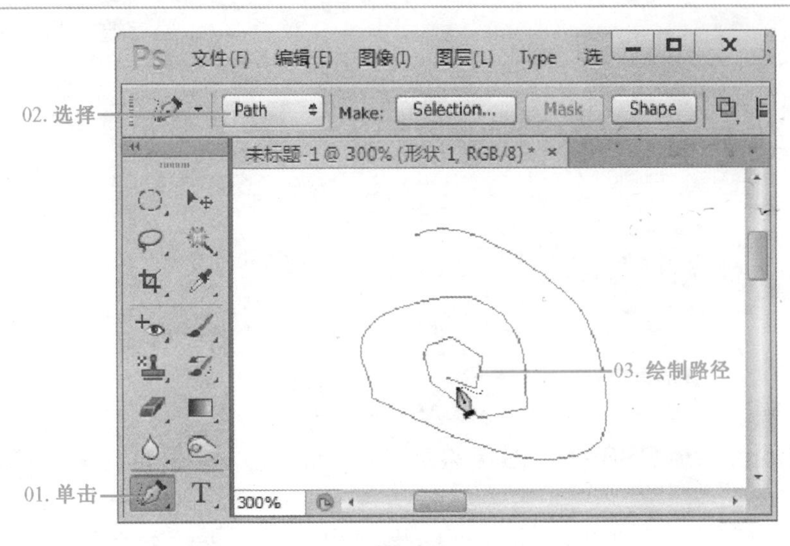

图 9-7

9.2.4　使用磁性钢笔工具

在 Photoshop CS6 中，使用【磁性钢笔】工具，用户需要选中自由钢笔工具选项栏中的【磁性的】复选框，下面介绍运用【磁性钢笔】工具的操作方法。

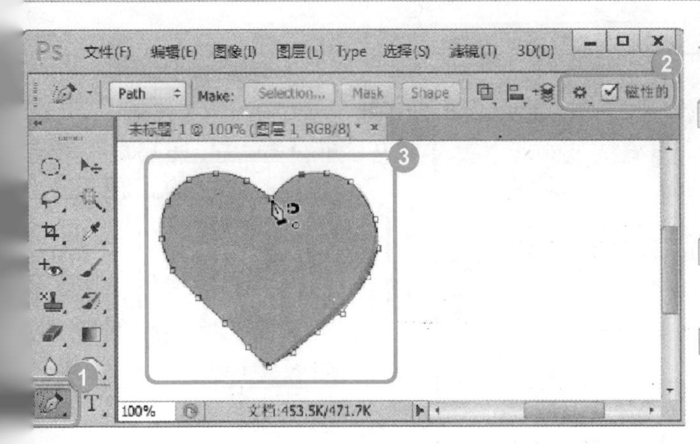

图 9-8

01 使用磁性工具

No.1 新建图像文件后，单击【工具箱】中的【自由钢笔工具】按钮。

No.2 在【钢笔工具】选项栏中，选中【磁性的】复选框。

No.3 当鼠标指针变为时，在文档窗口中对图像进行套索操作，如图 9-8 所示。

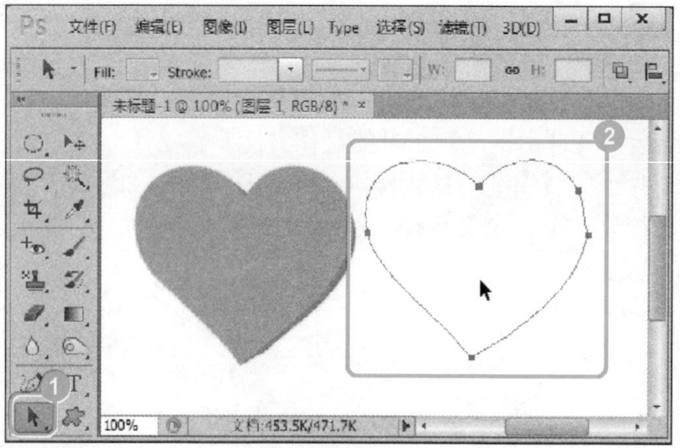

图 9-9

02 移动路径

No.1 将图像套索出来后，单击【工具箱】中的【路径选择工具】按钮。

No.2 当鼠标指针变为时，在文档窗口中拖动套索出的路径，通过以上操作即可完成运用磁性钢笔工具的操作，如图 9-9 所示。

Section

9.3 编辑路径

本节导读

在 Photoshop CS6 中，创建路径后，用户可以对创建的路径进行删除路径、添加锚点、删除锚点、选择与移动锚点、调整路径形状、路径的变换和复制路径的操作，使创建的路径可以根据用户的需要进行改变。本节将介绍编辑路径方面的知识。

9.3.1 删除路径

在 Photoshop CS6 中，如果创建了多余的路径，用户可以将多余的路径删除。下面介绍删除路径的操作方法。

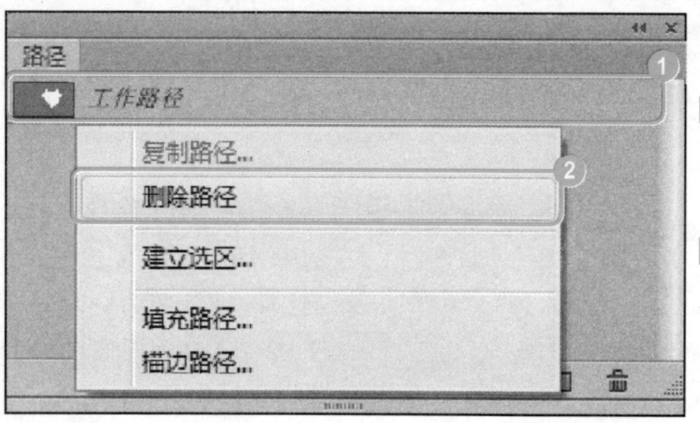

图 9-10

01 使用快捷菜单项

No.1 在【路径】面板，右键单击准备删除的路径层，如“工作路径”。

No.2 在弹出的快捷菜单中，选择【删除路径】菜单项，如图 9-10 所示。

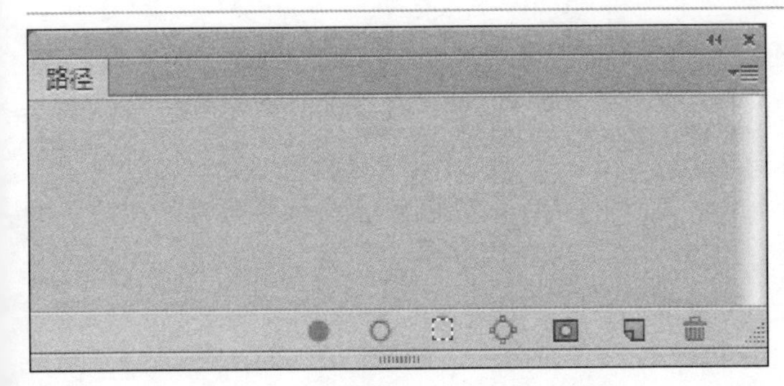

图 9-11

02 删除路径

在【路径】面板中，选中的路径层已经删除。通过以上方法即可完成删除路径的操作，如图 9-11 所示。

9.3.2 添加锚点与删除锚点

在 Photoshop CS6 中，锚点是组成路径的单位，用户可以在创建的路径图形中，添加锚点并对其进行调整，这样可以使绘制的图形路径更符合绘制要求，同时在绘制的路径图形中，如果有多余的锚点，用户可以将其进行删除。下面介绍在绘制的路径图形中，如果有多余的锚点，用户可以将其进行删除操作的方法。

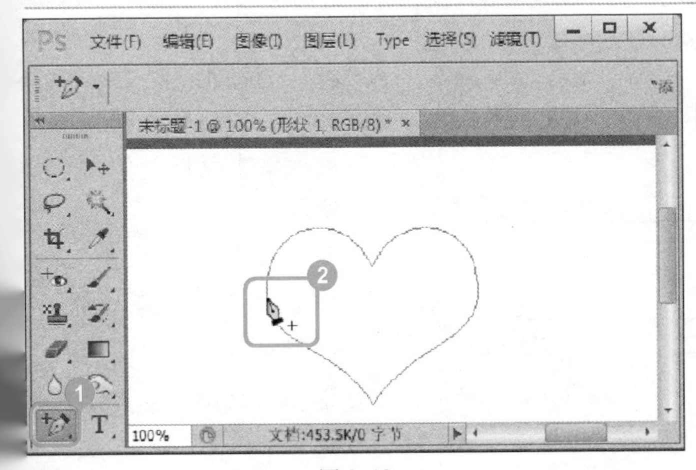

图 9-12

01 单击添加锚点

No.1 新建图形路径后，单击【工具箱】中的【添加锚点工具】按钮。

No.2 在文档窗口中，当鼠标指针变为时，在图形路径中，在需要添加锚点的位置，单击鼠标，这样即可添加锚点，如图 9-12 所示。

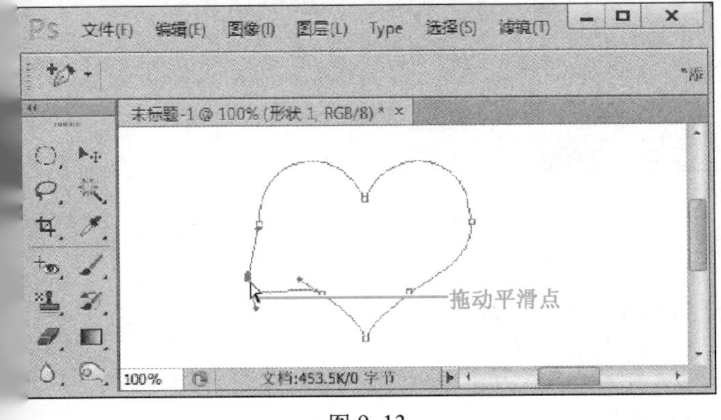

图 9-13

02 编辑锚点

在文档窗口中，在添加锚点的位置，出现角点和平滑点，单击并拖动平滑点对添加的锚点进行调整，在键盘上按下〈Esc〉键退出锚点编辑状态，如图 9-13 所示。

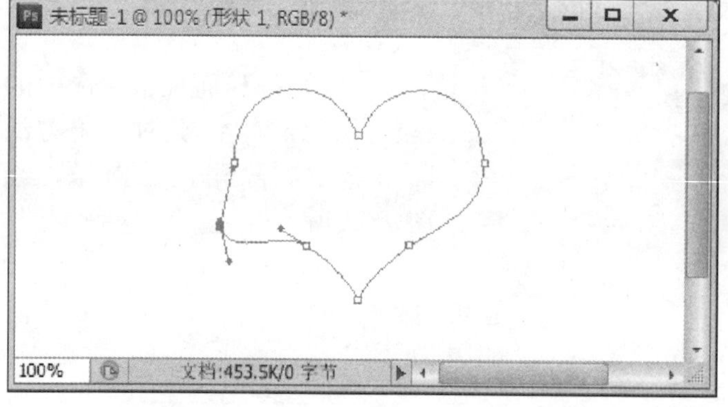

图 9-14

03 添加锚点

在文档窗口中，路径已经添加锚点并调整形状，通过以上方法即可完成添加锚点的操作，如图 9-14 所示。

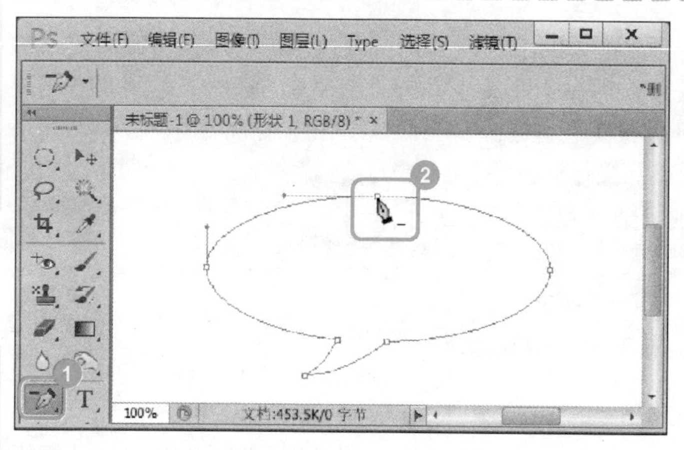

图 9-15

04 删除路径的锚点

No.1 新建图形路径后，单击【工具箱】中的【删除锚点工具】按钮。

No.2 在文档窗口中，当鼠标指针变为时，在图形路径中，在需要删除锚点的位置，单击鼠标，如图 9-15 所示。

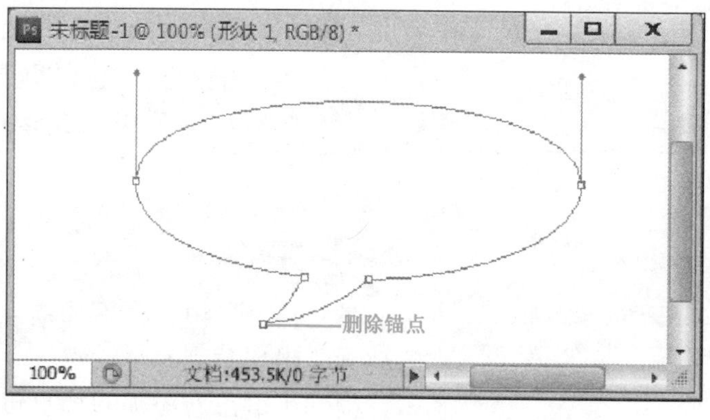

图 9-16

05 删除锚点

在文档窗口中，锚点已经删除，在键盘上按下〈Esc〉键，通过以上方法即可完成删除锚点的操作，如图 9-16 所示。

9.3.3 选择与移动锚点和路径

在 Photoshop CS6 中，使用【路径选择】工具，用户可以对创建的路径进行选择和移动下面介绍运用【路径选择】工具的操作方法。

在 Photoshop【工具箱】中，单击【路径选择工具】按钮，然后在文档窗口中，拖动建的路径，这样即可完成选择和移动路径的操作，如图 9-17 所示。

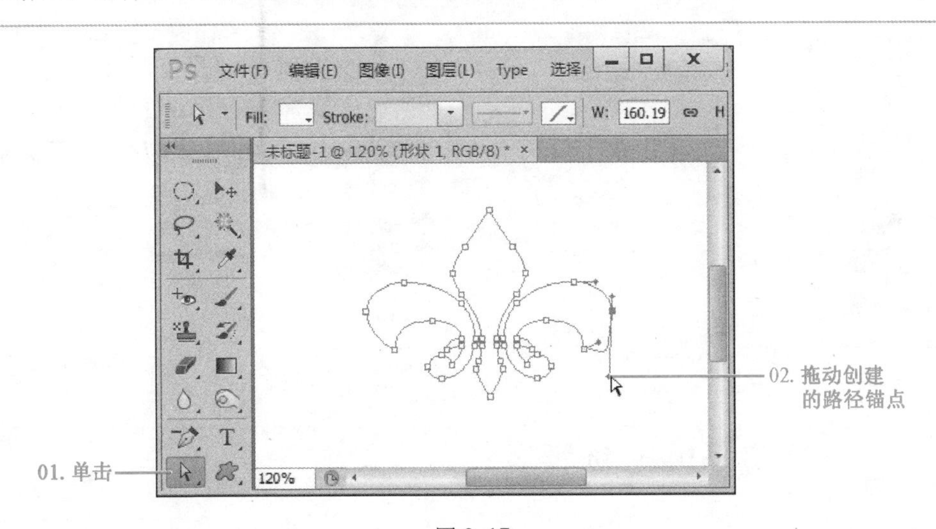

图 9-17

教你一招

使用快捷菜单项删除锚点的操作

在 Photoshop CS6 中，右键单击准备删除的锚点，在弹出的快捷菜单中，选择【删除锚点】菜单项，用户同样可以进行删除锚点的操作。

9.3.4 调整路径形状

在 Photoshop CS6 中，使用【转换点】工具，用户可以根据需要，调整路径中的形状，面介绍使用【转换点】工具的操作方法。

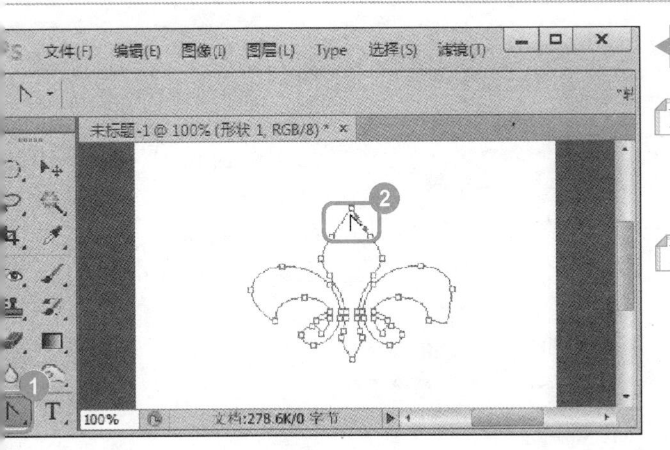

图 9-18

01 单击转换点工具

No.1 新建图形路径后，单击【工具箱】中的【转换点工具】按钮。

No.2 在文档窗口中，当鼠标指针变为时，在图形路径中，单击鼠标，使路径中出现锚点，如图 9-18 所示。

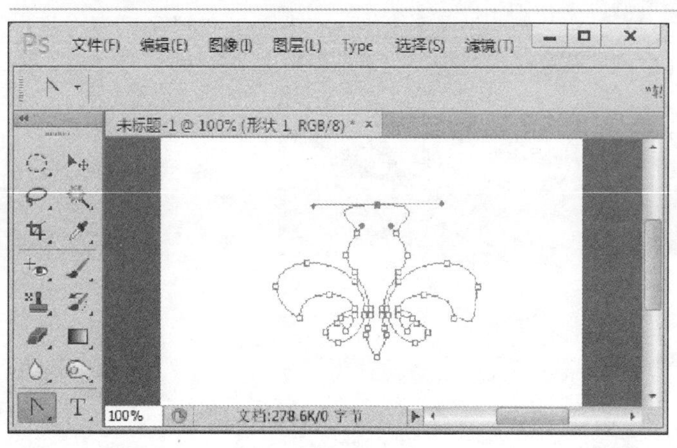

图 9-19

02 改变路径的形状

在文档窗口中，出现锚点后选择准备改变形状的角点，拖该角点，图像的路径发生形状变。通过以上方法即可完成运【转换点】工具的操作，如图 9-所示。

9.3.5 路径的变换操作

在 Photoshop CS6 中，创建路径后，用户可以对创建的路径进行自由变换，以便对建的路径进行编辑。下面介绍变换路径的操作方法。

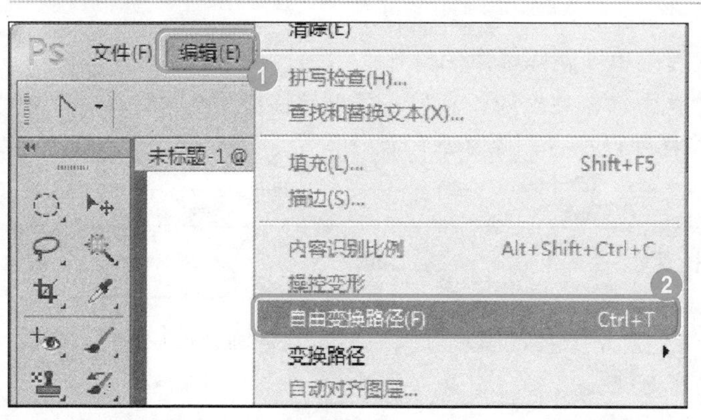

图 9-20

01 使用菜单项

No.1 在文档窗口中，创建路后，单击【编辑】主菜单

No.2 在弹出的下拉菜单中，择【自由变换路径】菜单项如图 9-20 所示。

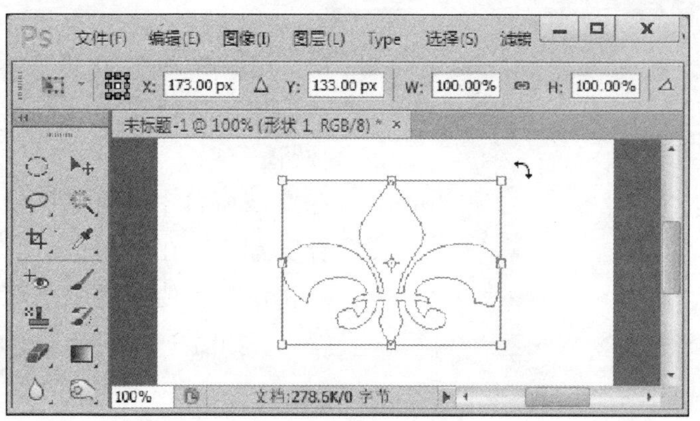

图 9-21

02 变换路径

在文档窗口中，进入自由化路径的状态，拖动鼠标向下动，使创建的路径向下旋转，后在键盘上按下【Enter】键，图 9-21 所示。

图 9-22

03 路径已变换成功

在文档窗口中，创建的路径已经自由变换，通过以上方法即可完成自由变换路径的操作，如图 9-22 所示。

举一反三

创建路径后，在键盘上按下组合键〈Ctrl〉+〈T〉，也可进入自由变换路径的状态。

9.3.6 复制路径

在 Photoshop CS6 中，如果某一路径需要重复使用，用户可以将其复制。下面介绍复制路径的操作方法。

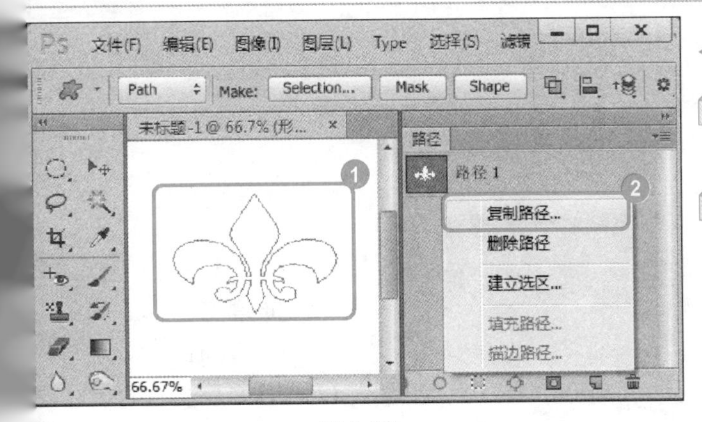

图 9-23

01 使用快捷菜单

No.1 在文档窗口中，创建一个路径。

No.2 在【路径】面板中，右键单击准备复制的路径层，如【路径 1】层，在弹出的快捷菜单中，选择【复制路径】菜单项，如图 9-23 所示。

图 9-24

02 设置复制路径选项

弹出【复制路径】对话框，单击【确定】按钮 确定 ，如图 9-24 所示。

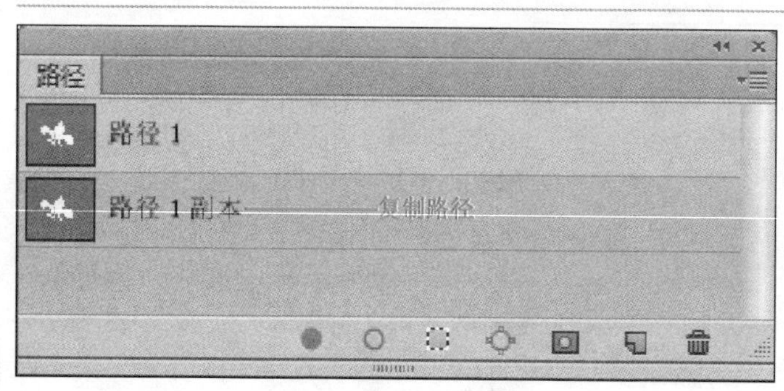

图 9-25

03 路径已复制成功

在【路径】面板中，选择的路径已经复制成功。通过以上方法即可完成复制路径的操作，如图 9-25 所示。

Section 9.4 路径的填充与描边

本节导读

在 Photoshop CS6 中，创建路径后，用户可以对创建的路径进行填充颜色和描边的操作，使创建的路径可以填充自定义的颜色或描边颜色，这样可以使编辑中的路径，与其他路径进行区分和美化。本节将重点介绍路径的填充与描边方面的知识。

9.4.1 填充路径

在 Photoshop CS6 中，用户可以对创建的路径进行颜色和图案的填充，下面介绍填充路径的操作方法。

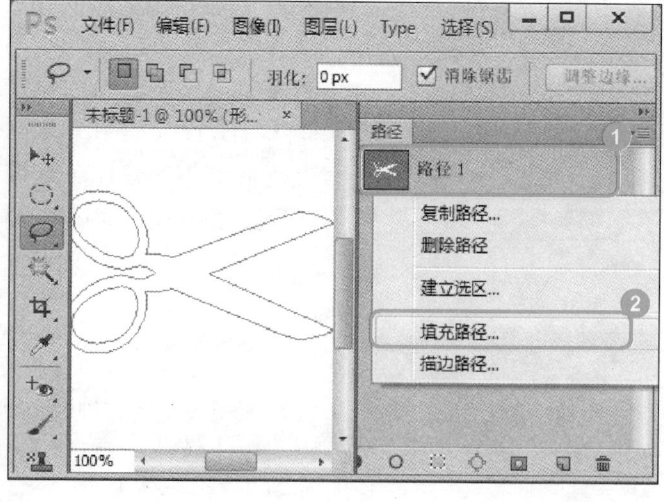

图 9-26

01 使用快捷菜单

No.1 在【路径】面板中，右键单击准备填充图案的路径层，如“路径 1”。

No.2 在弹出的快捷菜单中，选择【填充路径】菜单项，如图 9-26 所示。

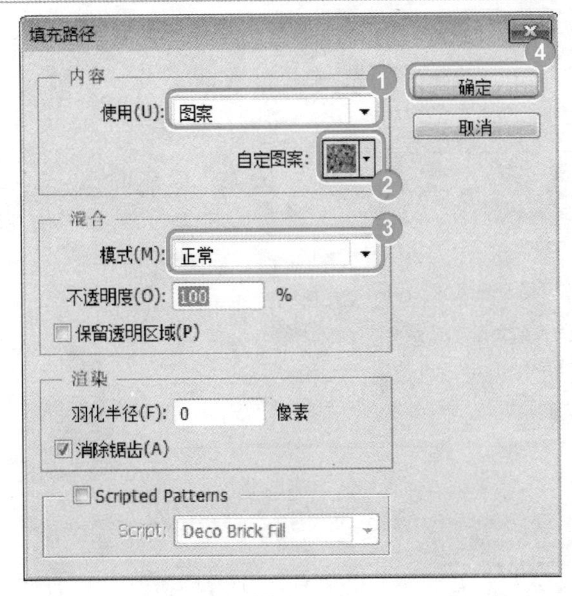

图 9-27

02 设置填充路径选项

No.1 弹出【填充路径】对话框，在【使用】下拉列表框中，选择【图案】选项。

No.2 在【自定图案】下拉列表框中，选择准备应用的图案。

No.3 在【混合】区域中，在【模式】下拉列表框中，选择填充的混合模式，如“正常”。

No.4 单击【确定】按钮 确定 ，如图 9-27 所示。

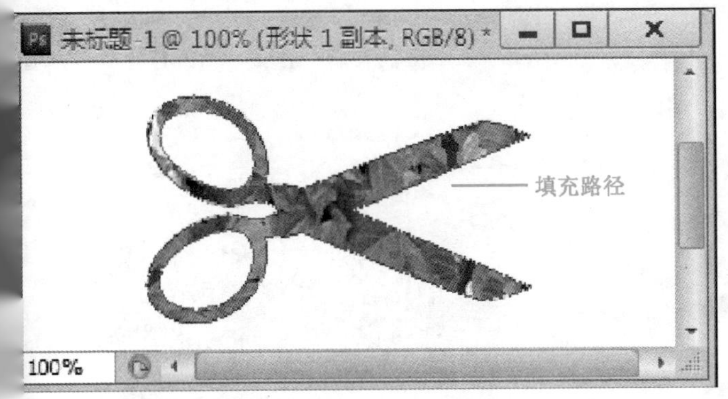

图 9-28

03 路径已填充成功

此时，在文档窗口中，创建的路径已填充选择的图案。通过以上方法即可完成填充路径的操作，如图 9-28 所示。

填充路径对话框

在 Photoshop CS6 中，在【填充路径】对话框中，用户不仅可以对创建的路径填充图案，还可以填充前景色、背景色、自定义颜色、历史记录、内容识别、50% 灰、黑色和白色等。

9.4.2 描边路径

在 Photoshop CS6 中，用户可以使用铅笔、画笔、仿制工具、修复画笔等工具对路径进行描边操作。下面介绍描边路径的操作方法。

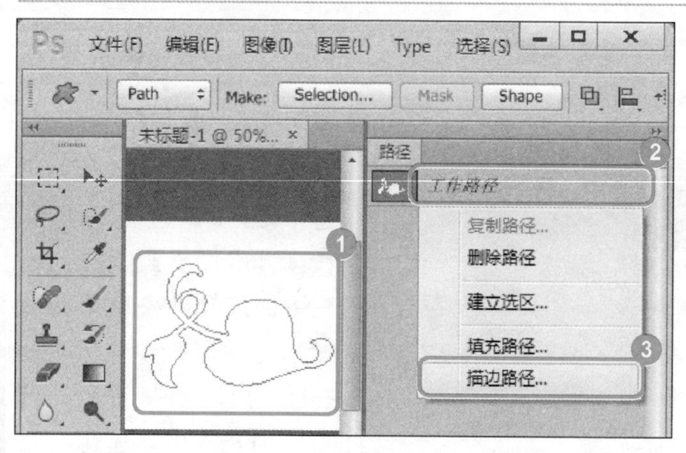

图 9-29

01 使用快捷菜单

No.1 在文档窗口中，创建一个图形路径。

No.2 在【路径】面板中，右键单击准备填充图案的路径层，如“路径 1”。

No.3 在弹出的快捷菜单中，选择【描边路径】菜单项，如图 9-29 所示。

图 9-30

02 设置描边路径选项

No.1 弹出【描边路径】对话框，在【工具】下拉列表框中，设置描边工具，如“画笔”。

No.2 单击【确定】按钮 确定，如图 9-30 所示。

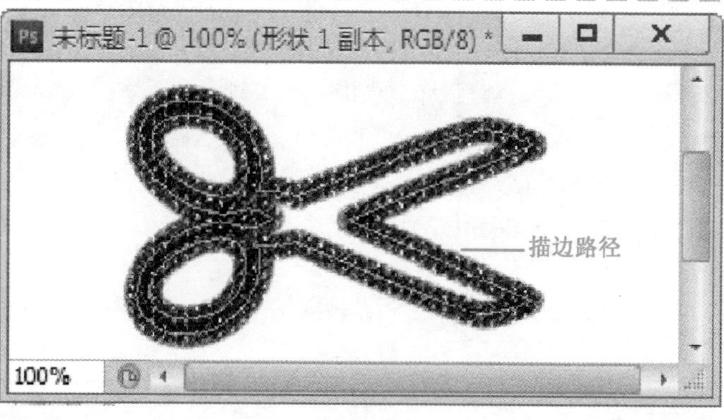

图 9-31

03 路径已填充成功

此时，在文档窗口中，创建的路径已经按照画笔样式描边，通过以上方法即可完成描边路径的操作，如图 9-31 所示。

Section 9.5 路径与选区的转换

本节导读

创建路径后，用户可以对创建的路径进行从路径建立选区和从选区建立路径的操作，方便用户对路径与选区进行转换，以便绘制出符合工作要求的图像。本节将重点介绍路径与选区的转换方面的知识。

9.5.1 从路径建立选区

在 Photoshop CS6 中，用户可以将创建的图形从路径建立成选区，以便对选区内的图形进行编辑。下面介绍从路径建立选区的操作方法。

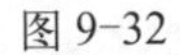

图 9-32

01 绘制路径

打开一个图像文件，在文档窗口中，使用【自定义形状工具】绘制一个自定义形状的路径，如图 9-32 所示。

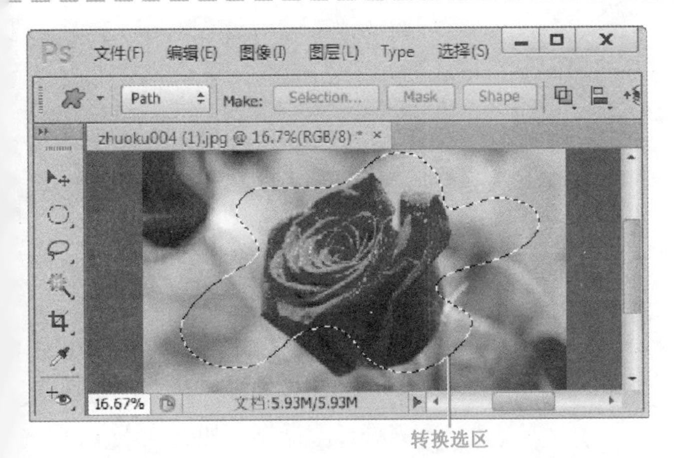

图 9-33

02 转换选区

创建路径后，在键盘上按下组合键〈Ctrl〉+〈Enter〉键。通过以上方法即可完成从路径建立选区的操作，如图 9-33 所示。

图 9-34

03 填充渐变色

将路径转换成选区后，用户可以反选选区，并使用渐变工具对选区填充成自定义渐变颜色。通过以上方法即可完成填充渐变色的操作，如图 9-34 所示。

9.5.2 从选区建立路径

在Photoshop CS6中，用户不仅可以将路径转换成选区，同时还可以将选区转换成路径，方便对图像进行路径的编辑。下面介绍从选区建立路径的操作方法。

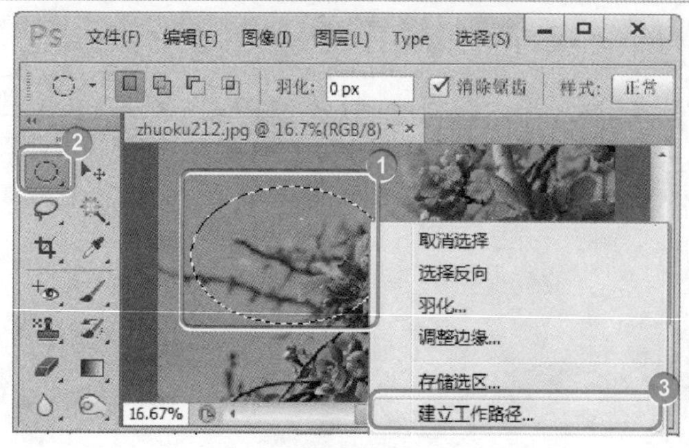

图 9-35

01 使用快捷菜单

No.1 在文档窗口中，创建一个图形选区。

No.2 在【工具箱】中，单击【套索工具】按钮。

No.3 在创建的选区内右键单击，在弹出的快捷菜单中，选择【建立工具路径】菜单项，如图 9-35 所示。

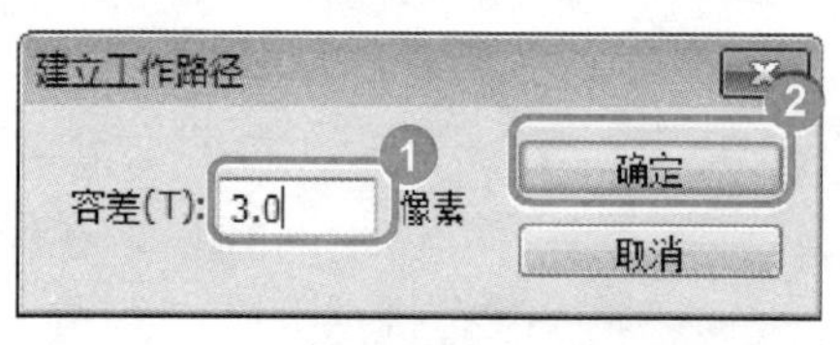

图 9-36

02 设置建立工作路径选项

No.1 弹出【建立工作路径】对话框，在【容差】文本框中，输入容差值。

No.2 单击【确定】按钮 确定，如图 9-36 所示。

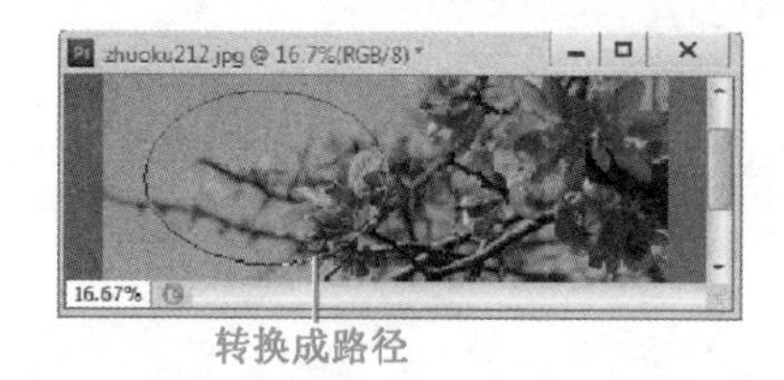

图 9-37

03 选区转换成路径

此时，选区已经转换成路径，通过以上方法即可完成从选区建立路径的操作，如图 9-37 所示。

Section 9.6 使用形状工具

本节导读

使用工具箱中的形状工具，用户可以创建各种形状的路径，包括矩形路径、圆角矩形路径、椭圆路径、多边形路径和直线路径等。本节将重点介绍使用形状工具方面的知识。

9.6.1 矩形工具

在 Photoshop CS6 中，使用工具箱中的【矩形】工具，用户可以绘制出矩形路径或正方形路径，下面介绍使用矩形工具的操作方法。

新建图像文件后，单击【工具箱】中的【矩形工具】按钮，在矩形工具选项栏中，选择【Path】选项，在文档窗口中，绘制一个矩形路径，通过以上方法即可完成运用【矩形】工具的操作，如图 9-38 所示。

图 9-38

使用矩形工具绘制正方形路径

在 Photoshop CS6 中，使用矩形工具时，在键盘上按住【Shift】键的同时，拖动矩形工具，这样即可在文档窗口中绘制出一个正方形路径。

9.6.2 圆角矩形工具

在 Photoshop CS6 中，使用工具箱中的【圆角矩形】工具，用户可以绘制出带有不同度的圆弧矩形路径或圆弧正方形路径，下面介绍使用圆角矩形工具的操作方法。

新建图像文件后，单击【工具箱】中的【圆角矩形工具】按钮，在圆角矩形工具选栏中，在【半径】文本框中，输入圆角弧度的半径数值，在文档窗口中，绘制一个圆角形路径，如图 9-39 所示。

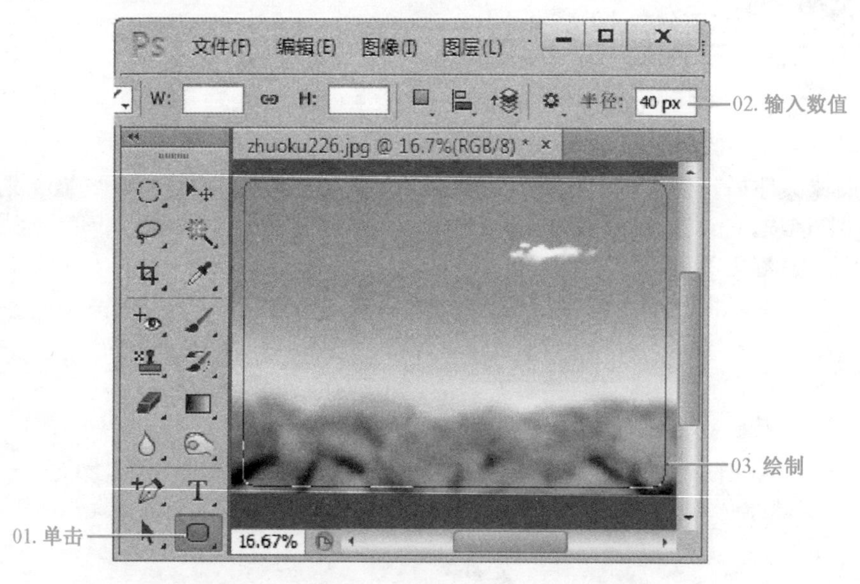

图 9-39

9.6.3 椭圆工具

在 Photoshop CS6 中，使用工具箱中的【椭圆】工具，用户可以创建椭圆的路径。下面介绍运用椭圆工具的操作方法。

新建图像文件后，单击【工具箱】中的【椭圆工具】按钮，在椭圆工具选项栏中，选择【Path】选项，在文档窗口中，绘制一个椭圆路径，通过以上方法即可完成运用【椭圆】工具的操作，如图 9-40 所示。

图 9-40

9.6.4 多边形工具

在Photoshop CS6中，使用【多边形】工具，用户可以在工具选项栏中设置绘制边的数量，然后绘制图形。下面介绍运用【多边形】工具的操作方法。

新建图像文件后，单击【工具箱】中的【多边形工具】按钮，然后在多边形工具选项栏中，在【边】文本框中，输入多边形的边数，如“6”，然后在文档窗口中，绘制一个多边形路径，如“6边形”，通过以上方法即可完成运用【多边形】工具的操作，如图9-41所示。

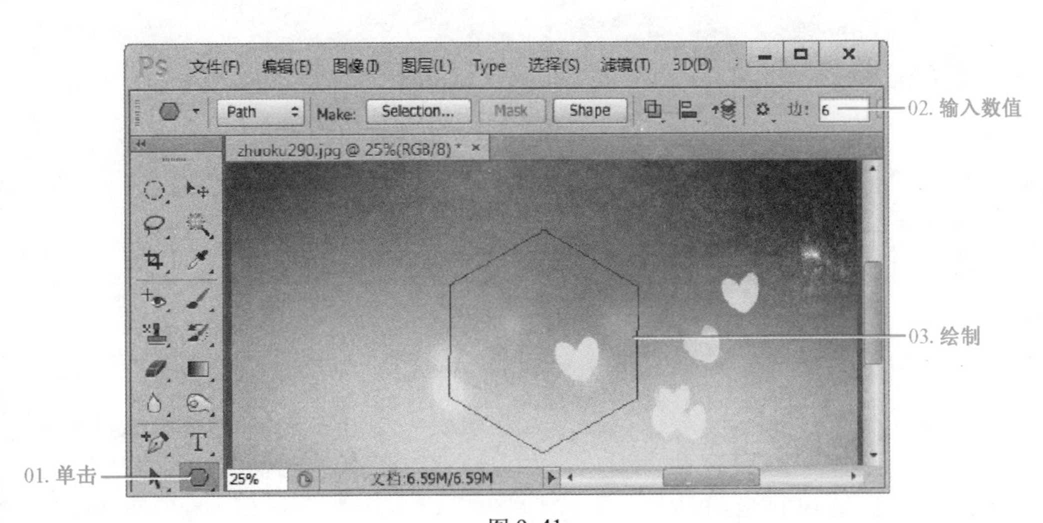

图 9-41

教你一招

绘制星形路径的方法

在Photoshop CS6中，在多边形工具选项栏中，单击【几何选项】按钮，在弹出的下拉面板中，勾选【星形】复选框，这样在使用多边形工具绘制路径时，可以绘制出各种星形路径。

9.6.5 直线工具

在Photoshop CS6中，使用【直线】工具，用户可以创建带箭头或不带箭头的直线，下面介绍运用【直线】工具的操作方法。

新建图像文件后，单击【工具箱】中的【直线工具】按钮，在直线工具选项栏中，在【粗细】文本框中，输入绘制直线的粗细数值，如“30”，单击【几何选项】按钮，在弹出的下拉面板中，勾选【终点】复选框，在文档窗口中，绘制一个带箭头的直线路径，如图9-42所示。

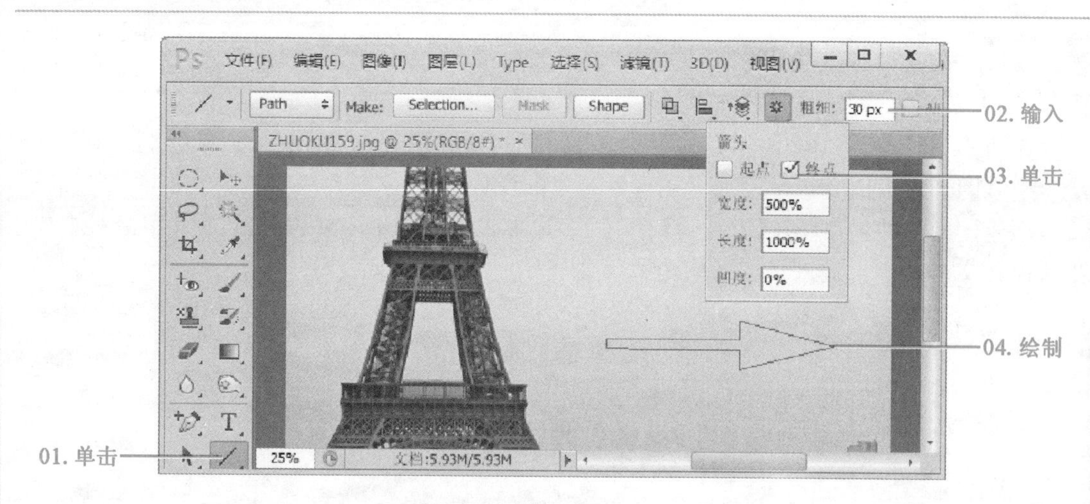

图 9-42

Section 9.7

实践案例与上机指导

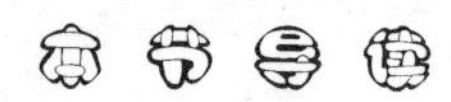

对矢量工具与路径有所认识后，本节将针对以上所学知识制作五个案例，分别是连接路径、自定形状工具、填充透明路径、使用路径面板新建路径层和存储路径，供用户学习。

9.7.1 连接路径

在绘制的路径图形中，如果准备将两个路径闭合，用户可以使用【钢笔】工具。下面介绍连接路径的操作方法。

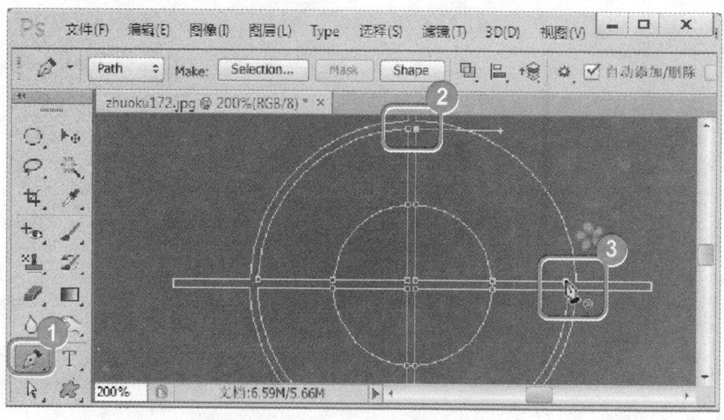

图 9-43

01 使用快捷菜单

No.1 单击【工具箱】中的【钢笔工具】按钮。

No.2 在文档窗口中，单击准备连接路径的第一个边缘点。

No.3 单击准备连接路径的第二个边缘点，如图 9-43 所示。

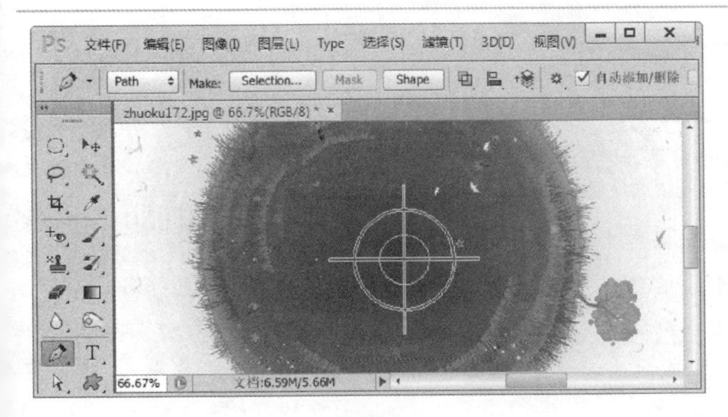

图 9-44

02 路径已连接

此时，在文档窗口中，图像中的路径已经闭合连接，通过以上方法即可完成连接路径的操作，如图 9-44 所示。

9.7.2 自定形状工具

在 Photoshop CS6 中，使用【自定形状】工具，用户可以绘制各种自定形状，下面介绍使用【自定形状】工具的操作方法。

新建图像文件后，单击【工具箱】中的【自定义形状工具】按钮，在文档窗口中，单击【形状】下拉按钮，在弹出的下拉面板中，选择准备使用的形状样式，在绘图窗口中，绘制自定义图形，通过以上方法即可完成使用自定形状工具的操作，如图 9-45 所示。

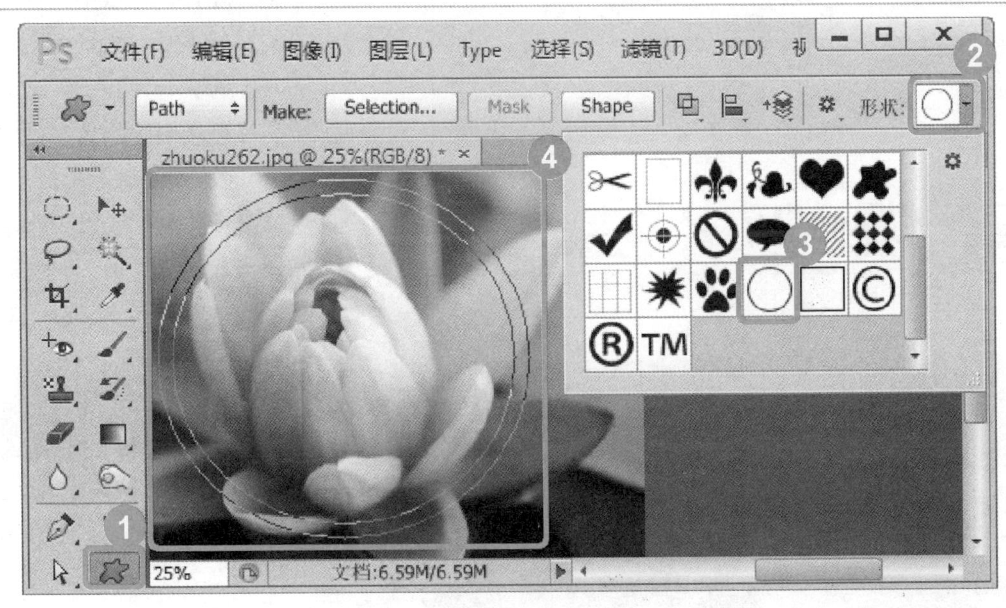

图 9-45

9.7.3 填充透明路径

在 Photoshop CS6 中，用户可以将路径填充成透明色。下面介绍填充透明路径的操作方法。

图 9-46

01 使用快捷菜单

No.1 在文档窗口中，创建一个图形路径。

No.2 在【路径】面板中，右键单击准备填充的路径层，如“工作路径”。

No.3 在弹出的快捷菜单中，选择【填充路径】菜单项，如图 9-46 所示。

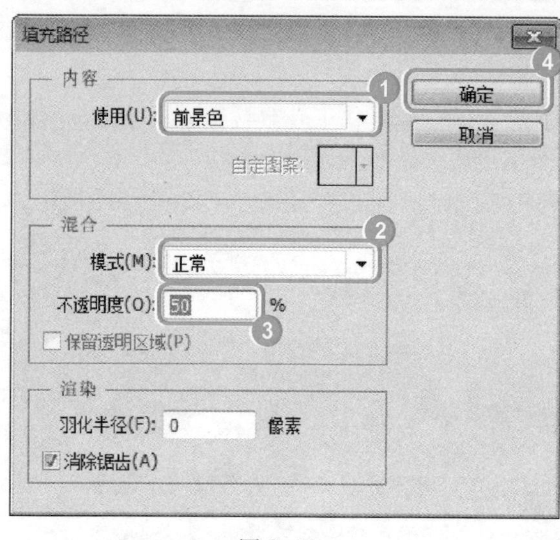

图 9-47

02 设置填充路径选项

No.1 弹出【填充路径】对话框，在【使用】下拉列表框中，选择【前景色】选项。

No.2 在【混合】区域中，在【模式】下拉列表框中，选择填充的混合模式,如“正常”。

No.3 在【不透明度】文本框中，输入数值。

No.4 单击【确定】按钮 确定，如图 9-47 所示。

图 9-48

03 路径填充成功

此时，在文档窗口中，创建的路径已填充不透明度。通过以上方法即可完成填充透明路径的操作，如图 9-48 所示。

9.7.4 使用路径面板新建路径层

在 Photoshop CS6 中，用户可以在【路径】面板中，创建新的路径，下面介绍新建路径的操作方法。

01 单击新建按钮

调出【路径】面板后，单击【路径】面板中的【创建新路径】按钮 ，如图 9-49 所示。

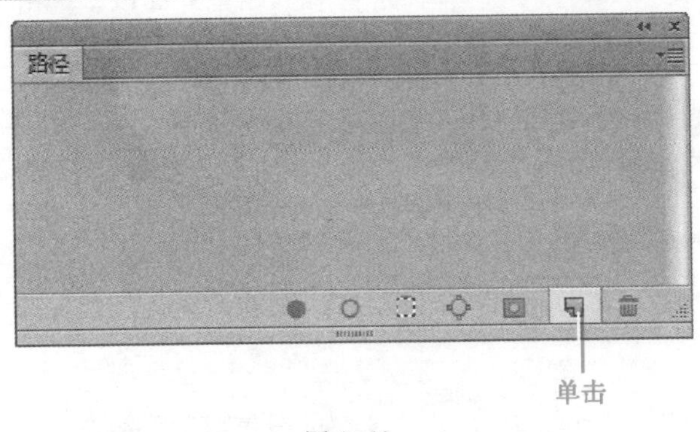

图 9-49

02 新建路径层

通过以上方法即可完成新建路径层的操作，如图 9-50 所示。

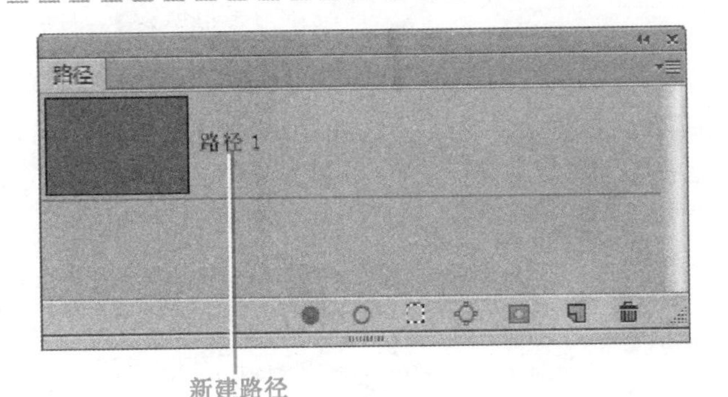

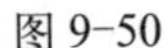

图 9-50

教你一招

路径命名方式

在 Photoshop CS6 中，使用【钢笔】工具绘制路径时，如果单击【路径】面板中的【创建新路径】按钮，将创建一个新的路径，选中这个路径，然后绘制路径，则创建的路径以“路径 1”进行命名。如果未单击【创建新路径】按钮，而直接绘制路径，则创建的路径以“工作路径”进行命名。

9.7.5 存储路径

在 Photoshop CS6 中，用户可以将创建的路径存储起来，以便经常使用。下面介绍存储路径的操作方法。

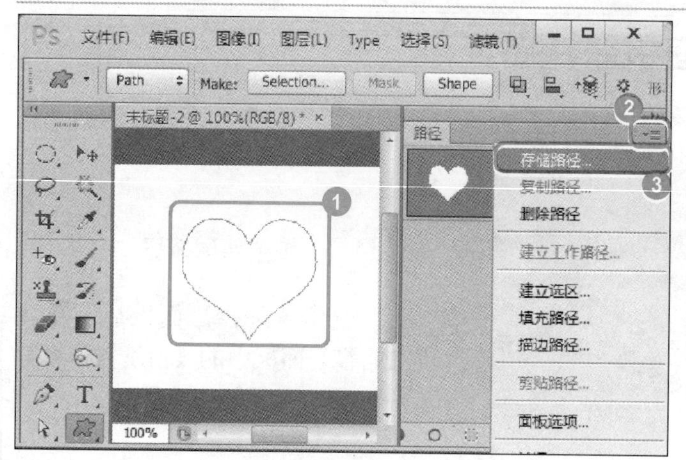

图 9-51

01 使用菜单项目

No.1 在文档窗口中，创建一个图形路径。

No.2 在【路径】面板，单击【路径面板】按钮。

No.3 在弹出的下拉菜单中，选择【存储路径】菜单项，如图 9-51 所示。

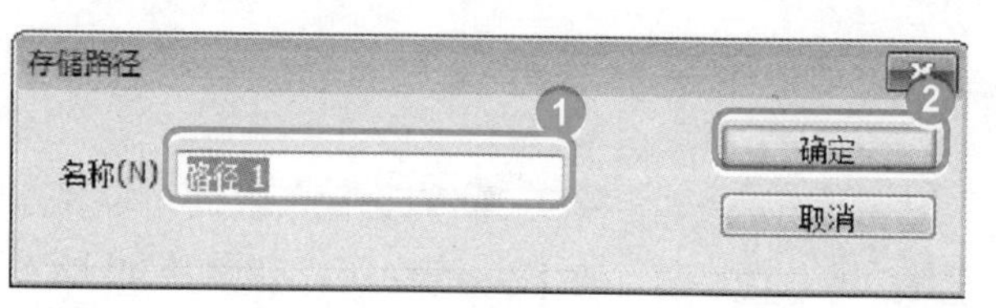

图 9-52

02 设置存储路径选项

No.1 弹出【存储路径】对话框，在【名称】文本框中，输入路径的保存名称。

No.2 单击【确定】按钮 确定 ，如图 9-52 所示。

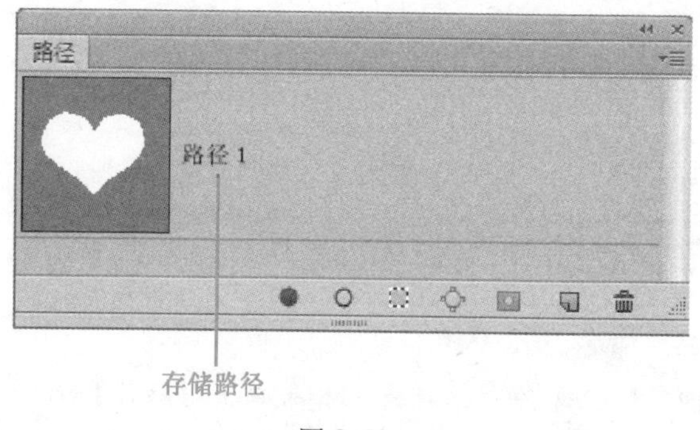

图 9-53

03 路径已存储成功

通过以上方法即可完成存储路径的操作，如图 9-53 所示。

第 10 章

图层与图层样式

本章主要介绍了图层原理、创建及编辑图层的方法、设置图层和图层组方面的知识与技巧，同时还讲解了合并图层、图层样式和管理图层样式的操作技巧。通过本章的学习，读者可以掌握图层与图层样式方面的知识，为进一步学习 Photoshop CS6 知识奠定基础。

Section

10.1 图层原理

本节导读

在 Photoshop CS6 中，图层是非常重要的功能，使用图层，用户可以在图层中执行新建、复制和编辑图像的操作，同时可以将不同图像放置在不同的图层中，方便在编辑图像时，区分图像位置和移动图像。本节将重点介绍图层原理方面的知识。

10.1.1 什么是图层

图层的主要功能是将当前图像组成关系清晰地显示出来，用户可以方便快捷地对各图层进行编辑修改。图层列出了图像中的所有图层和组合图层效果，同时用户可以隐藏和显示图层、创建新图层以及处理图层组，还可以在“图层面板菜单” 中访问其他命令和选项。

在 Photoshop CS6 中，用户可以将图层比作一叠透明的纸，并且在每张纸上保存着绘制的不同图像，将这些图像组合在一起可以组成一幅完整的图像，透过每一张纸都会看到下方的图像，如图 10-1 所示。

图 10-1　图像效果与【图层】面板状态

10.1.2 什么是图层面板

在 Photoshop CS6 中，在【图层】面板中，用户可以单独对某个图层中的内容进行编辑而不影响其他图层中的内容，在【图层】面板中，包含很多命令和工具按钮，方便用户对图层进行操作，如图 10-2 所示。

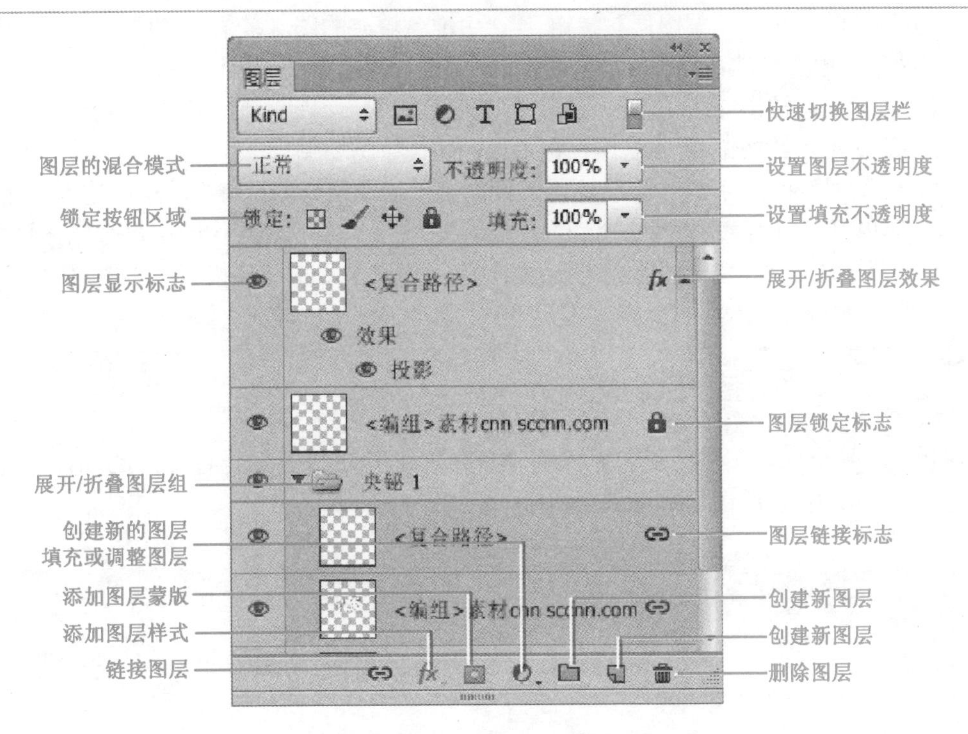

图 10-2 【图层】面板

- 设置图层混合模式：在该下拉列表框中可以设置图层的混合模式，如溶解、叠加、色相和差值以及设置与下方图层的混合方式等。
- 锁定按钮区域：该区域中包括【锁定透明像素】按钮、【锁定图像像素】按钮、【锁定位置】按钮和【锁定全部】按钮，可以设置当前图层的属性。
- 设置图层不透明度：可以设置当前图层的不透明度，数值从 0 至 100。
- 设置填充不透明度：可以设置当前图层填充的不透明度，数值从 0 至 100。
- 展开/折叠图层组：可以将图层编组，在该图标中可以将图层组展开或折叠。
- 图层显示标志：如果在图层前显示标志，表示当前图层为可见，单击该图标可以将当前图层隐藏。
- 图层链接标志：表示彼此链接的图层，并且可以对链接的图层进行整体移动或设置样式等操作。
- 展开/折叠图层效果：单击该图标可以将当前图层的效果在图层下方显示，再次单击可以隐藏该图层的效果。
- 图层锁定标志：表明当前图层为锁定状态。
- 【链接图层】按钮：在【图层】面板中选中准备链接的图层，单击该按钮可以将其链接起来。
- 【添加图层样式】按钮 fx：选中准备设置的图层，单击该按钮，在弹出的下拉菜单中选择准备设置的图层样式，在弹出的【图层样式】对话框中可以设置图层的样式，如投影、内阴影、外发光和光泽等。
- 【添加图层蒙版】按钮：选中准备添加蒙版的图层，单击该按钮可以为其添加蒙版。

- 【创建新的填充或调整图层】按钮 ：选中准备填充的图层，单击该按钮，在弹出的下拉菜单中选择准备调整的菜单项，如纯色、渐变、色阶和曲线等。
- 【创建新组】按钮 ：单击该按钮，可以在【图层】面板中创建新组。
- 【创建新图层】按钮 ：单击该按钮可以创建一个透明图层。
- 【删除图层】按钮 ：选中准备删除的图层，单击该按钮即可将当前选中的图层删除。
- 快速切换图层栏：开启【快速切换图层】按钮后 ，单击该栏中的图层图标，将快速切换至该图层中，如单击文字图层图标 ，【图层】面板将切换至文字图层中。

10.1.3 图层的类型

在Photoshop CS6中，图层包括多种类型，不同类型的图层会有不同的功能和用途，在【图层】面板中显示图层的状态也不同，如图10-3所示。

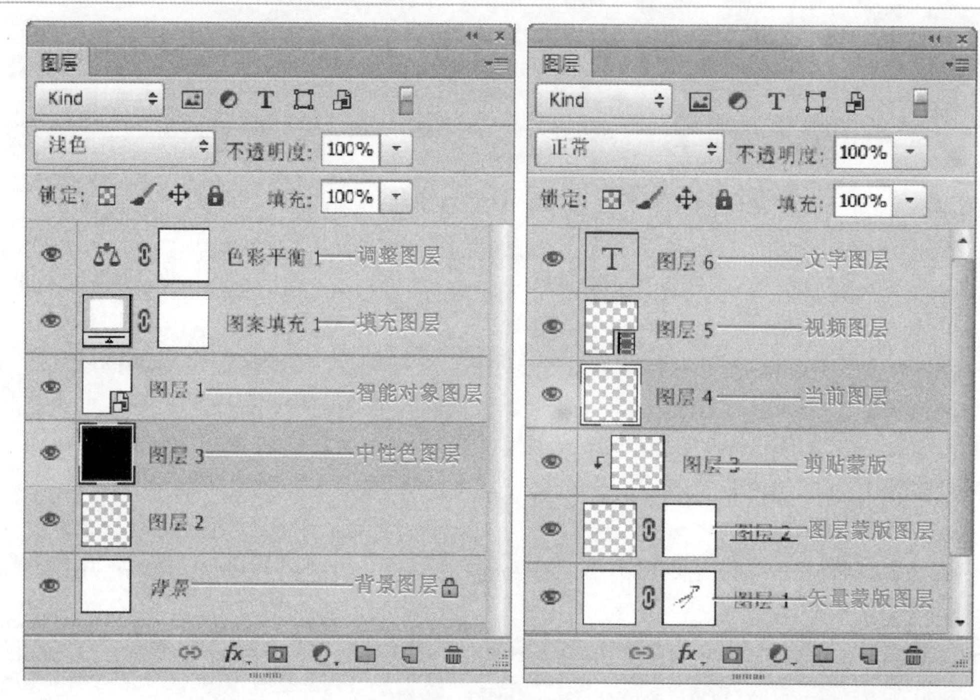

图 10-3 图层的类型

- 快速切换图层栏：开启【快速切换图层】按钮后，单击该栏中的图层图标，将快速切换至该图层中，如单击文字图层图标，【图层】面板将切换至文字图层中。
- 背景图层：在新建文档时，默认创建的图层，位于【图层】面板的最下方，图层名称为“背景”。
- 当前图层：当前正在进行处理的图层，在编辑图像时，必须将当前编辑对象的图层设置为当前图层。
- 中性色图层：填充中性色的特殊图层，在该图层中绘画并结合了特定的混合模式。
- 智能对象图层：包含智能对象的图层，可以对该图层进行统一的调整。

- 调整图层：可以对图像的色彩进行调整，不会永久改变图像的像素值。
- 填充图层：在该图层中填充单色、图案或渐变等，从面创建带有特殊效果的图层。
- 矢量蒙版图层：是带有矢量形状的蒙版图层。
- 图层蒙版图层：是为图层添加图层蒙版的图层，可控制图层中图像的显示范围。
- 文字图层：使用文字工具创建文字的图层。
- 剪贴蒙版：是蒙版的一种，可以控制图像的显示范围。
- 视频图层：包含视频帧的图层。

Section 10.2 创建及编辑图层的方法

本节导读

在 Photoshop CS6 中，掌握图层的基本概念及基础知识后，用户即可创建新的图层用于对图像的编辑操作。创建图层的方法多种多样，同时用户可以根据需要创建不同类型的图层，如文字图层、形状图层等。本节将重点介绍创建及编辑图层的方法方面的知识。

10.2.1 创建普通透明图层

在Photoshop CS6中，在【图层】面板中，单击【创建新图层】按钮，用户可以在【图层】面板中快速创建新图层，如图10-4所示。

图 10-4　创建普通透明图层

10.2.2 创建文字图层

在 Photoshop CS6 中，如果准备在文档窗口中输入文字，【图层】面板中将自动生成一个文字图层。下面介绍创建文字图层的操作方法。

在【工具箱】中，单击【横排文字工具】按钮T，在文档窗口中单击并输入文字，在【图层】面板中即可创建一个文字图层，如图 10-5 所示。

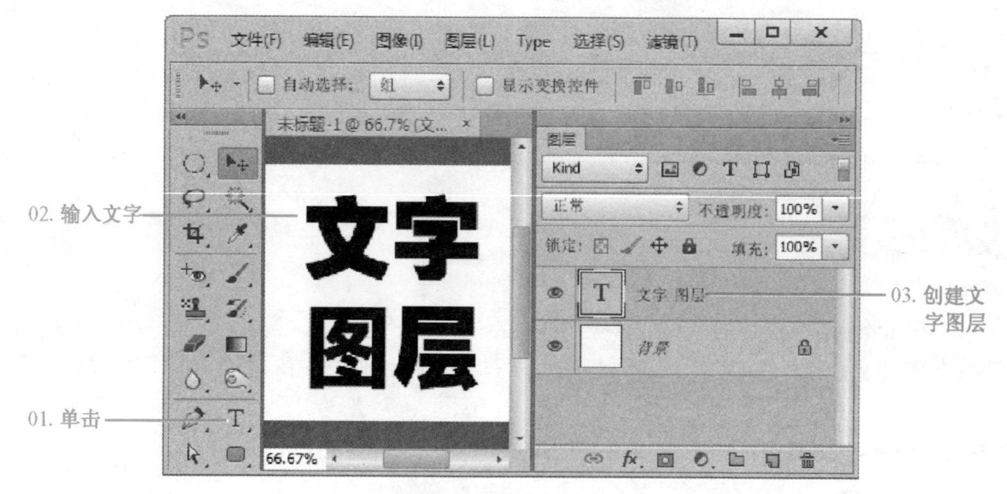

图 10-5 创建文字图层

10.2.3 创建形状图层

在 Photoshop CS6 中，用户可以使用【钢笔】工具创建形状图层。下面介绍创建形状图层的操作方法。

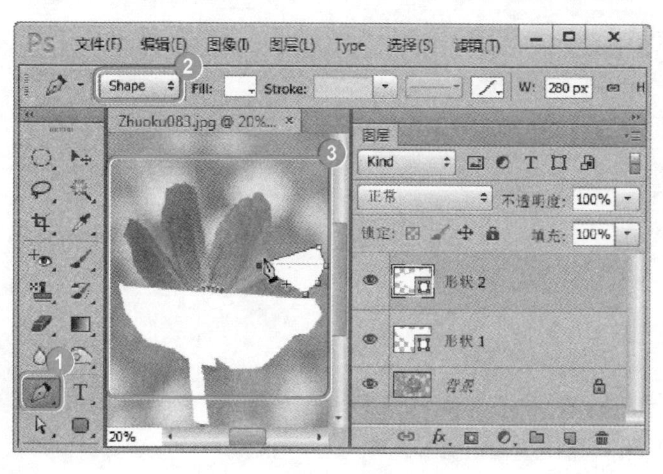

图 10-6

01 绘制路径第一点

No.1 打开图像后，单击【工具箱】中的【钢笔工具】按钮。

No.2 在【钢笔工具】选项栏中，在【形状图层】下拉列表框中，选择【Shape】选项

No.3 在文档窗口中，在需要创建形状的不同位置处单击连成一个完整的形状，如图 10-6 所示。

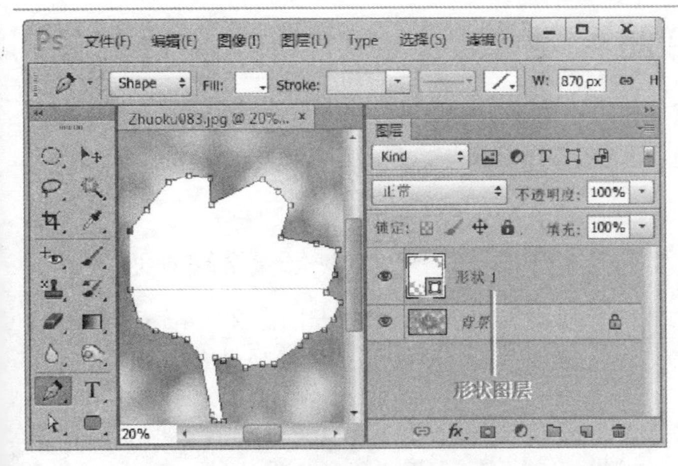

图 10-7

02 形状图层已创建

在文档窗口中，创建一个完整的形状后，在【图层】面板中将自动生成一个形状图层。通过以上方法即可完成创建形状图层的操作，如图 10-7 所示。

10.2.4 创建背景图层

在 Photoshop CS6 中，用户可以根据绘制图形的需要，自行创建一个背景图层。下面介绍创建背景图层的操作方法。

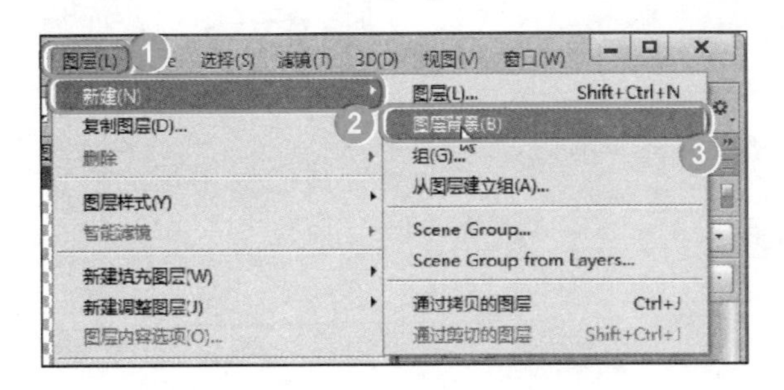

图 10-8

01 使用快捷菜单

No.1 创建透明图像文件后，单击【图层】主菜单。

No.2 在弹出的下拉菜单中，选择【新建】菜单项。

No.3 在弹出的下拉菜单中，选择【图层背景】菜单项，如图 10-8 所示。

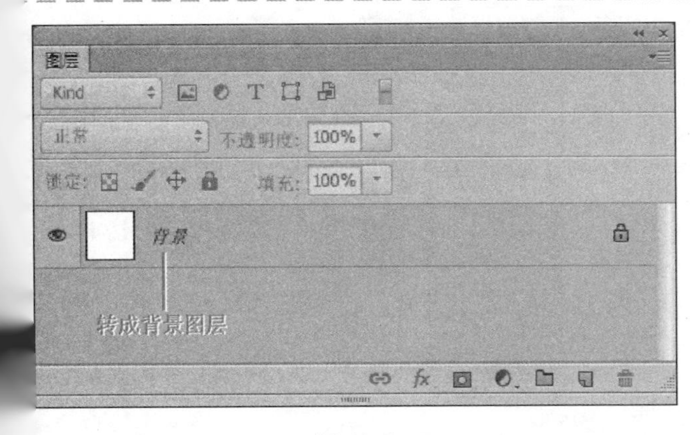

图 10-9

02 背景图层色创建

在图层面板中，此时透明图层将自动转换成背景图层。通过以上方法即可完成创建背景图层的操作，如图 10-9 所示。

10.2.5 显示与隐藏图层

在Photoshop CS6中，用户可以将暂时不需要使用的图层进行隐藏，方便用户管理图层，同时可在需要操作时再将该图层显示。下面介绍显示与隐藏图层的方法。

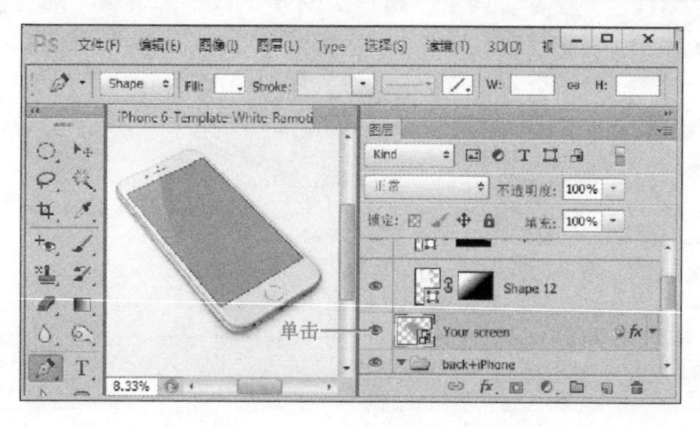

图 10-10

01 设置隐藏的图层

打开图像文件后，在【图层】面板中，选择准备隐藏的图层，单击该图层前方的【指示图层可见性】图标，如图10-10所示。

图 10-11

02 图层已经被隐藏

此时，在【图层】面板中，选择的图层已经被隐藏，此图层中的图像不再显示，通过以上方法即可完成隐藏图层的操作，如图10-11所示。

图 10-12

03 设置显示的图层

在【图层】面板中，选择已经隐藏的图层，如“Layer2”，单击该图层前方的【指示图层可见性】图标，如图10-12所示。

图 10-13

04 图层已再次显示

此时，在【图层】面板中，隐藏的图层已经再次显示，通过以上方法即可完成显示图层的操作，如图 10-13 所示。

10.2.6 编辑图层的名称

在 Photoshop CS6 中，用户可以修改图层名称，这样可以方便用户对图层进行分类。下面介绍修改图层名称的操作方法。

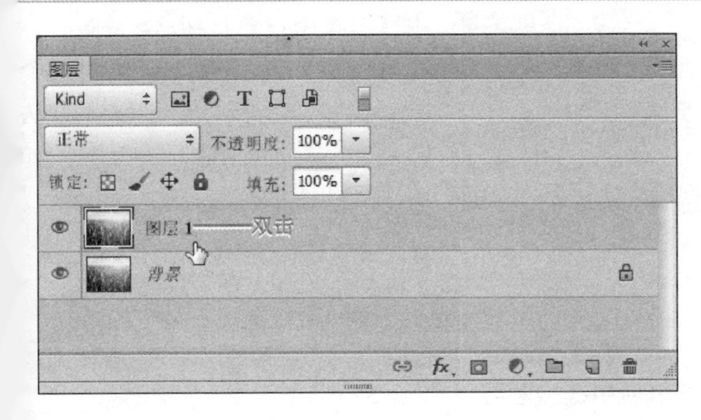

图 10-14

01 双击准备修改的图层

打开图像文件后，在【图层】面板中，选择准备修改名称的图层，如“图层 1”，选择图层后，在当前图层名称处双击，如图 10-14 所示。

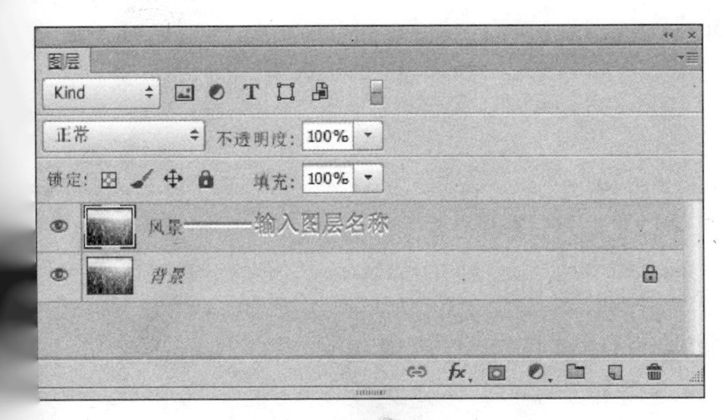

图 10-15

02 图层名称已修改

双击图层名称后，在弹出的【图层名称】文本框中，输入准备设置的图层名称，确认后在键盘上按下【Enter】键，通过以上方法即可完成修改图层名称的操作，如图 10-15 所示。

10.2.7 图层链接

如果准备对多个图层进行移动或编辑操作，用户可以将准备操作的多个图层进行链接，这样链接的多个图层将被同时移动或编辑，下面介绍链接图层的方法。

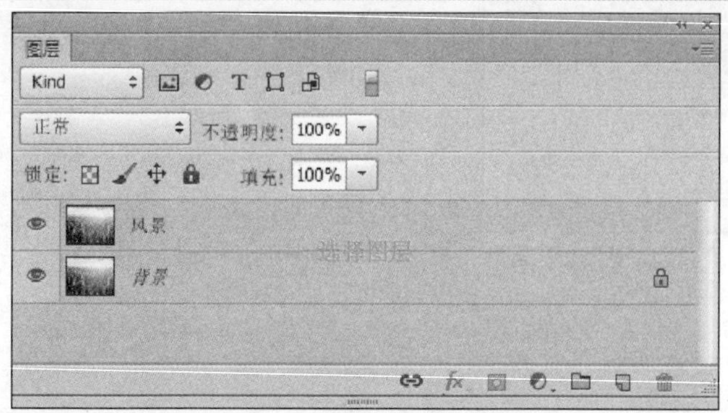

图 10-16

01 选择准备链接的图层

打开图像文件后，在【图层】面板中，在键盘上按住【Ctrl】键的同时，选择准备链接的两个图层，如图 10-16 所示。

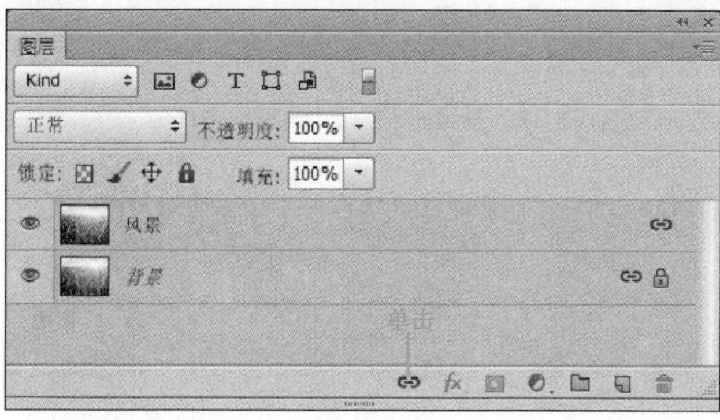

图 10-17

02 完成图层链接

在【图层】面板的底部，单击【链接图层】按钮，此时，在【图层】面板中，选择的两个图层已经被链接，通过以上方法即可完成链接图层的操作，如图 10-17 所示。

教你一招

菜单项中链接图层

在 Photoshop CS6 中，在键盘上按住【Ctrl】键的同时，在【图层面板】中，选择准备链接的多个图层，然后在【图层】主菜单中，选择【链接图层】菜单项，用户同样可以链接选择的图层。

Section 10.3 设置图层

本节导读

创建图层后，用户不仅可以对创建的图层进行编辑，还可以对【图层】面板中的图层进行设置，包括对图层进行图层不透明度的设置、栅格化图层和盖印图层等操作，本节将介绍设置图层方面的知识。

10.3.1 盖印图层

在 Photoshop CS6 中，盖印图层是特殊的合并图层，用户使用该方法可将多个图层中的内容合并到一个图层中，同时可以保留原图层。下面介绍盖印图层的方法。

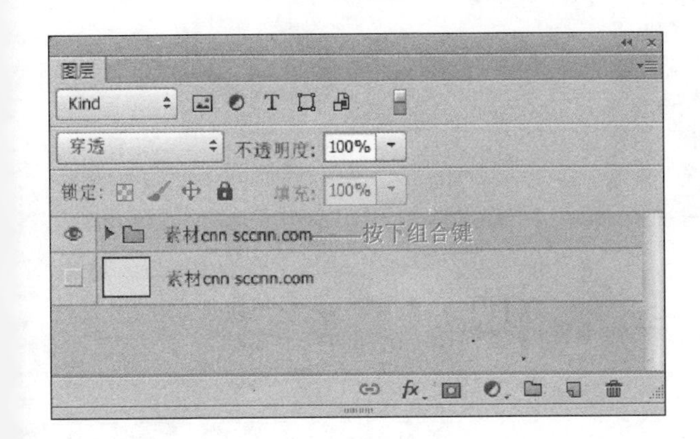

图 10-18

01 按下组合键

打开图像文件后，在【图层】面板中，单击任意一个图层后，在键盘上按下组合键〈Ctrl+Shift+Alt+E〉，如图 10-18 所示。

图 10-19

02 完成盖印图层

此时，在【图层】面板中，可见的图层已经全部盖印到新图层中，通过以上方法即可完成盖印图层的操作，如图 10-19 所示。

10.3.2 设置图层的不透明度

在 Photoshop CS6 中，用户可以设置图层的不透明度，这样可以制作出阴影、暗影等术效果。下面介绍设置图层不透明度的操作方法。

打开图像文件，选择准备设置不透明度的图层，在【图层】面板中，在【不透明度】本框中，输入图层的不透明度数值，即可设置图层不透明度，如图 10-20 所示。

图 10-20 设置图层不透明度

10.3.3 栅格化图层

在 Photoshop CS6 中，如果准备对文字、形状或蒙版等包含矢量数据的图层，进行填充或滤镜等操作，需要将其转换为光栅图像后进行编辑。下面介绍栅格化图层的操作方法。

图 10-21

01 使用快捷菜单

No.1 打开图像文件后，在【图层面板中，右键单击准备进行栅格化的文字图层。

No.2 在弹出的快捷菜单中，选择【栅格化文字】菜单项，如图 10-21 所示。

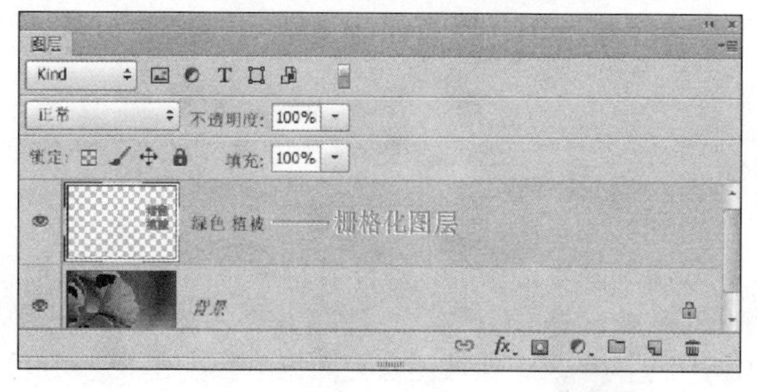

图 10-22

02 栅格化图层

此时文字图层已经栅格化。通过以上方法即可完成栅格化图层的操作，如图 10-22 所示。

Section

10.4 图层组

本节导读

在 Photoshop CS6 中，如果图像文件中的图层过多，用户可以根据图层的功能属性与类型，对图层进行编组管理，在编辑图像的过程中，方便用户查找与设置。管理图层组包括新建图层组、创建嵌套图层组、取消图层组等。本节将重点介绍图层组方面的知识。

10.4.1 创建图层组

在 Photoshop CS6 中，图层组的功能类似于文件夹，用户可以将图层按照不同的类型存放在不同的图层组内。下面介绍新建图层组的操作方法。

图 10-23

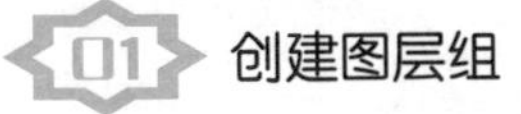

01 创建图层组

No.1 打开图像文件，单击【图层】面板中的【创建新组】按钮 。

No.2 创建新组后，在新组名称处双击，在弹出的文本框中输入新组名称，然后按下【Enter】键。

No.3 按住〈Ctrl〉键的同时，单击选中需要编入图层组的图层，如图 10-23 所示。

图 10-24

02 编入图层组

将选中的图层拖动到图层组名称的位置处，然后释放鼠标，此时选中的图层将编入该图层组中。通过以上方法即可完成新建图层组的操作，如图 10-24 所示。

教你一招

从菜单命令中创建新图层组

在Photoshop CS6中，单击【图层】主菜单，在弹出的下拉菜单中，选择【新建】菜单项，在弹出的下拉菜单中，选择【从图层建立组】菜单项，用户同样可以创建新的图层组。

10.4.2 取消图层组

在Photoshop CS6中，如果不再准备使用图层组，用户可以快速将其从【图层】面板中取消。下面介绍取消图层编组的操作方法。

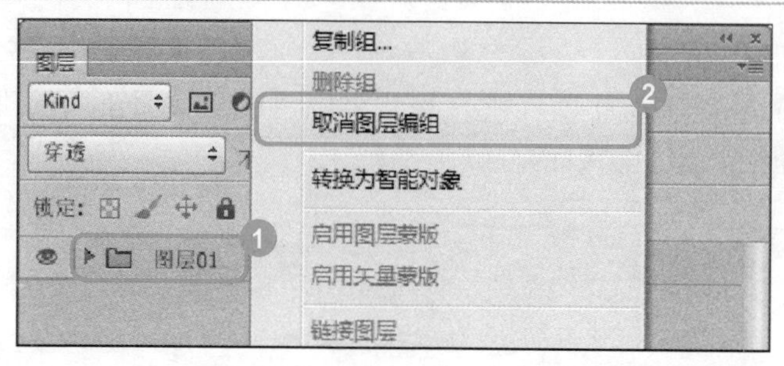

图 10-25

01 使用快捷菜单

No.1 打开图像文件，在【图层】面板中，右键单击准备取消图层组的图层编组。

No.2 在弹出的快捷菜单中，选择【取消图层编组】菜单项，如图10-25所示。

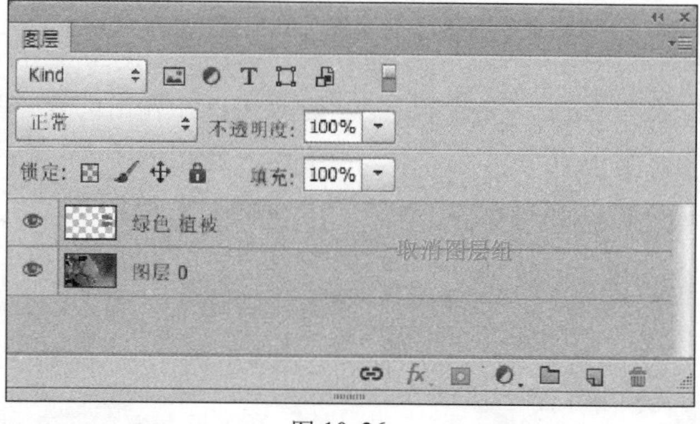

图 10-26

02 取消图层组

此时，选中的图层组已经被取消，图层组中的图层全部被释放到【图层】面板中。通过以上方法即可完成取消图层编组的操作，如图10-26所示。

Section

10.5 合并图层

本节导读

如果创建的多个图层功能相近，用户可以将其全部选中并合并成一个图层，这样既方便用户编辑又节省程序的操作空间。合并图层的具体操作包括，向下合并图层、合并图层组，合并任意多个图层和合并可见图层。本节将介绍合并图层方面的知识。

10.5.1 向下合并

在 Photoshop CS6 中，向下合并图层是指，两个相邻的图层，上面的图层向下与下面的图层合并为一个图层。下面介绍向下合并图层的操作方法。

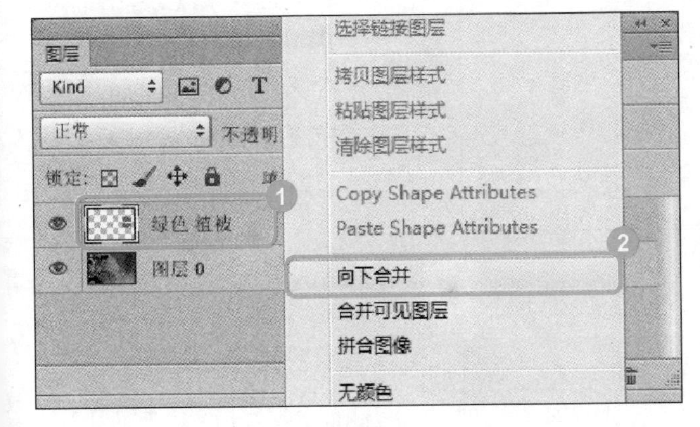

图 10-27

01 使用快捷菜单

No.1 打开图像文件，在【图层】面板中，右键单击准备向下合并的图层。

No.2 在弹出的快捷菜单中，选择【向下合并】菜单项，如图 10-27 所示。

图 10-28

02 向下合并图层

此时，选中的图层已经向下合并，合并后的图层显示合并前下一图层的名称，通过以上方法即可完成向下合并图层的操作，如图 10-28 所示。

教你一招

使用快捷键合并图层

在 Photoshop CS6 中，在【图层】面板中选中准备合并的图层后，在键盘上按下组合键〈Ctrl〉+〈E〉即可将选中图层合并为一个图层。

10.5.2 任意多个图层合并

在 Photoshop CS6 中，用户还可以合并任意多个相邻或不相邻的图层，下面介绍合并任意多个图层的操作方法。

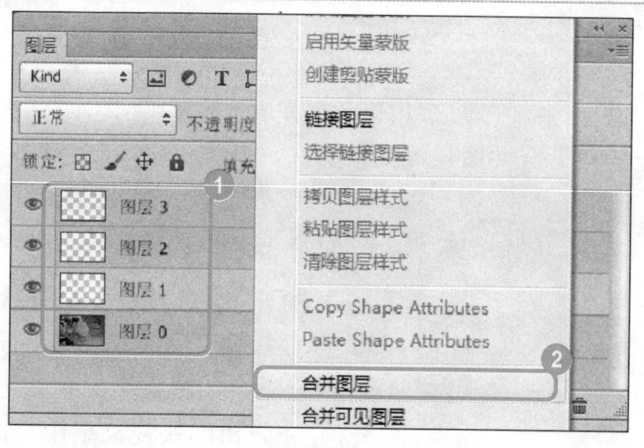

图 10-29

01 使用快捷菜单

No.1 打开图像文件，在【图层】面板中，按住〈Ctrl〉键的同时，任意选中需要合并的图层，然后右键单击。

No.2 在弹出的快捷菜单中，选择【合并图层】菜单项，如图 10-29 所示。

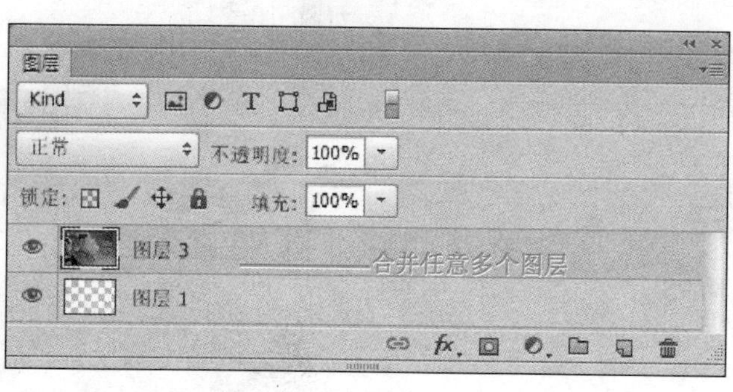

图 10-30

02 合并多个图层

此时，在【图层】面板中，选择的图层自动合并成一个图层，通过以上方法即可完成合并任意多个图层的操作，如图 10-30 所示。

10.5.3 合并可见图层

在 Photoshop CS6 中，合并可见图层是指，用户可以将所有可显示的图层合并成一个图层，隐藏的图层则无法合并到此图层中。下面介绍合并可见图层的操作方法。

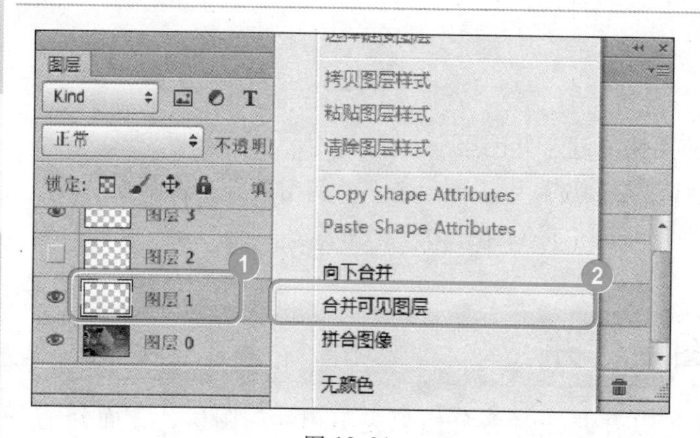

图 10-31

01 使用快捷菜单

No.1 打开图像文件，在【图层】面板中，右键单击任意一个可见图层。

No.2 在弹出的快捷菜单中，选择【合并可见图层】菜单项如图 10-31 所示。

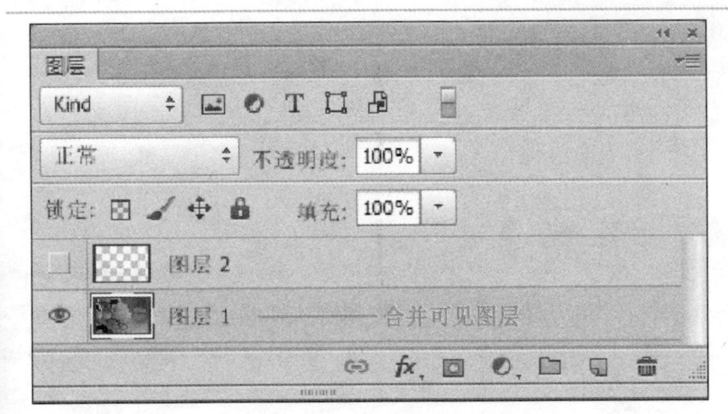

图 10-32

02 合并可见图层

在【图层】面板中，可见图层已合并成一个图层。通过以上方法即可完成合并可见图层的操作，如图 10-32 所示。

10.5.4 合并图层编组

在 Photoshop CS6 中，用户可以快速将某一图层组中的所有图层合并。下面介绍合并图层组的操作方法。

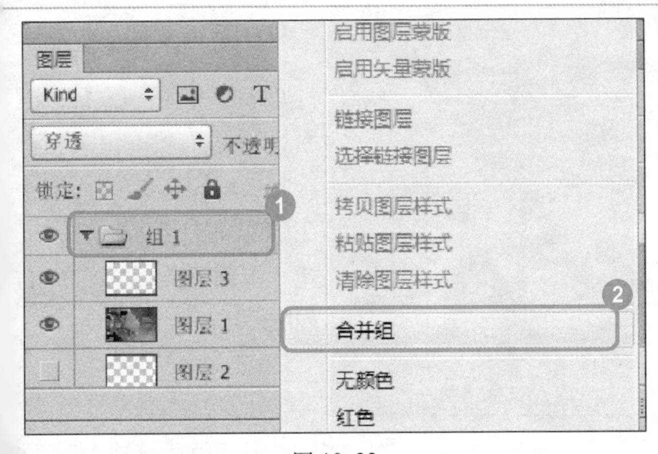

图 10-33

01 使用快捷菜单

No.1 打开图像文件，在【图层】面板中，右键单击已创建的图层组。

No.2 在弹出的快捷菜单中，选择【合并组】菜单项，如图 10-33 所示。

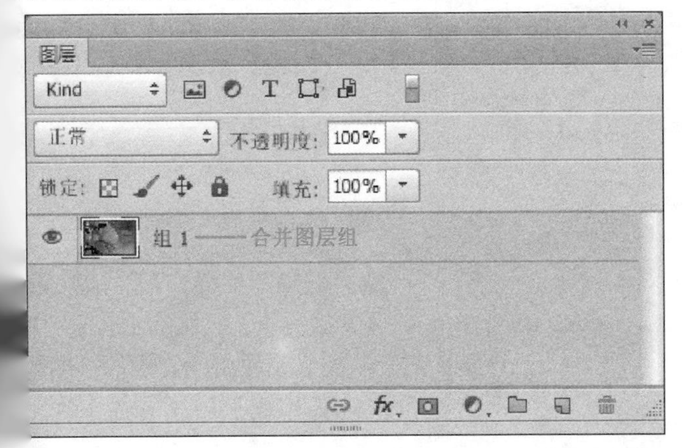

图 10-34

02 合并图层组

此时图层组中的图层已经合并成一个图层。通过以上方法即可完成向下合并图层组的操作，如图 10-34 所示。

Section
10.6 图层样式

本节导读

在【图层】面板中，用户可以对图层进行图层样式的设置，图层样式包括投影和内阴影、内发光和外发光、斜面和浮雕、光泽、颜色叠加、渐变叠加和图案叠加等，用户可以制作出不同的艺术效果。本节将重点介绍图层样式方面的知识。

10.6.1 打开【图层样式】对话框

要设置图形的样式，用户首先需要打开【图层样式】对话框。下面介绍打开图层样式的操作方法。

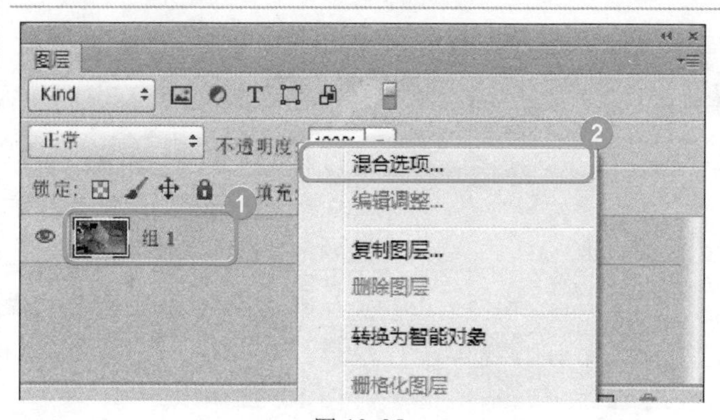

图 10-35

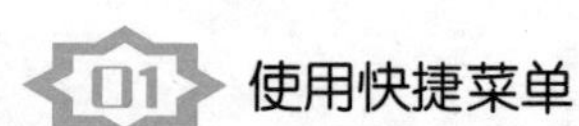

01 使用快捷菜单

No.1 打开图像文件，在【图层】面板中，右键单击准备设置图层样式选项的图层。

No.2 在弹出的快捷菜单中，选择【混合选项】菜单项，如图 10-35 所示。

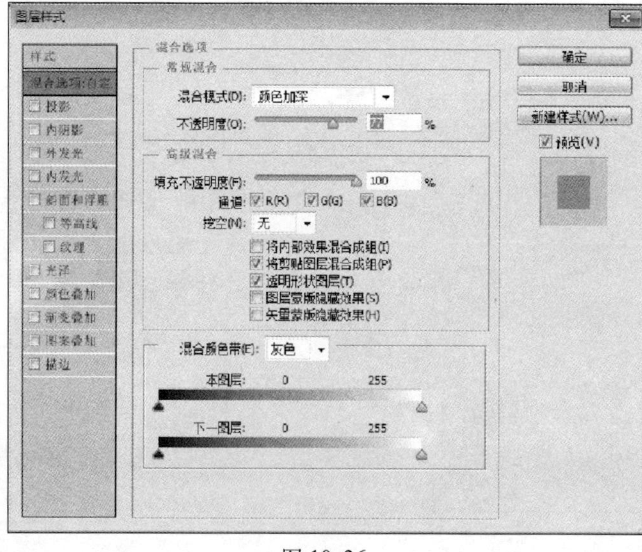

图 10-36

02 打开【图层样式】对话框

通过以上方法即可完成打开【图层样式】对话框的操作，如图 10-36 所示。

举一反三

打开【图层样式】对话框后在【常规混合】区域的【不透明度】文本框中设置混合的不透明度值，会影响图层中所有的像素。

10.6.2 投影和内阴影

投影是指在图层内容的后面添加阴影，内阴影是指在紧靠图层内容的边缘内添加阴影，使图层具有凹陷外观。下面介绍设置图层投影和内阴影的方法。

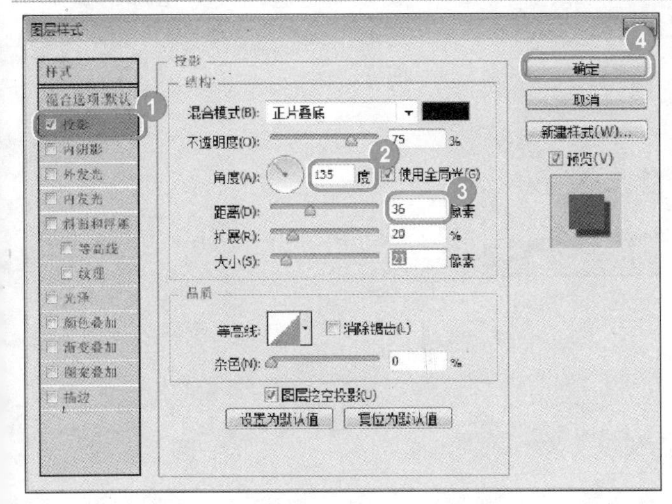

图 10-37

01 设置投影选项

No.1 打开图像文件后，选择准备设置投影的图层，打开【图层样式】对话框，选择【投影】选项。

No.2 在【角度】文本框中，输入投影角度值。

No.3 在【距离】文本框中，输入投影距离值。

No.4 单击【确定】按钮，如图 10-37 所示。

图 10-38

02 查看投影效果

通过以上方法即可完成设置图像投影的操作，如图 10-38 所示。

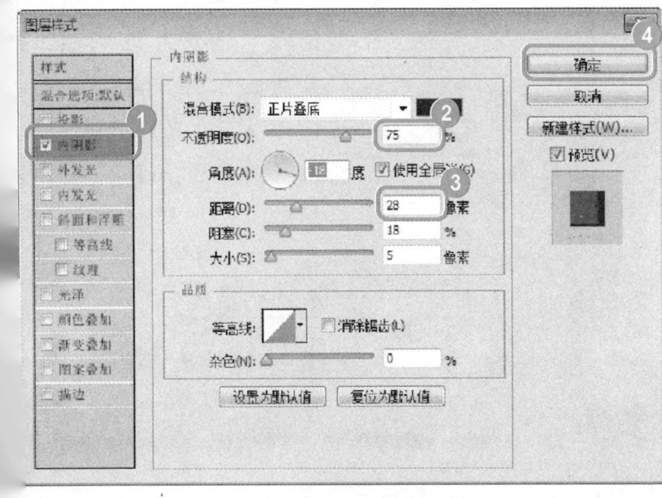

图 10-39

03 设置内投影选项

No.1 打开图像文件后，选择准备设置投影的图层，打开【图层样式】对话框，选择【内投影】选项。

No.2 在【角度】文本框中，输入投影角度值。

No.3 在【距离】文本框中，输入投影距离值。

No.4 单击【确定】按钮，如图 10-39 所示。

图 10-40

04 查看内投影效果

此时返回到文档窗口中，用户可以查看图像的内投影的艺术效果。通过以上方法即可完成设置图像内投影的操作，如图 10-40 所示。

10.6.3 内发光和外发光

在 Photoshop CS6 中，用户可以对图层进行内发光和外发光的设置。下面介绍设置内发光和外发光的操作方法。

1. 内发光

内发光图层样式是指添加从图层内容的内边缘发光的效果，下面介绍为图层添加内发光效果的操作方法。

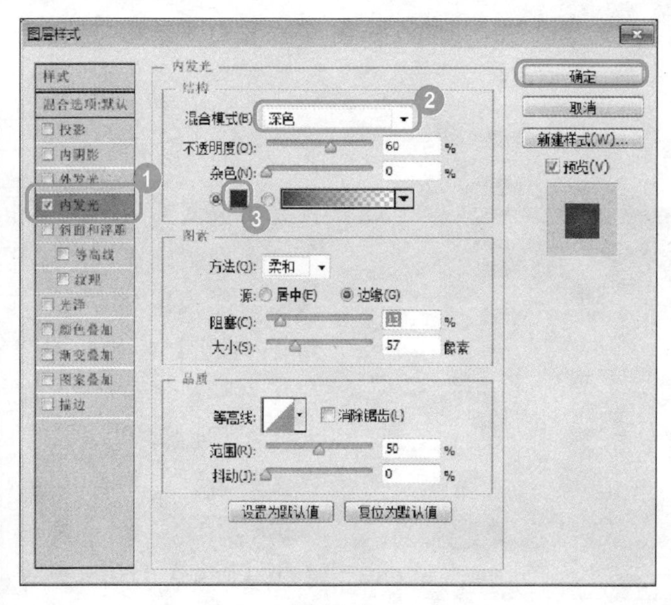

图 10-41

01 设置内发光选项

No.1 打开图像文件后，选择准备设置内发光的图层，打开【图层样式】对话框，选择【内发光】选项。

No.2 在【混合模式】下拉列表框中，选择【深色】选项。

No.3 在【颜色】框中，设置内发光的颜色。

No.4 单击【确定】按钮，如图 10-41 所示。

图 10-42

02 查看内发光效果

此时返回到文档窗口中，用户可以查看图像内发光的艺术效果，通过以上方法即可完成设置图像内发光效果的操作，如图 10-42 所示。

2. 外发光

外发光表示添加从图层内容的外边缘发光的效果，如果准备制作图层内容带有外边缘发光的效果，可以为图层添加外发光效果样式。下面介绍添加外发光效果的方法。

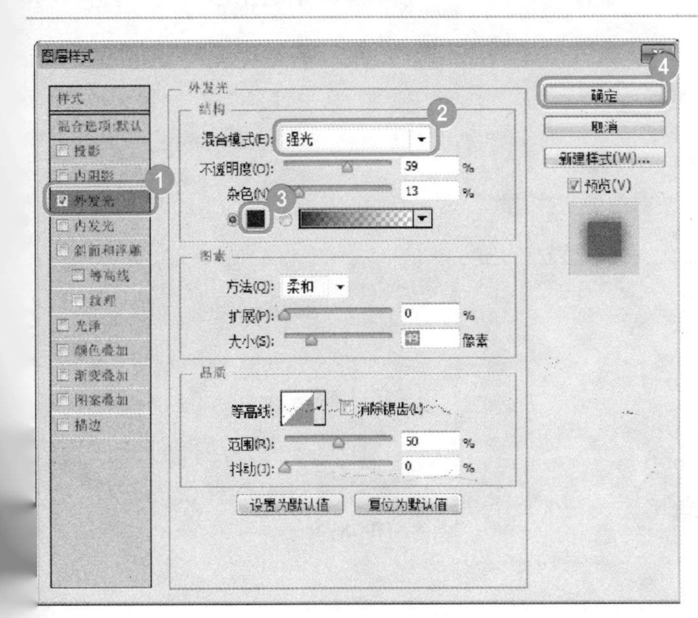

图 10-43

01 设置外发光选项

No.1 打开图像文件后，选择准备设置外发光的图层，打开【图层样式】对话框，选择【外发光】选项。

No.2 在【混合模式】下拉列表框中，选择【强光】选项。

No.3 在【颜色】框中，设置外发光的颜色。

No.4 单击【确定】按钮 确定 ，如图 10-43 所示。

图 10-44

02 查看外发光效果

此时返回到文档窗口中，用户可以查看图像外发光的艺术效果，通过以上方法即可完成设置图像外发光效果的操作，如图 10-44 所示。

10.6.4 斜面和浮雕

斜面与浮雕样式可以对图层添加高光与阴影的组合，这样可以使其呈现立体浮雕感。下面介绍添加斜面与浮雕样式的操作方法。

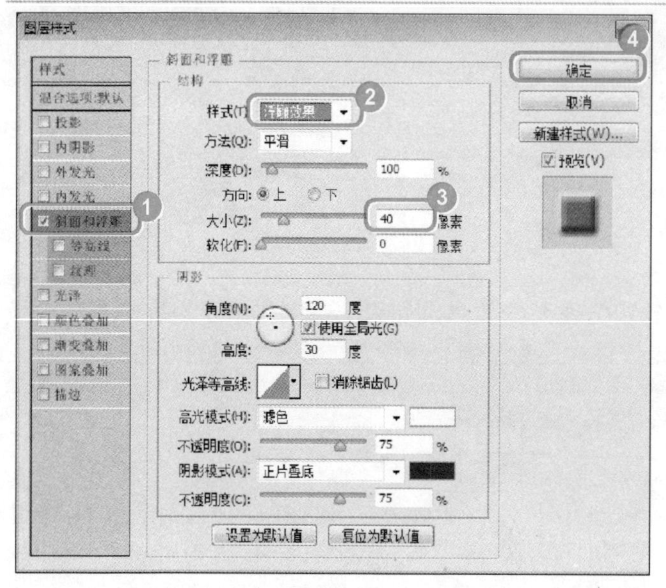

图 10-45

01 设置斜面和浮雕选项

No.1 打开图像文件后，选择准备设置浮雕效果的图层，打开【图层样式】对话框，选择【斜面和浮雕】选项。

No.2 在【样式】下拉列表框中，选择【浮雕效果】选项。

No.3 在【大小】文本框中，输入浮雕效果大小值。

No.4 单击【确定】按钮 确定 ，如图 10-45 所示。

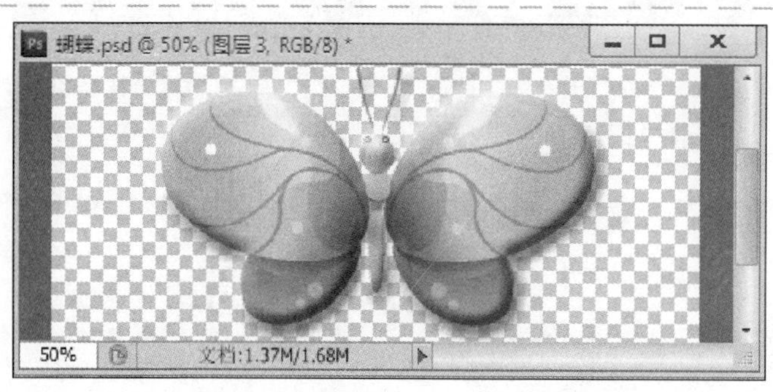

图 10-46

02 显示斜面和浮雕效果

返回到文档窗口中，用户可以查看图像斜面和浮雕的艺术效果。通过以上方法即可完成设置图像斜面和浮雕样式的操作，如图 10-46 所示。

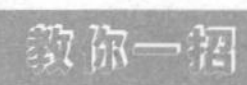

斜面和浮雕的样式

在【图层样式】对话框的【斜面和浮雕】选项中，在【样式】下拉列表中，用户可以对图像进行外斜面、内斜面、浮雕效果、枕状浮雕和描边浮雕等特效的选择和操作。

10.6.5 渐变叠加

在 Photoshop CS6 中，“渐变叠加”效果可以在图层上叠加指定的渐变颜色，下面详细介绍为图层添加“颜色叠加”的操作方法。

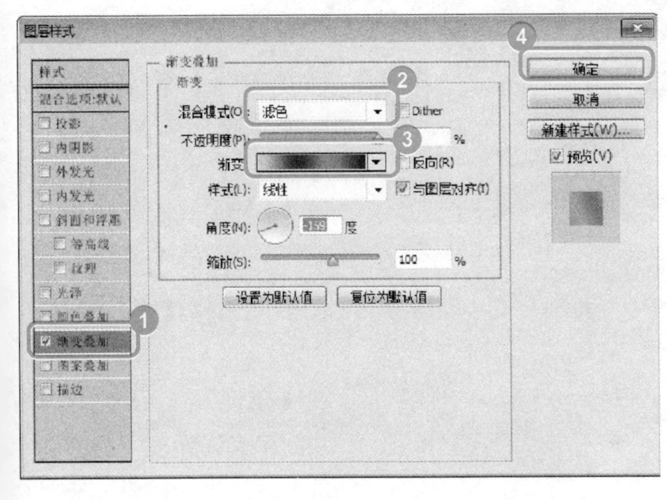

图 10-47

01 设置渐变叠加选项

No.1 打开图像文件后，选择准备设置渐变叠加的图层，打开【图层样式】对话框，选择【渐变叠加】选项。

No.2 在【混合模式】下拉列表框中，选择【滤色】选项。

No.3 在【渐变】下拉列表框中，设置准备使用的渐变颜色。

No.4 单击【确定】按钮，如图 10-47 所示。

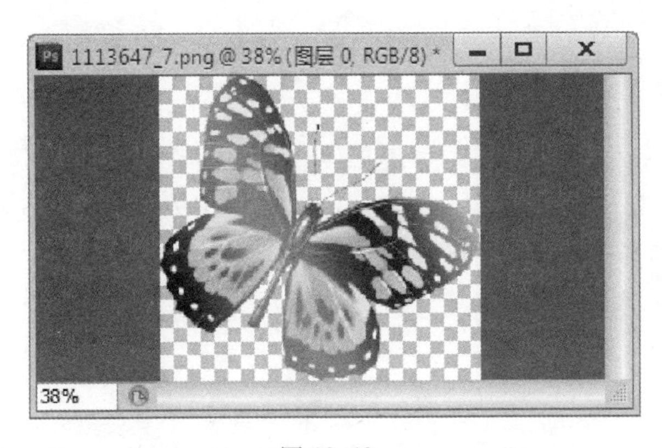

图 10-48

02 显示渐变叠加的效果

此时，返回到文档窗口中，用户可以查看图像添加渐变叠加后的艺术效果。通过以上方法即可完成为图层添加渐变叠加效果的操作，如图 10-48 所示。

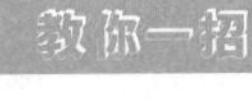

复位样式设置

在【图层样式】对话框的【渐变叠加】选项中，如果对设置的渐变效果不满意，在【渐变】区域下方，单击【复位为默认值】按钮，用户可以将图层渐变叠加的样式复位到默认状态中。

10.6.6 光泽

在 Photoshop CS6 中使用光泽图层样式，用户可以创建光滑光泽的内部阴影。下面介绍为图层添加光泽样式的操作方法。

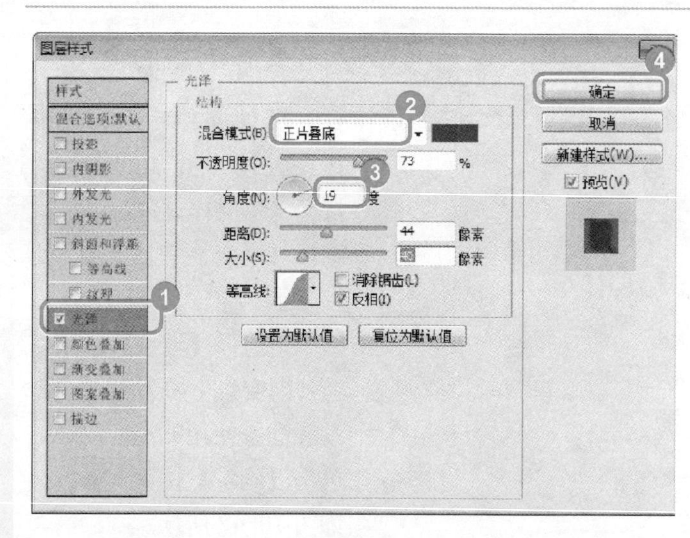

图 10-49

01 设置光泽选项

No.1 打开图像文件后，选择准备设置光泽的图层，打开【图层样式】对话框，选择【光泽】选项。

No.2 在【混合模式】下拉列表框中，选择【正片叠底】选项。

No.3 在【角度】文本框中，输入图像光泽角度值。

No.4 单击【确定】按钮，如图 10-49 所示。

图 10-50

02 显示光泽效果

此时返回到文档窗口中，用户可以查看添加图像光泽的艺术效果。通过以上方法即可完成添加图像光泽的操作，如图 10-50 所示。

教你一招

光泽详解

光泽效果无非就是两组光环的交叠，但是由于光环的数量、距离以及交叠设置的灵活性非常大，制作的效果可以相当复杂，这也是光泽样式经常被用来制作绸缎或者水波效果的原因。因为这些对象的表面非常不规则，因此反光比较零乱。

10.6.7 颜色叠加

在 Photoshop CS6 中，“颜色叠加”效果可以在图层上叠加指定的颜色，通过设颜色的混合模式和不透明度，可以控制颜色的叠加效果。下面详细介绍为图层添加“色叠加”的操作方法。

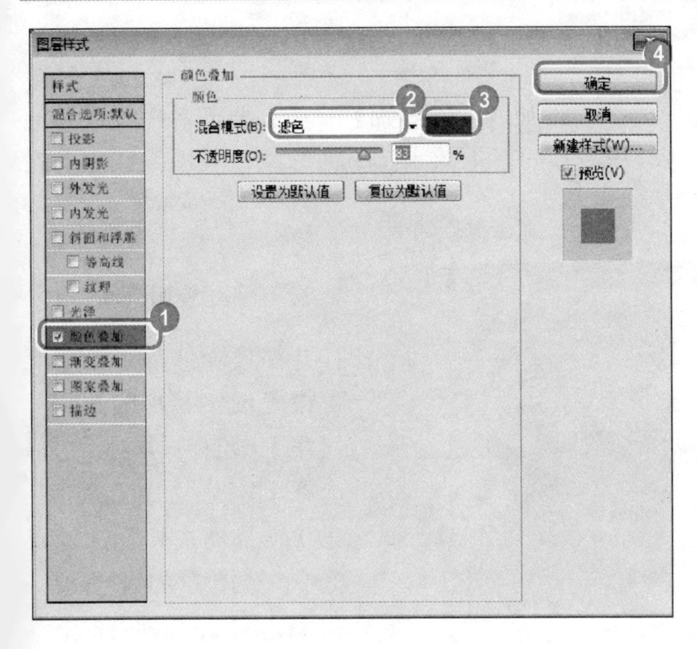

图 10-51

01 设置颜色叠加选项

No.1 打开图像文件后，选择准备设置颜色叠加的图层，打开【图层样式】对话框，选择【颜色叠加】选项。

No.2 在【混合模式】下拉列表框中，选择【滤色】选项。

No.3 在【颜色】框中，设置准备使用的颜色。

No.4 单击【确定】按钮，如图 10-51 所示。

图 10-52

02 显示颜色叠加的效果

此时，返回到文档窗口中，用户可以查看图像添加颜色叠加后的艺术效果。通过以上方法即可完成为图层添加颜色叠加效果的操作，如图 10-52 所示。

教你一招

默认样式设置

在 Photoshop CS6 中，在【图层样式】对话框的【颜色叠加】选项中，在【颜色】区域下方，单击【设置为默认值】按钮，用户可以将图层颜色叠加的样式设为默认状态。

10.6.8 图案叠加

在 Photoshop CS6 中，用户可以为图层添加【图案叠加】样式，将两种图像完美地融合在一起，制作出不同质感、材质和内容的图像效果。下面介绍设置图案叠加的操作方法。

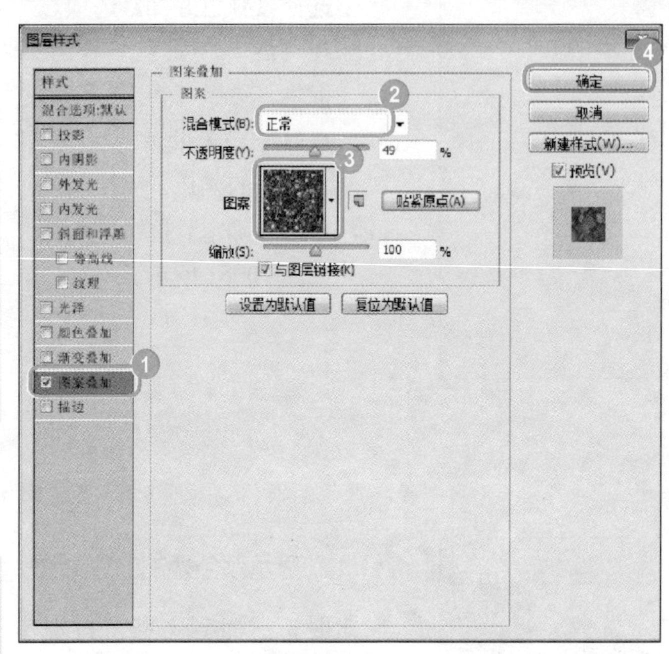

图 10-53

01 设置图案叠加选项

No.1 打开图像文件后，选择准备设置图案叠加的图层，打开【图层样式】对话框，选择【图案叠加】选项。

No.2 在【混合模式】下拉列表框中，选择【强光】选项。

No.3 在【图案】下拉列表框中，选择准备填充的图案。

No.4 单击【确定】按钮，如图 10-53 所示。

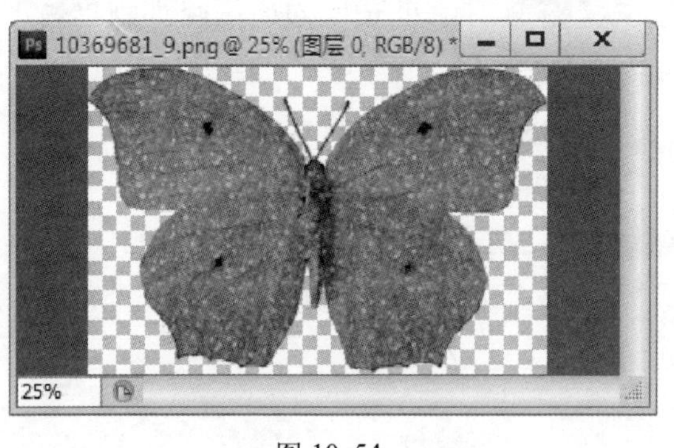

图 10-54

02 图案叠加的效果

此时，返回到文档窗口中，用户可以查看图像添加图案叠加后的艺术效果，通过以上方法即可完成为图层添加图案叠加效果的操作，如图 10-54 所示。

10.6.9 隐藏与显示图层样式

在 Photoshop CS6 中，如果准备对图层设置其他样式，用户可以将之前设置的样式暂时隐藏，在需要操作时再将其显示。下面介绍隐藏与显示图层样式的方法。

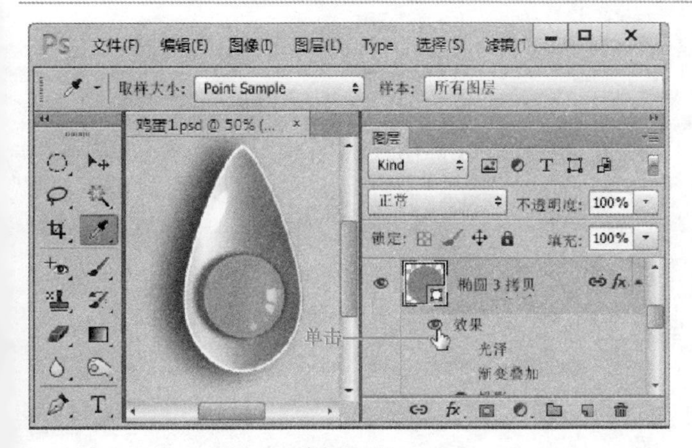

图 10-55

01 切换可见性图标

创建完图层样式后，在【图层】面板中，单击准备隐藏样式前的【切换所有图层效果可见性】图标，如图 10-55 所示。

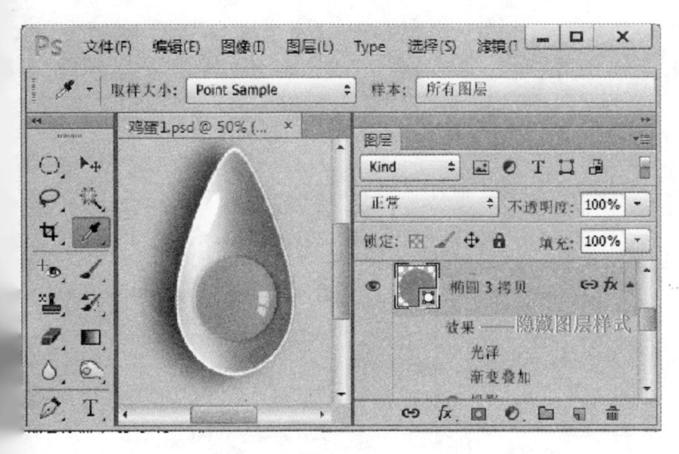

图 10-56

02 图层样式被隐藏

此时，返回到文档窗口中，用户可以看到图层样式已被隐藏，通过以上方法即可完成隐藏图层样式的操作，如图 10-56 所示。

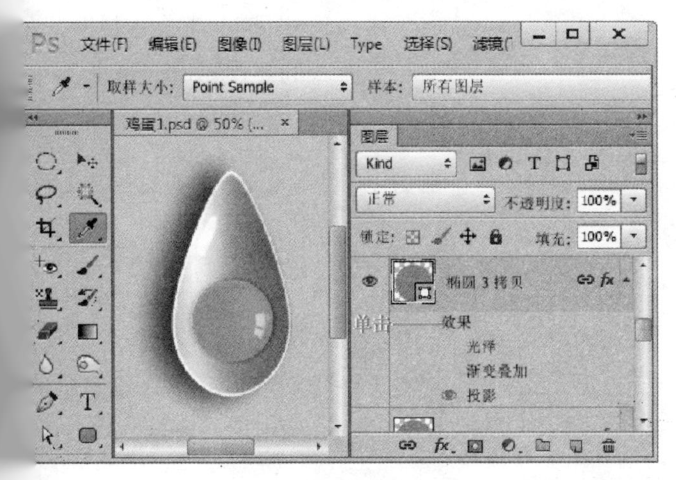

图 10-57

03 切换可见性图标

隐藏图层样式后，在【图层】面板中，单击准备显示图层样式前的【切换所有图层效果可见性】图标，如图 10-57 所示。

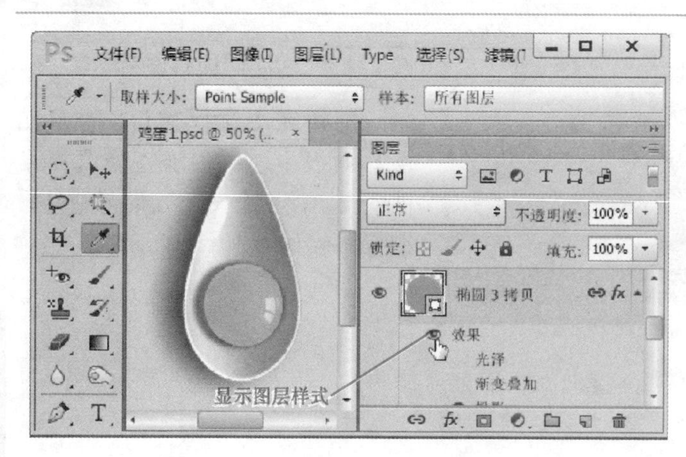

图 10-58

04 图层样式已显示

此时，返回到文档窗口中，用户可以看到图层样式已显示，通过以上方法即可完成显示图层样式的操作，如图 10-58 所示。

10.6.10 复制与粘贴图层样式

在 Photoshop CS6 中，如果需要重复使用创建的图层样式，用户可以将该图层样式进行复制与粘贴的操作。下面介绍复制与粘贴图层样式的操作方法。

图 10-59

01 使用快捷菜单

No.1 打开图像文件并创建图层样式后，右键单击准备拷贝的图层样式。

No.2 在弹出的下拉菜单中，选择【拷贝图层样式】菜单项，这样即可完成复制图层样式的操作，如图 10-59 所示

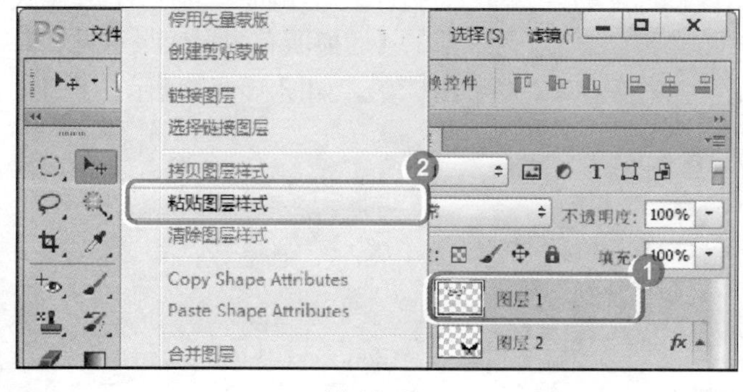

图 10-60

02 使用快捷菜单

No.1 在【图层】面板中，右键单击准备粘贴样式的图层。

No.2 在弹出的下拉菜单中，选择【粘贴图层样式】菜单项，如图 10-60 所示。

图 10-61

03 查看粘贴效果

返回到文档窗口中，此时用户可以查看图层样式粘贴的效果。通过以上方法即可完成粘贴图层样式的操作，如图 10-61 所示。

10.6.11 删除图层样式

在 Photoshop CS6 中，用户可以删除不再准备使用的图层样式，以便对图层进行管理。下面介绍删除图层样式的操作方法。

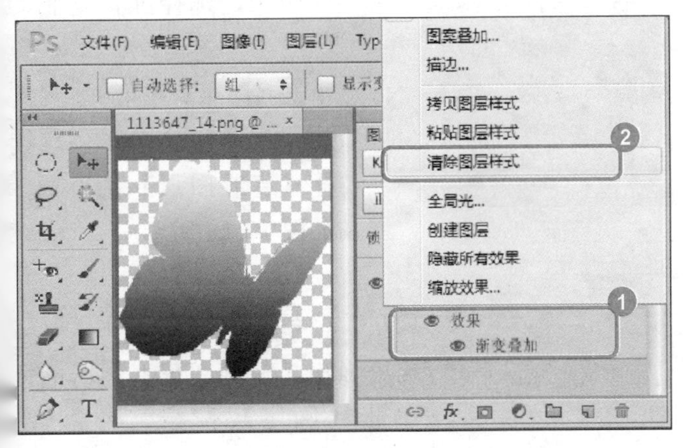

图 10-62

01 使用快捷菜单

No.1 打开已经创建图层样式的文件后，右键单击准备删除的图层样式。

No.2 在弹出的下拉菜单中，选择【清除图层样式】菜单项，如图 10-62 所示。

图 10-63

02 清除图层样式

返回到【图层】面板中，此时，创建的图层样式已经被清除，通过以上方法即可完成删除图层样式的操作，如图 10-63 所示。

Section 10.7 实践案例与上机指导

本节导读

对图层与图层样式有所认识后，本节将针对以上所学知识制作四个案例，分别是复制图层、拼合图像、创建嵌套图层和分布图层，供用户学习。

10.7.1 复制图层

在 Photoshop CS6 中，用户可以对某一图层中的图像进行复制，这样可对一个图层上的同一图像设置出不同的效果。下面介绍复制图层的操作方法。

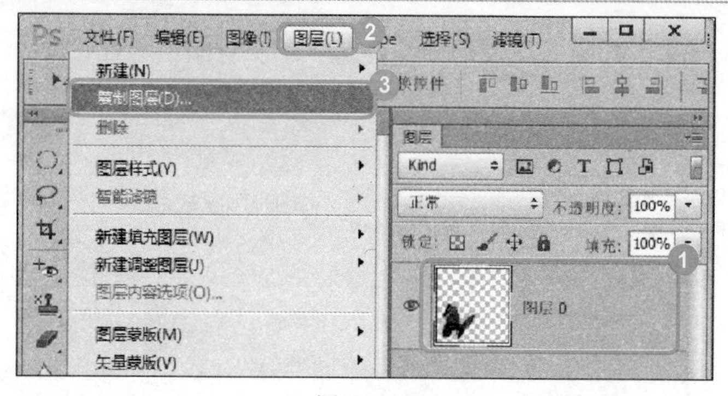

图 10-64

01 使用菜单项

No.1 打开图像文件后，在【图层】面板中，选择准备复制的图层。

No.2 单击【图层】主菜单。

No.3 在弹出的下拉菜单中，选择【复制图层】菜单项，如图 10-64 所示。

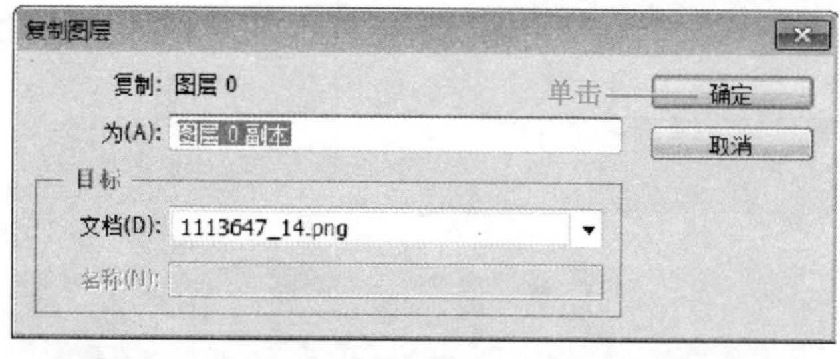

图 10-65

02 复制图层选项

弹出【复制图层】对话框，单击【确定】按钮，如图 10-65 所示。

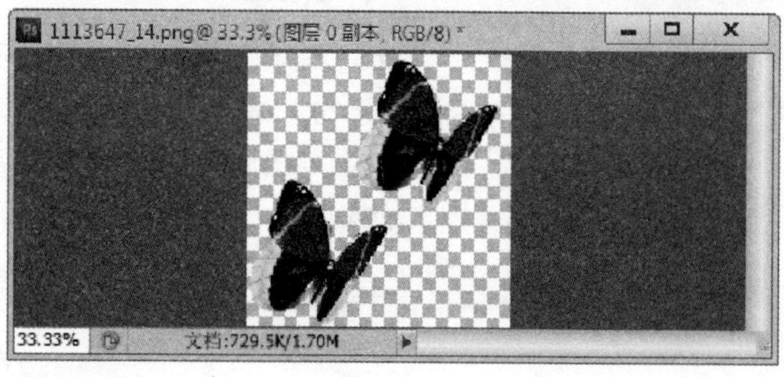

图 10-66

03 复制图层的图像

用户可以在复制的图层中进行编辑，如移动该图层中的图像至指定的位置。通过以上方法即可完成复制图层的操作，如图 10-66 所示。

10.7.2　拼合图像

在 Photoshop CS6 中，拼合图像是将所有图层都合并到背景图层中，如果存在隐藏的图层，将会弹出对话框提示是否删除隐藏的图层。下面介绍拼合图像的方法。

图 10-67

01 使用快捷菜单

No.1 打开图像文件，在【图层】面板中，右键单击任意一个图层。

No.2 在弹出的快捷菜单中，选择【拼合图像】菜单项，如图 10-67 所示。

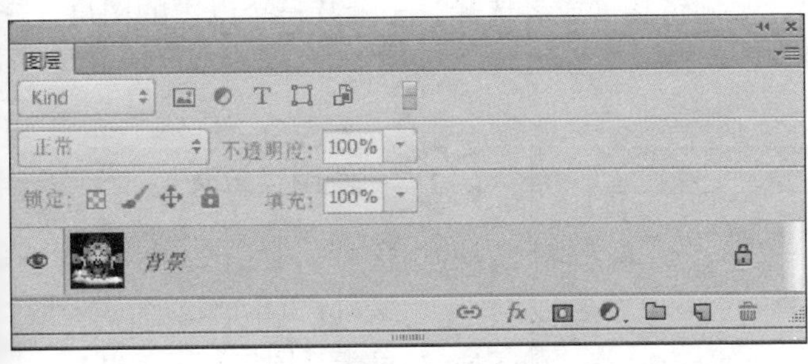

图 10-68

02 拼合到背景图层

此时，所有的图层都被拼合到背景图层中。通过以上方法即可完成拼合图像的操作，如图 10-68 所示。

10.7.3　创建嵌套图层组

在 Photoshop CS6 中，图层组可以是多级嵌套的，在一个图层组之下，用户还可以建立新的图层组，通俗地说就是组中组。下面介绍创建嵌套图层组的操作方法。

图 10-69

01 使用图层面板

No.1 打开图像文件，在【图层】面板中，选中已经创建的图层组。

No.2 拖动选中的图层组至【图层】面板底部的【创建新组】按钮 上，然后释放鼠标，如图 10-69 所示。

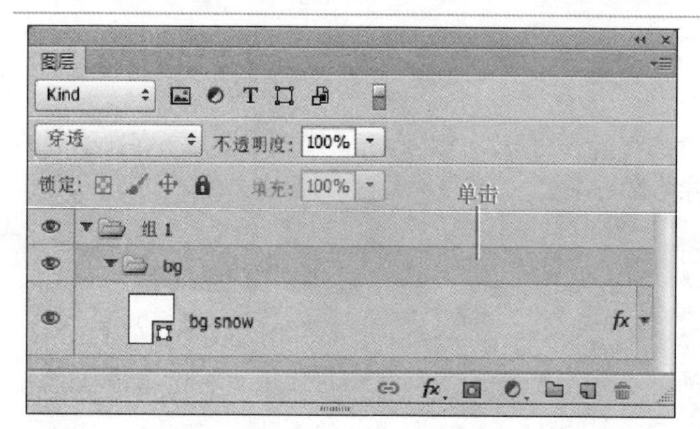

图 10-70

02 完成创建嵌套图层组

此时，拖动的图层组已经被嵌套在新创建的图层组中，如“组1”。通过以上方法即可完成创建嵌套图层组的操作，如图 10-70 所示。

10.7.4 分布图层

在 Photoshop CS6 中，分布图层，必须链接（或者选择）三个及三个以上的图层，分布图层是没有基准层的。下面介绍分布图层的操作方法。

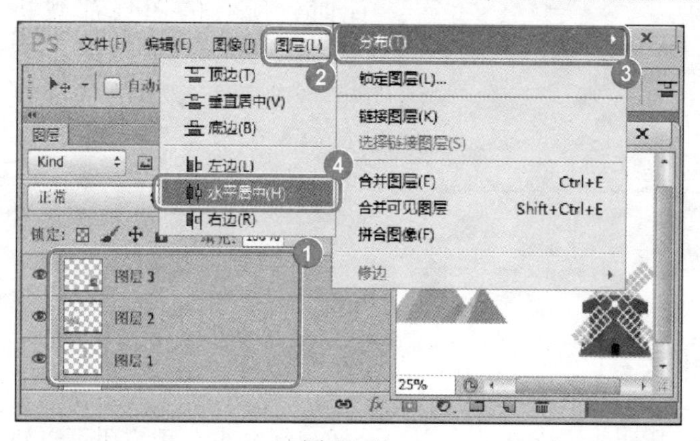

图 10-71

01 使用菜单项

No.1 按住〈Ctrl〉键，选中需要对齐的图层。

No.2 单击【图层】主菜单。

No.3 在弹出的下拉菜单中，选择【分布】菜单项。

No.4 在弹出的下拉菜单中，选择【水平居中】菜单项，如图 10-71 所示。

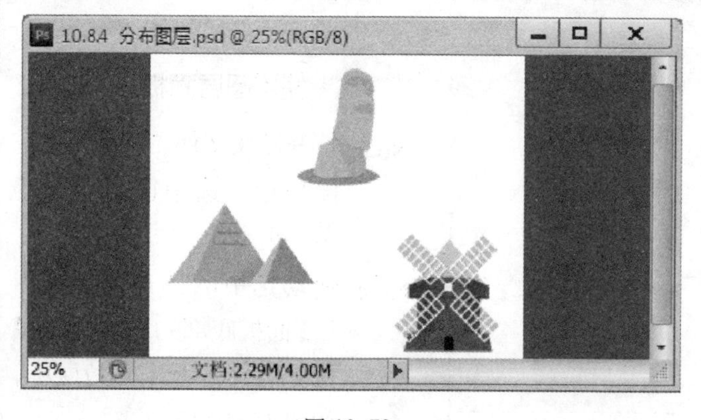

图 10-72

02 完成分布图层

在【图层】面板中，选择的图层已经水平居中分布。通过以上方法即可完成分布图层的操作，如图 10-72 所示。

第 11 章

通道与蒙版

本章主要介绍了通道和通道基本操作方面的知识与技巧，同时还讲解了蒙版、图层蒙版、矢量蒙版、剪贴蒙版和创建快速蒙版的操作方法。通过本章的学习，读者可以掌握通道与蒙版方面的知识，为进一步学习 Photoshop CS6 知识奠定基础。

Section 11.1 通道

本节导读

在 Photoshop CS6 中，通道可以表示选择区域和墨水强度。同时通道还可以表示不透明度和颜色等信息。在 Photoshop CS6 中，通道共分为三种类型，分别是颜色通道、Alpha 通道和专色通道，每种通道都有各自的用途。本节将重点介绍通道的分类与特点方面的知识。

11.1.1 通道的种类

通道就是选区记录和保存信息的载体，通道的本质就是灰度图像，所以调整图像的过程就是对通道的编辑过程，使用其他工具调整图像的过程实质上是改变通道的过程。Photoshop CS6 提供了 3 种类型的通道，分别是颜色通道、Alpha 通道和专色通道。下面介绍通道种类方面的知识。

1. 颜色通道

在 Photoshop CS6 中，颜色通道可分为 RGB 颜色通道、CMYK 颜色通道、Lab 通道和其他颜色通道四种。

在 Photoshop CS6 中，RGB 颜色通道包含红、绿、蓝和用于编辑图像的复合通道，CMYK 颜色通道包括青色、洋红、黄色黑色和复合通道，如图 11-1 所示。

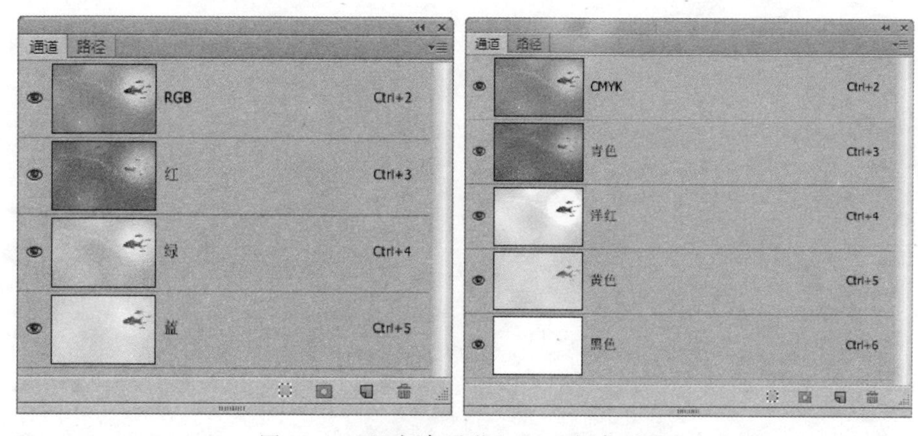

图 11-1 RGB 颜色通道和 CMYK 颜色通道

在 Photoshop CS6 中，Lab 通道包括明度、a、b 和复合通道；位图、灰色、双色调和索引颜色图像则只包含一个通道，如灰色图像只含一个灰色通道，如图 11-2 所示。

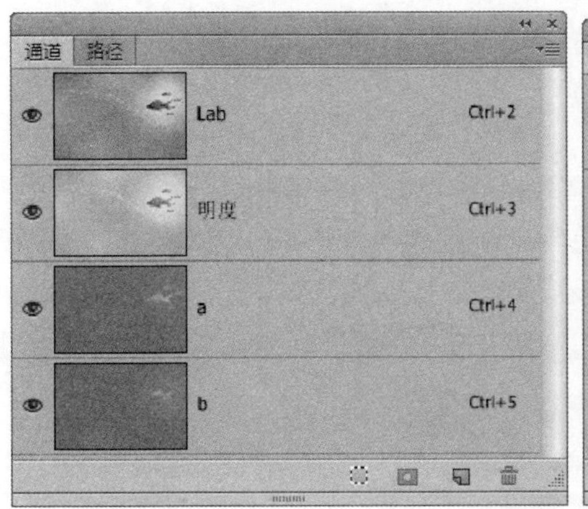

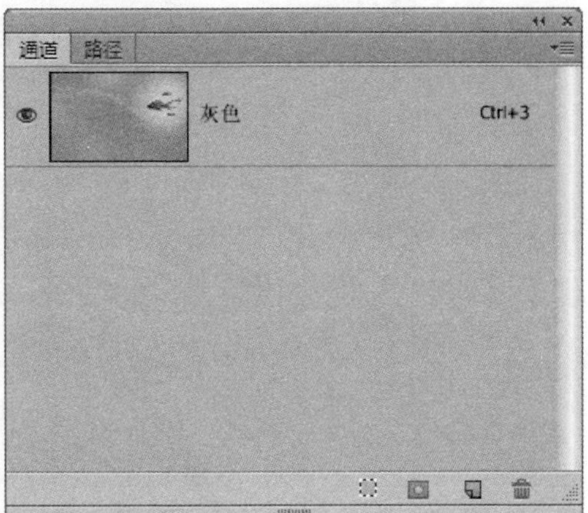

图 11-2　Lab 颜色通道和其他颜色通道

2. 专色通道

专色通道是一种特殊的通道，用于存储专色，专色用于替代或补充印刷色的特殊预混油墨，如荧光油墨和金属质感的油墨，如图 11-3 所示。

图 11-3　专色通道

3. Alpha 通道

Alpha 通道用于保存选区，用户可以将选区存储为灰色图像，但不直接影响图像的颜色。Alpha 通道中，黑色表示未选择区域，白色表示选中区域，灰色表示为部分选中的区域，被称为“羽化区域”，如图 11-4 所示。

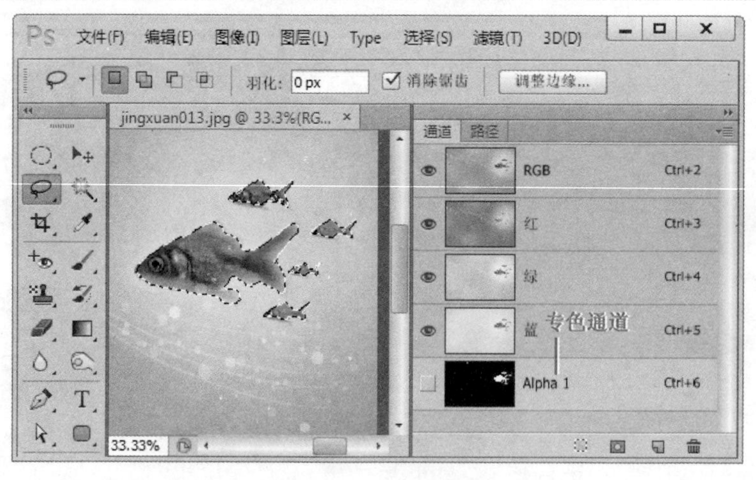

图 11-4 Alpha 通道

11.1.2 通道面板

在 Photoshop CS6 中，用户应先了解【通道】面板组成方面的知识，以方便用户在通道中对图像进行编辑，如图 11-5 所示。

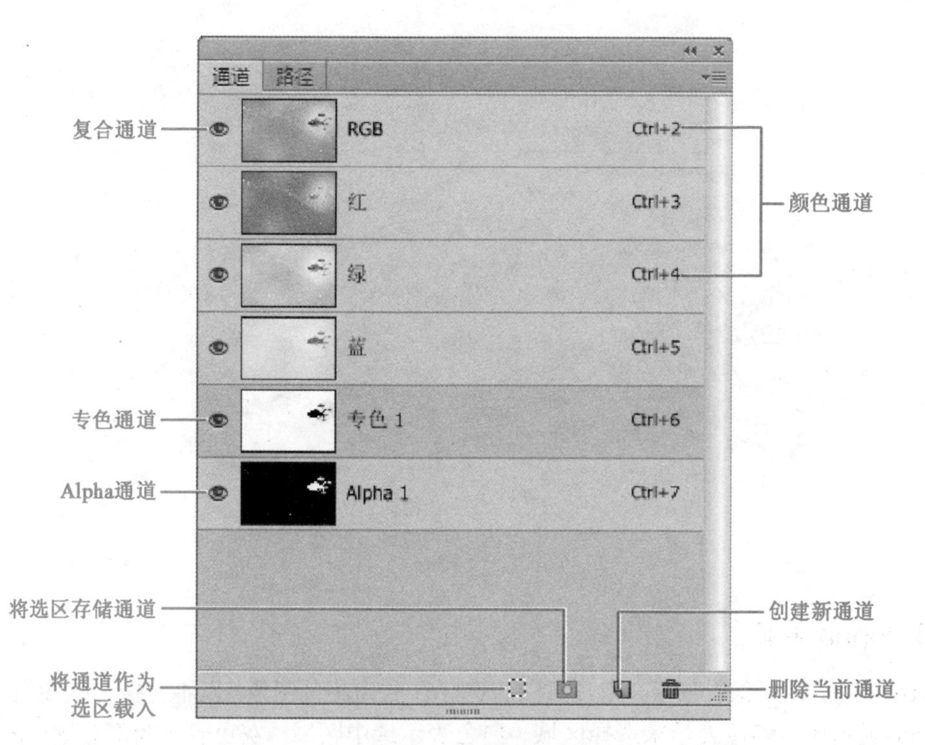

图 11-5 通道面板

- 复合通道：面板中最先列出的通道是复合通道，在复合通道下，用户可以同时预览和编辑所有颜色通道。
- 颜色通道：用于记录图像颜色信息的通道。
- 专色通道：用于保存专色油墨的通道。
- Alpha 通道：用于保存选区的通道。
- 将通道作为选区载入：单击该按钮，用户可以载入所选通道中的选区。
- 将选区存储为通道：单击该按钮，用户可以将图像中的选区保存在通道内。
- 创建新通道：单击该按钮，用户可以新建 Alpha 通道。
- 删除当前通道：用于删除当前选择的通道，复合通道不能删除。

Section 11.2 通道基本操作

本节导读

在 Photoshop CS6 中，掌握通道基本原理与基础知识后，用户即可在通道中对图像进行编辑操作，通过编辑通道，用户可以掌握创建 Alpha 通道、新建专色通道、重命名、复制与删除通道和分离与合并通道等方面的技巧。本节将重点介绍通道基本操作方面的知识。

11.2.1 创建 Alpha 通道

在 Photoshop CS6 中，用户可以在【通道】面板中，创建新的 Alpha 通道。下面介绍创建 Alpha 通道的操作方法。

调出【通道】面板后，单击【创建新通道】按钮，通过以上方法即可完成创建 Alpha 通道的操作，如图 11-6 所示。

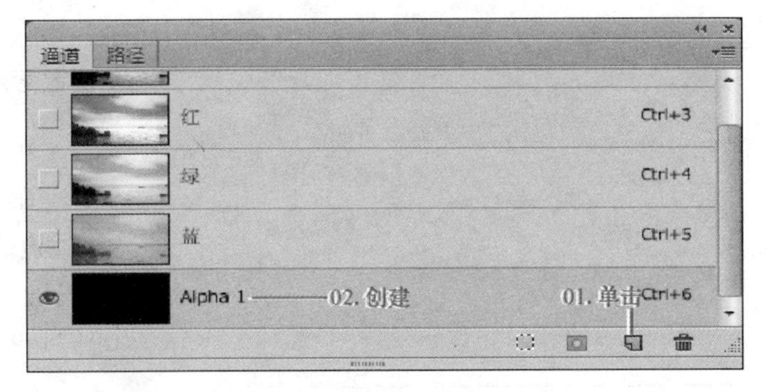

图 11-6 创建 Alpha 通道

11.2.2 通道的重命名

在 Photoshop CS6 中，复制通道后，在【通道】面板中，选中需要重命名的通道后，在该通道名称处进行双击操作，在弹出的文本框中，输入准备重命名的通道名称，然后按下【Enter】键，即可完成重命名通道的操作，如图 11-7 所示。

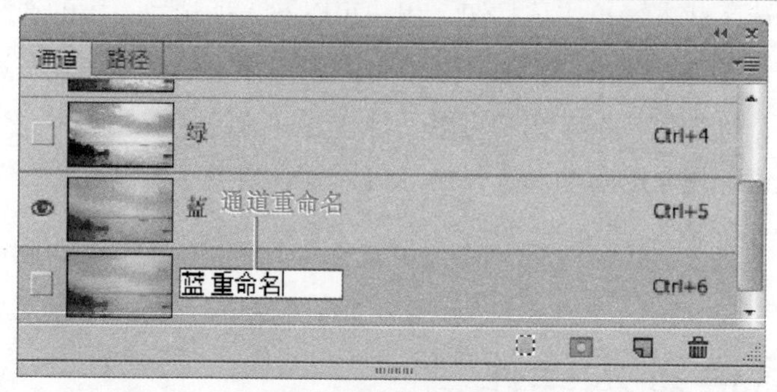

图 11-7 通道的重命名

11.2.3 复制通道

在 Photoshop CS6 中，选择某一通道后，可以对其进行复制操作。下面介绍选择与复制通道的操作方法。

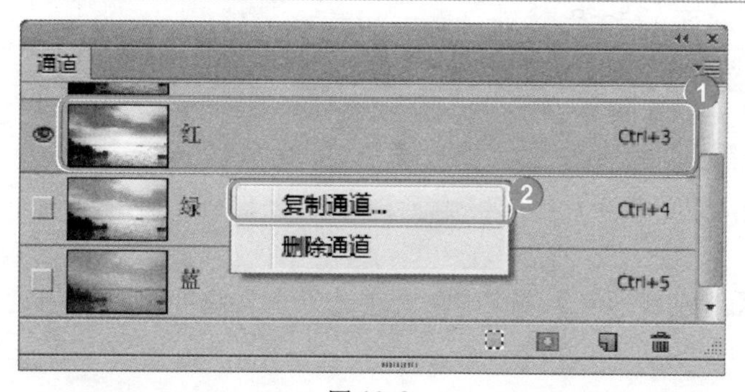

图 11-8

01 使用快捷菜单

No.1 打开图像文件后，右键单击准备复制的通道。

No.2 在弹出的快捷菜单中，选择【复制通道】菜单项，如图 11-8 所示。

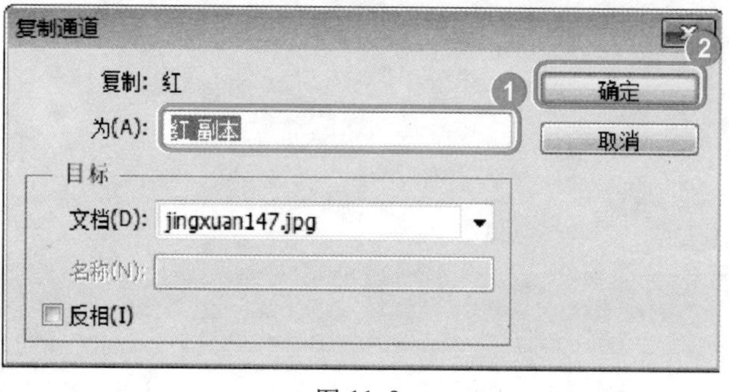

图 11-9

02 设置复制选项

No.1 弹出【新建专色通道】对话框，在【为】文本框中输入通道的名称。

No.2 单击【确定】按钮，如图 11-9 所示。

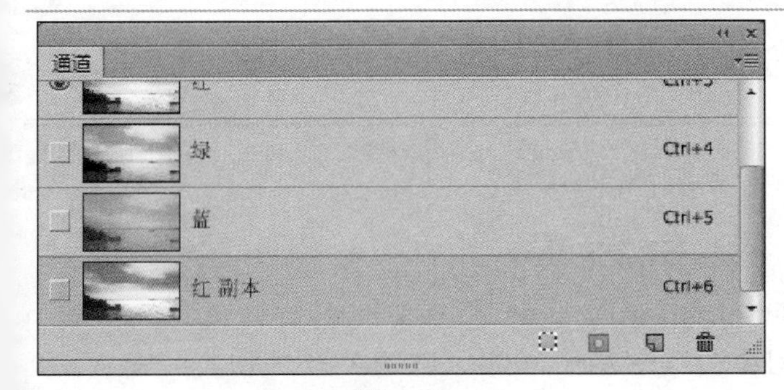

图 11-10

03 完成复制通道

此时，在【通道】面板中，复制出一个通道，通过以上方法即可完成复制通道的操作，如图 11-10 所示。

11.2.4 删除通道

在 Photoshop CS6 中，用户可以对不再准备使用的通道进行删除，下面介绍删除通道的操作方法。

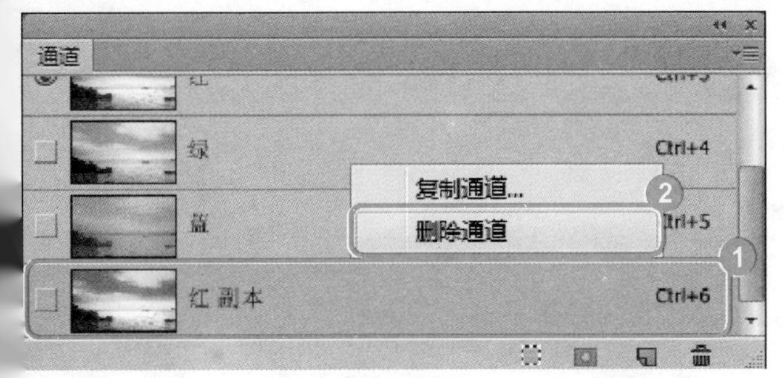

图 11-11

01 使用快捷菜单

No.1 打开图像文件后，右键单击准备删除的通道。

No.2 在弹出的快捷菜单中，选择【删除通道】菜单项，如图 11-11 所示。

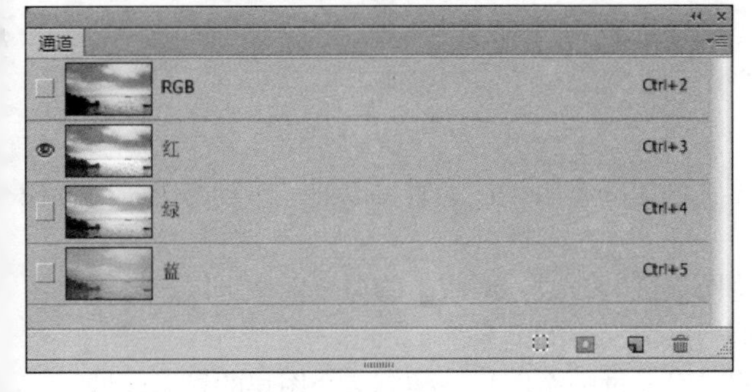

图 11-12

02 完成删除通道

此时，返回到【通道】面板中，选中的通道已被删除。通过以上方法即可完成删除通道的操作，如图 11-12 所示。

复制通道到其他图像中的方法

在复制通道的过程中，若打开的多个文档的像素尺寸相同，则选择一个通道，执行【复制通道】命令，用户可以将该通道复制到其他图像中。

Section

11.3 蒙版

本节导读

在 Photoshop CS6 中，Photoshop 蒙版将不同灰度色值转化为不同的透明度，并作用到它所在的图层，使图层不同部位透明度产生相应的变化。黑色为完全透明，白色为完全不透明。本节将重点介绍蒙版方面的知识。

11.3.1 认识蒙版

在 Photoshop CS6 中，【蒙版】面板可以调整不透明度和羽化范围，同时也可以对滤镜蒙版、图层蒙版和矢量蒙版进行调整。下面介绍蒙版方面的知识，如图 11-13 所示。

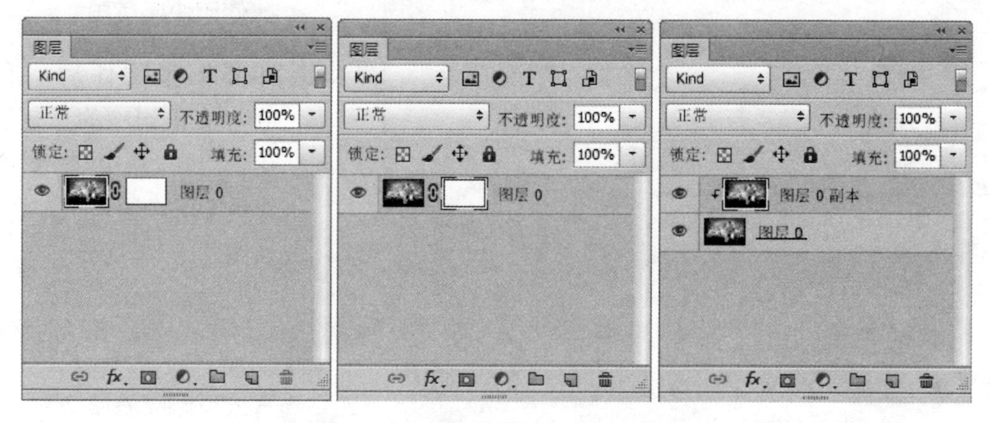

图 11-13 矢量蒙版、图层蒙版与剪贴蒙版

- 矢量蒙版：矢量蒙版是由路径工具创建的蒙版，该蒙版可以通过路径与矢量图形控制图形的显示区域。
- 图层蒙版：使用图层蒙版可以将图像进行合成，蒙版中的白色区域可以遮盖下方图层中的内容，黑色区域可以遮盖当前图层中的内容。
- 剪贴蒙版：使用剪贴蒙版，用户可以通过一个图层来控制多个图层的显示区域。

11.3.2 蒙版的作用

蒙版最初是指用于控制照片不同区域曝光的传统暗房技术。在 Photoshop CS6 中，版是用于控制图像显示区域的功能，用户可以隐藏不想显示的区域，但不会将内容从图中删除，蒙版具有转换方便、修改方便和运用不同滤镜等优点。

- 转换方便：在 Photoshop CS6 中，任意灰度图都可以转换成蒙版，操作方便。
- 修改方便：使用蒙版，不会因为使用橡皮擦或剪切删除而造成不可返回的错误。
- 运用不同滤镜：使用蒙版，用户可以运用不同滤镜，制作出不同的效果。

Section 11.4 图层蒙版

本节导读

在 Photoshop CS6 中，使用图层蒙版可以进行合成图像的操作。在对图层进行调整或应用滤镜时自动添加图层蒙版，是 Photoshop 中一项十分重要的功能。本节将重点介绍图层蒙版方面的知识与操作技巧。

11.4.1 创建图层蒙版

使用图层蒙版可以将图像进行合成，蒙版中的白色区域可以遮盖下方图层中的内容，黑色区域可以遮盖当前图层中的内容。下面介绍创建图层蒙版的操作方法。

图 11-14

01 单击按钮

No.1 在【图层】面板中，选择准备添加图层蒙版的图层。

No.2 在【图层】面板底部，单击【添加图层蒙版】按钮 ，如图 11-14 所示。

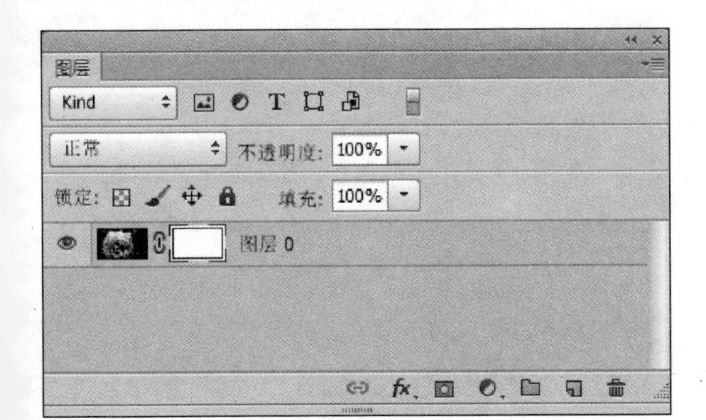

图 11-15

02 创建图层蒙版

通过以上方法即可完成创建图层蒙版的操作，如图 11-15 所示。

11.4.2 将选区转换成图层蒙版

在 Photoshop CS6 中，用户可以将选区中的内容创建为蒙版，并快速进行更换背景的操作。下面介绍通过选区创建蒙版的操作方法。

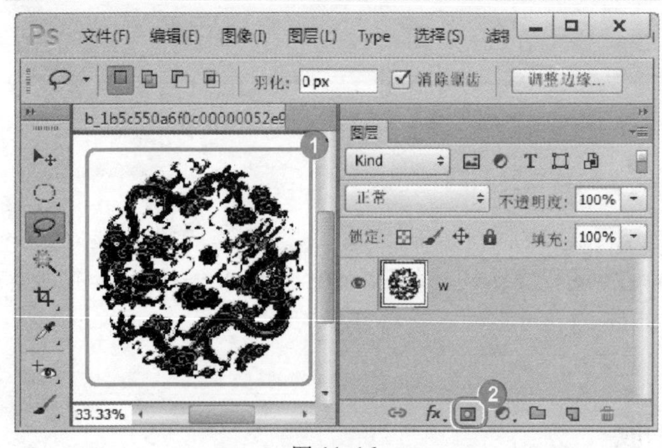

图 11-16

01 单击按钮

No.1 在文档区中，选中准备添加蒙版的选区。

No.2 在【图层】面板底部，单击【添加图层蒙版】按钮 ，如图 11-16 所示。

图 11-17

02 转换成图层蒙版

此时，在【图层】面板中，根据选区内的图像，已经创建出图层蒙版。通过以上方法即可完成从选区内创建图层蒙版的操作如图 11-17 所示。

教你一招

菜单项选区创建蒙版的操作方法

选择选区后，单击【图层】主菜单，在弹出的下拉菜单中，选择【图层蒙版】菜单项，在弹出的下拉菜单中，选择【显示选区】菜单项，用户也可以从选区创建蒙版。

11.4.3 应用图层蒙版

在 Photoshop CS6 中，应用图层蒙版，用户可以永久删除图层的隐藏部分。下面介应用图层蒙版的操作方法。

图 11-18

01 使用快捷菜单

No.1 打开图像文件后，在【图层】面板中，右键单击需要应用的图层蒙版。

No.2 在弹出的快捷菜单中，单击【应用图层蒙版】菜单项，如图 11-18 所示。

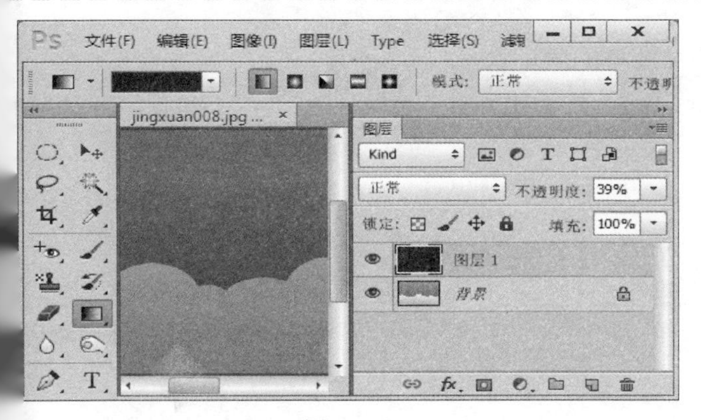

图 11-19

02 应用图层蒙版

通过以上方法即可完成应用图层蒙版的操作，如图 11-19 所示。

11.4.4 停用与启用图层蒙版

停用图层蒙版是将当前创建的蒙版暂停使用，用户可以在需要时再次启用蒙版。下面介绍停用与启用图层蒙版的操作方法。

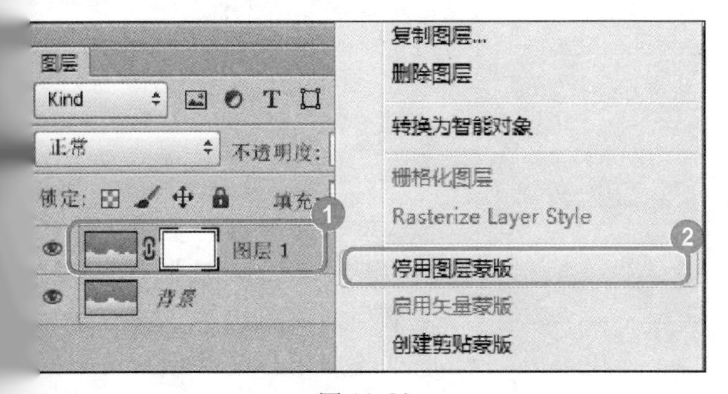

图 11-20

01 使用快捷菜单

No.1 打开图像文件后，在【图层】面板中，右键单击需要停用的图层蒙版。

No.2 在弹出的快捷菜单中，单击【停用图层蒙版】菜单项，如图 11-20 所示。

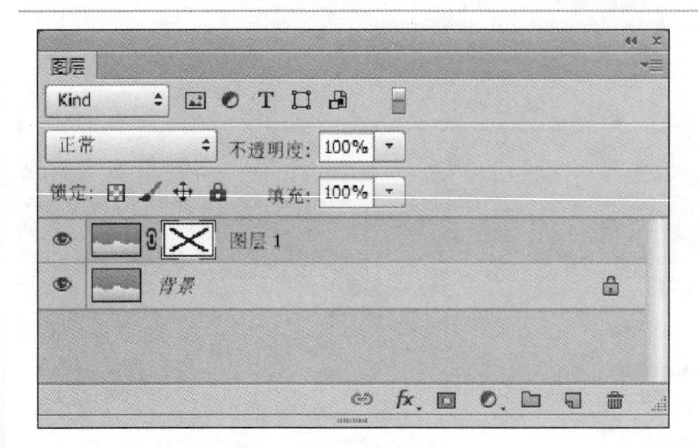

图 11-21

02 停用图层蒙版

通过以上方法即可完成停用图层蒙版的操作，如图 11-21 所示。

图 11-22

03 使用快捷菜单

No.1 打开图像文件后，在【图层】面板中，右键单击需要启用的图层蒙版。

No.2 在弹出的快捷菜单中，单击【启用图层蒙版】菜单项，如图 11-22 所示。

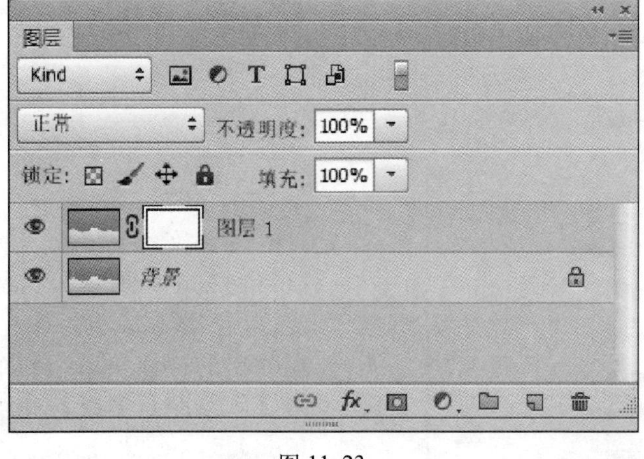

图 11-23

04 启用图层蒙版

通过以上方法即可完成重新启用图层蒙版的操作，如图 11-23 所示。

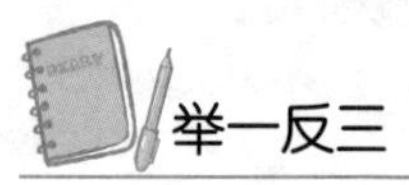

举一反三

单击【图层】主菜单，在弹出的下拉菜单中，选择【图层蒙版】菜单项，在弹出的下拉菜单中选择【启用】菜单项，用户同样可将停用的蒙版进行启用操作。

11.4.5 删除图层蒙版

在 Photoshop CS6 中，如果不再准备使用某图层蒙版，用户可以将其删除。下面介绍删除图层蒙版的操作方法。

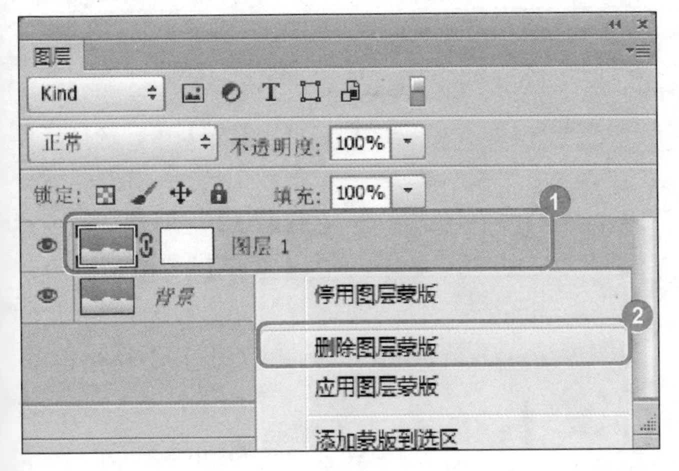

图 11-24

01 使用快捷菜单

No.1 打开图像文件后，在【图层】面板中，右键单击需要删除的图层蒙版。

No.2 在弹出的快捷菜单中，单击【删除图层蒙版】菜单项，如图 11-24 所示。

图 11-25

02 删除图层蒙版

通过以上方法即可完成删除图层蒙版的操作，如图 11-25 所示。

Section 11.5 矢量蒙版

本节导读

在 Photoshop CS6 中，矢量蒙版是由【钢笔】工具或【形状】工具创建的蒙版，矢量蒙版可以通过图像路径与矢量图形，来控制图形的显示区域，并可以对其进行任意编辑。本节将重点介绍矢量蒙版方面的知识。

11.5.1 创建矢量蒙版

在 Photoshop CS6 中，用户可以使用【钢笔】工具或【形状】工具创建工作路径，并将其转换为矢量蒙版。下面将介绍具体的操作方法。

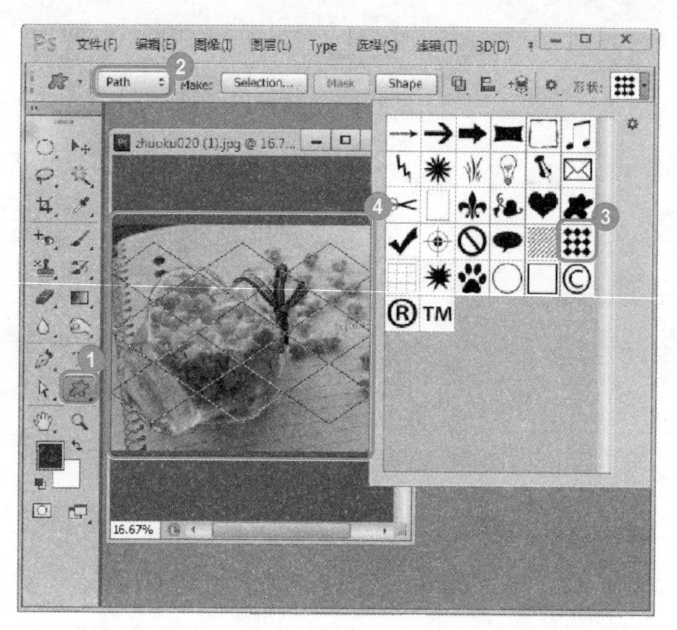

图 11-26

01 使用形状图形

No.1 在【工具箱】中，选择【自定形状工具】按钮。

No.2 在【形状】工具选项栏中，在【路径】下拉列表中，选择【Path】选项。

No.3 单击【形状】下拉按钮，在弹出的下拉列表中，选择准备使用的形状。

No.4 在文档窗口中绘制一个形状，如图 11-26 所示。

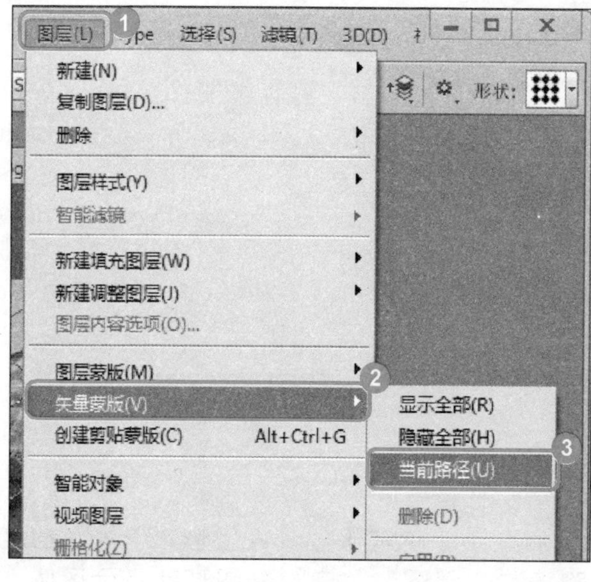

图 11-27

02 使用快捷菜单

No.1 绘制形状后，选择【图层】主菜单。

No.2 在弹出的下拉菜单中，选择【矢量蒙版】菜单项。

No.3 在弹出的下拉菜单中，选择【当前路径】菜单项，如图 11-27 所示。

举一反三

绘制路径图形后，按住〈Ctrl〉键的同时，在【图层】面板中单击【添加图层蒙版】按钮，也可以创建矢量蒙版。

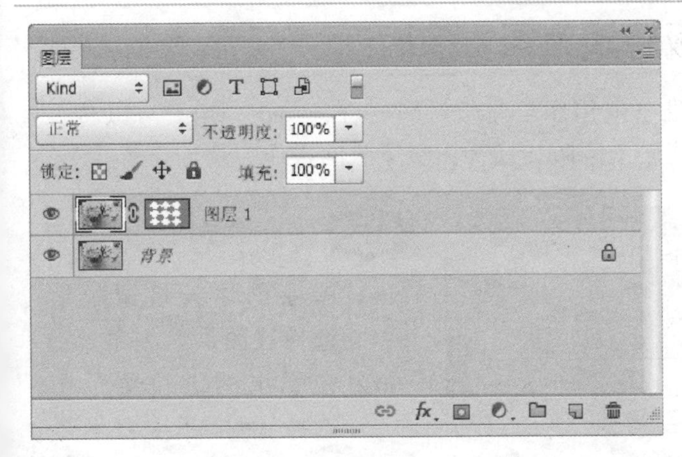

图 11-28

03 创建矢量蒙版

此时，返回到文档窗口中，图像艺术效果已经制作完成，同时在【图层】面板中，矢量蒙版已经创建。通过以上方法即可完成创建矢量蒙版的操作，如图 11-28 所示。

11.5.2 向矢量蒙版中添加形状

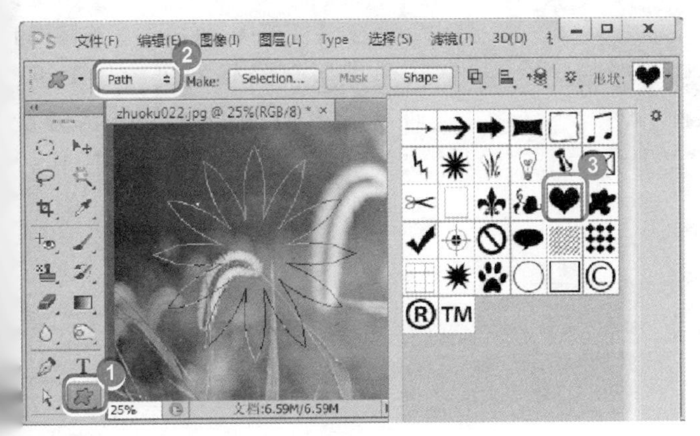

图 11-29

01 使用形状图形

No.1 在【工具箱】中，选择【自定形状工具】按钮。

No.2 在【形状】工具选项栏中，在【路径】下拉列表中，选择【Path】选项。

No.3 单击【形状】下拉按钮，在弹出的下拉列表中，选择准备使用的形状，如图 11-29 所示。

图 11-30

02 添加形状

在文档窗口中，在指定的图像位置，绘制准备添加的形状，通过以上方法即可完成在矢量蒙版中添加形状的操作，如图 11-30 所示。

11.5.3 将矢量蒙版转换为图层蒙版

在 Photoshop CS6 中，如果准备使用图层蒙版对图层进行编辑，用户可以将矢量蒙版转换为图层蒙版。下面介绍将矢量蒙版转换为图层蒙版的操作方法。

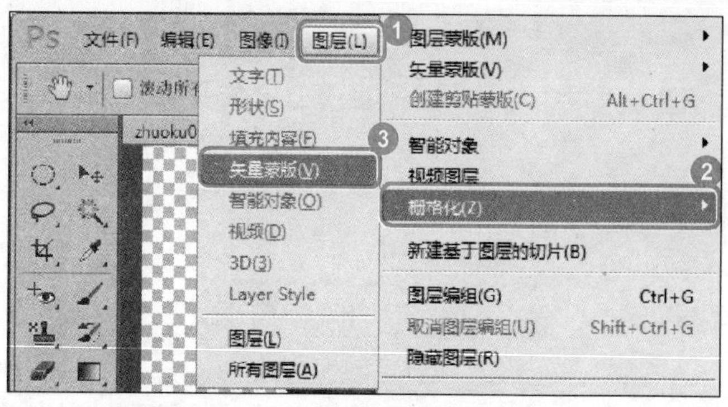

图 11-31

01 使用菜单项

No.1 图像创建矢量蒙版后，选择【图层】主菜单。

No.2 在弹出的下拉菜单中，选择【栅格化】菜单项。

No.3 在弹出的下拉菜单中，选择【矢量蒙版】菜单项，如图 11-31 所示。

图 11-32

02 转换为图层蒙版

在【图层】面板中，创建的矢量蒙版已经转换成图层蒙版。通过以上方法即可完成将矢量蒙版转换为图层蒙版的操作，如图 11-32 所示。

Section 11.6 剪贴蒙版

本节导读

在 Photoshop CS6 中，剪贴蒙版也称剪贴组，该命令是通过使用处于下方图层的形状来限制上方图层的显示状态，达到一种剪贴画的效果，剪贴蒙版在 Photoshop CS6 中是一个非常特别的蒙版，使用它可以制作出一些特殊的效果。本节将重点介绍剪贴蒙版方面的知识。

11.6.1 创建剪贴蒙版

在 Photoshop CS6 中，用户可以在图像中创建任意形状并添加剪贴蒙版，制作出不同的艺术效果。下面介绍创建剪贴蒙版的操作方法。

图 11-33

01 绘制形状图形

No.1 在【背景】层和【图层 1】层之间创建一个新的图层。

No.2 在【工具箱】中，选择【自定形状工具】按钮。

No.3 在【形状】工具选项栏中，在【路径】下拉列表中，选择【Shape】选项。

No.4 在文档窗口中，绘制一个形状，如图 11-33 所示

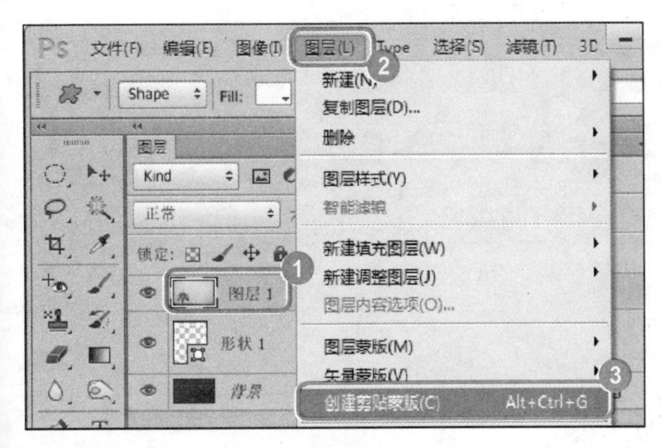

图 11-34

02 使用菜单项

No.1 在绘制自定义形状后，选择【图层 1】层。

No.2 选择【图层】主菜单。

No.3 在弹出的下拉菜单中，选择【创建剪贴蒙版】菜单项，如图 11-34 所示。

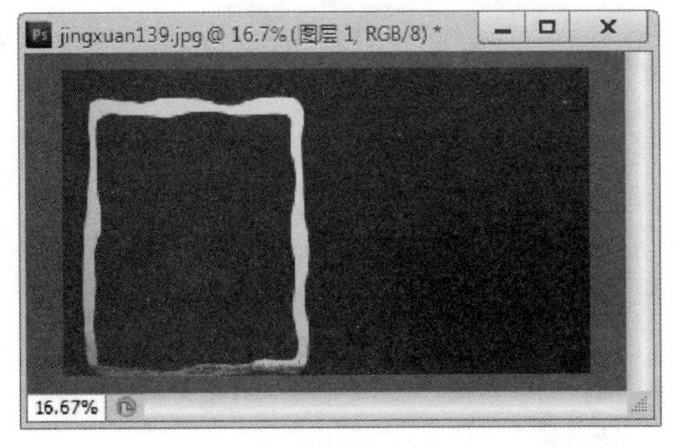

图 11-35

03 创建剪贴蒙版

此时，返回到文档窗口中，图像艺术效果已经制作完成，同时在【图层】面板中，剪贴蒙版已经创建，通过以上方法即可完成创建剪贴蒙版的操作，如图 11-35 所示。

11.6.2 设置剪贴蒙版的不透明度

在 Photoshop CS6 中，创建剪贴蒙版后，用户可以对创建的剪贴蒙版进行不透明度的设置，以便制作出不同的艺术效果。下面介绍设置剪贴蒙版不透明度的操作方法。

在【图层】面板中，选择已经创建剪贴蒙版的图层，在【不透明度】文本框中，输入不透明度值，这样即可完成设置剪贴蒙版不透明度的操作，如图 11-36 所示。

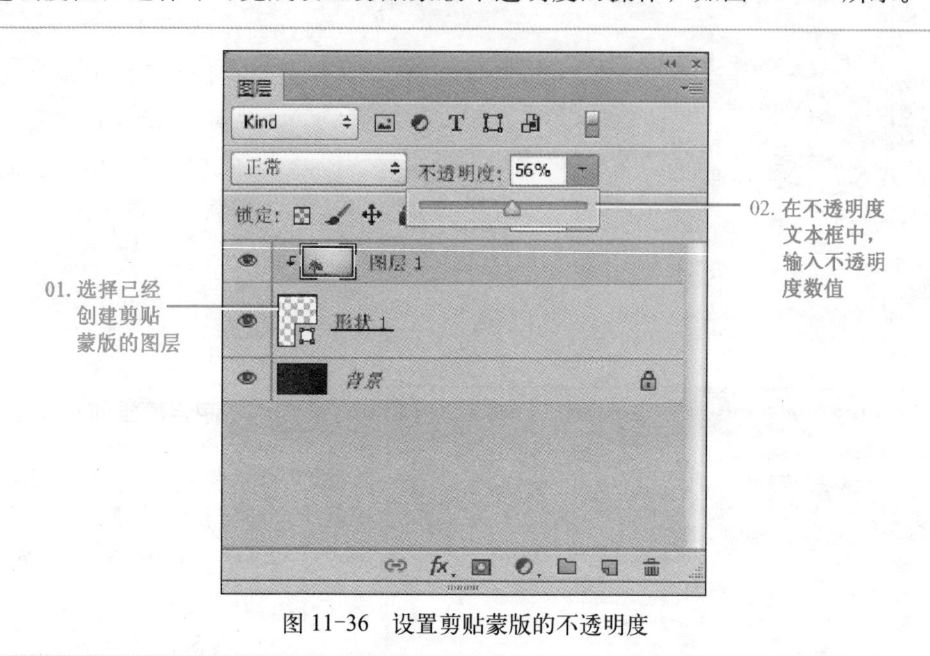

图 11-36 设置剪贴蒙版的不透明度

11.6.3 释放剪贴蒙版

在 Photoshop CS6 中，如果不再准备使用剪贴蒙版，用户可以将其还原成普通图层下面介绍释放剪贴蒙版的操作方法。

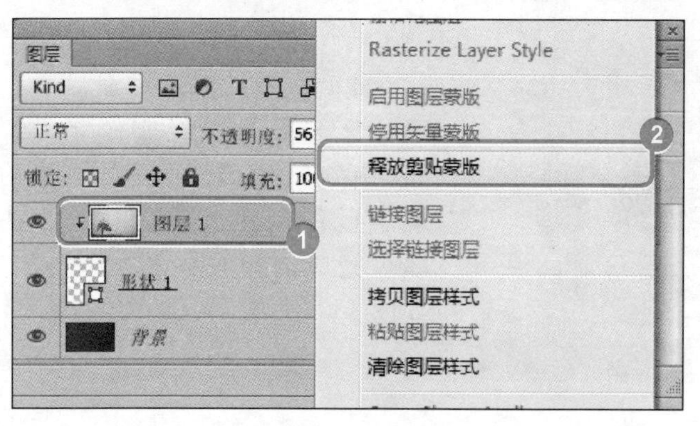

图 11-37

01 使用快捷菜单

No.1 打开已经创建剪贴蒙版的图像文件并右键单击创建剪贴蒙版的图层。

No.2 在弹出的快捷菜单中，选择【释放剪贴蒙版】菜单项，如图 11-37 所示。

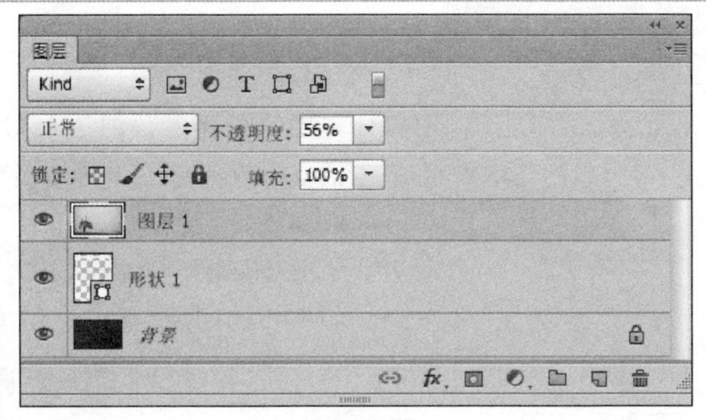

图 11-38

02 释放剪贴蒙版

此时，返回到【图层】面板中，创建的剪贴蒙版已经被还原成普通图层。通过以上方法即可完成释放剪贴蒙版的操作，如图 11-38 所示。

Section 11.7 实践案例与上机指导

本节导读

对通道与蒙版有所认识后，本节将针对以上所学知识制作五个案例，分别是新建专色通道的方法、转移蒙版、链接与取消链接蒙版、复制蒙版和分离与合并通道，供用户学习。

11.7.1 新建专色通道的方法

在 Photoshop CS6 中，使用专色通道功能，用户可以保存专色信息，每个专色通道只能存储一个专色信息。下面介绍新建专色通道的操作方法。

图 11-39

01 使用快捷菜单

No.1 打开图像文件后，在文档窗口中，选中准备创建专色通道的选区。

No.2 在【路径】面板中，单击【面板】下拉按钮。

No.3 在弹出的下拉菜单中，选择【新建专色通道】菜单项，如图 11-39 所示。

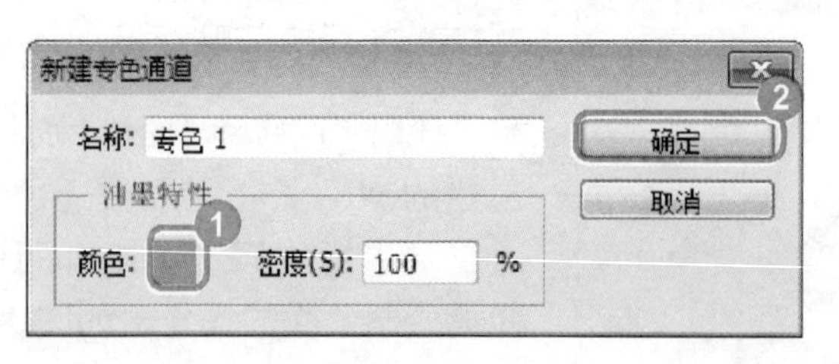

图 11-40

01 设置专色通道选项

No.1 弹出【新建专色通道】对话框，在【颜色】框中选取准备使用的颜色。

No.2 单击【确定】按钮，如图 11-40 所示。

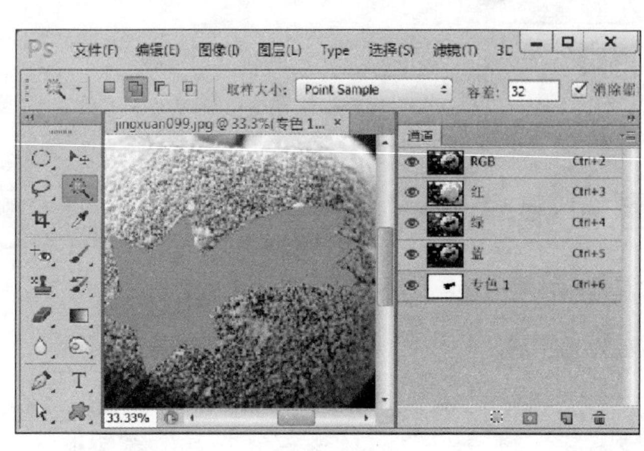

图 11-41

02 使用快捷菜单

此时，在【通道】面板中，创建出一个专色通道，同时，在文档窗口中，选区内的图像被专色通道的颜色覆盖，通过以上方法即可完成新建专色通道的操作，如图 11-41 所示。

11.7.2 转移蒙版

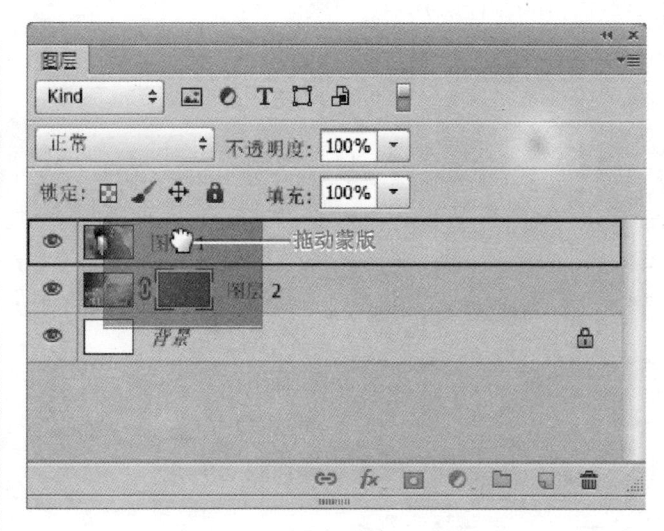

图 11-42

01 拖动蒙版

创建图层蒙版后，在【图层】面板中，在目标图层中，单击并拖动准备转移的蒙版至目标图层到达目标位置后释放鼠标左键，如图 11-42 所示。

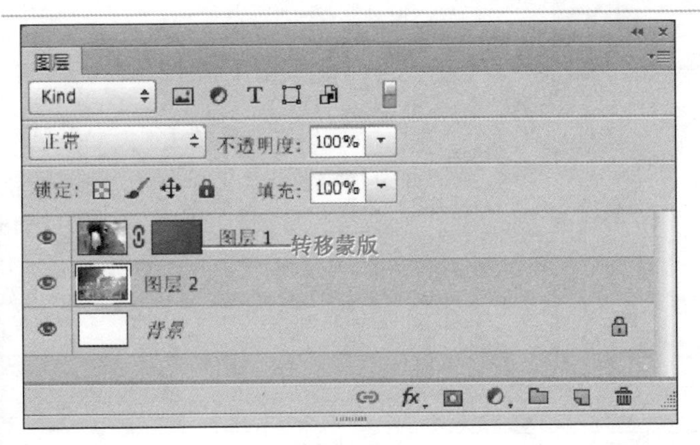

图 11-43

02 转移蒙版

通过以上方法即可完成转移蒙版的操作，如图 11-43 所示。

11.7.3 链接与取消链接蒙版

在 Photoshop CS6 中，图层与蒙版之间是有链接的，在进行变换操作时对图层与图层蒙版一起产生效果，如果需要单独编辑某一项，可以将两者的链接取消。下面介绍链接与取消链接蒙版的操作方法。

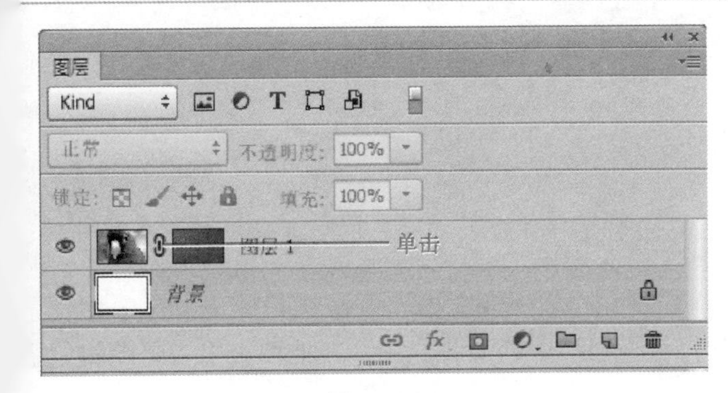

图 11-44

01 单击链接按钮

在【图层】面板中，单击准备取消的【指示图层蒙版链接到图层】按钮，如图 11-44 所示。

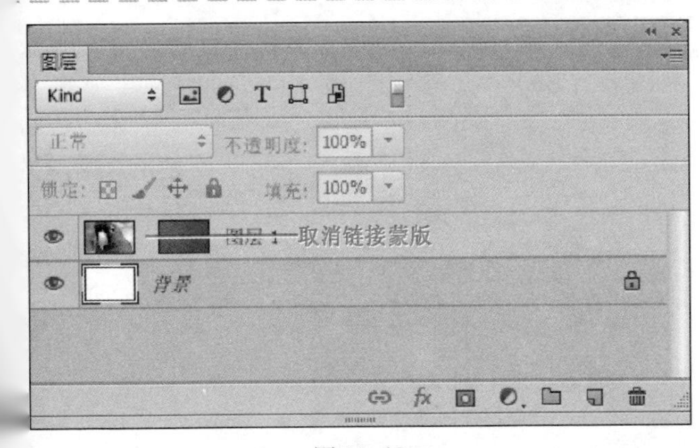

图 11-45

02 链接已经被取消

此时，在【图层】面板中，创建的图层蒙版链接已经被取消。通过以上方法即可完成取消链接蒙版的操作，如图 11-45 所示。

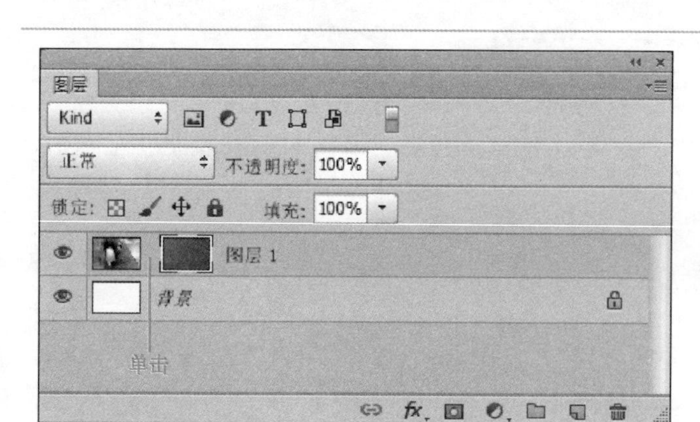

图 11-46

03 单击链接按钮

在【图层】面板中，在已经取消链接的【指示图层蒙版链接到图层】按钮处单击，如图 11-46 所示。

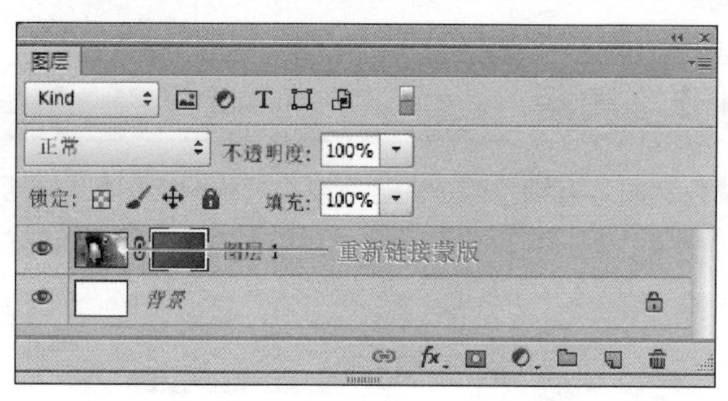

图 11-47

04 蒙版已重新链接

此时，在【图层】面板中，取消的图层蒙版链接已经被重新链接。通过以上方法即可完成重新链接蒙版的操作，如图 11-47 所示。

11.7.4 复制蒙版

在 Photoshop CS6 中，如果准备将一个图层中的蒙版应用到其他图层中，可以将蒙版复制。下面介绍复制蒙版的操作方法。

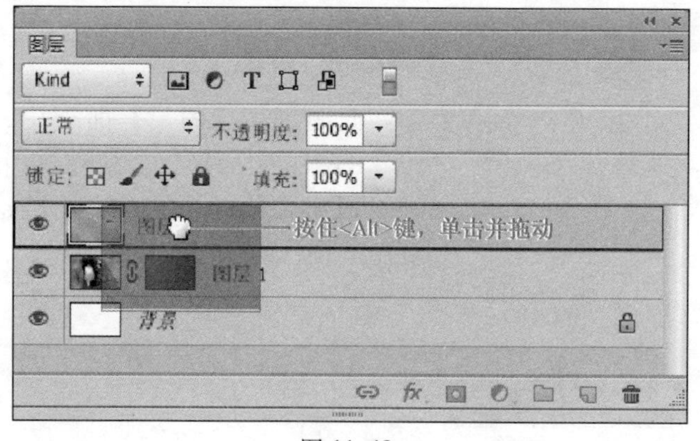

图 11-48

01 拖动蒙版

在键盘上按住〈Alt〉键的同时，单击并拖动创建的图层蒙版至目标图层，到达目标位置后，释放鼠标左键，如图 11-48 所示。

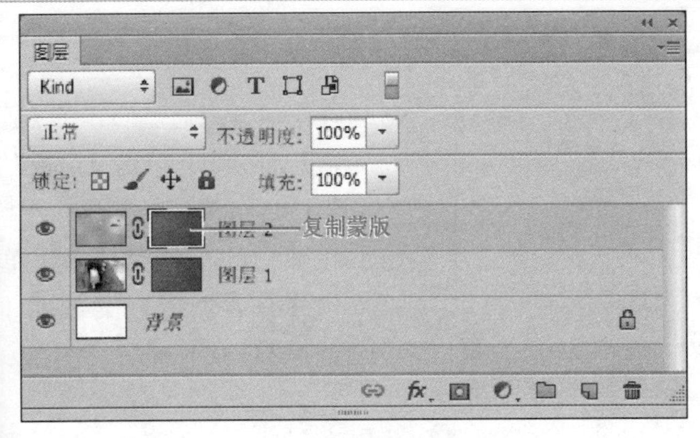

图 11-49

02 复制蒙版

此时，在【图层】面板中，创建的图层蒙版已经复制到目标图层中。通过以上方法即可完成复制蒙版的操作，如图 11-49 所示。

11.7.5 分离与合并通道

在 Photoshop CS6 中，在图像文件中，通过分离通道，用户可以创建灰度图像，通过合并通道则可以创建彩色图像。下面介绍分离与合并通道的操作方法。

图 11-50

01 使用菜单项

No.1 打开图像文件后，在【通道】面板中，单击【面板】下拉按钮。

No.2 在弹出的下拉菜单中，单击【分离通道】菜单项，如图 11-50 所示。

图 11-51

02 分离通道

此时，在文档窗口中，被分离的通道，已经生成独立的灰色图像。通过以上方法即可完成分离通道的操作，如图 11-51 所示。

图 11-52

03 使用菜单项

No.1 在图像分离通道后，在【通道】面板中，单击【面板】下拉按钮。

No.2 在弹出的下拉菜单中，单击【合并通道】菜单项，如图 11-52 所示。

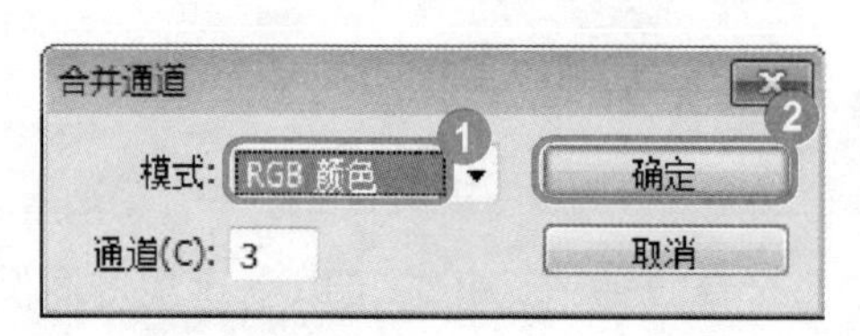

图 11-53

04 设置合并通道选项

No.1 弹出【合并通道】对话框，在【模式】列表框中，选择【RGB 颜色】选项。

No.2 单击【确定】按钮，如图 11-53 所示。

图 11-54

05 设置合并 RGB 通道选项

弹出【合并 RGB 通道】对话框，设置各个通道的名称，然后单击【确定】按钮，如图 11-54 所示。

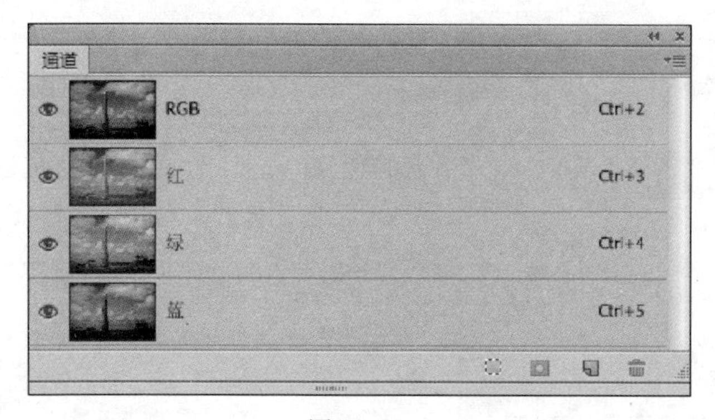

图 11-55

06 合并成一个通道

此时，返回到【通道】面板中，图像已经合并成一个通道。通过以上方法即可完成合并通道的操作，如图 11-55 所示。

第12章 文字工具

本章主要介绍了创建文字、段落文字和选区文字方面的知识与技巧，同时还讲解了变形文字、路径文字和编辑文本的操作方法，通过本章的学习，读者可以掌握文字工具方面的知识，为进一步学习Photoshop CS6知识奠定基础。

Section

12.1 创建文字

本节导读

在 Photoshop CS6 中，使用工具箱中的文字工具，用户可以创建出精美的文字或文字选区，以便制作出用户满意的文本效果。创建文字和文字选区包括输入横排文字和输入直排文字，本节将重点介绍创建文字方面的知识。

12.1.1 创建直排文字

在 Photoshop CS6 中，使用【工具箱】中的【直排文字】工具，用户可以输入直排文字，下面介绍输入直排文字的操作方法。

图 12-1

01 使用直排文字工具

No.1 打开图像，单击【工具箱】中的【直排文字】按钮 。

No.2 在直排文字工具选项栏中在【字体】下拉列表框中选择字体。

No.3 在【字体大小】下拉列表框中，设置字体大小。

No.4 在文档窗口中，在指定位置单击并输入文字，如图 12-1 所示。

图 12-2

02 退出编辑状态

输入直排文字后，在键盘按下组合键〈Ctrl+Enter〉，样可以退出文字编辑状态。通以上方法即可完成输入直排文的操作，如图 12-2 所示。

12.1.2 创建横排文字

在 Photoshop CS6 中，使用【工具箱】中的【横排文字】工具，用户可以输入横排文字，下面介绍输入横排文字的操作方法。

图 12-3

01 使用横排文字工具

No.1 打开图像，单击【工具箱】中的【横排文字】按钮 T。

No.2 在横排文字工具选项栏中，在【字体】下拉列表框中选择字体。

No.3 在【字体大小】下拉列表框中，设置字体大小。

No.4 在文档窗口中，在指定位置单击并输入文字，如图 12-3 所示。

图 12-4

02 退出编辑状态

输入横排文字后，在键盘上按下组合键〈Ctrl+Enter〉，这样可以退出文字编辑状态。通过以上方法即可完成输入横排文字的操作，如图 12-4 所示。

Section 12.2

段落文字

本节导读

在 Photoshop CS6 中，段落文字就是把文字创建在文字定界框内的文字。使用段落文字，用户可以更好地编辑文本内容。本节将重点介绍段落文字的创建与设置方面的知识。

12.2.1 创建段落文字

在 Photoshop CS6 中，在定界框中输入段落文字时，系统提供自动换行和可调文字区域大小等功能。下面介绍输入段落文字的方法。

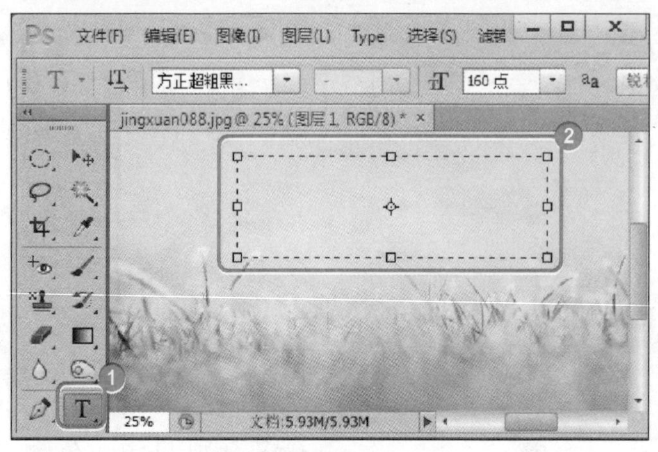

图 12-5

01 划取文字定界框

No.1 打开图像文件，单击【工具箱】中的【横排文字】按钮 T。

No.2 在文档窗口中，在图像指定位置处，拖动鼠标划取一个段落文字定界文本框，如图 12-5 所示。

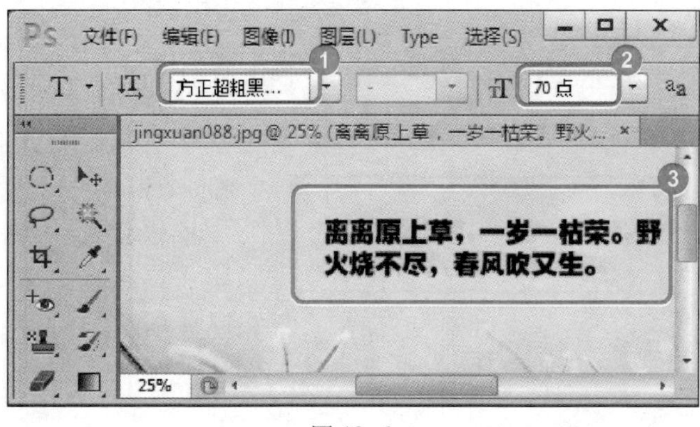

图 12-6

02 设置段落文字

No.1 在直排文字工具选项栏中，在【字体】下拉列表框中选择准备应用的字体。

No.2 在【字体大小】下拉列表框中，设置字体大小。

No.3 在段落文字定界框中，输入文字，如图 12-6 所示。

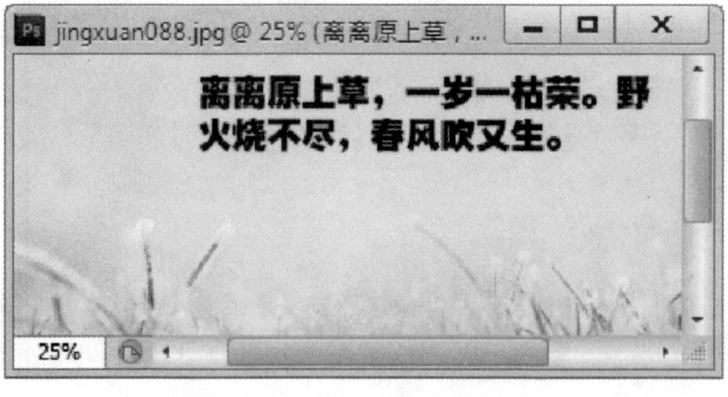

图 12-7

03 退出编辑状态

输入段落文字后，在键盘上按下组合键〈Ctrl+Enter〉，这样可以退出文字编辑状态。通过以上方法即可完成创建段落文字的操作，如图 12-7 所示。

12.2.2 设置段落的对齐与缩进方式

在 Photoshop CS6 中，使用【段落】面板，用户可以对文字的段落属性进行设置，如调整对齐方式和缩进量等，使其更加美观。下面介绍设置段落的对齐与缩进的方法。

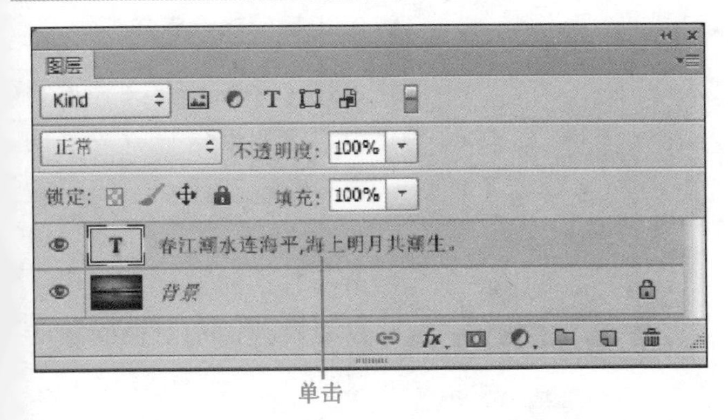

图 12-8

01 选择文字图层

打开创建文字的图像文件，在【图层】面板中，选择准备设置的文字图层，如图 12-8 所示。

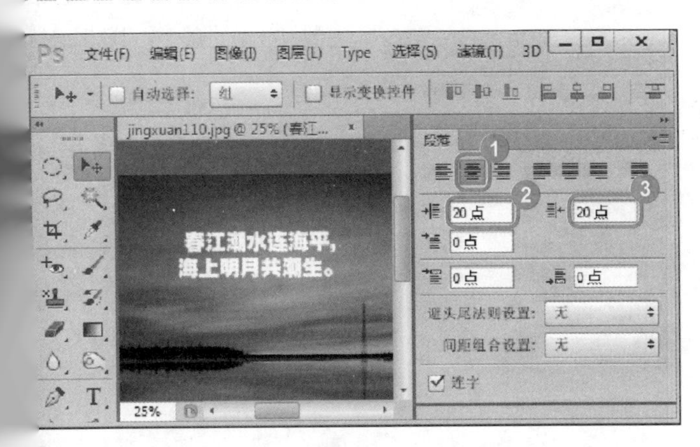

图 12-9

02 设置对齐与缩进方式

No.1 选择准备设置的文字图层后，在【段落】面板中，选中【居中对齐文本】按钮 。

No.2 在【左推进】文本框中，设置缩进大小的数值。

No.3 在【右推进】文本框中，设置缩进大小的数值，如图 12-9 所示。

图 12-10

03 退出编辑状态

这样即可完成设置段落的对齐与缩进方式的操作，如图 12-10 所示。

举一反三

在【段落】面板中，段落文字的避头尾法则包括“无”、“JIS 宽松”和“JIS 严格”三种法则。

12.2.3 设置段落的前后间距

在Photoshop CS6中，用户在【段落】面板中单击【段前添加空格】按钮 和【段后添加空格】按钮， 可以调整段落的间距，下面介绍设置段落的前后间距的方法。

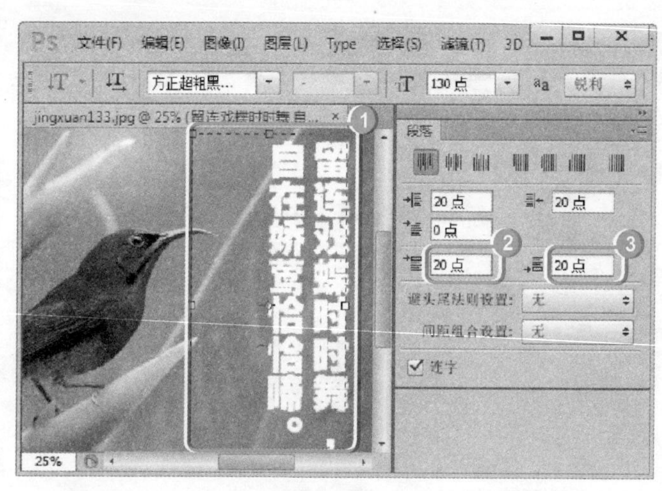

图 12-11

01 设置段落前后间距

No.1 创建文字后，在文档窗口中，选择准备设置段落间距的段落文字。

No.2 在【段落】面板中，在【段前添加空格】文本框中，设置段前添加空格间距的数值。

No.3 在【段后添加空格】文本框中，设置段后添加空格间距的数值，如图 12-11 所示。

图 12-12

02 完成设置段落的前后间距

通过以上方法即可完成设置段落的前后间距的操作，如图 12-12 所示。

Section 12.3 选区文字

本节导读

在 Photoshop CS6 中，创建选区文字，用户可以对选区文字进行填充、描边的操作，也可以对创建的文字进行选择文字选区的操作。本节将重点介绍创建选区文字方面的知识。

12.3.1 创建选区文字

在Photoshop CS6中，使用【工具箱】中的【横排文字蒙版】工具和【直排文字蒙版】工具，用户可以创建文字的选区。下面介绍创建选区文字的方法。

图 12-13

01 设置文字工具

No.1 单击【工具箱】中的【横排文字蒙版工具】按钮 。

No.2 在横排文字蒙版工具选项栏中，在【字体】下拉列表框中选择字体。

No.3 在【字体大小】下拉列表框中，设置字体大小。

No.4 在文档窗口中，在指定位置单击并输入文字，如图 12-13 所示。

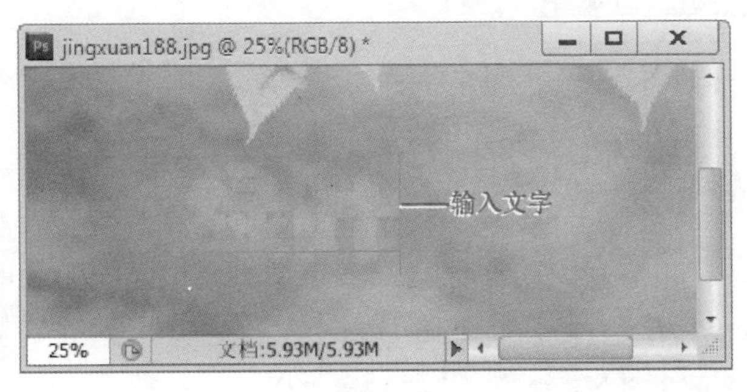

图 12-14

02 输入蒙版文字

进入到文字蒙版中，在准备输入文字的位置处单击并输入文字，如图 12-14 所示。

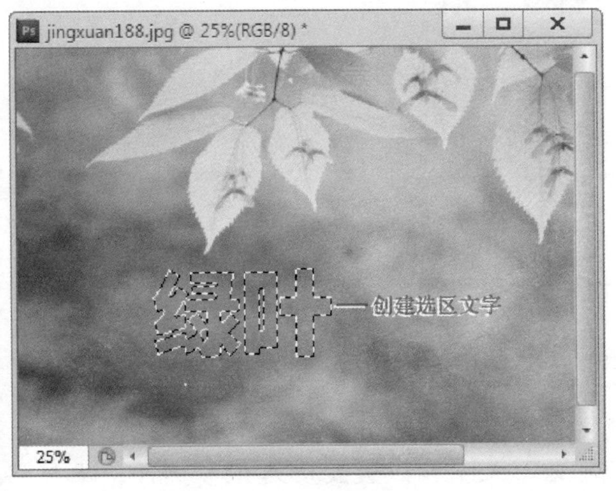

图 12-15

03 创建选区文字

输入蒙版文字后，在键盘上按下组合键〈Ctrl+Enter〉，这样可以退出文字编辑状态。通过以上方法即可完成创建选区文字的操作，如图 12-15 所示。

12.3.2 选择文字选区

在 Photoshop CS6 中，创建文字后，用户可以选择文字选区，用于进行移动或编辑选区等操作。下面介绍选择文字选区的方法。

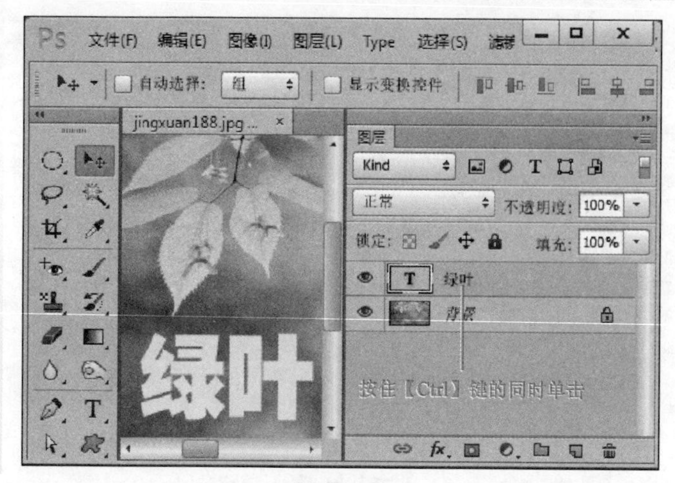

图 12-16

01 单击文字图层

打开创建文字的图像文件后，在键盘上按住【Ctrl】键的同时，在【图层】面板中，单击准备选择选区的文字图层，如图 12-16 所示。

图 12-17

02 选择文字选区

此时，文档窗口中的文字选区已经被选中。通过以上方法即可完成选择文字选区的操作，如图 12-17 所示。

Section 12.4 变形文字

本节导读

在 Photoshop CS6 中，创建变形文字效果，用户可以更改文字的形状，美化文本。创建变形文字包括创建变形文字和设置变形选项等操作。本节将介绍创建变形文字方面的知识。

12.4.1 创建变形文字

在 Photoshop CS6 中，用户可以对创建的文字进行处理得到变形文字，如拱形、波浪和鱼形等。下面将重点介绍创建变形文字的方法。

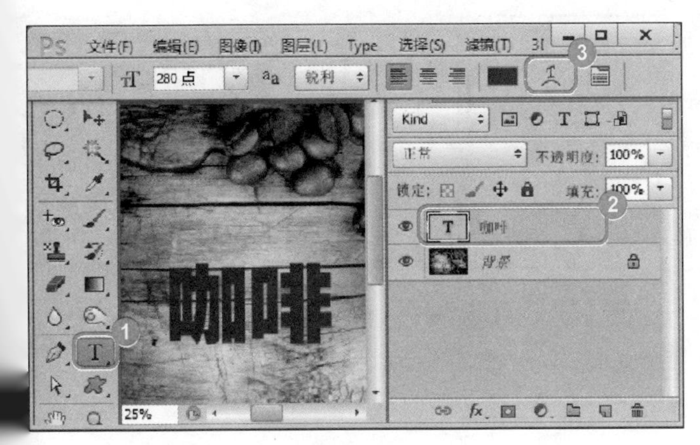

图 12-18

01 单击按钮

No.1 创建文字后，单击【工具箱】中的【横排文字工具】按钮 T 。

No.2 在【图层】面板中选中准备设置的文字图层。

No.3 在【文字工具】选项栏中，单击【创建变形文字】按钮，如图 12-18 所示。

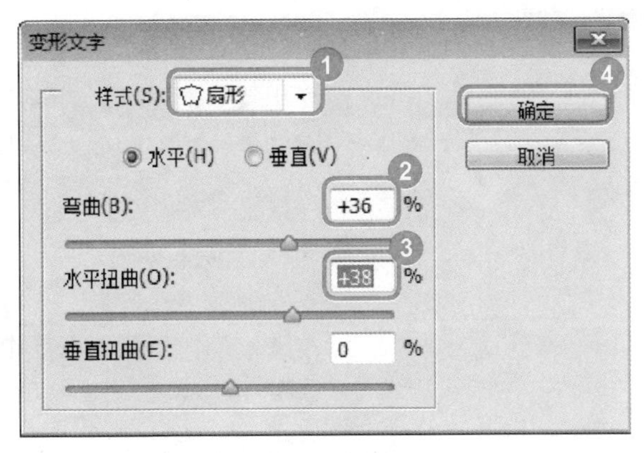

图 12-19

02 设置变形文字选项

No.1 弹出【变形文字】对话框，在【样式】下拉列表框中，选择准备应用的样式。

No.2 在【弯曲】文本框中，输入弯曲数值。

No.3 在【水平扭曲】文本框中，输入字体水平扭曲度。

No.4 单击【确定】按钮 确定 ，如图 12-19 所示。

图 12-20

03 创建变形文字

通过以上方法即可完成创建变形文字的操作，如图 12-20 所示。

12.4.2 编辑变形文字选项

在 Photoshop CS6 中，用户可以重新编辑变形文字的选项，对已经创建的变形文字进行编辑操作，下面介绍编辑变形文字的方法。

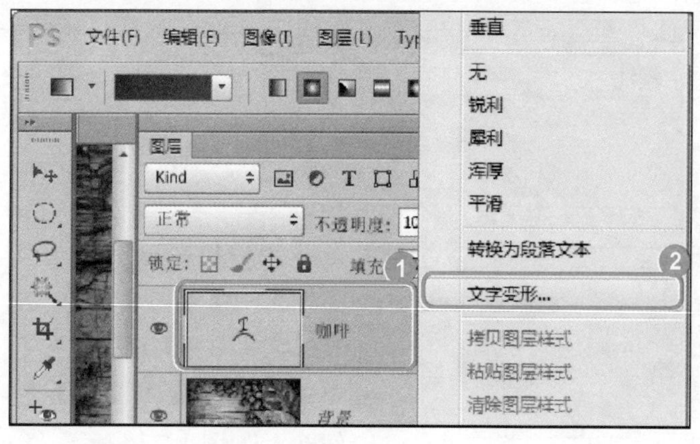

图 12-21

01 使用快捷菜单

No.1 创建文字后，在【图层】面板中，右键单击准备设置的文字图层。

No.2 在弹出的快捷菜单中，选择【文字变形】菜单项，如图 12-21 所示。

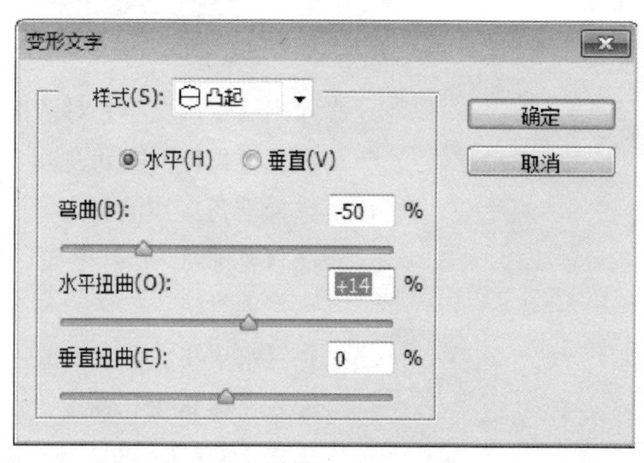

图 12-22

02 设置变形文字选项

No.1 弹出【变形文字】对话框，在【样式】下拉列表框中，选择准备应用的样式。

No.2 在【弯曲】文本框中，输入弯曲数值。

No.3 在【水平扭曲】文本框中，输入字体水平扭曲度。

No.4 单击【确定】按钮，如图 12-22 所示。

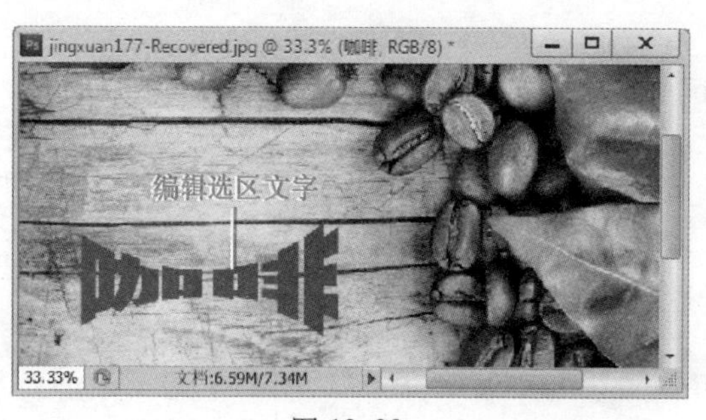

图 12-23

03 编辑变形文字

通过以上方法即可完成编辑变形文字选项的操作，如图 12-2 所示。

Section

12.5 路径文字

本节导读

在 Photoshop CS6 中，创建路径文字效果，用户可以更改文字的样式。创建路径文字包括将文字转换为路径和输入沿路径排列文字等操作。本节将介绍路径文字方面的知识。

12.5.1 将文字转换为路径

在 Photoshop CS6 中，用户可以将文字直接转换为路径，文字属性保持不变。下面介绍将文字转换为路径的方法。

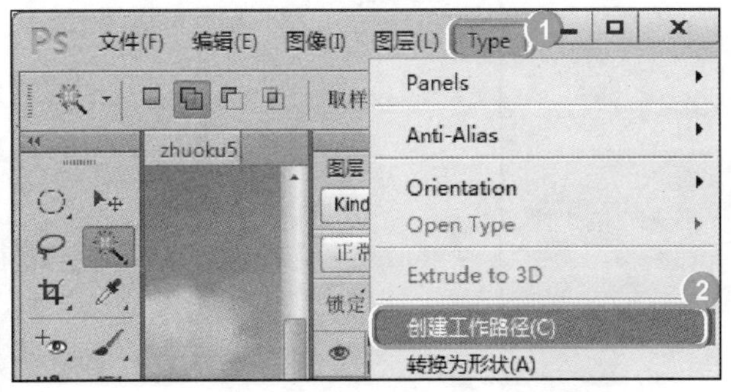

图 12-24

01 使用菜单项

No.1 创建文字后，单击【Type】主菜单。

No.2 在弹出的下拉菜单中，选择【创建工作路径】菜单项，如图 12-24 所示。

图 12-25

02 文字转换为路径

在调出的【路径】面板中可查看转换的路径，通过以上方法即可完成将文字转换为路径的操作，如图 12-25 所示。

12.5.2 输入沿路径排列文字

在 Photoshop CS6 中，创建完路径后，用户可以沿路径输入排列文字。下面介绍输入路径排列文字的方法。

图 12-26

01 使用菜单项

No.1 打开图像文件后，在【工具箱】中单击【钢笔工具】按钮 。

No.2 在钢笔工具选项栏中，选择【Path】选项。

No.3 在文档窗口中，绘制一条路径，如图 12-26 所示。

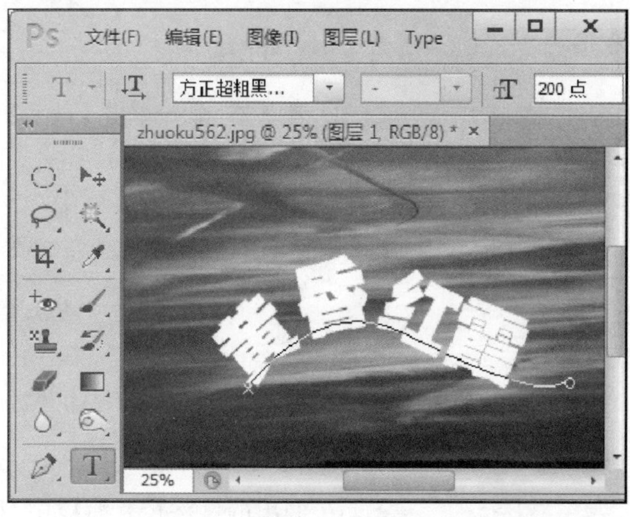

图 12-27

02 文字转换为路径

No.1 绘制路径后，在【工具箱】中单击【横排文字工具】按钮 。

No.2 将鼠标指针移动至路径处，当鼠标指针变为 时，单击鼠标并输入文字，如图 12-27 所示。

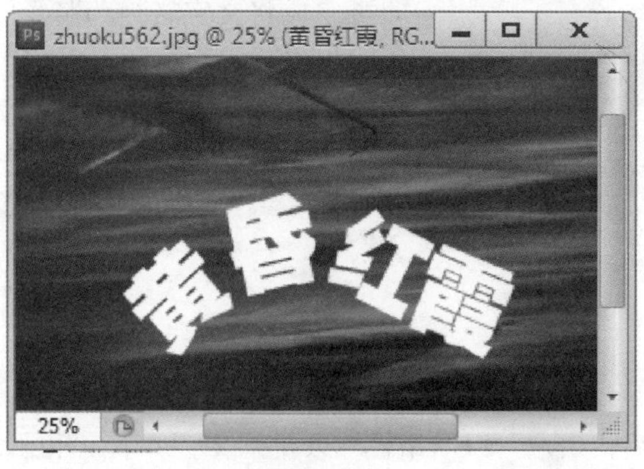

图 12-28

03 沿路径排列文字

在键盘上按下组合键〈Ctrl〉+〈Enter〉，这样可以退出文字编辑状态。通过以上方法即可完成输入沿路径排列文字的操作，如图 12-28 所示。

Section 12.6 编辑文本

本节导读

在 Photoshop CS6 中，创建文字后，用户可以对创建的文字进行编辑操作，这样可以使文字根据用户的需要进行设置，创建出符合绘制要求的文字样式。本节将介绍编辑文字方面的知识。

12.6.1 切换文字方向

在 Photoshop CS6 中，用户可以根据绘制图像的需要，对创建文字的方向进行切换。下面介绍切换文字方向的方法。

图 12-29

01 单击文本方向按钮

No.1 创建文字后，单击【工具箱】中的【横排文字】按钮 T，进入文字编辑模式。

No.2 在文字工具选项栏中，单击【切换文本方向】按钮 ，如图 12-29 所示。

图 12-30

02 切换文字方向

通过以上方法即可完成切换文字方向的操作，如图 12-30 所示。

12.6.2 将文字转换为形状

在 Photoshop CS6 中，用户可以将文字直接转换成具有矢量蒙版的形状图层，转换形状的文字不会保留文字图层。下面介绍将文字转换为形状的方法。

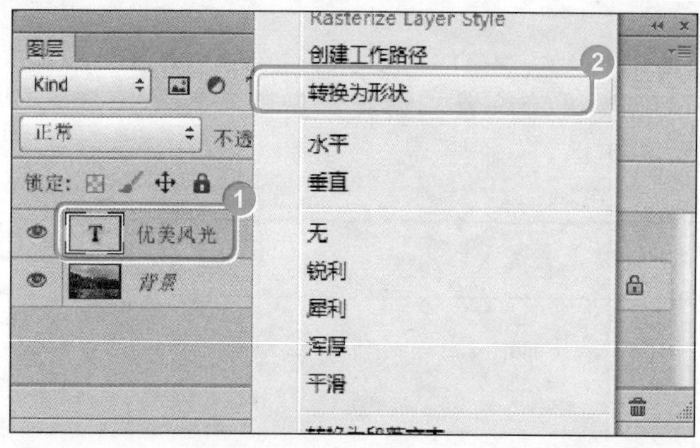

图 12-31

01 使用快捷菜单

No.1 打开图像文件并创建文字后，在【图层】面板中，右键单击准备将文字转换为形状图层的文字图层。

No.2 在弹出的快捷菜单中，选择【转换为形状】菜单项，如图 12-31 所示。

图 12-32

02 文字转换为形状

此时，返回到文档窗口中，文字已经转换成形状，在【图层】面板中，文字图层已转换成形状图层，通过以上方法即可完成将文字转换为形状的操作，如图 12-32 所示。

教你一招

使用菜单项将文字转换为形状

在 Photoshop CS6 中，创建文字后，选择文字图层，单击【Type】主菜单，在弹出的下拉菜单中，选择【转换为形状】菜单项，用户同样可以进行将文字转换为形状的操作。

12.6.3 查找和替换文字

在 Photoshop CS6 中，如果准备批量更改文本，用户可以使用【查找和替换】功能下面介绍查找和替换文字的方法。

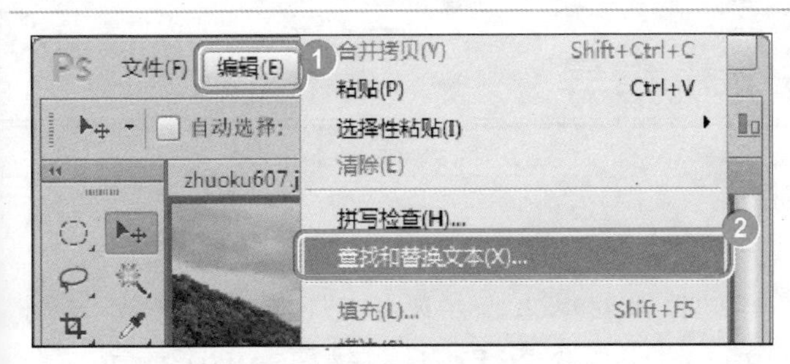

图 12-33

01 使用菜单项

No.1 创建段落文字后，单击【编辑】主菜单。

No.2 在弹出的下拉菜单中，选择【查找和替换文本】菜单项，如图 12-33 所示。

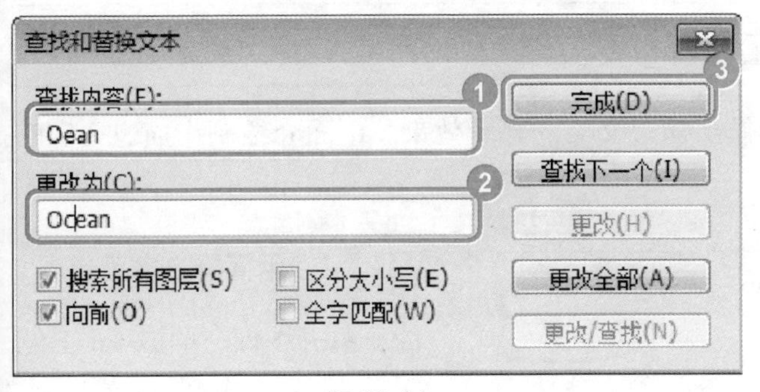

图 12-34

02 设置查找和替换文本选项

No.1 弹出【查找和替换文本】对话框，在【查找内容】文本框中，输入准备查找的文字。

No.2 在【更改为】文本框中，输入准备替换的文字。

No.3 单击【更改全部】按钮 更改全部(A)，如图 12-34 所示。

图 12-35

03 查找匹配信息

弹出【Adobe Photoshop CS6 Extended】对话框，单击【确定】按钮 确定，如图 12-35 所示。

图 12-36

04 查找和替换文字

通过以上方法即可完成查找和替换文字的操作，如图 12-36 所示。

Section 12.7

实践案例与上机指导

本节导读

对文字工具有所认识后，本节将针对以上所学知识制作四个案例，分别是制作描边文字、制作彩虹文字、制作立体字和制作玻璃质感的水晶字，供用户学习。

12.7.1 制作描边文字

运用本章的知识，用户可以制作出描边文字的艺术效果。下面介绍制作描边文字的操作方法。

图 12-37

01 使用横排文字工具

No.1 打开图像，单击【工具箱】中的【横排文字】按钮 T 。

No.2 在横排文字工具选项栏中，在【字体】下拉列表框中，选择字体。

No.3 在【字体大小】下拉列表框中，设置字体大小。

No.4 在文档窗口中，在指定位置单击并输入文字，如图 12-37 所示。

图 12-38

02 退出编辑状态

输入横排文字后，在键盘上按下组合键〈Ctrl+Enter〉，这样可以退出文字编辑状态。通过以上方法即可完成输入横排文字的操作，如图 12-38 所示。

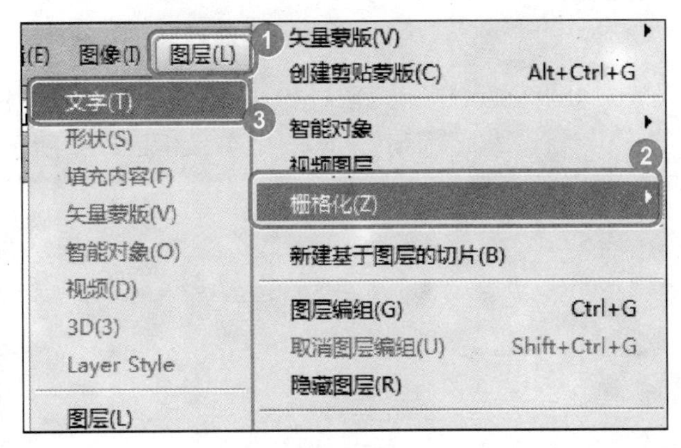

图 12-39

03 栅格化文字

No.1 创建文字后，选择【图层】主菜单。

No.2 在弹出的下拉菜单中，选择【栅格化】菜单项。

No.3 在弹出的下拉菜单中，选择【文字】菜单项，如图 12-39 所示。

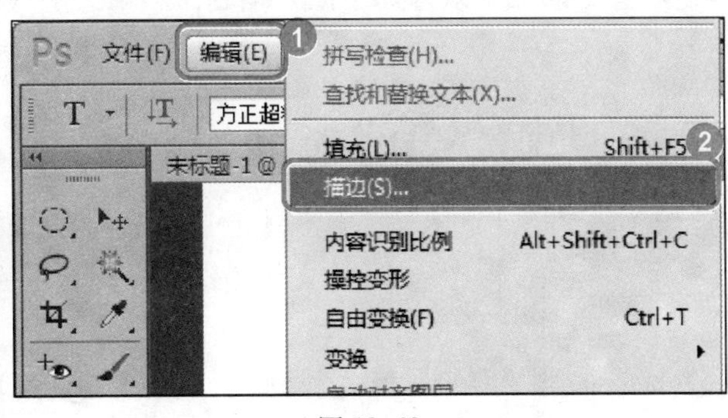

图 12-40

04 使用菜单项

No.1 栅格化文字后，选择【编辑】主菜单。

No.2 在弹出的下拉菜单中，选择【描边】菜单项，如图 12-40 所示。

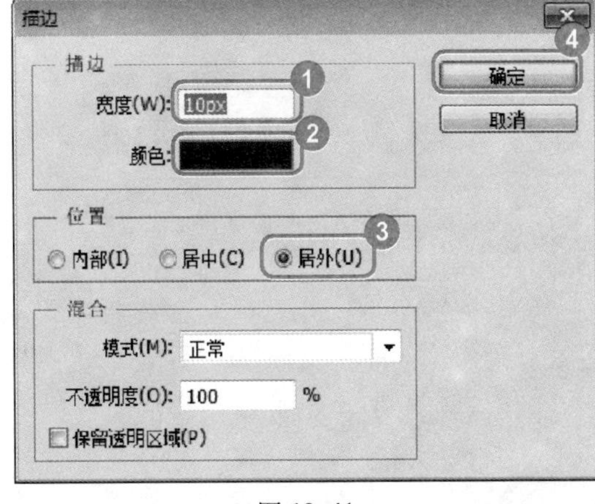

图 12-41

05 设置描边选项

No.1 弹出【描边】对话框，在【宽度】文本框中，输入数值。

No.2 在【颜色】文本框中，设置描边的颜色。

No.3 在【位置】区域中，单击【居外】单选项。

No.4 单击【确定】按钮，如图 12-41 所示。

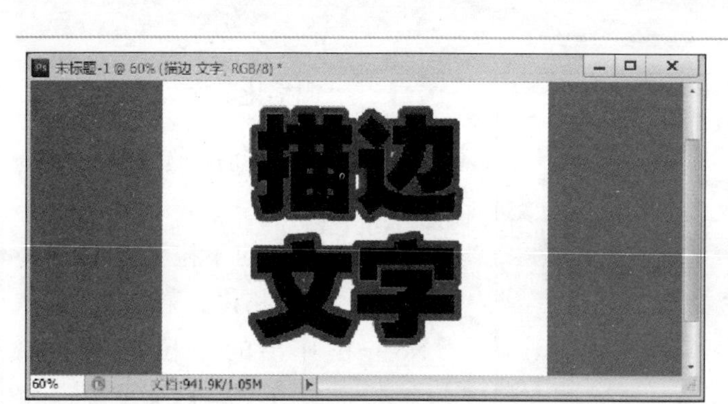

图 12-42

06 创建描边文字

通过以上方法即可完成创建描边文字的操作，如图 12-42 所示。

12.7.2 制作彩虹文字

运用本章的知识，用户可以制作出彩虹文字的艺术效果。下面介绍制作彩虹文字的操作方法。

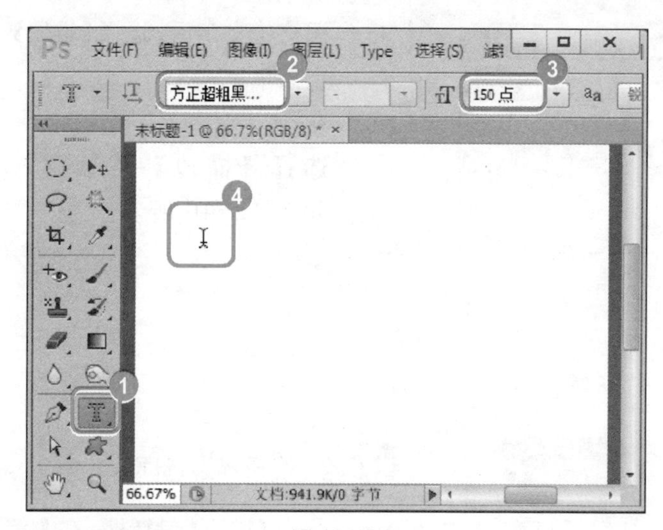

图 12-43

01 使用横排文字蒙版工具

No.1 单击【工具箱】中的【横排文字蒙版工具】按钮 。

No.2 在横排文字蒙版工具选项栏中，在【字体】下拉列表框中，选择字体。

No.3 在【字体大小】下拉列表框中，设置字体大小。

No.4 在文档窗口中，在指定位置单击并输入文字，如图 12-43 所示。

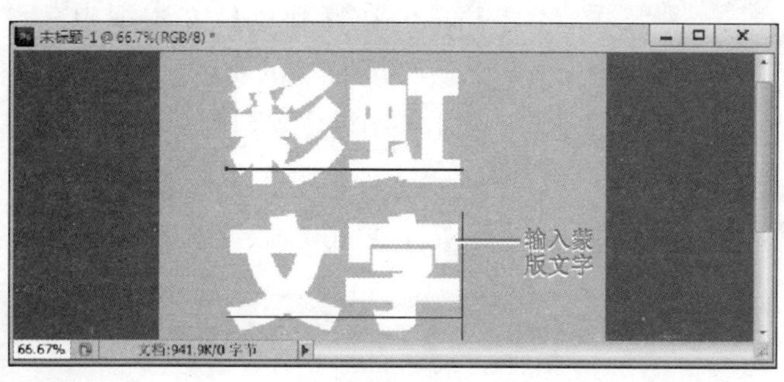

图 12-44

02 输入蒙版文字

进入到文字蒙版中，在准备输入文字的位置处单击并输入文字，如图 12-44 所示。

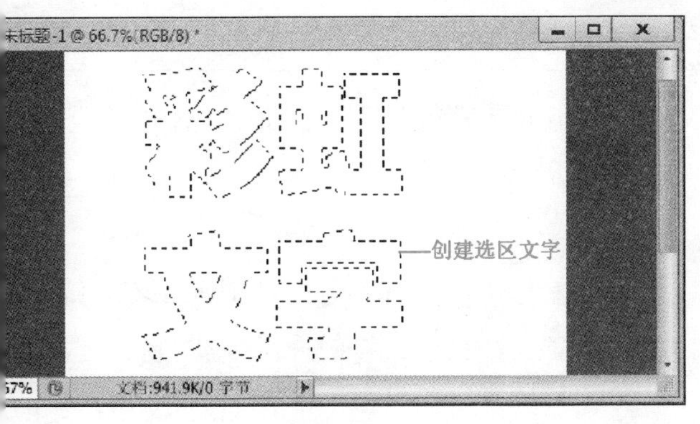

图 12-45

03 创建选区文字

输入蒙版文字后，在键盘上按下组合键〈Ctrl〉+〈Enter〉，这样可以退出文字编辑状态。通过以上方法即可完成创建选区文字的操作，如图 12-45 所示。

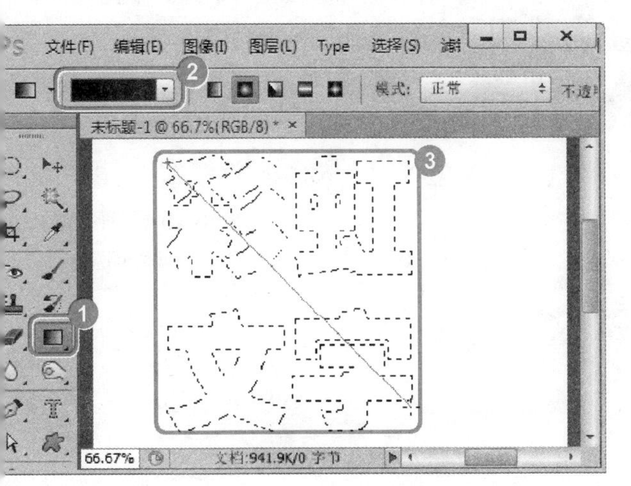

图 12-46

04 使用渐变工具

No.1 创建文字后，单击【渐变工具】按钮 。

No.2 在工具选项栏中，在【点按可编辑渐变】下拉列表框中，选择准备应用的渐变颜色。

No.3 在文字选区内，拖动渐变编辑条，如图 12-46 所示。

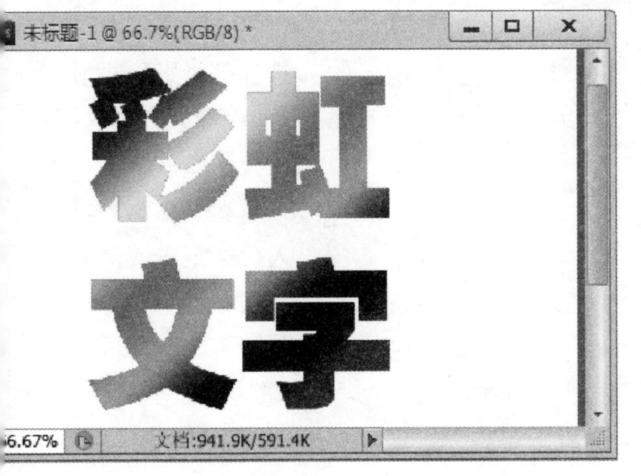

图 12-47

05 取消选区

填充选区后，在键盘上按下组合键〈Ctrl〉+〈D〉，取消图像选区，这样即可完成制作彩虹文字的操作，如图 12-47 所示。

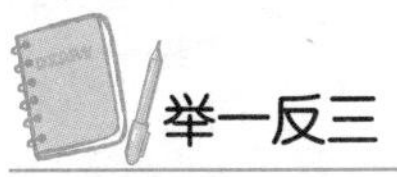

举一反三

注意创建渐变时候拖拉的线条，线条的长度代表了颜色渐变的范围。

12.7.3 制作立体字

运用本章的知识，用户可以制作立体字的艺术效果，下面介绍制作立体字的操作方法。

图 12-48

01 使用横排文字工具

No.1 打开图像，单击【工具箱】中的【横排文字】按钮 T。

No.2 在横排文字工具选项栏中，在【字体】下拉列表框中，选择字体。

No.3 在【字体大小】下拉列表框中，设置字体大小。

No.4 在文档窗口中，在指定位置单击并输入文字，如图 12-48 所示。

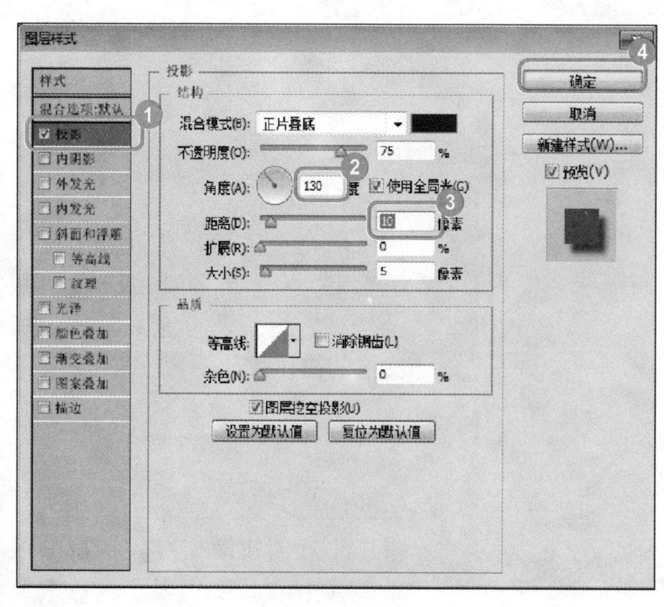

图 12-49

02 设置图层样式

No.1 双击准备设置投影的图层，打开【图层样式】对话框，选择【投影】选项。

No.2 在【角度】文本框中，输入投影角度值。

No.3 在【距离】文本框中，输入投影距离值。

No.4 单击【确定】按钮 确定，如图 12-49 所示。

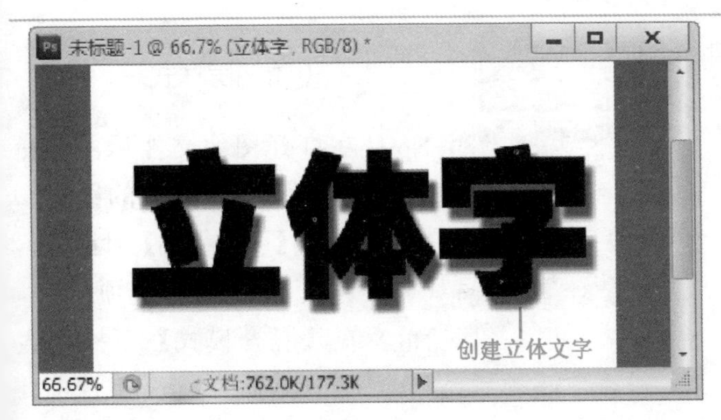

图 12-50

03 创建立体字

通过以上方法即可完成创建立体字的操作，如图 12-50 所示。

12.7.4 制作玻璃质感的水晶字

运用本章的知识，用户可以制作玻璃质感的水晶字的艺术效果。下面介绍制作玻璃质感的水晶字的操作方法。

图 12-51

01 使用横排文字工具

No.1 打开图像，单击【工具箱】中的【横排文字】按钮T。

No.2 在横排文字工具选项栏中，在【字体】下拉列表框中，选择字体。

No.3 在【字体大小】下拉列表框中，设置字体大小。

No.4 在文档窗口中，在指定位置单击并输入文字，如图 12-51 所示。

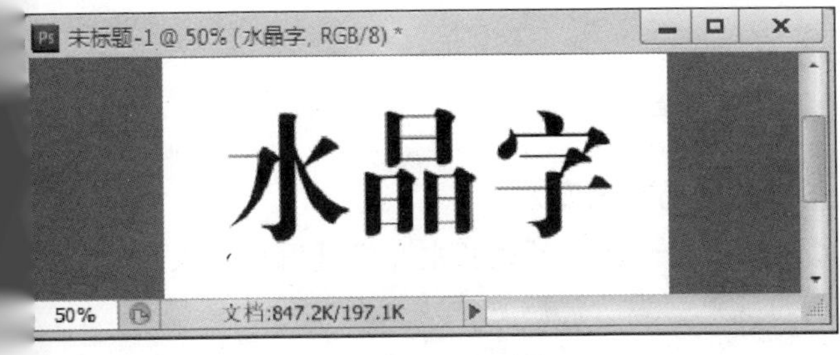

图 12-52

02 创建横排文字

在键盘上按下组合键〈Ctrl〉+〈Enter〉，这样可以退出文字编辑状态。通过以上方法即可完成输入横排文字的操作，如图 12-52 所示。

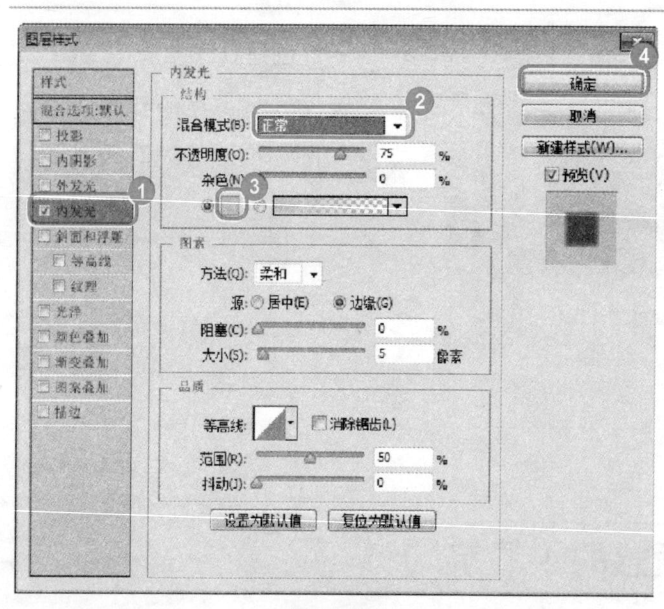

图 12-53

03 设置图层样式

No.1 在打开图像文件后，选择准备设置内发光的图层，打开【图层样式】对话框，选择【内发光】选项。

No.2 在【混合模式】下拉列表框中，选择【正常】选项。

No.3 在【颜色】框中，设置准备应用的内发光的颜色。

No.4 单击【确定】按钮，如图 12-53 所示。

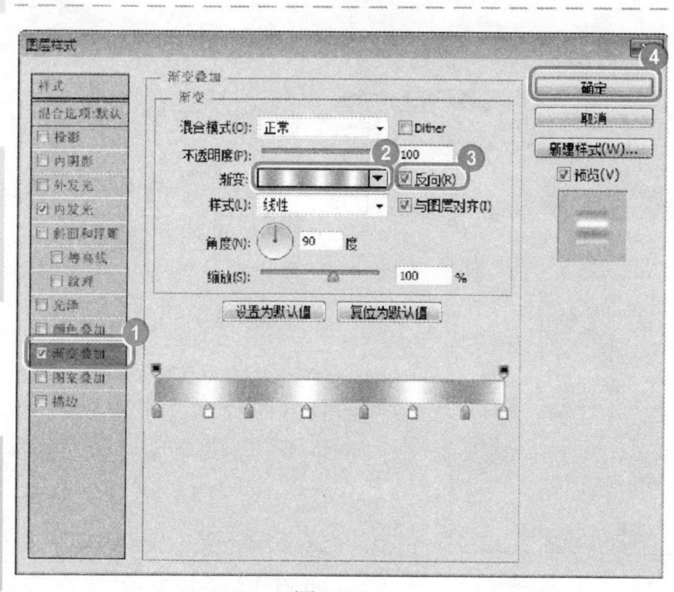

图 12-54

04 设置图层样式

No.1 打开【图层样式】对话框，选择【渐变叠加】选项。

No.2 单击【渐变】下拉列表框，设置蓝白渐变效果。

No.3 选中【反向】复选框。

No.4 单击【确定】按钮，如图 12-54 所示。

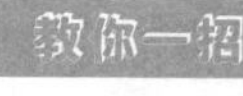

制作玻璃质感的水晶字渐变效果

在 Photoshop CS6 中，制作玻璃质感的水晶字的过程中，在【图层样式】对话框中设置渐变效果，渐变效果为蓝色、白色、双色多次交替效果。理想效果下，蓝色的理想值为“#65c3ff”，白色为纯白色即可。

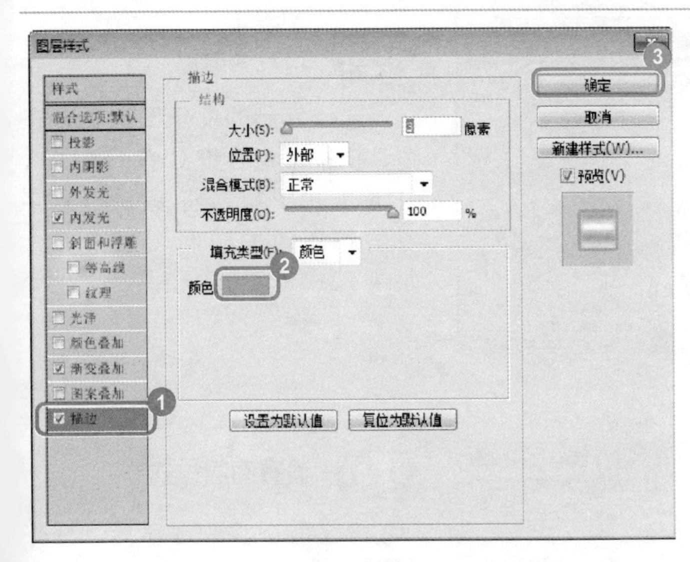

图 12-55

05 设置图层样式

No.1 打开【图层样式】对话框，选择【描边】选项。

No.2 在【颜色】框中，设置描边的颜色为蓝色。

No.3 单击【确定】按钮，如图 12-55 所示。

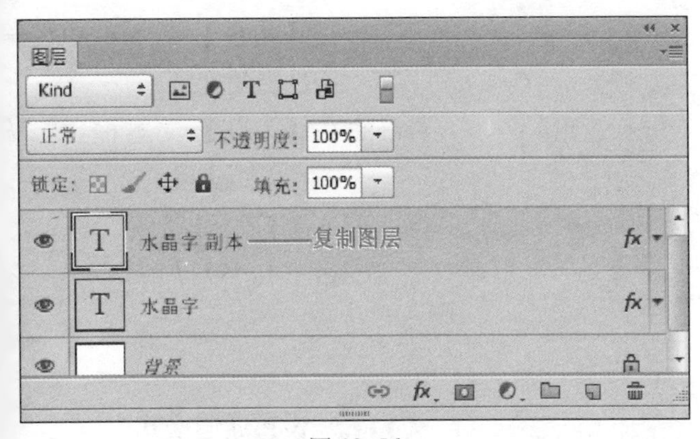

图 12-56

06 复制图层

在键盘上按下组合键〈Ctrl〉+〈J〉，复制一个带有图层效果的文字图层，如“水晶字 副本”，如图 12-56 所示。

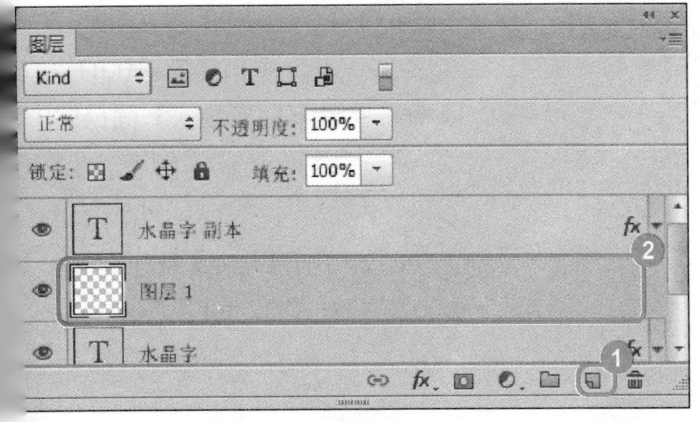

图 12-57

07 新建图层

No.1 在【图层】面板中，单击【创建新图层】按钮。

No.2 用户可以在【图层】面板中快速创建新图层，如图 12-57 所示。

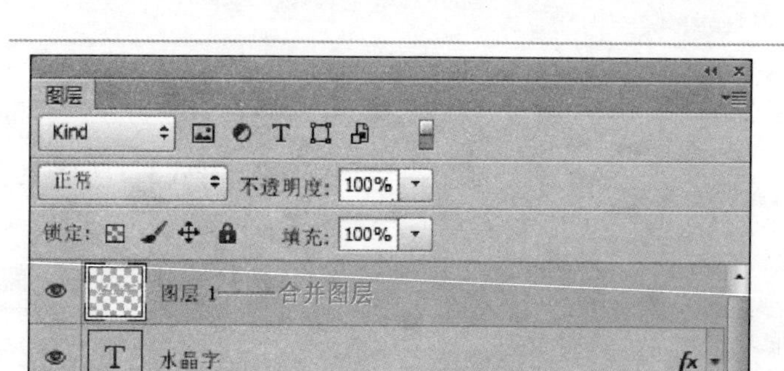

图 12-58

08 合并图层

选择复制的文字图层后，在键盘上按下组合键〈Ctrl〉+〈E〉，向下合并图层，将复制的文字图层和新建的透明图层合并，如图 12-58 所示。

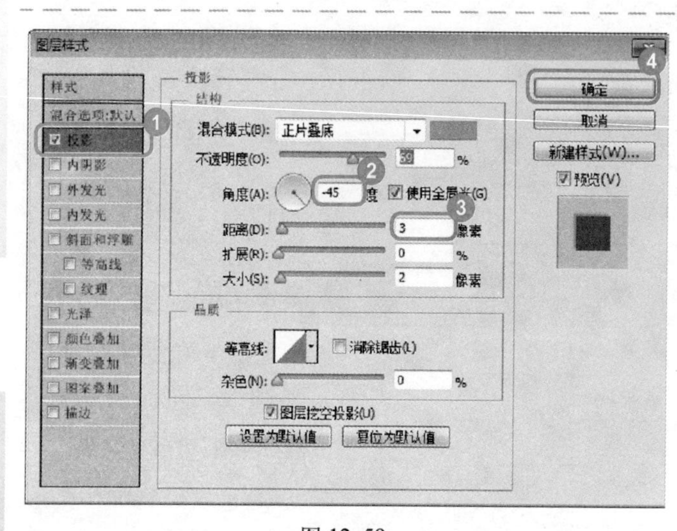

图 12-59

09 设置图层样式

No.1 双击合并的图层后，打开【图层样式】对话框，选择【投影】选项。

No.2 在【角度】文本框中，输入投影角度值。

No.3 在【距离】文本框中，输入投影距离值。

No.4 单击【确定】按钮，如图 12-59 所示。

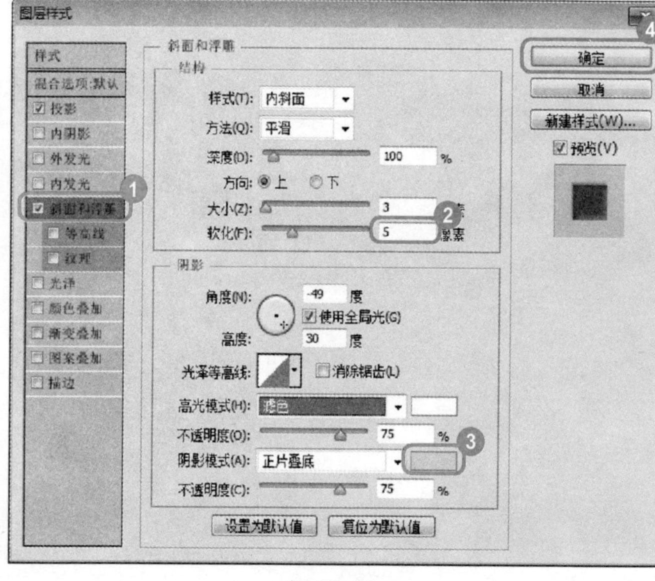

图 12-60

10 设置通道模式

No.1 打开【图层样式】对话框，选择【斜面和浮雕】选项。

No.2 在【软化】文本框中，入斜面和浮雕软化的数值

No.3 在【阴影模式】颜色框中，设置填充的颜色，如“色”。

No.4 单击【确定】按钮，如图 12-60 所示。

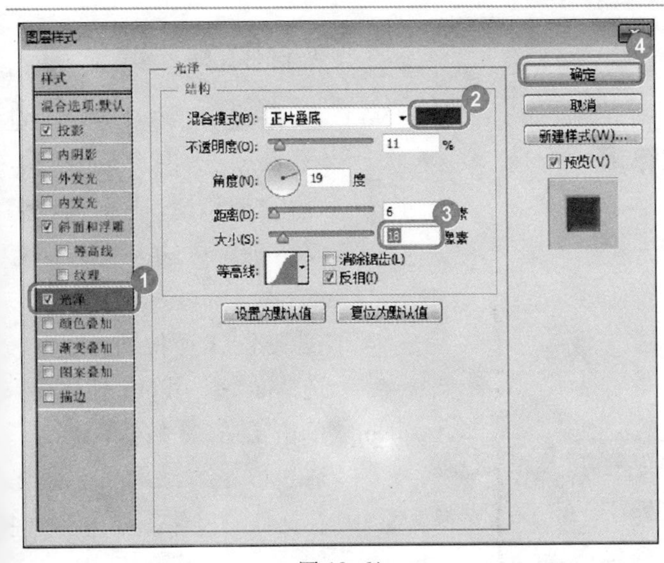

图 12-61

11 设置图层样式

No.1 打开【图层样式】对话框，选择【光泽】选项。

No.2 在【颜色】框中，设置准备填充光泽的颜色，如“紫色”。

No.3 在【大小】文本框中，输入数值。

No.4 单击【确定】按钮，如图 12-61 所示。

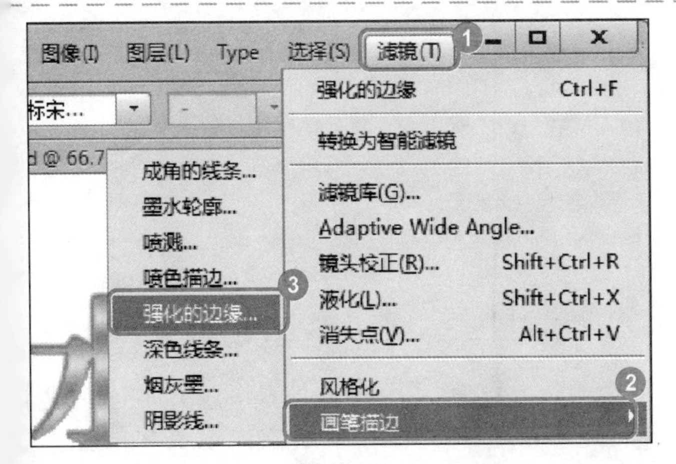

图 12-62

12 使用菜单项

No.1 单击【滤镜】主菜单。

No.2 在弹出的下拉菜单中，选择【画笔描边】菜单项。

No.3 在弹出的下拉菜单中，选择【强化的边缘】菜单项，如图 12-62 所示。

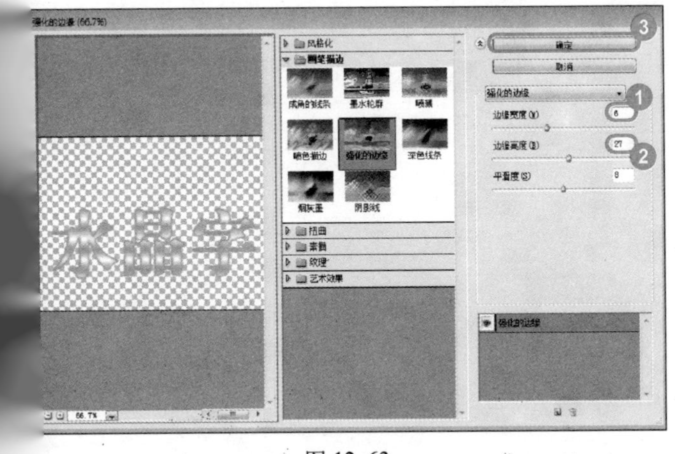

图 12-63

13 设置强化的边缘选项

No.1 弹出【强化的边缘】对话框，在【边缘宽度】文本框中，输入边缘宽度的数值。

No.2 在【边缘亮度】文本框中，输入边缘亮度的数值。

No.3 单击【确定】按钮，如图 12-63 所示。

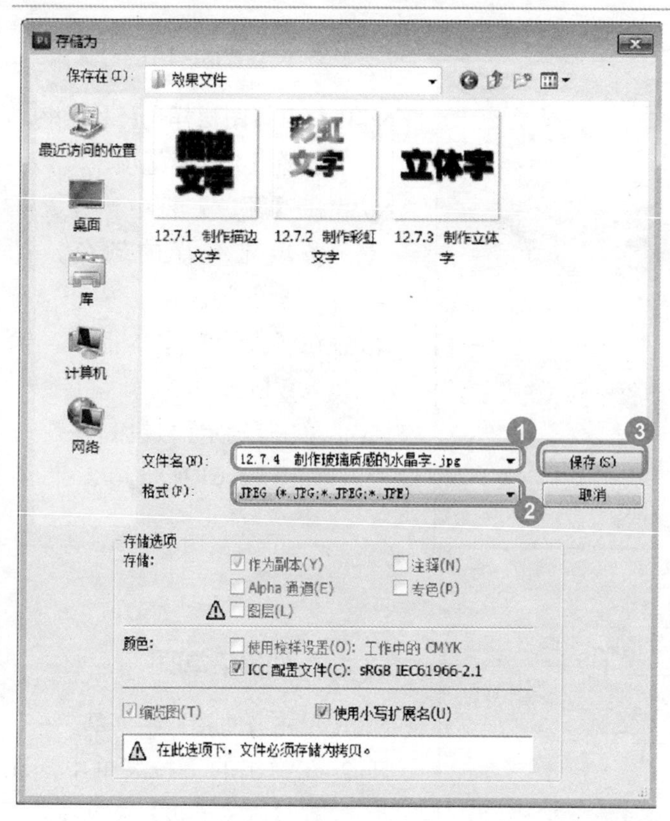

图 12-64

14 保存文件

No.1 在键盘上按下组合键〈Ctrl〉+〈S〉，弹出【存储为】对话框，在【文件名】文本框中，输入文件保存的名称。

No.2 在【格式】下拉列表框中，选择准备应用的文件格式。

No.3 单击【保存】按钮，通过以上方法即可完成保存文件的操作，如图 12-64 所示。

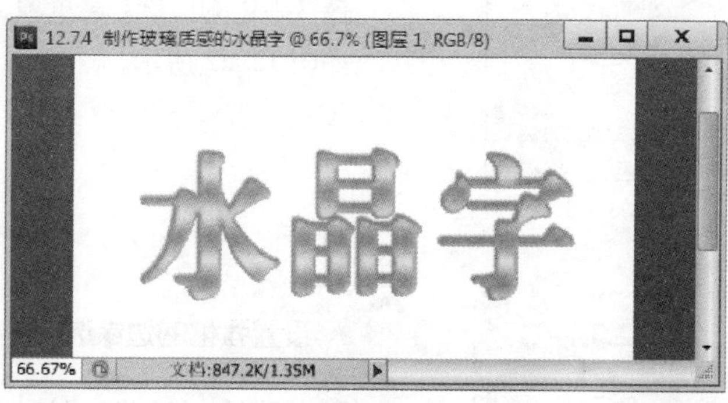

图 12-65

15 显示效果

通过以上方法即可完成制作玻璃质感的水晶字的操作，如图 12-65 所示。

第 13 章

动作与任务自动化

本章主要介绍了了解动作和创建与设置动作方面的知识与技巧，同时还讲解了编辑与管理动作和批处理的方法。通过本章的学习，读者可以掌握动作与任务自动化方面的知识，为深入学习 Photoshop CS6 知识奠定基础。

Section

13.1 了解动作

本节导读

动作用来记录 Photoshop 的操作步骤，从而便于再次回放以提高工作效率和标准化操作流程。该功能支持记录针对单个文件或一批文件的操作过程。用户不但可以把一些经常进行的“机械化”操作录成动作来提高工作效率，也可以把一些颇具创意的操作过程记录下来供大家分享，本节将介绍了解动作方面的知识。

13.1.1 动作面板

在 Photoshop CS6 中，【动作】面板用于执行对动作的编辑操作，如创建、播放、修改和删除动作等，在【窗口】主菜单中，单击【动作】菜单项即可显示【动作】面板，如图 13-1 所示。

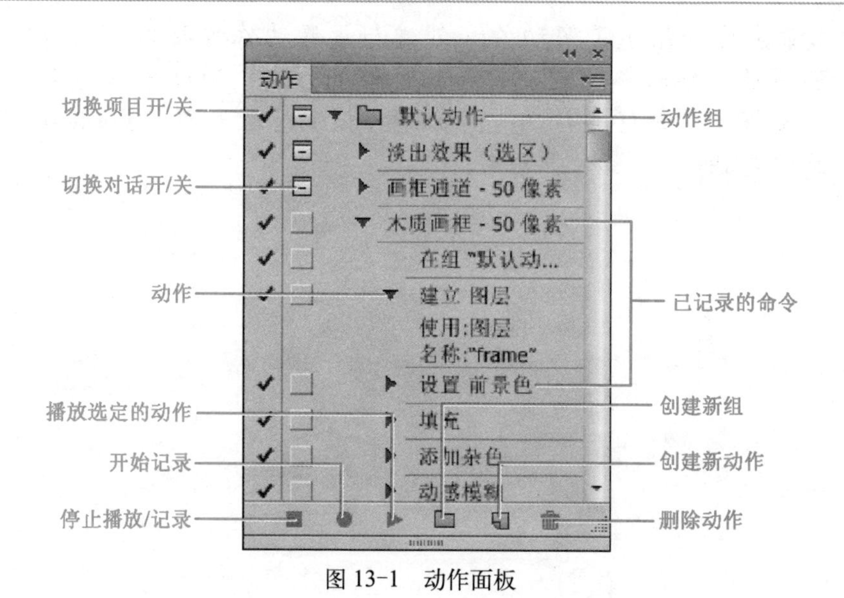

图 13-1 动作面板

- 【搜索】框：位于标题名称的右侧，单击其中的按钮可以执行相应的操作。
- 动作组 / 动作 / 已记录的命令：动作组是一系列动作的集合，动作是一系列操作命令的集合，单击【向下箭头】按钮，可以展开命令列表，显示命令的具体参数。
- 切换项目开 / 关：如果目前的动作组、动作和已记录的命令中显示✓标志，表示这个动作组、动作和已记录的命令可以执行；如果无该标志，则动作组和已记录的命令不能执行，如果某一命令前有该标志，表示该命令不能执行。

- 切换对话开/关：如果该命令前有▣标志，表示动作执行到该命令时暂停，并打开相应命令的对话框，可以修改相应命令的参数，单击【确定】按钮可以继续执行后面的动作，如果动作组和动作前出现该标志，并显示为红色，则表示该动作中有部分命令设置了暂停。
- 【停止播放/记录】按钮：用来停止播放动作和停止记录动作。
- 【开始记录】按钮：单击该按钮可以进行录制动作操作。
- 【播放选定的动作】按钮：选择一个动作后，单击该按钮可播放该动作。
- 【创建新组】按钮：单击该按钮，将创建一个新的动作组。
- 【创建新动作】按钮：单击该按钮，可以创建一个新动作。
- 【删除动作】按钮：单击该按钮将删除动作组、动作和已记录命令。

13.1.2 动作的基本功能

在 Photoshop CS6 中，动作是指在单个文件或一批文件上执行的一系列任务，如菜单命令、面板选项、工具动作等。例如，可以创建这样一个动作，首先更改图像大小，对图像应用效果，然后按照所需格式存储文件。

动作可以包含相应步骤，同时可以执行无法记录的任务（如使用绘画工具等）。动作也可以包含模态控制，使用户可以在播放动作时在对话框中输入值。可以记录、编辑、自定义和批处理动作，也可以使用动作组来管理各组动作。

教你一招

关于撤销动作的技巧

如果运行一个动作后不满意其结果，用户不必将这个动作中的所有步骤都撤销。只需要在运行一个动作之前，在【历史记录】面板中，单击【创建新快照】按钮来创建一个快照，这样用户就可以单击快照来还原到动作执行之前的图像状态。

Section 13.2 创建与设置动作

本节导读

在 Photoshop CS6 中，用户可以对当前动作进行编辑，这样可以使动作根据用户自定义的设置进行文件处理的操作。本节将重点介绍动作应用技巧方面的知识。

13.2.1 录制动作

在 Photoshop CS6 中，处理图像时，如果经常使用动作，用户可以将该动作进行录制，样可以方便日后重复使用。下面介绍录制新动作的操作方法。

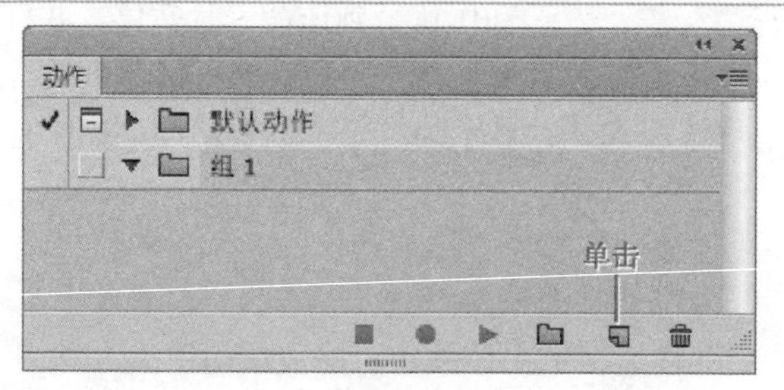

图 13-2

01 使用按钮

打开图像文件后，在【动作】面板中，单击【创建新动作】按钮，如图 13-2 所示。

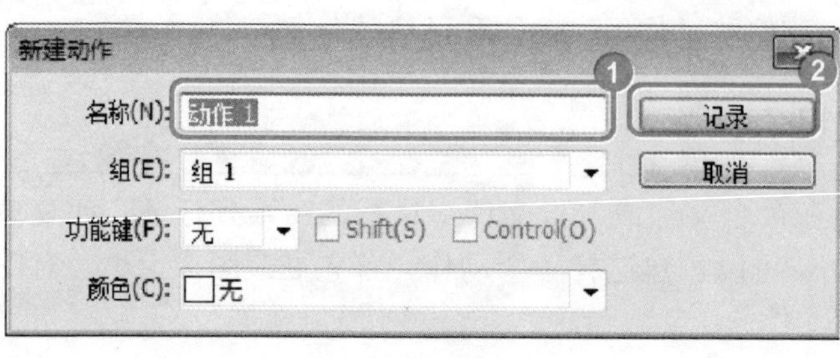

图 13-3

02 设置新建动作选项

No.1 弹出【新建动作】对话框，在【名称】文本框中，输入动作名称。

No.2 单击【记录】按钮，如图 13-3 所示。

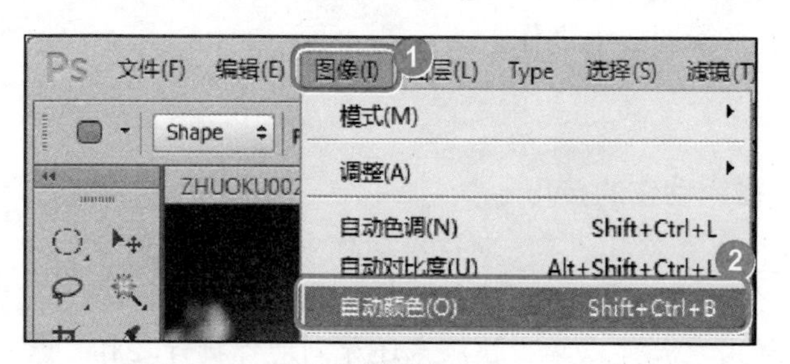

图 13-4

03 使用菜单项

No.1 进入记录状态后，单击【图像】主菜单。

No.2 在弹出的下拉菜单中，选择【自动颜色】菜单项，如图 13-4 所示。

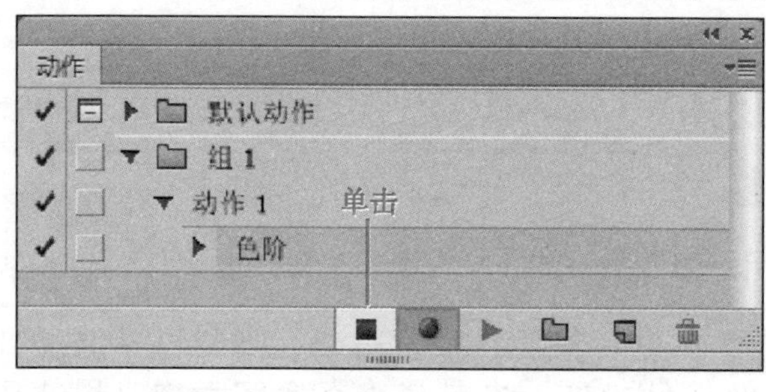

图 13-5

04 单击按钮

完成图像的编辑操作，单击【停止播放/记录】按钮，通过以上方法即可完成录制新动作的操作，如图 13-5 所示。

13.2.2 播放录制的动作

在 Photoshop CS6 中，创建完动作后，用户可以运用该动作对其他图像进行设置。面介绍播放录制的动作的操作方法。

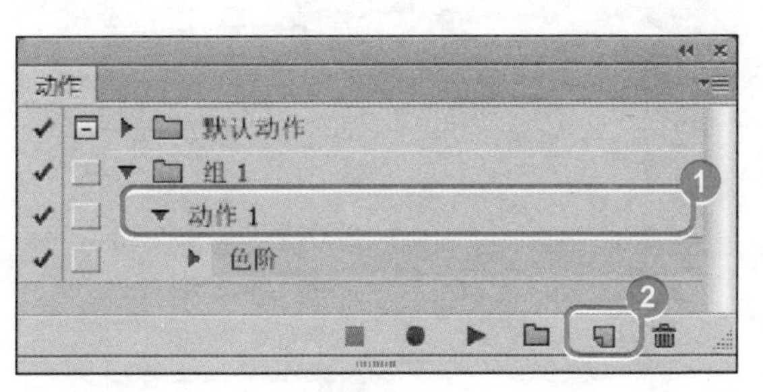

图 13-6

01 使用按钮

No.1 打开图像文件后，在【动作】面板中，选中需要播放的动作。

No.2 选择动作后，单击【播放选定的动作】按钮，如图 13-6 所示。

图 13-7

02 播放动作

程序显示自动播放动作的效果，通过以上方法即可完成播放动作的操作，如图 13-7 所示。

13.2.3 设置回放选项

在 Photoshop CS6 中，录制动作后，用户可以调整动作的回放速度，或者将其进行暂停操作，这样便于对动作进行调整。下面介绍设置回放选项的操作方法。

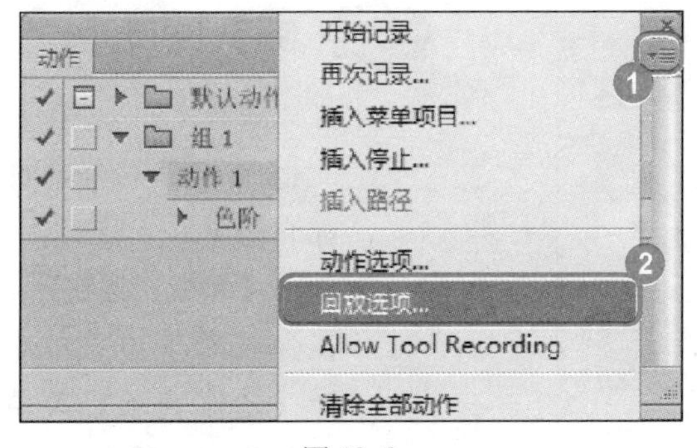

图 13-8

01 使用菜单项

No.1 打开图像文件后，单击【面板】按钮。

No.2 在弹出的下拉菜单中，选择【回放选项】菜单项，如图 13-8 所示。

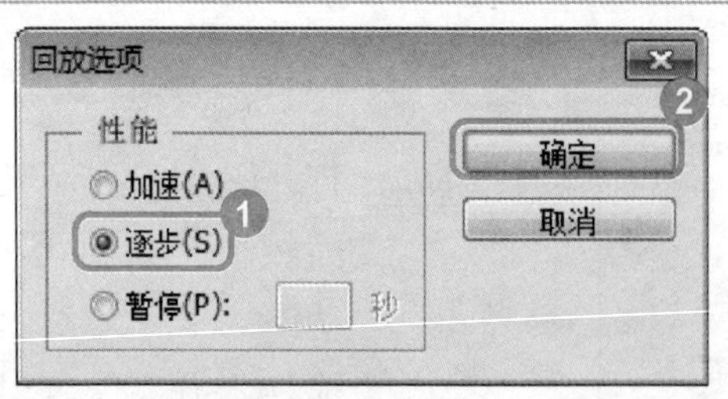

图 13-9

02 设置回放选项

No.1 弹出【回放选项】对话框，选中【逐步】单选项。

No.2 单击【确定】按钮，如图 13-9 所示。

教你一招

关于回放选项

在 Photoshop CS6 中，长而复杂的动作有时不能正确播放，但是难以断定问题发生在何处。【回放选项】命令提供了加速、逐步和暂停三种播放动作的速度，使用户可以看到每一条命令的执行情况。

Section 13.3 编辑与管理动作

本节导读

在 Photoshop CS6 中，录制动作后，用户可以对【动作】面板中的动作进行整理，这样可以使其更具条理性，方便用户操作。下面介绍编辑与管理动作方面的知识。

13.3.1 修改动作的名称

在 Photoshop CS6 中，用户可以对创建的动作进行更改动作名称的操作。下面介绍更改动作名称的操作方法。

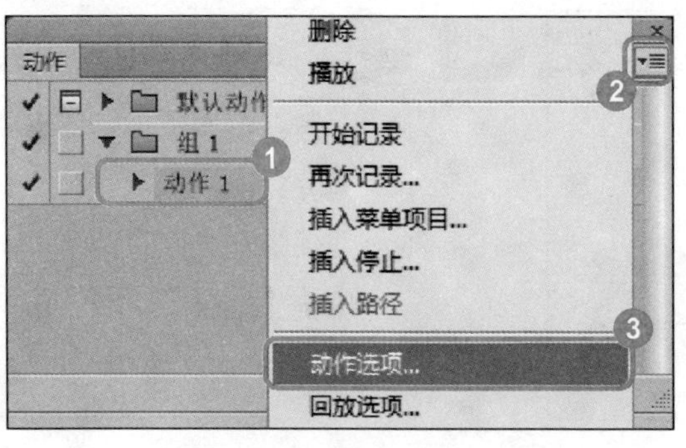

图 13-10

01 使用菜单项

No.1 打开图像文件后，在【动作】面板中，选中需要更改名称的动作。

No.2 单击【面板】按钮。

No.3 在弹出的下拉菜单中，选择【动作选项】菜单项，如图 13-10 所示。

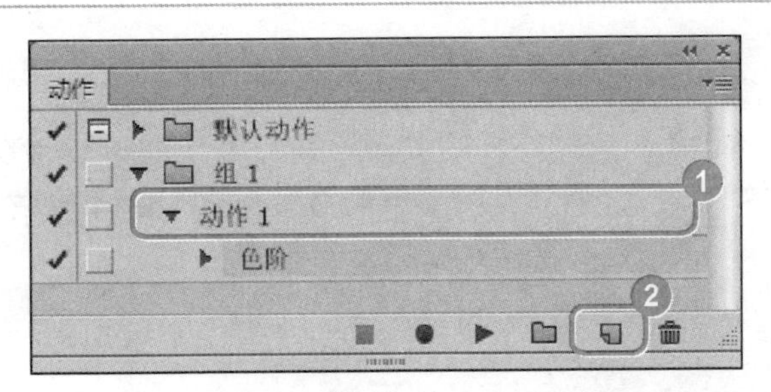

图 13-11

02 设置动作选项

No.1 弹出【动作选项】对话框，在【名称】文本框中，输入准备更改的动作名称。

No.2 单击【确定】按钮 确定 ，如图 13-11 所示。

图 13-12

03 更改动作名称

通过以上方法即可完成更改动作名称的操作，如图 13-12 所示。

13.3.2 复制与删除动作

在 Photoshop CS6 中，用户可以快速复制与删除动作，以便继续进行编辑。下面介绍复制与删除动作的操作方法。

1. 复制动作

在 Photoshop CS6 中，用户可以对创建的动作命令进行复制的操作。下面介绍复制动作的方法。

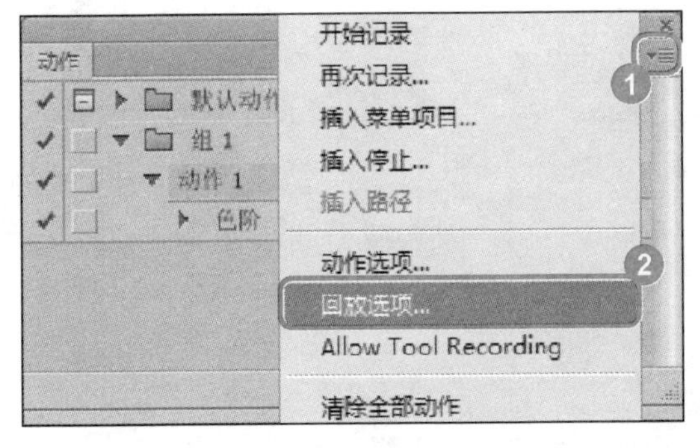

图 13-13

01 使用菜单项

No.1 打开图像文件后，在【动作】面板中，选中需要复制的动作。

No.2 单击【面板】按钮 。

No.3 在弹出的下拉菜单中，选择【复制】菜单项，如图 13-13 所示。

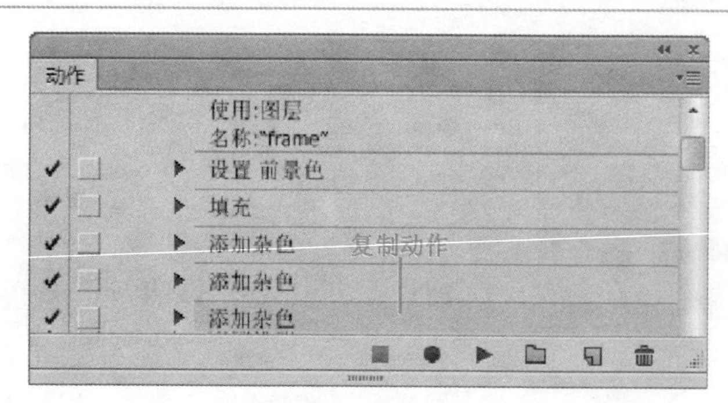

图 13-14

02 复制动作

通过以上方法即可完成复制动作的操作，如图 13-14 所示。

2. 删除动作

在 Photoshop CS6 中，用户可以对不再准备使用的动作进行删除的操作。下面介绍删除动作的方法。

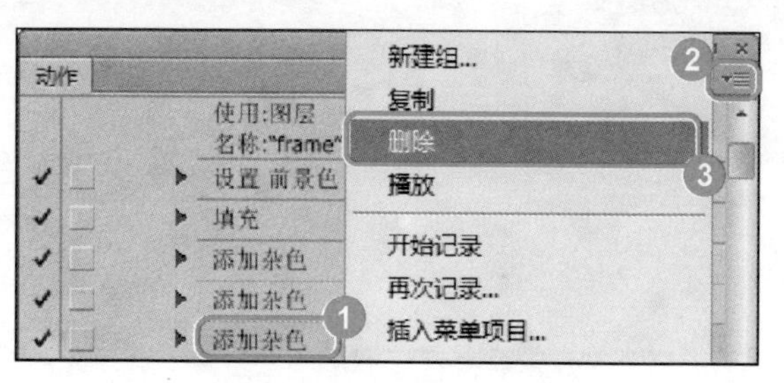

图 13-15

01 使用菜单项

No.1 在【动作】面板中，选中需要删除的动作。

No.2 单击【面板】按钮。

No.3 在弹出的下拉菜单中，选择【删除】菜单项，如图 13-15 所示。

图 13-16

02 确认删除动作

弹出【Adobe Photosho CS6 Extended】对话框，单击【确定】按钮，如图 13-16 所示。

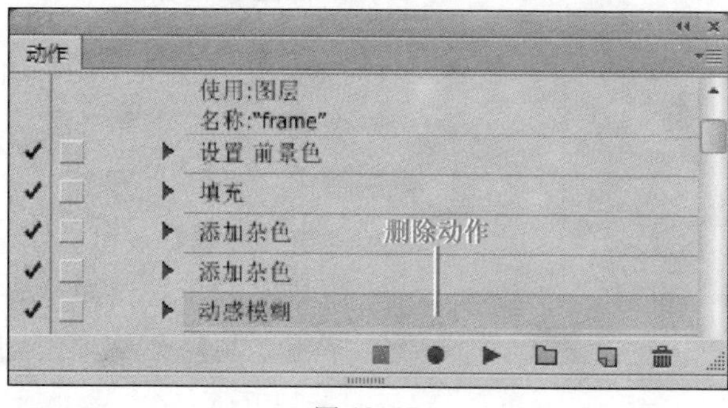

图 13-17

03 删除动作

通过以上方法即可完成删除动作的操作，如图 13-1 所示。

13.3.3 插入停止命令的应用

在 Photoshop CS6 中，使用某一动作时，用户可以在该动作中插入停止命令，让动作播放到某一步时自动停止。下面介绍运用插入停止命令应用的操作方法。

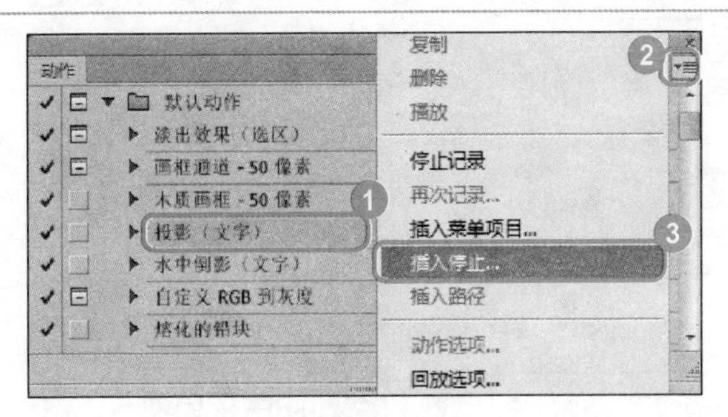

图 13-18

01 使用菜单项

No.1 在【动作】面板中，选择准备插入停止命令的选项。

No.2 单击【面板】按钮。

No.3 在弹出的下拉菜单中，选择【插入停止】菜单项，如图 13-18 所示。

图 13-19

02 设置记录停止选项

No.1 弹出【记录停止】对话框，在【信息】文本框中输入信息文字。

No.2 单击【确定】按钮，如图 13-19 所示。

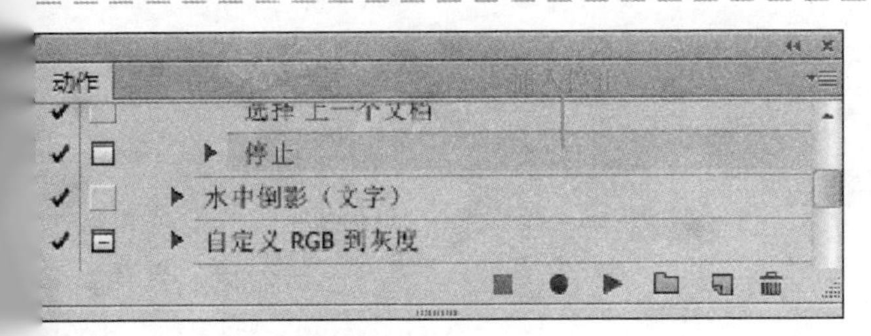

图 13-20

03 插入停止命令

通过以上方法即可完成插入停止命令的应用的操作，如图 13-20 所示。

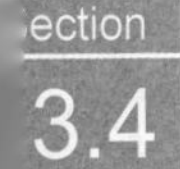

ection
3.4

批处理

本节导读

在 Photoshop CS6 中，用户可以对图像进行自动化处理的操作。自动化处理图像可以节省操作时间，同时可以保证多种操作的结果一致性。下面介绍自动化处理图像方面的知识。

13.4.1 处理一批图像文件

批处理是指将同一动作应用于所有的目标文件中，这样可以对需要重复操作的图像进行快速设置，提高工作效率。下面介绍运用【批处理】命令的操作方法。

01 设置文件夹

在 Windows 7 中，将准备进行批处理操作的文件保存到指定的文件夹中，如图 13-21 所示。

图 13-21

02 使用菜单项

No.1 启动 Photoshop CS6 后，单击【文件】主菜单。

No.2 在弹出的下拉菜单中，选择【自动】菜单项。

No.3 在弹出的下拉菜单中，选择【批处理】菜单项，如图 13-22 所示。

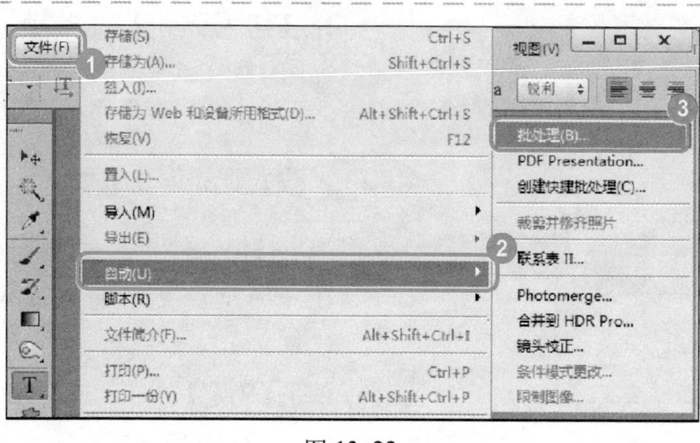

图 13-22

03 设置批处理选项

No.1 弹出【批处理】对话框，在【动作】下拉列表框中选择需要运用的动作。

No.2 在【源】下拉列表框中选择源文件存放的类型，如“文件夹”。

No.3 单击【选择】按钮 选择(C)... ，如图 13-23 所示。

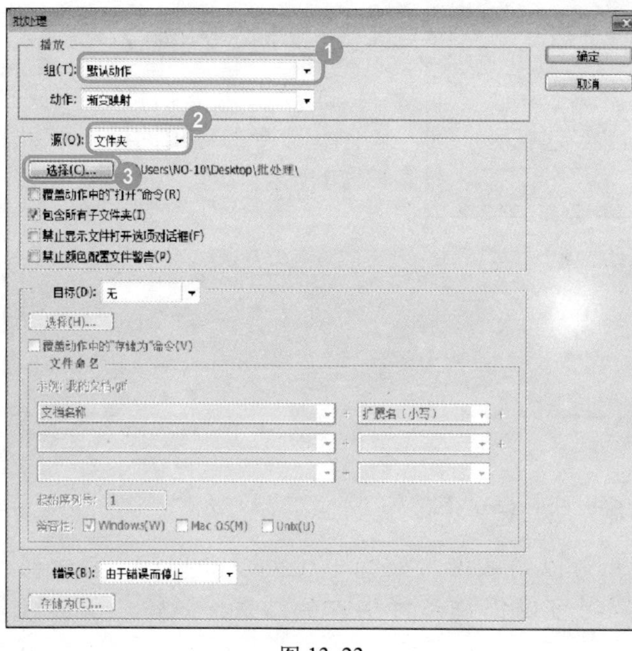

图 13-23

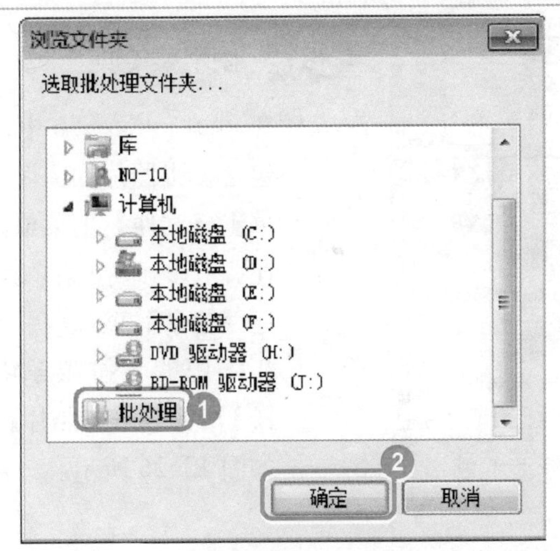

图 13-24

04 选择文件夹

No.1 弹出【浏览文件夹】对话框，在【选取批处理文件夹】区域中，选择准备批处理图像的文件夹。

No.2 单击【选择】按钮，如图 13-24 所示。

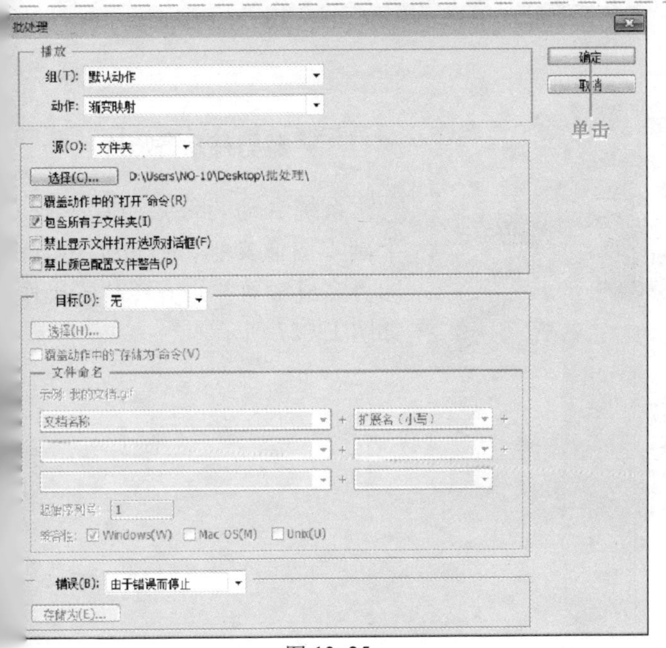

图 13-25

05 批处理文件

在【批处理】对话框中，单击【确定】按钮，在 Photoshop CS6 中可查看图像批处理的效果，通过上述方法即可完成批处理图像的操作，如图 13-25 所示。

教你一招

关于批处理的技巧

要在单一的批处理中处理多个文件夹，需要选中【包含所有子文件夹】复选框，并在源文件夹中对所有用户想要处理的文件夹创建快捷方式。

13.4.2 裁剪并修齐照片

在 Photoshop CS6 中，如果某一图像文件中包含许多张照片，用户可以运用【裁剪并修齐照片】命令将照片分离出来。下面介绍裁剪并修齐照片的操作方法。

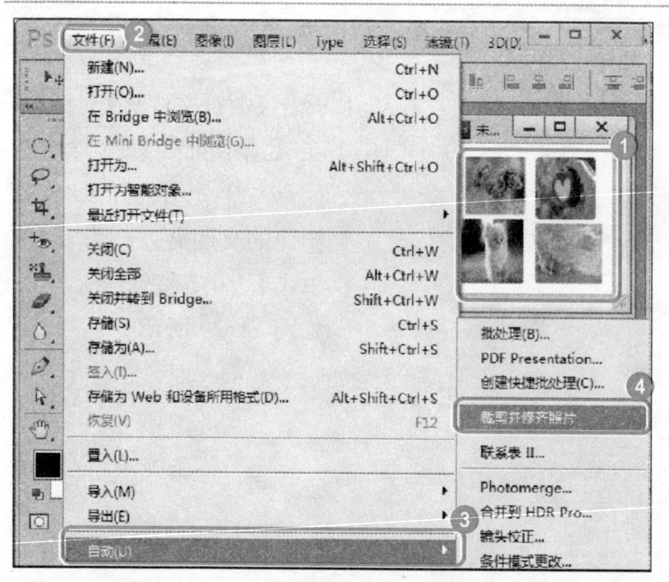

图 13-26

01 使用菜单项

No.1 在 Photoshop CS6 中，打开包含多张照片的图像文件。

No.2 单击【文件】主菜单。

No.3 在弹出的下拉菜单中，选择【自动】菜单项。

No.4 在弹出的下拉菜单中，选择【裁剪并修齐照片】菜单，如图 13-26 所示。

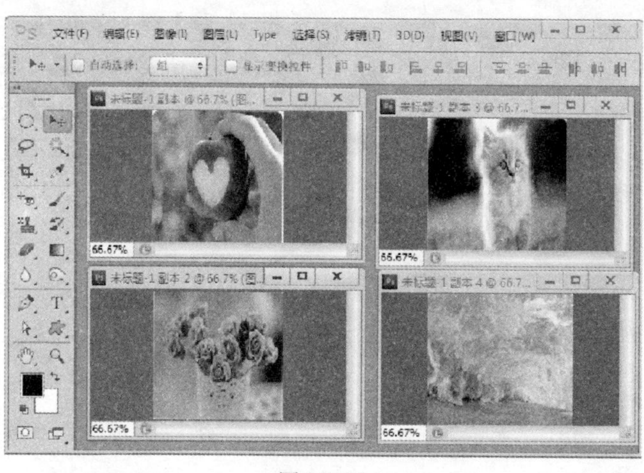

图 13-27

02 裁剪并修齐照片

系统自动为每张照片生成一个副本图像文档，通过上述方法即可完成裁剪并修齐照片的操作，如图 13-27 所示。

Section 13.5

实践案例与上机指导

本节导读

对动作与任务自动化有所认识后，本节将针对以上所学知识制作四个案例，分别是修改动作命令参数、更改动作命令执行顺序、追加动作和清除全部动作，供用户学习。

13.5.1 修改动作命令参数

在 Photoshop CS6 中，完成动作录制后，如果对动作中某一命令的参数值不满意，用户可以对其进行修改。下面介绍修改动作命令参数的操作方法。

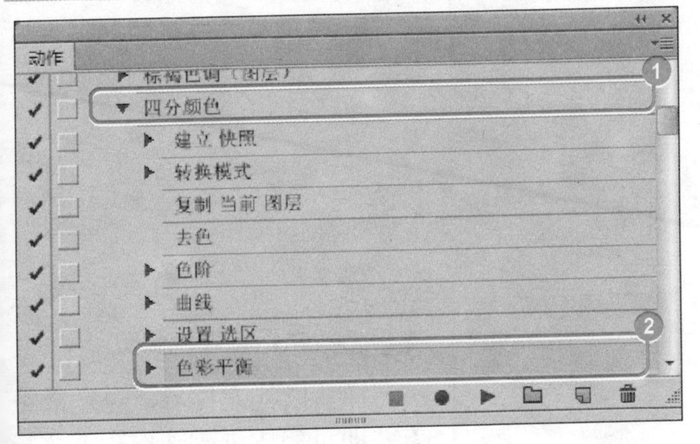

图 13-28

01 修改动作命令

No.1 在【动作】面板中，展开修改命令所在的动作选项。

No.2 双击准备修改参数的命令选项，如“色彩平衡”，如图 13-28 所示。

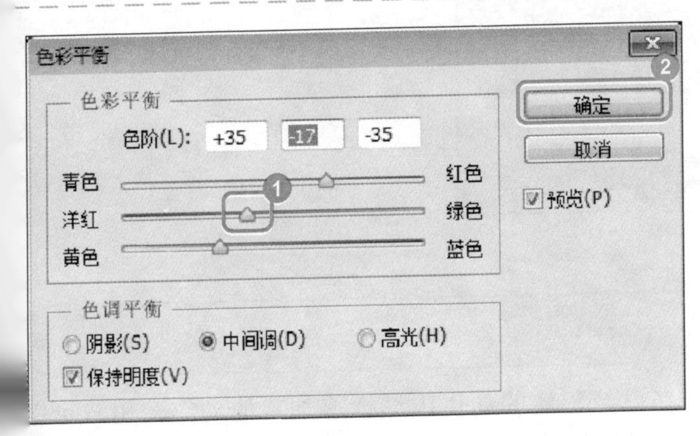

图 13-29

02 命令修改完成

No.1 弹出【色彩平衡】对话框，向右拖动【洋红 / 绿色】滑块。

No.2 单击【确定】按钮 确定 ，通过以上方法即可完成修改动作命令参数的操作，如图 13-29 所示。

教你一招

关于修改动作命令参数的注意事项

在 Photoshop CS6 中，在修改动作命令参数的过程中，由于动作命令的不同，修改的方式也不相同，用户应根据不同的命令进行修改。

13.5.2 更改动作命令执行顺序

在 Photoshop CS6 中，用户可以重新排列动作命令的执行顺序，从而调整动作产生的效果。下面介绍更改动作命令执行顺序的操作方法。

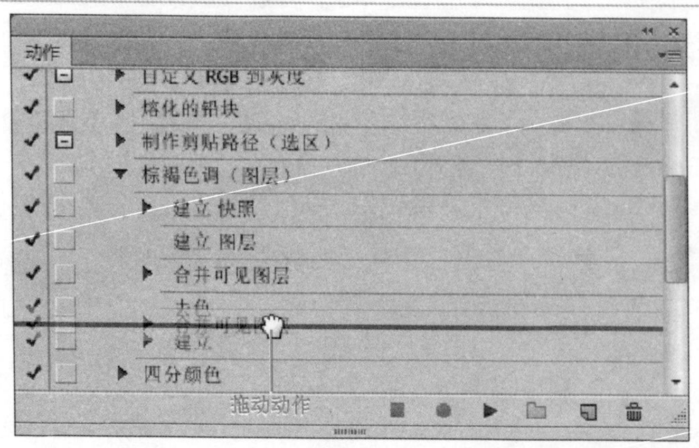

图 13-30

01 使用拖动动作命令

打开图像文件后，在【动作】面板中，展开需要更改命令执行顺序的动作，单击准备更改执行顺序的命令，然后将其拖动至目标位置，如图 13-30 所示。

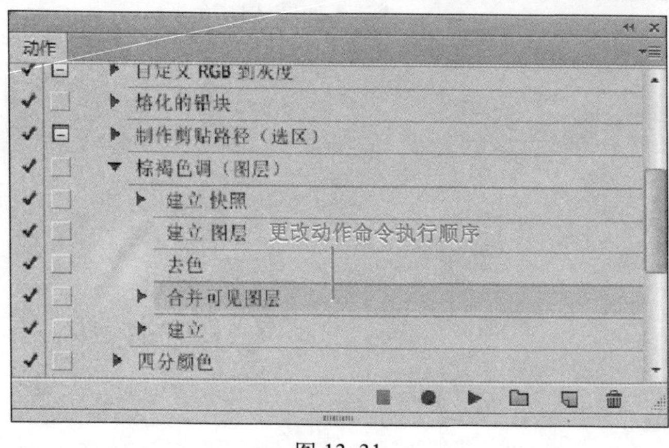

图 13-31

02 执行顺序已修改

释放鼠标左键后，通过以上方法即可完成更改动作命令执行顺序的操作，如图 13-31 所示。

13.5.3 追加动作

在 Photoshop CS6 中，如果想在已经创建的动作中继续追加其他动作，用户可以在【动作】面板中，再次单击【开始记录】按钮 ●。下面介绍追加动作的操作方法。

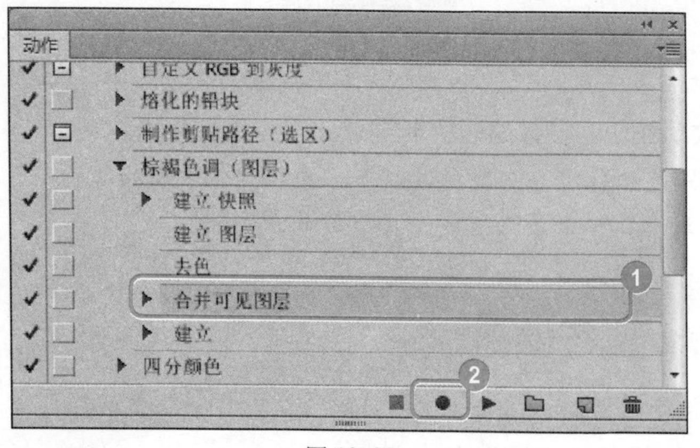

图 13-32

01 开始记录动作

No.1 打开文件后，在【动作】面板中，选中需要继续记录其他命令的动作。

No.2 单击【开始记录】按钮 ●，如图 13-32 所示。

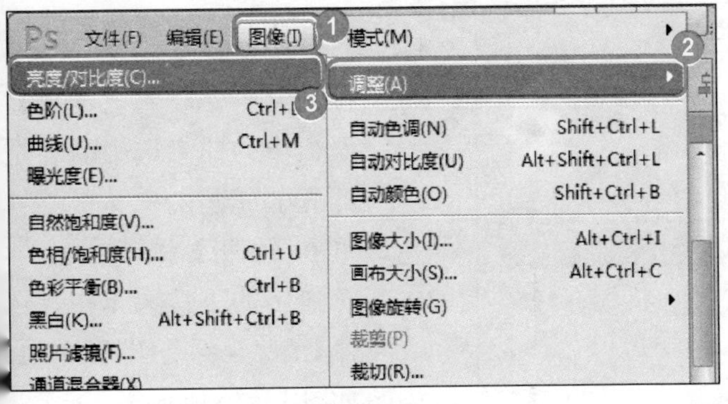

图 13-33

02 使用菜单项

No.1 开始记录动作后，单击【图像】主菜单。

No.2 在弹出的下拉菜单中，选择【调整】菜单项。

No.3 在弹出的下拉菜单中，选择【亮度/对比度】菜单项，如图 13-34 所示。

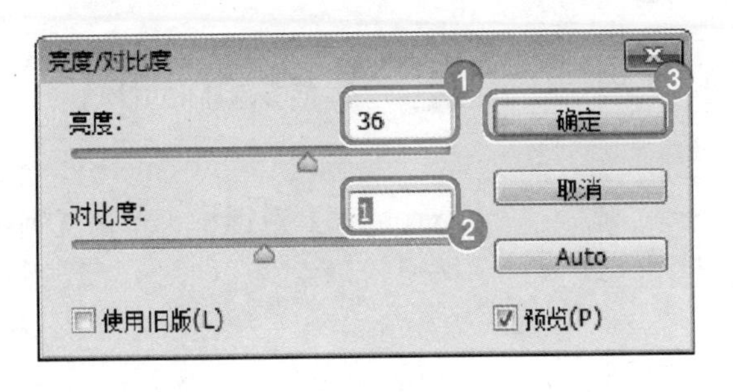

图 13-34

03 设置亮度/对比度选项

No.1 弹出【亮度/对比度】对话框，在【亮度】文本框中，输入亮度的数值。

No.2 在【对比度】文本框中，输入对比度的数值。

No.3 单击【确定】按钮，如图 13-34 所示。

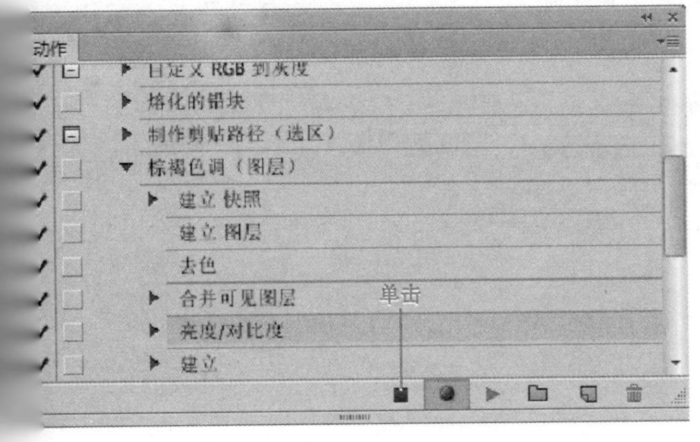

图 13-35

04 追加动作

返回【动作】面板中，单击【停止播放/记录】按钮■，通过以上方法即可完成追加动作的操作，如图 13-35 所示。

13.5.4 清除全部动作

在 Photoshop CS6 中，如果创建的动作不符合用户的编辑要求，用户可以清除全动作，重新录制。下面介绍清除全部动作的操作方法。

图 13-36

01 使用菜单项

No.1 打开文件后，在【动作】面板中，任意选中需要全部清除的动作。

No.2 单击【面板】按钮。

No.3 在弹出的下拉菜单中，选择【清除全部动作】菜单项，如图 13-36 所示。

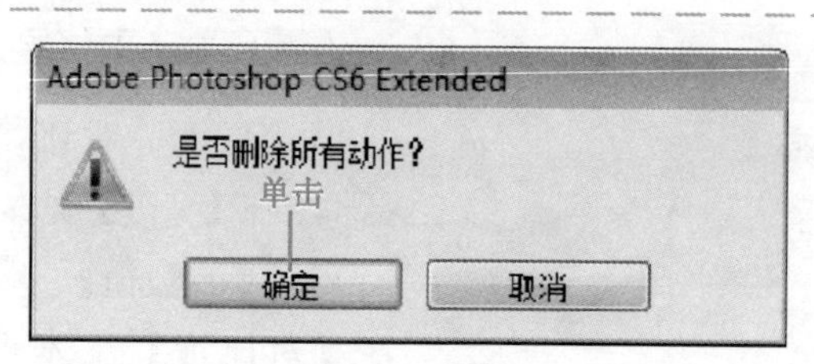

图 13-37

02 确认删除动作

弹出【Adobe Photoshop CS6 Extended】对话框，单击【确定】按钮，如图 13-37 所示。

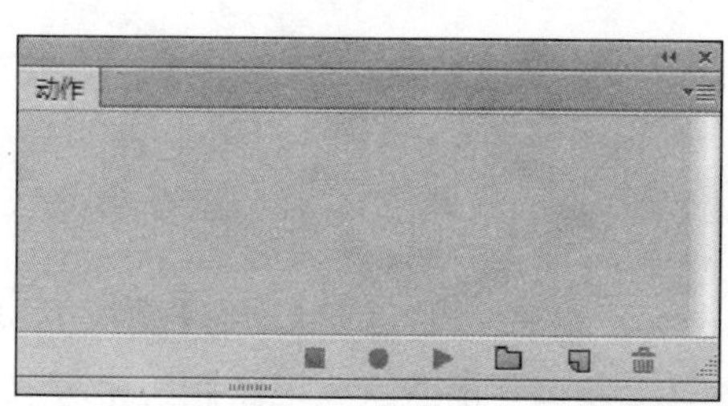

图 13-38

03 清除全部动作

返回到【动作】面板中，所有的动作已经全部被删除。通过以上方法即可完成清除全部动作的操作，如图 13-38 所示。

第 14 章

Photoshop图像处理经典案例

本章主要介绍了字体设计应用案例——制作线框字体方面的知识，同时还讲解了制作水晶花方面的操作技巧，通过本章的学习，读者可以掌握动作与任务自动化方面的知识，为深入学习 Photoshop CS6 知识奠定良好基础。

Section

14.1 字体设计案例——线框字体

本节导读

用户可以使用 Photoshop CS6 制作各种精美的艺术字体，艺术字体可以应用于图书封面、海报设计、建筑设计和标识设计等领域中。下面介绍制作线框字体的操作方法。

14.1.1 创建文字

在 Photoshop CS6 中，创建线框字体之前，用户首先要在新建的图像文字中，输入需要创建的文字。下面介绍创建文字的操作方法。

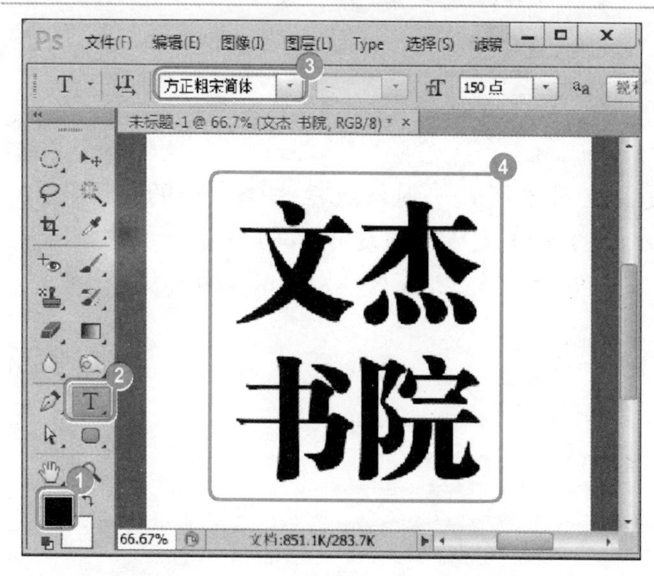

图 14-1

01 创建文字

No.1 新建图像文件后，将前景色设置为黑色。

No.2 单击【工具箱】中的【横排字体工具】按钮T。

No.3 在字体工具选项栏中，在【字体】下拉列表框中，选择准备应用的文字字体。

No.4 在文档窗口中，输入文字，如图 14-1 所示。

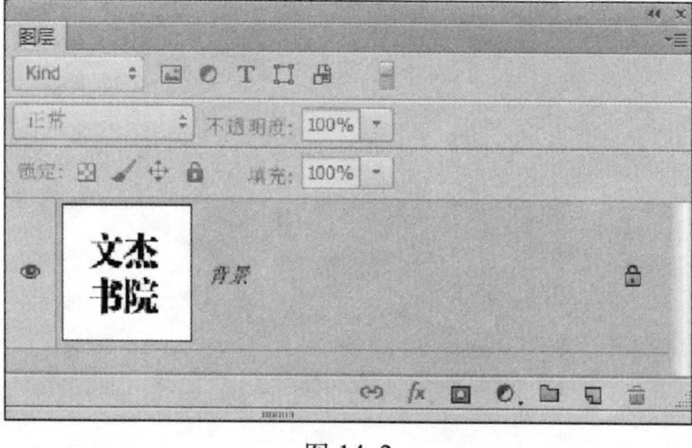

图 14-2

02 合并图层

输入文字后，在键盘上按下组合键〈Ctrl〉+〈E〉，将文字图层和背景图层向下合并为一个图层。通过以上方法即可完成创建文字的操作，如图 14-2 所示。

14.1.2 使用马赛克滤镜

创建文字后，用户可以运用【马赛克】滤镜，对创建的文字进行马赛克处理，这样可以使文字出现线框的轮廓，下面介绍使用【马赛克】滤镜的操作方法。

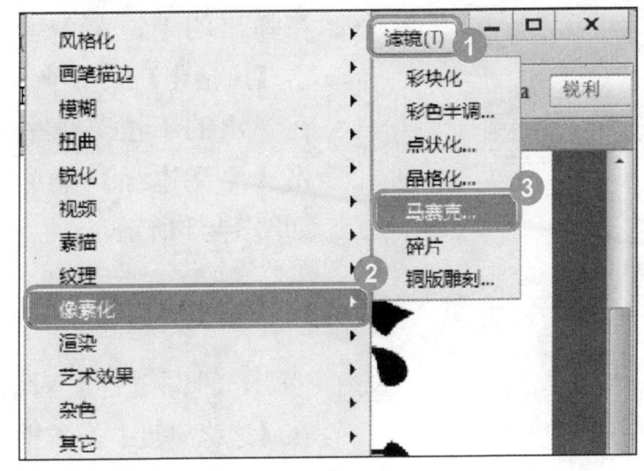

图 14-3

01 使用菜单项

No.1 创建文字后，单击【滤镜】主菜单。

No.2 在弹出的下拉菜单中，单击【像素化】菜单项。

No.3 在弹出的下拉菜单中，单击【马赛克】菜单项，如图 14-3 所示。

图 14-4

02 设置马赛克效果

No.1 输入文字后，弹出【马赛克】对话框，在【单元格大小】文本框中，输入单元格大小数值。

No.2 单击【确定】按钮，通过以上方法即可完成使用【马赛克】滤镜的操作，如图 14-4 所示。

14.1.3 使用照亮边缘滤镜

运用【马赛克】滤镜制作文字线框后，用户可以运用【照亮边缘】滤镜，对创建的文字进行边缘照亮的处理，这样可以使文字线框的边缘亮化。下面介绍使用【照亮边缘】滤镜的操作方法。

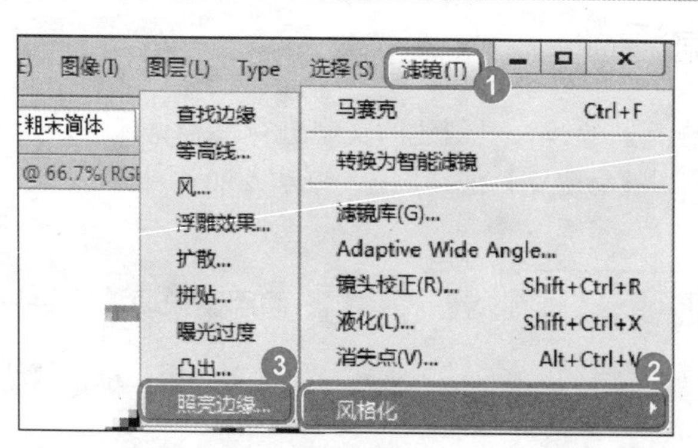

图 14-5

01 使用菜单项

No.1 使用【马赛克】滤镜后，在文档窗口中，单击【滤镜】主菜单。

No.2 在弹出的下拉菜单中，单击【风格化】菜单项。

No.3 在弹出的下拉菜单中，单击【照亮边缘】菜单项，如图 14-5 所示。

图 14-6

02 设置照亮边缘效果

No.1 弹出【照亮边缘】对话框，在【边缘宽度】文本框中，输入宽度数值。

No.2 在【边缘亮度】文本框中，输入亮度数值。

No.3 在【平滑度】文本框中，输入平滑度数值。

No.4 单击【确定】按钮，如图 14-6 所示。

14.1.4 使用查找边缘滤镜

运用【照亮边缘】滤镜照亮文字线框边缘后，用户可以运用【查找边缘】滤镜，对创建的文字进行边缘反相操作。下面介绍使用【查找边缘】滤镜的操作方法。

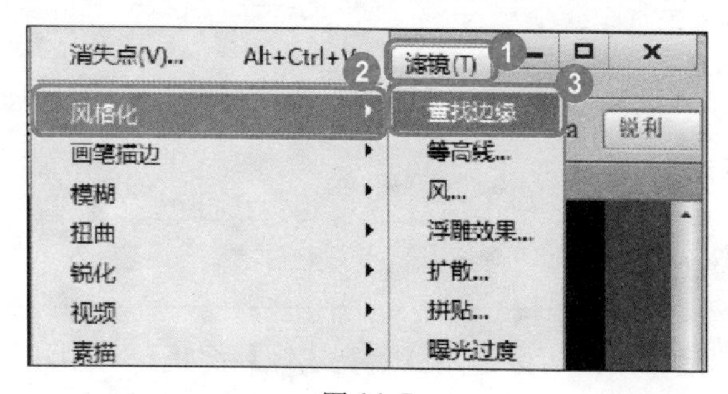

图 14-7

01 使用菜单项

No.1 在文档窗口中，单击【滤镜】主菜单。

No.2 在弹出的下拉菜单中，单击【风格化】菜单项。

No.3 在弹出的下拉菜单中，单击【查找边缘】菜单项，如图 14-7 所示。

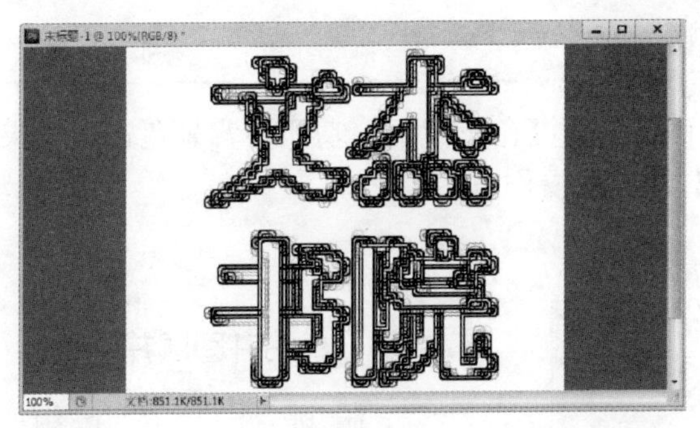

图 14-8

02 设置查找边缘效果

通过以上方法即可完成使用查找边缘滤镜的操作，如图 14-8 所示。

14.1.5 渐变映射

线框文字的轮廓绘制完成后，用户可以运用【渐变映射】功能对线框文字的边缘进行填充。下面介绍运用【渐变映射】功能的操作方法。

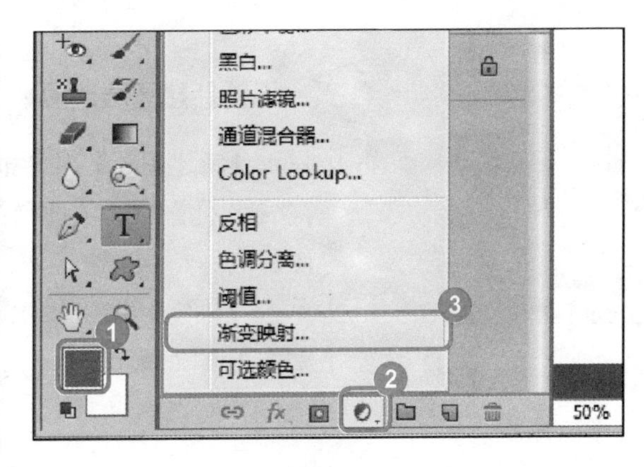

图 14-9

01 使用菜单项

No.1 创建线框文字轮廓后，将【前景色】设置为粉红色。

No.2 在调出的【图层】面板中，单击【创建新的填充或调整图层】下拉按钮 。

No.3 在弹出的下拉菜单中，选择【渐变映射】菜单项，如图 14-9 所示。

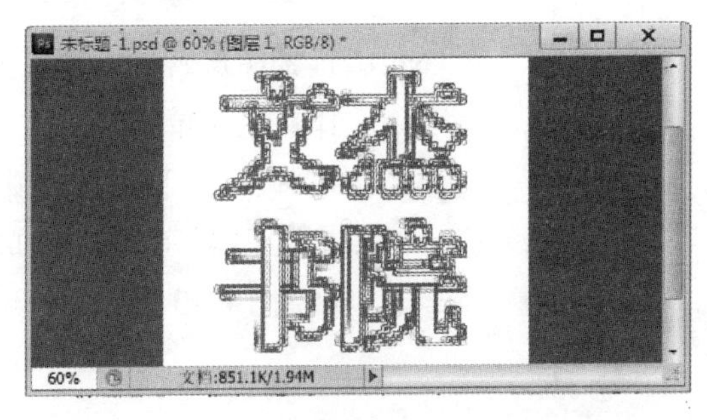

图 14-10

02 设置渐变映射效果

通过以上方法即可完成运用【渐变映射】功能的操作，如图 14-10 所示。

14.1.6 色彩范围

将线框文字主体填充颜色后，用户可以运用【色彩范围】功能将背景色选区出来，然后将其删除。下面介绍运用【色彩范围】功能的操作方法。

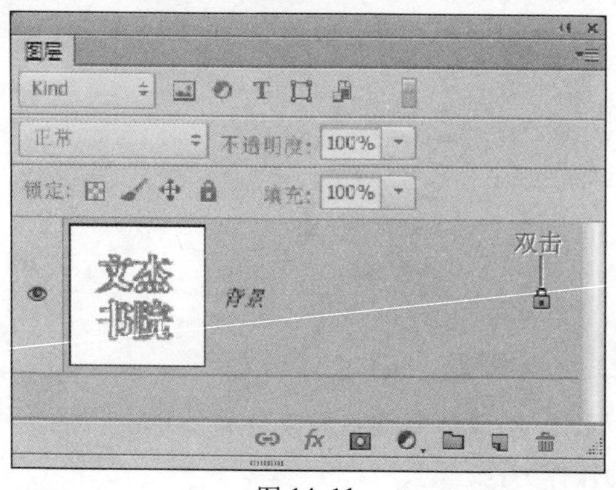

图 14-11

01 合并图层并解锁

在键盘上按下组合键〈Ctrl+E〉，将渐变映射层和背景层向下合并，然后双击【背景层】锁定图标，进行解锁图层的操作，如图 14-11 所示。

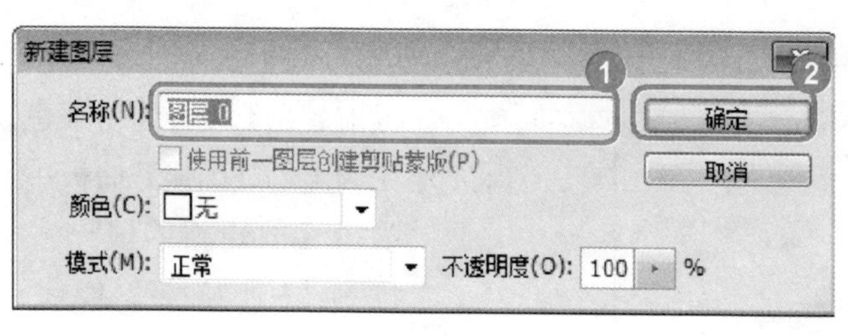

图 14-12

02 设置新建图层选项

No.1 弹出【新建图层】对话框，在【名称】文本框中输入图层名称。

No.2 单击【确定】按钮，如图 14-12 所示。

图 14-13

03 使用菜单项

No.1 背景图层解锁后，单击【选择】主菜单。

No.2 在弹出的下拉菜单中，单击【色彩范围】菜单项，如图 14-13 所示。

图 14-14

04 设置色彩范围

No.1 在弹出的【色彩范围】对话框中，在【图像预览】区域，当鼠标指针变为✐时，单击鼠标选取背景色。

No.2 单击【确定】按钮确定，这样就可以创建选区，如图 14-14 所示。

图 14-15

05 使用快捷键

返回到工作界面中，在键盘上按下【Delete】键，背景色变为透明，如图 14-15 所示。

图 14-16

06 使用组合键

在键盘上按下组合键〈Ctrl+D〉取消选择，通过以上方法即可完成运用【色彩范围】功能的操作，如图 14-16 所示。

14.1.7 使用魔棒

线框文字背景色删除后，用户可以运用【魔棒】工具将线框字主体的选区选取出来，然后可以填充颜色，下面介绍运用【魔棒】工具的操作方法。

图 14-17

01 创建选区

No.1 删除线框文字背景色后，单击【工具箱】中的【魔棒】工具按钮。

No.2 在文档窗口中，选取需要填充颜色的选区，如图14-17所示。

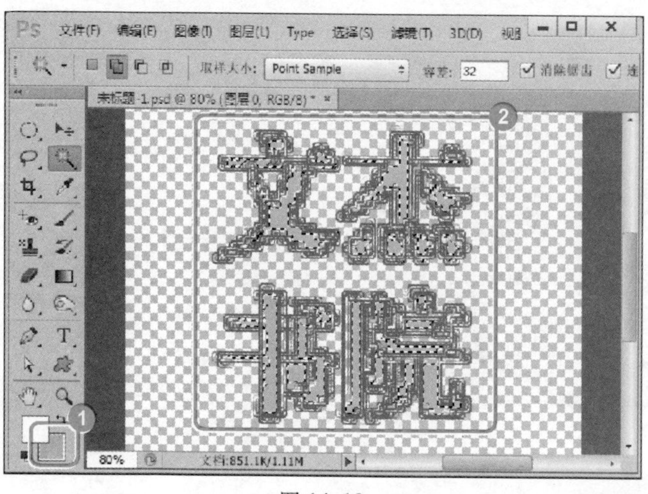

图 14-18

02 填充背景色

No.1 选取选区后，将【背景色】设置为蓝色。

No.2 在文档窗口中，按下组合键〈Ctrl+Delete〉，将选区填充蓝色，如图 14-18所示。

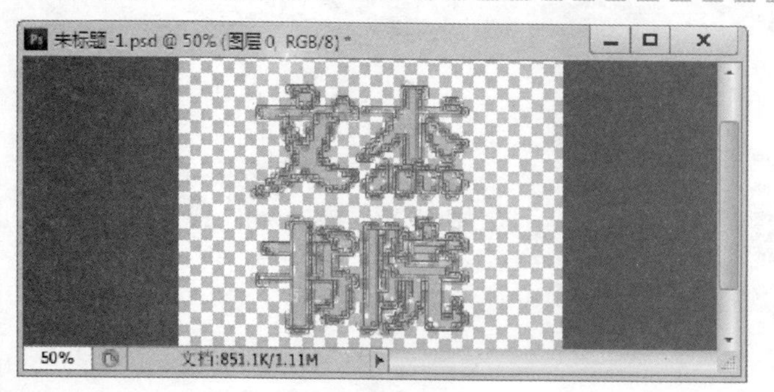

图 14-19

03 取消选区

在键盘上按下组合键〈Ctrl+D〉取消选择，如图 14-19所示。

图 14-20

04 显示最终效果

保存文档，通过以上方法即可完成创建线框文字的操作，如图 14-20 所示。

Section 14.2 滤镜设计案例——水晶花

本节导读

用户可以使用 Photoshop CS6 的滤镜功能制作各种精美的艺术效果，这些艺术效果可以应用于广告设计等领域中。下面介绍制作水晶花的操作方法。

14.2.1 制作花朵图形

在Photoshop CS6中，创建水晶花之前，用户需要在新建的文档中，制作花朵的基本图形。面介绍制作花朵图形的操作方法。

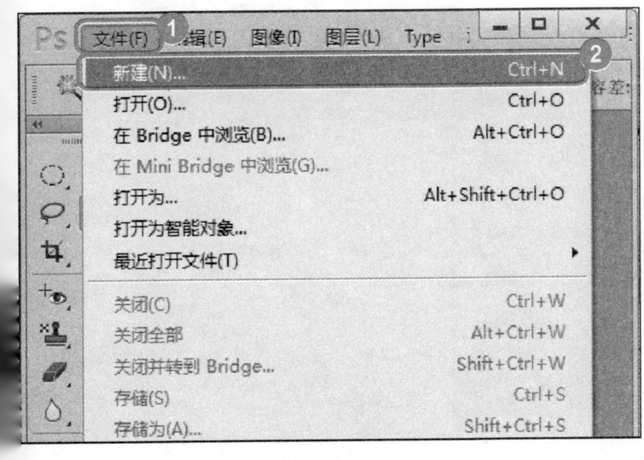

图 14-21

01 使用菜单项

No.1 启动 Photoshop CS6 主程序，选择【文件】主菜单。

No.2 在弹出的下拉菜单中，选择【新建】菜单项，如图 14-21 所示。

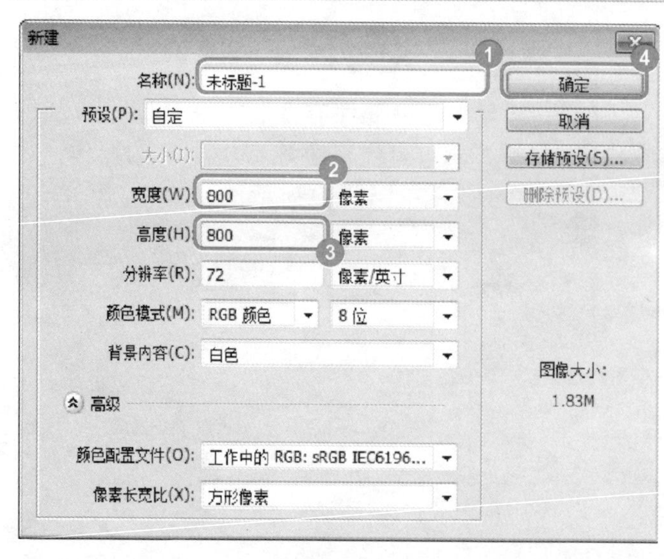

图 14-22

02 设置新建选项

No.1 弹出【新建】对话框，在【名称】文本框中，输入新建图像的名称。

No.2 在【宽度】文本框中输入新建文件的宽度值，如“800”像素。

No.3 在【高度】文本框中输入新建文件的高度值，如“800”像素。

No.4 单击【确定】按钮，如图 14-22 所示。

图 14-23

03 填充颜色

No.1 新建空白文档后，将【背景色】设置为黑色。

No.2 在文档窗口中，按下组合键〈Ctrl+Delete〉，将创建的文档填充黑色，如图 14-23 所示。

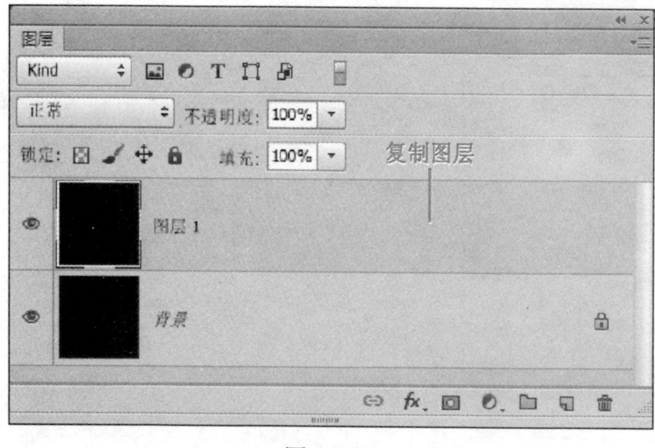

图 14-24

04 复制图层

将新建的空白文档填充黑色后，在键盘上按下组合〈Ctrl+J〉，复制背景图层，图 14-24 所示。

图 14-25

05 使用菜单项

No.1 复制图像文件后，单击【滤镜】主菜单。

No.2 在弹出的下拉菜单中，选择【渲染】菜单项。

No.3 在弹出的下拉菜单中，选择【镜头光晕】菜单项，如图 14-25 所示。

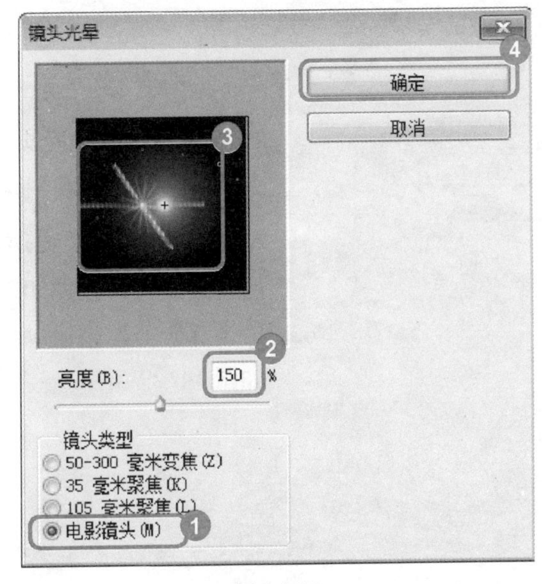

图 14-26

06 设置镜头光晕选项

No.1 弹出【镜头光晕】对话框，在【镜头类型】区域中，选中【电影镜头】单选项。

No.2 在【高度】文本框中，输入扩散高度值。

No.3 在【预览】区域中，指定镜头光晕的位置。

No.4 单击【确定】按钮，如图 14-26 所示。

图 14-27

07 制作光晕效果

返回到绘图窗口中，镜头光晕已经创建，通过以上方法即可完成制作花朵光晕的效果。如图 14-27 所示。

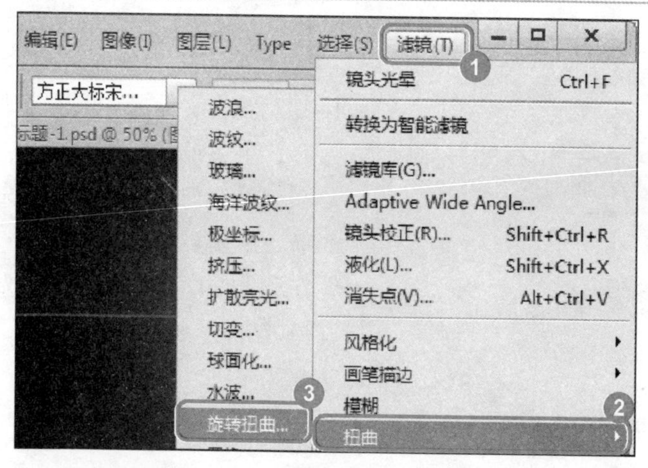

图 14-28

08 使用菜单项

No.1 制作花朵光晕的艺术效果后，单击【滤镜】主菜单。

No.2 在弹出的下拉菜单中，选择【扭曲】菜单项。

No.3 在弹出的下拉菜单中，选择【旋转扭曲】菜单项，如图 14-28 所示。

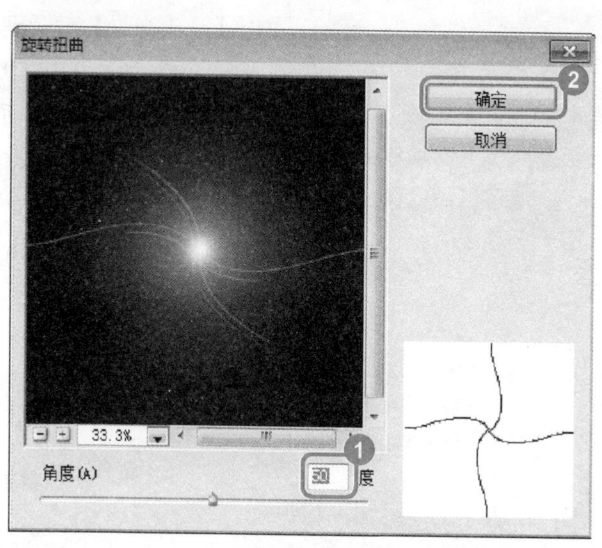

图 14-29

09 设置旋转扭曲选项

No.1 弹出【旋转扭曲】对话框，在【角度】文本框中输入旋转角度值，如“50”。

No.2 单击【确定】按钮，如图 14-29 所示。

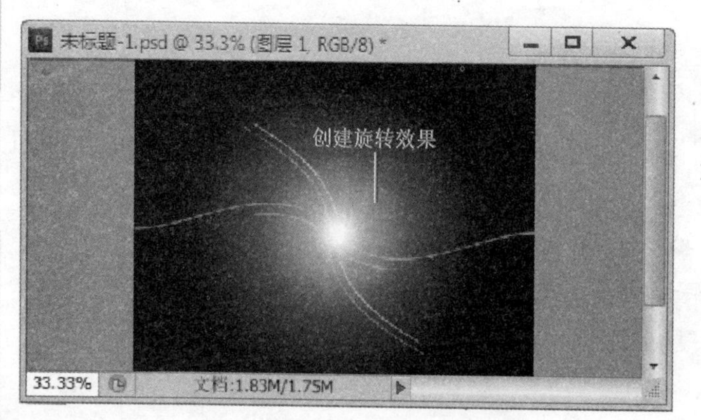

图 14-30

10 制作旋转效果

通过以上方法即可使光晕形产生旋转效果，如图 14-30 所示。

图 14-31

11 复制图层

在键盘上按下组合键〈Ctrl+J〉，复制【图层 1】图层，如图 14-31 所示。

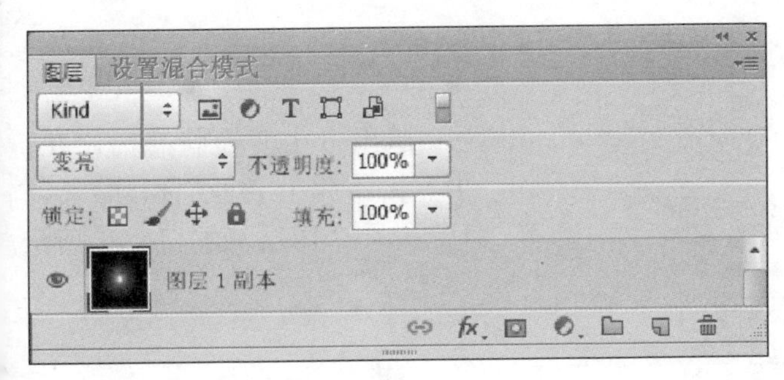

图 14-32

12 设置混合模式

复制图层后，将复制图层的混合模式设置为"变亮"模式，如图 14-32 所示。

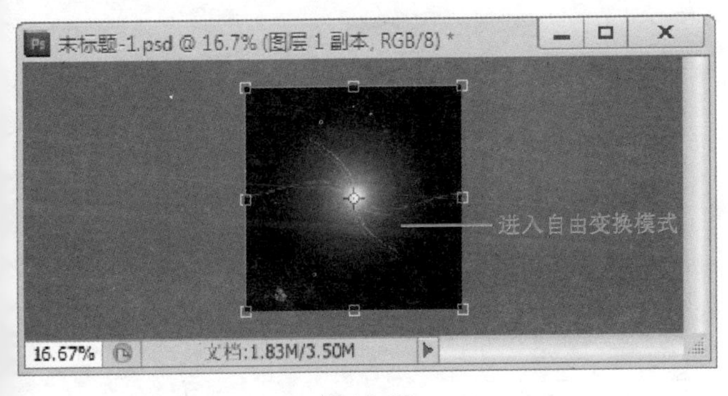

图 14-33

13 自由变换模式

设置图层混合模式后，在键盘上按下组合键〈Ctrl+T〉，进入自由变换模式，在图像中显示定界框，如图 14-33 所示。

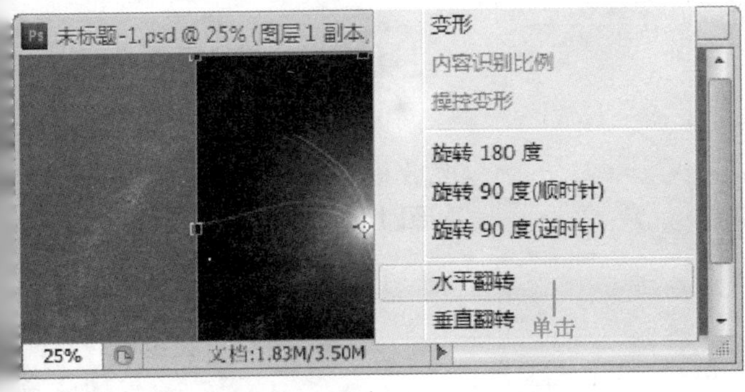

图 14-34

14 使用快捷菜单

进入自由变换模式后，在定界框内部右键单击，在弹出的快捷菜单中，选择【水平翻转】菜单项，如图 14-34 所示。

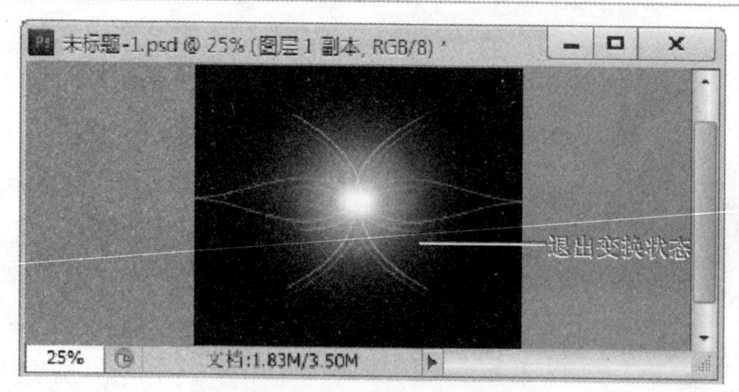

图 14-35

15 退出变换状态

水平翻转图形后，在键盘上按下〈Enter〉键退出自由变换状态，得到如下图形，如图 14-35 所示。

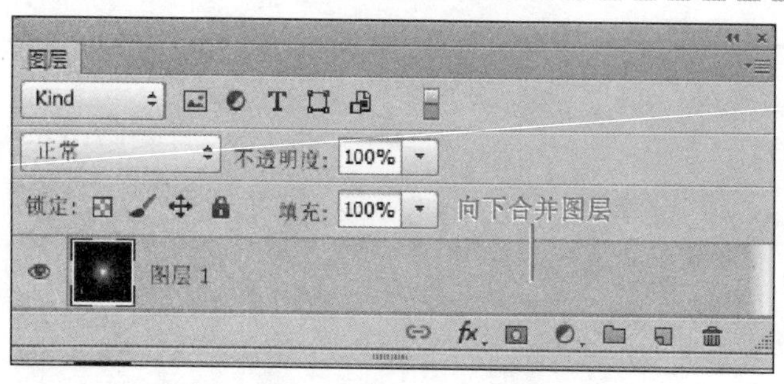

图 14-36

16 向下合并图层

退出自由变换状态后，在键盘上按下组合键〈Ctrl+E〉，向下合并一个图层，如图 14-36 所示。

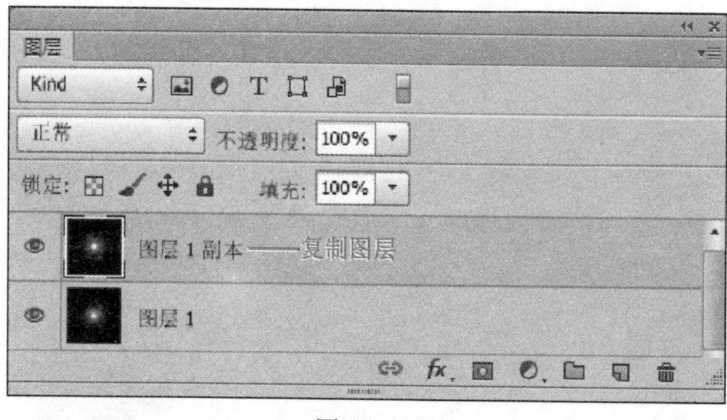

图 14-37

17 复制图层

在键盘上按下组合键〈Ctrl+J〉，复制【图层 1 副本】图层，如图 14-37 所示。

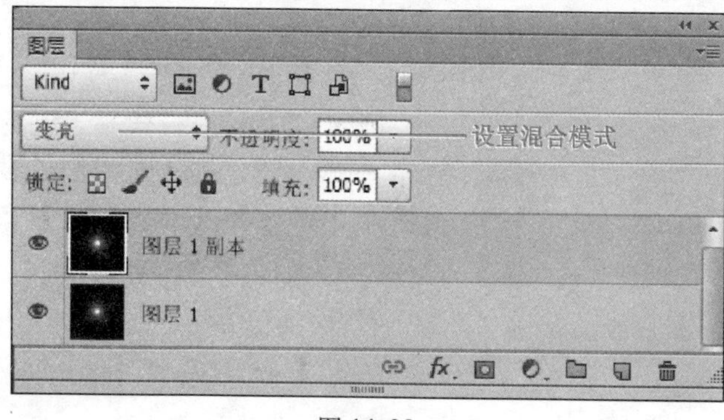

图 14-38

18 设置混合模式

复制图层后，将复制图层的混合模式设置为“变亮”模式，如图 14-38 所示。

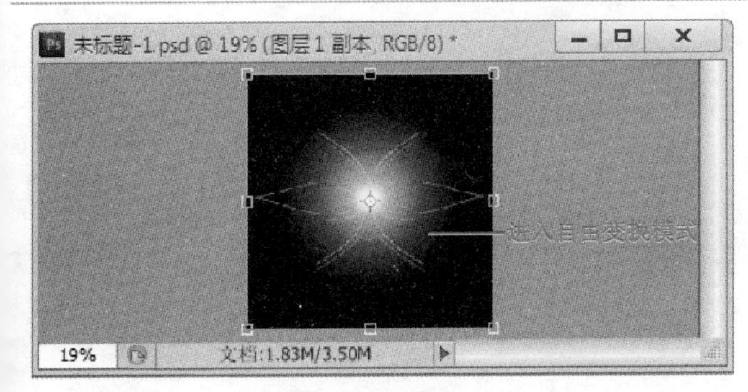

图 14-39

19 自由变换模式

设置图层混合模式后，在键盘上按下组合键〈Ctrl+T〉，进入自由变换模式，在图像中显示定界框，如图 14-39 所示。

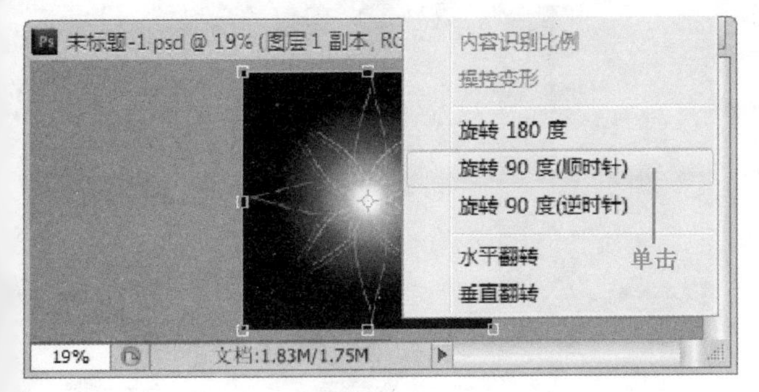

图 14-40

20 使用快捷菜单

进入自由变换模式后，在定界框内部右键单击，在弹出的快捷菜单中，选择【旋转 90 度（顺时针）】菜单项，如图 14-40 所示。

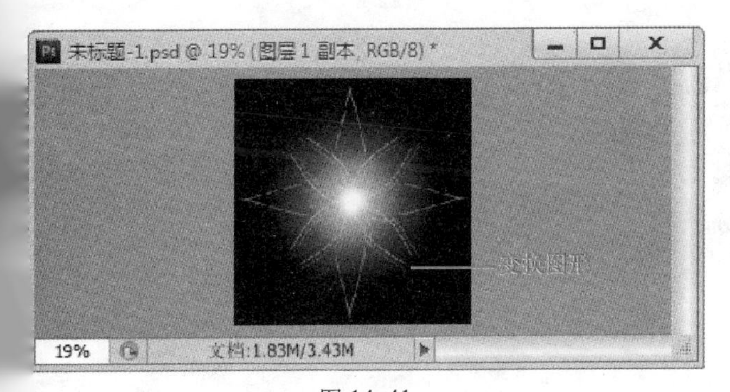

图 14-41

21 退出变换状态

顺时针 90°旋转图形后，在键盘上按下〈Enter〉键，退出自由变换状态，得到如下图形，如图 14-41 所示。

图 14-42

22 合并图层

退出自由变换状态后，在键盘上按下组合键〈Ctrl+E〉，向下合并一个图层，如图 14-42 所示。

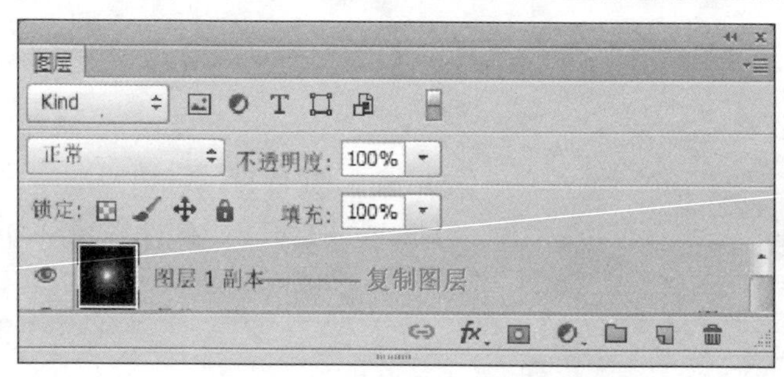

图 14-43

23 复制图层

在键盘上按下组合键〈Ctrl+J〉，复制【图层 1 副本】图层，如图 14-43 所示。

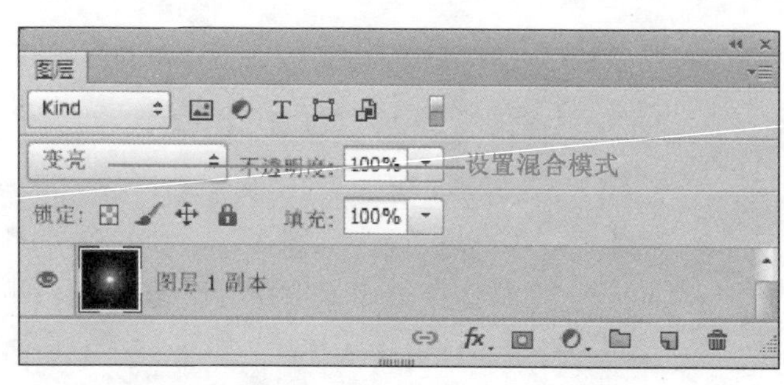

图 14-44

24 设置混合模式

复制图层后，将复制图层的混合模式设置为“变亮”模式，如图 14-44 所示。

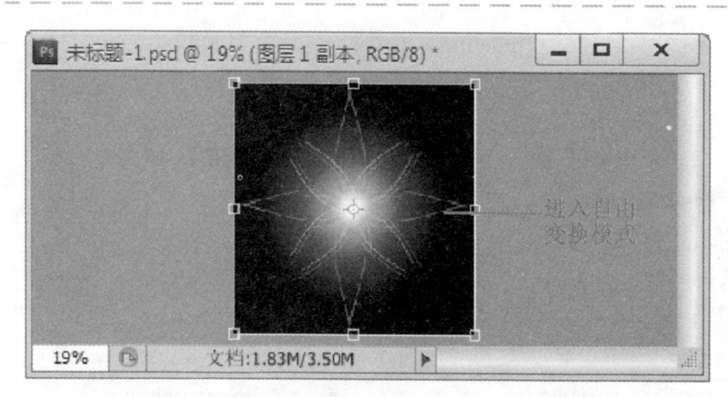

图 14-45

25 自由变换模式

设置图层混合模式后，在键盘上按下组合键〈Ctrl+T〉，进入自由变换模式，在图像中显示定界框，如图 14-45 所示。

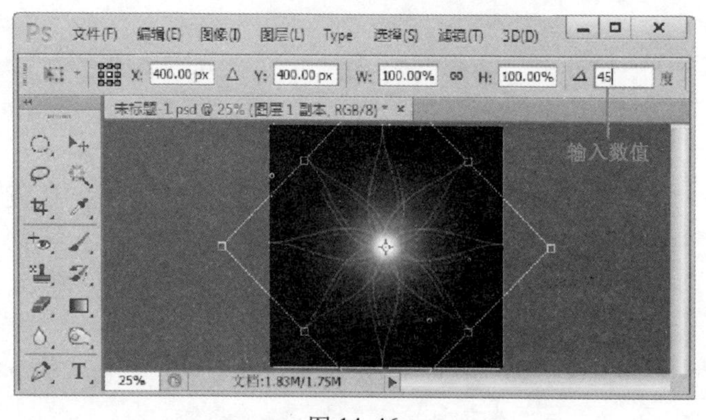

图 14-46

26 输入旋转数值

进入自由变换模式后，在具选项栏中，在【旋转角度】本框中，输入图形旋转角度数值如“45”，如图 14-46 所示。

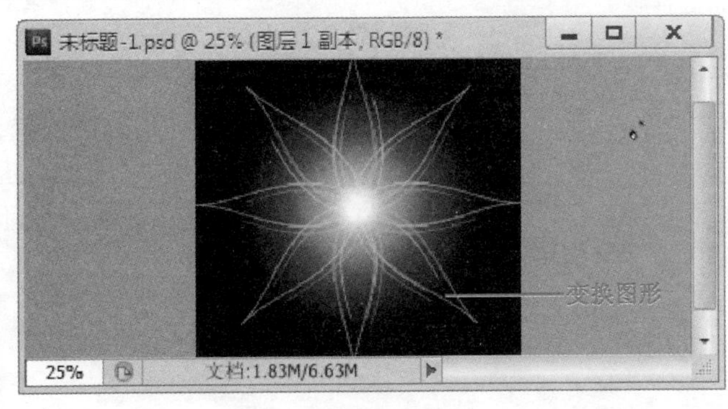

图 14-47

27 退出变换状态

45° 旋转图形后，在键盘上按下〈Enter〉键，退出自由变换状态，得到如下图形，如图 14-47 所示。

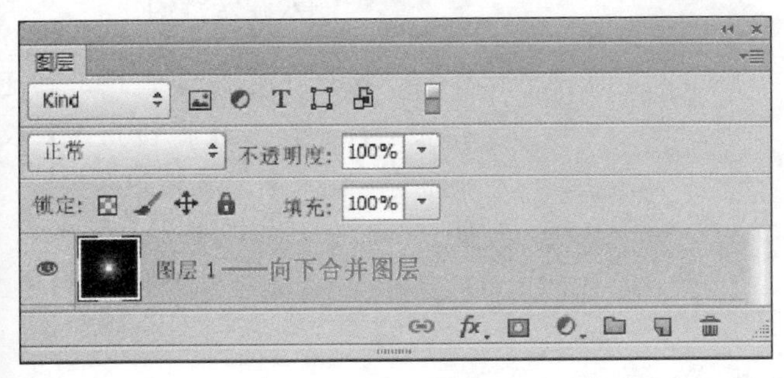

图 14-48

28 合并图层

退出自由变换状态后，在键盘上按下组合键〈Ctrl+E〉，向下合并一个图层，如图 14-48 所示。

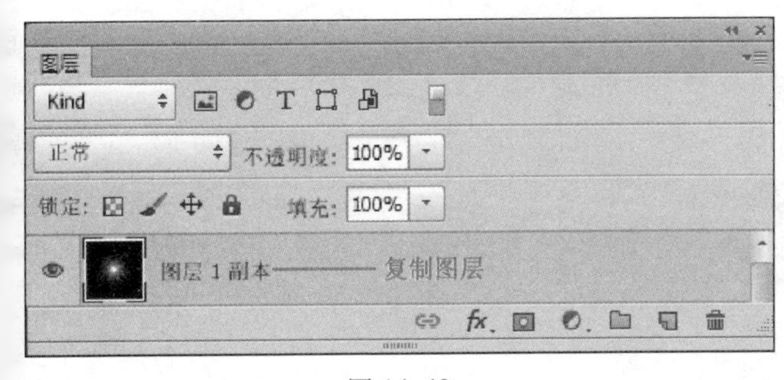

图 14-49

29 复制图层

在键盘上按下组合键〈Ctrl+J〉，复制【图层 1 副本】图层，如图 14-49 所示。

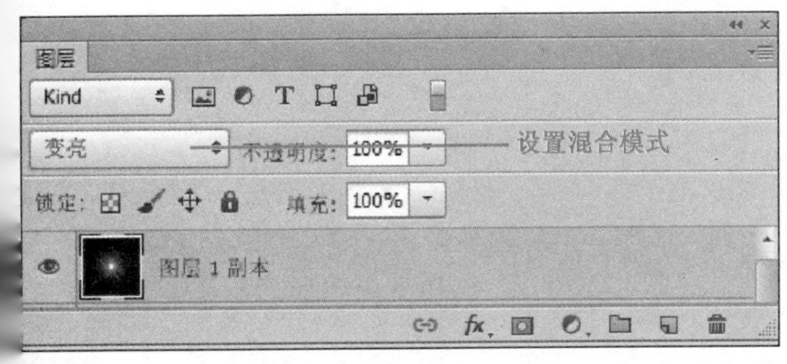

图 14-50

30 设置混合模式

复制图层后，将复制图层的混合模式设置为“变亮”模式，如图 14-50 所示。

31 自由变换模式

设置图层混合模式后，在键盘上按下组合键〈Ctrl+T〉，进入自由变换模式，在图像中显示定界框，如图 14-51 所示。

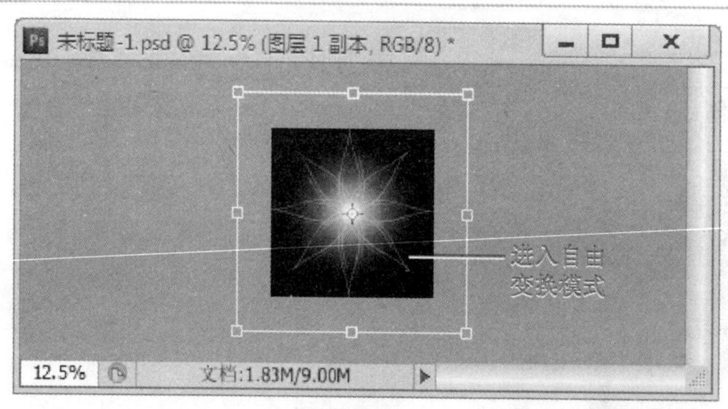

图 14-51

32 输入旋转数值

进入自由变换模式后，在工具选项栏中，在【旋转角度】文本框中，输入图形旋转角度数值，如“22. 5”，如图 14-52 所示。

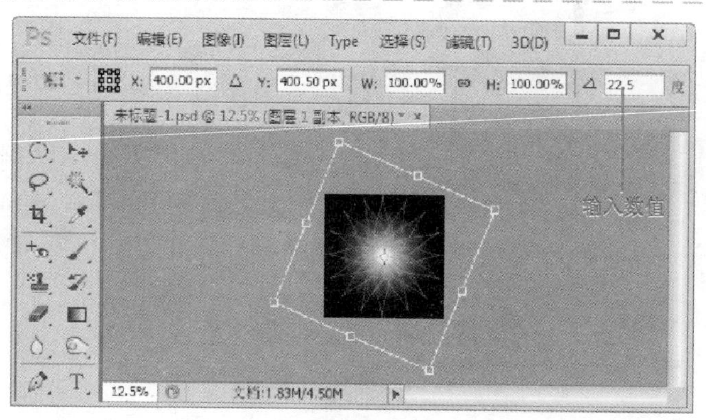

图 14-52

33 退出变换状态

22. 5° 旋转图形后，在键盘上按下〈Enter〉键，退出自由变换状态，得到如下图形，如图 14-53 所示。

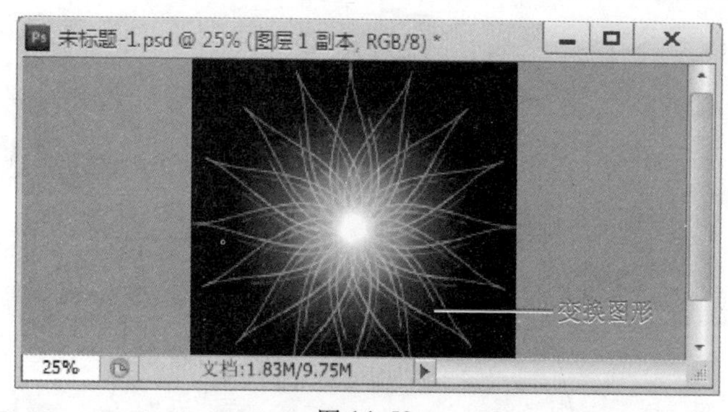

图 14-53

34 合并图层

退出自由变换状态后，在键盘上按下组合键〈Ctrl+E〉，向下合并一个图层，这样即可完成绘制花朵图形的操作，如图 14-54 所示。

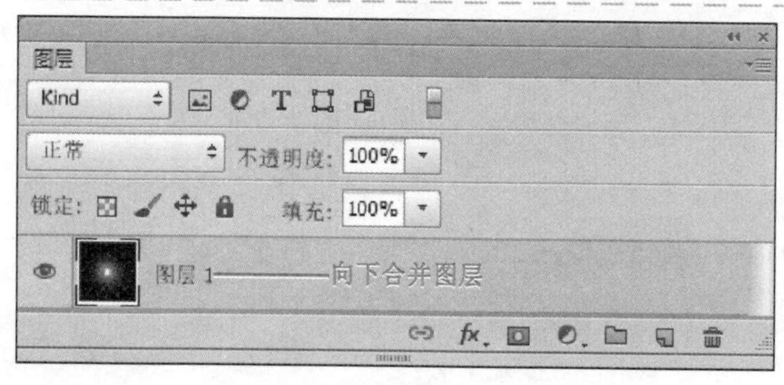

图 14-54

14.2.2 在通道中提取选区

在 Photoshop CS6 中，绘制花朵图形后，用户可以在通道中提取选区，填充颜色。下面介绍在通道中提取选区的操作方法。

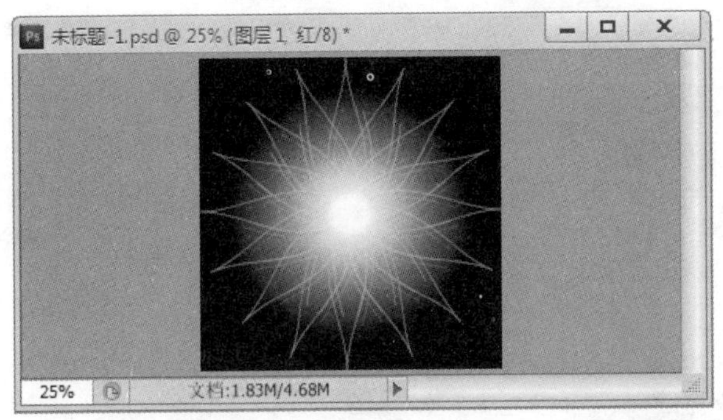

图 14-55

01 使用组合键

在键盘上按下组合键〈Ctrl+3〉，在绘图窗口中，显示红色通道的灰色图像，如图 14-55 所示。

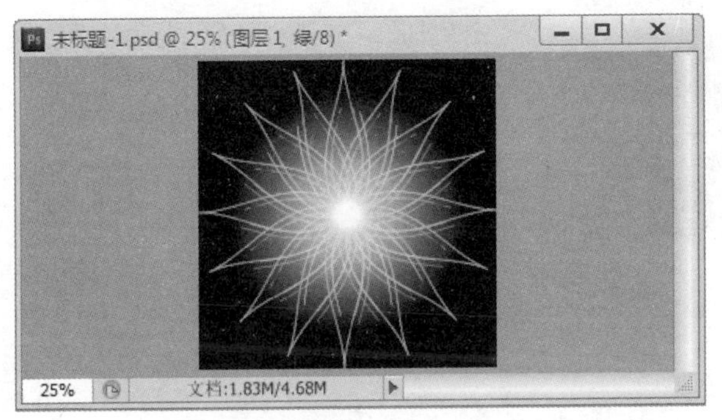

图 14-56

02 使用组合键

在键盘上按下组合键〈Ctrl+4〉，在绘图窗口中，显示绿色通道的灰色图像，如图 14-56 所示。

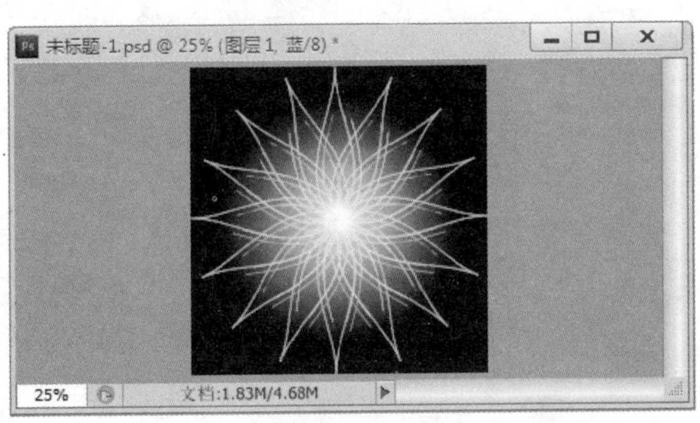

图 14-57

03 使用组合键

在键盘上按下组合键〈Ctrl+5〉，在绘图窗口中，显示蓝色通道的灰色图像，如图 14-57 所示。

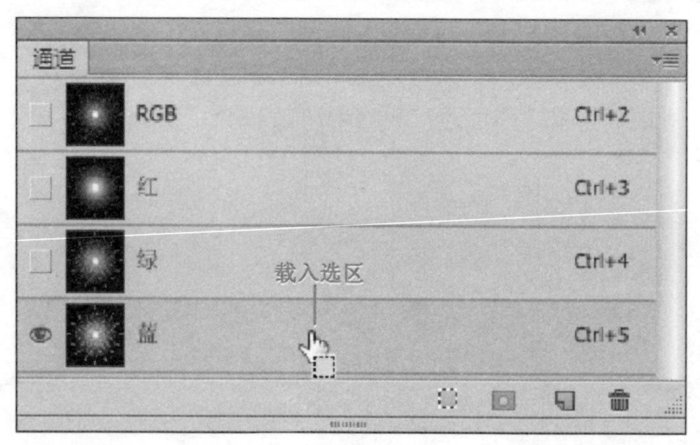

图 14-58

04 载入通道选区

在【通道】面板中，按住〈Ctrl〉键的同时，单击蓝色通道，载入蓝色通道选区，如图 14-58 所示。

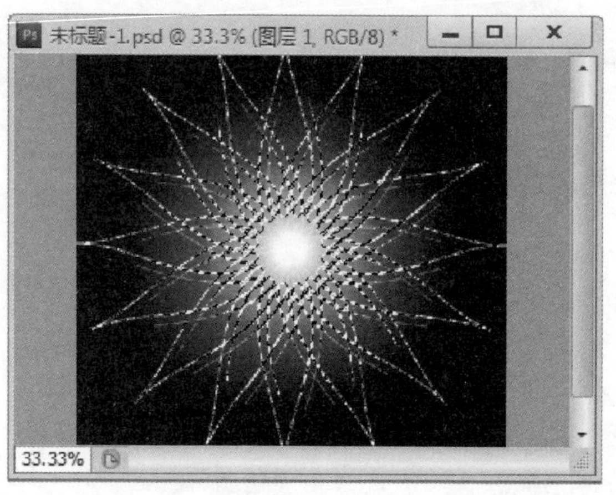

图 14-59

05 使用组合键

在键盘上按下组合键〈Ctrl+2〉，在绘图窗口中，显示 RGB 复合图像，重新显示彩色图像，如图 14-59 所示。

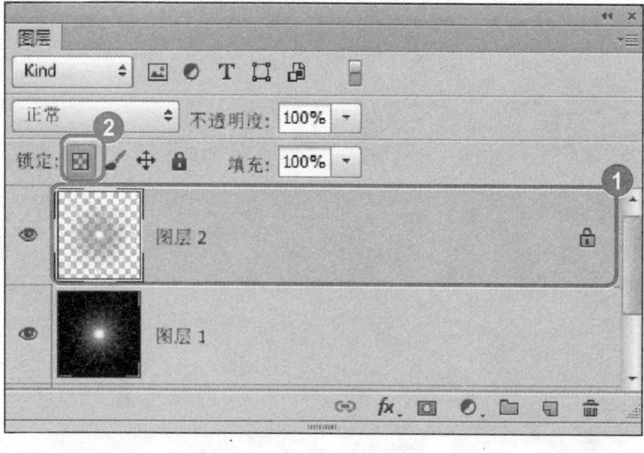

图 14-60

06 复制并锁定图层

No.1 在键盘上按下组合键〈Ctrl+J〉，将选区内的图像复制到一个新的图层上。

No.2 在【图层】面板上，单击【锁定透明像素】按钮，锁定复制图层的透明区域，如图 14-60 所示。

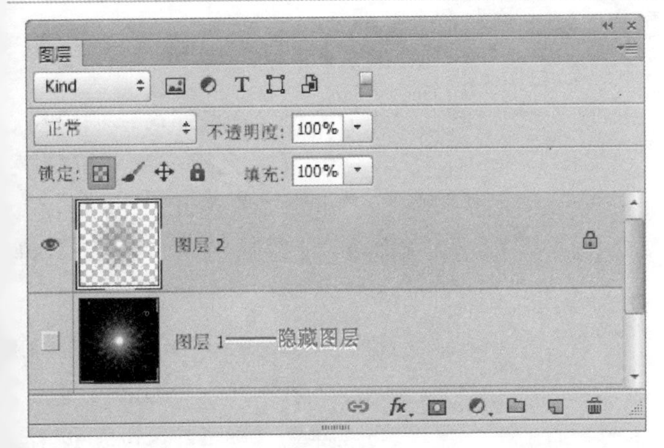

图 14-61

07 隐藏图层

在【图层】面板中，单击【图层 1】前的【指示图层可见性】按钮 ，隐藏【图层 1】图层，如图 14-61 所示。

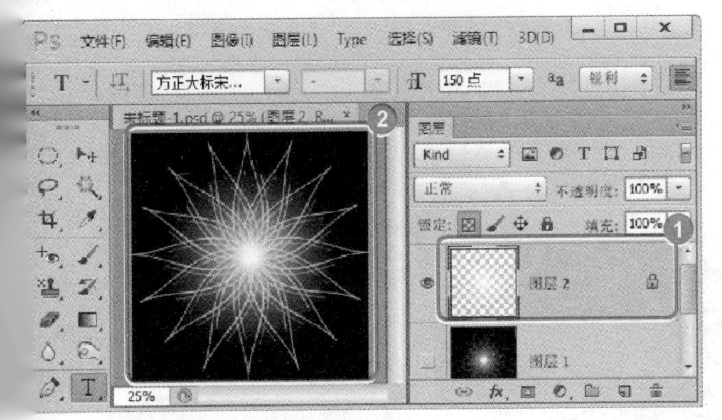

图 14-62

08 提取选区

No.1 在【图层】面板中，选择【图层 2】图层并将其填充成白色。

No.2 通过以上方法即可在通道中提取选区，如图 14-62 所示。

14.2.3 制作彩色水晶花

在 Photoshop CS6 中，用户在通道中提取选区并填充颜色后，下面介绍制作彩色水晶最终效果的操作方法。

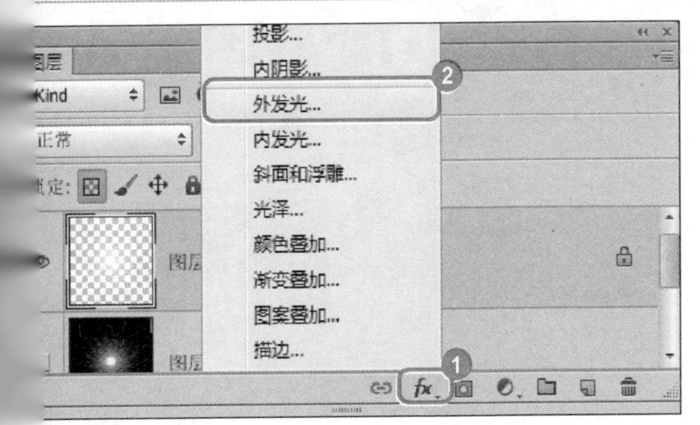

图 14-63

01 使用组合键

No.1 在【图层】面板中，单击【添加图层样式】下拉按钮 fx 。

No.2 在弹出的下拉菜单中，选择【外发光】菜单项，如图 14-63 所示。

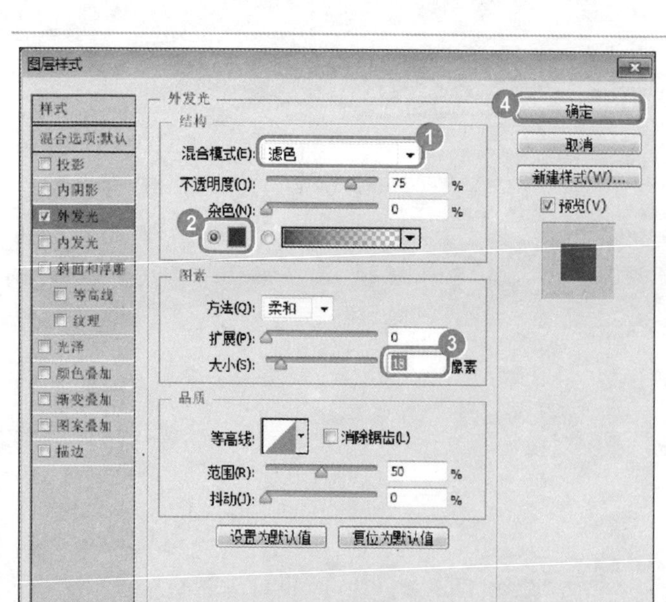

图 14-64

02 使用组合键

No.1 打开【图层样式】对话框，在【混合模式】下拉列表框中，选择【滤色】选项。

No.2 在【颜色】框中，设置准备外发光的颜色。

No.3 在【大小】文本框中，输入外发光大小的值。

No.4 单击【确定】按钮，如图 14-64 所示。

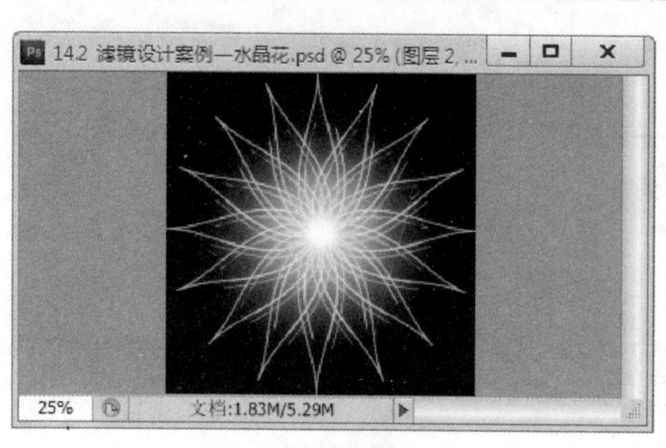

图 14-65

03 显示最终效果

保存文档，这样即可完成制作彩色水晶花的操作，如图 14-6所示。